Holzhäuser · Meyer · Ridder

Gb-Prüfung

Fragen – Antworten – Lösungswege

13. Auflage

SICHERHEIT

Bibliografische Information der Deutschen Nationalbibliothek

Die Deutsche Nationalbibliothek verzeichnet diese Publikation in der Deutschen
Nationalbibliografie; detaillierte bibliografische Daten sind im Internet
über <http://www.dnb.de> abrufbar.

Bei der Herstellung des Werkes haben wir uns zukunftsbewusst für umweltverträgliche
und wiederverwendbare Materialien entschieden.

ISBN: 978-3-609-20480-2
Titelbild: johannj (bahnbilder.de)

E-Mail: kundenservice@ecomed-storck.de

Telefon: +49 89/2183-7922
Telefax: +49 89/2183-7620

13. Auflage 2018
© 2018 ecomed SICHERHEIT,
ecomed-Storck GmbH, Landsberg a. Lech

www.ecomed-storck.de

Satz: WMTP Wendt-Media Text-Processing, Birkenau
Druck: Kessler Druck + Medien GmbH & Co. KG, Bobingen

Vorwort

Der Deutsche Industrie- und Handelskammertag (DIHK) hat die Fragen für die Prüfung der Gefahrgutbeauftragten den aktuellen Vorschriften der Verkehrsträger Straße, Eisenbahn, Binnenschifffahrt und See zum 1. Januar 2018 angepasst und im Internet bekannt gemacht, allerdings ohne die entsprechenden Antworten. Schwerpunkt dieser Änderungen waren die Anpassungen im Seeverkehr zum Amendment 38-16. Entsprechende Änderungen gab es daher im verkehrsträgerübergreifenden Teil und im Teil See. Das vorliegende Material ist als Hilfsmittel gedacht, um das in der Gb-Schulung erworbene Wissen während des Lehrgangs zu überprüfen und sich intensiv auf die Prüfung vorzubereiten.

Im ersten Abschnitt ist der Gb-Fragenfundus in der Fassung, wie er vom DIHK im Internet veröffentlicht wurde, enthalten. Offensichtliche Fehler in den Fragen wurden von den Autoren kommentiert bzw. korrigiert und die entsprechenden Stellen ggf. durch eine Fußnote kenntlich gemacht.

Im zweiten Abschnitt (gelbe Seiten) sind Antwortvorschläge zu den Fragen aus diesem Fragenfundus aufgeführt. Dabei handelt es sich jedoch nicht um amtlich veröffentlichte Antworten. Es kann daher keine Garantie gegeben werden, dass diese Antwortvorschläge mit den bei den Industrie- und Handelskammern vorliegenden Musterantworten übereinstimmen.

Soweit erforderlich haben wir die Begriffe Teil, Kapitel, Abschnitt, Unterabschnitt und Absatz vor den Fundstellen aufgeführt. Zur Vereinfachung und zur besseren Lesbarkeit wurden folgende Fundstellen in den Verkehrsträgern vereinheitlicht und gekürzt:

–   Für „Abschnitt 3.2.1 Tabelle A: Verzeichnis der gefährlichen Güter" im ADR/RID bzw. „Abschnitt 3.2.1 Tabelle A: Verzeichnis der gefährlichen Güter in UN-numerischer Reihenfolge" im ADN wurde die Formulierung „Kapitel 3.2 Tabelle A" und im IMDG-Code der Begriff „Kapitel 3.2 Gefahrgutliste" gewählt.

–   Für „Abschnitt 3.2.2 Tabelle B: Alphabetisches Verzeichnis der Stoffe und Gegenstände des ADR" bzw. „Abschnitt 3.2.1 Tabelle B: Verzeichnis der gefährlichen Güter in alphabetischer Reihenfolge" im RID bzw. „Abschnitt 3.2.2 Tabelle B: Verzeichnis der gefährlichen Güter in alphabetischer Reihenfolge" im ADN wurde einheitlich die Bezeichnung „Alphabetische Stoffliste (Tabelle B)" verwendet; beim IMDG-Code ist dies der „Index".

–   Für „Abschnitt 3.2.3 Tabelle C: Verzeichnis der zur Beförderung in Tankschiffen zugelassenen gefährlichen Güter in numerischer Reihenfolge" im ADN wurde in der Fundstelle der Begriff „3.2.3 Tabelle C" angegeben.

Für die orangefarbene Tafel, die keine Gefahr- und UN-Nummer enthält, wurde zur Vereinfachung der Begriff „neutrale orangefarbene Tafel" verwendet.

Die einzelnen Teile lassen sich über die beiden identisch angeordneten Sichtregister leicht auffinden. Der Abschnitt mit den Antworten ist auf gelbem Papier gedruckt, um ihn besser von dem Abschnitt mit den Fragen unterscheiden zu können. Im Anhang finden Sie den aktuellen Vorschriftentext der Gefahrgutbeauftragtenverordnung (GbV).

Damit die Vorbereitung auf die Prüfung auch themenspezifisch erfolgen kann (z. B. Klassifizierung, Verpackung, begrenzte Mengen) befindet sich im Teil 3 eine Zuordnung der einzelnen Fragen zu Themenbereichen.

Das Autorenteam hat die Antworten auf der Grundlage der geltenden Gefahrgutvorschriften nach bestem Wissen erarbeitet und die Lösungswege aufgezeichnet. Um eine intensive Vorbereitung auf die Gb-Prüfung zu ermöglichen, wurde bei der Beantwortung der Fragen besonderer Wert darauf gelegt, den Lösungsweg zu erläutern und die Fundstellen anzugeben (*jeweils kursiv gedruckt*). Die Nummerierung der Fragen entspricht im Wesentlichen der im DIHK-Prüfungskatalog. Jedoch wurden hier zusätzlich auch Teilfragen innerhalb einer Prüfungsaufgabe mit Nummern versehen, um die Orientierung zu erleichtern. Aus dem gleichen Grund wurden bei den Multiple-Choice-Fragen den Antwortmöglichkeiten Buchstaben vorangestellt.

Der Fragenfundus des DIHK stellt die Grundlage für die Erstellung der Fragebögen für die Gb-Prüfung dar. Einzelne Angaben in der Fragestellung, wie Namen der Gefahrgüter, UN-Nummern, Gefahrgutklassen, Verantwortliche und deren Pflichten, können in der Prüfung von der prüfenden IHK durch **äquivalente Angaben** ersetzt werden. Unterfragen einzelner Fallstudien können ggf. auch in anderen Fallstudien verwendet werden. Bei Multiple-Choice-Fragen auf dem Prüfungsfragebogen gibt es immer nur vier Antwortmöglichkeiten, von denen immer nur **eine** Antwort richtig ist, die ggf. aus mehreren richtigen im Fundus ausgewählt wird.

Änderungen nach Redaktionsschluss und weitere Hinweise, die in dieser Ausgabe noch nicht berücksichtigt werden konnten, werden, soweit erforderlich, auf der Internetseite des Verlags (siehe Impressum auf Seite 4) zur Verfügung gestellt.

Für Fragen stehen wir Ihnen gern zur Verfügung – vorzugsweise per E-Mail: joerg.holzhaeuser@t-online.de, irena.meyer@chemsacon.com oder gefahrgutridder @t-online.de. Sie können uns aber auch über den Verlag erreichen (siehe Impressum auf Seite 4).

Ein besonderer Service des Verlags ist die Hinterlegung mit Graurasterung, die Änderungen gegenüber der vorherigen Auflage kennzeichnet. Bei neu eingefügten Fragen ist auch die komplette Frage markiert.

Jörg Holzhäuser, Altendiez
Irena Meyer, Hattersheim
Klaus Ridder, Siegburg

im Januar 2018

Inhaltsverzeichnis

[*)] Anmerkung des Verlags: Die Themenbereiche sind in Form von Codierungen unter der Nummer der jeweiligen Frage angegeben.

1 Gb-Prüfungsfragen

1.0 Fragenfundus für die Prüfung der Gefahrgutbeauftragten

Der Fragenfundus für die Prüfung der Gefahrgutbeauftragten wird unter Federführung des Deutschen Industrie- und Handelskammertages erarbeitet. Er ist die Basis für die Erstellung der Fragebogen für die Gefahrgutbeauftragtenprüfung.

Die vorliegende Fassung entspricht den z. Z. in Deutschland auf der Basis des Gefahrgutbeförderungsgesetzes veröffentlichten bzw. geltenden internationalen Gefahrgutrechtsvorschriften (ADR in der Fassung der 26. ADR-Änderungsverordnung/RID in der Fassung der 20. RID-Änderungsverordnung/ADN in der Fassung der 6. ADN-Änderungsverordnung/IMDG-Code – Amendment 38-16) sowie den am 1. Januar 2018 geltenden Verordnungen (GGVSEB, GGVSee, GGAV, GbV, GGKontrollV, ODV), Richtlinien und multilateralen Vereinbarungen.

Der überarbeitete Fundus wurde dem BMVI zugeleitet.

Allgemeine Hinweise:

– Der Fragenfundus umfasst inkl. zwei Seiten Informationen insgesamt 170 Seiten.[1]

– Der Fragenfundus kann auch teilweise ausgedruckt werden.

– Die einzelnen Bereiche „Nationale Rechtsvorschriften", „Verkehrsträgerübergreifender Teil", „Straße", „Eisenbahn", „Binnenschifffahrt" und „See" sind durch Zwischenüberschriften kenntlich gemacht.

– Im verkehrsträgerübergreifenden Teil enthalten alle Fragen Angaben, für welche Verkehrsträger diese relevant sind.

– Angaben in der Frage- und Aufgabenstellung, wie z. B. Benennung der gefährlichen Güter, UN-Nummer, Gefahrgutklasse[2], Verpackungsgruppe, Angaben zur Verpackung (Verpackungsart, Verpackungscodierung, Herstellungsjahr) und den anderen Gefahrgutumschließungen, Fahrzeug- und Beförderungsarten, Maß- und Gewichtsangaben sowie Verantwortliche und deren Pflichten sind beispielhaft aufgeführt und können durch äquivalente Angaben ersetzt werden.

– Die für die jeweilige Frage vergebene Punktzahl erscheint rechts neben dem Fragentext.

– Unterfragen einzelner Fallstudien können ggf. auch in anderen Fallstudien verwendet werden.

– Fallstudien werden in den Verlängerungsprüfungen nicht gestellt.

Stand: 1. Januar 2018

---

[1] *Anmerkung des Verlags: Die Seitenzahl bezieht sich auf die Originalfassung des DIHK.*
[2] *Anmerkung des Verlags: In den Fragen wird auch das Wort „Gefahrklasse" verwendet.*

1.1 Fragen zu nationalen Rechtsvorschriften

Hinweis: Die Zahl in Klammern gibt die erreichbare Punktzahl an.

1 **Nennen Sie zwei auf § 3 Abs. 1 des Gefahrgutbeförderungsgesetzes be-** (2)
ruhende Rechtsverordnungen!

2 **Welche Verpflichtungen hat der Unternehmer bei einer Betriebskontrolle** (1)
durch Bedienstete der zuständigen Überwachungsbehörde?

  A Er hat das Betreten der Räume seiner Speditionsabteilung zu dulden. ☐

  B Er muss grundsätzlich die zur Erfüllung der Aufgaben der Überwachungs- ☐
     behörden erforderlichen Auskünfte unverzüglich erteilen.

  C Er hat den Bediensteten der Überwachungsbehörden auf Verlangen Ver- ☐
     packungsmuster für eine amtliche Untersuchung zu übergeben.

  D Er muss bei ihm befindliche Beförderungspapiere über die Beförderung ge- ☐
     fährlicher Güter den Bediensteten zur Überprüfung in der Behörde mitgeben.

  E Er muss jede Frage der Bediensteten beantworten. ☐

  F Er muss den Bediensteten der Überwachungsbehörde Kopien der von ihm ☐
     bereitgestellten bzw. verwendeten schriftlichen Weisungen zur Verfügung
     stellen.

  G Er muss die Personalunterlagen des Gefahrgutbeauftragten zur Verfügung ☐
     stellen.

  H Er muss Kaufverträge über alle Investitionen für Gefahrgutfahrzeuge/-um- ☐
     schließungen vorlegen.

3 **Mit welchem Höchstmaß der Geldbuße sind Ordnungswidrigkeiten im Rah-** (1)
men der Gefahrgutbeauftragtenverordnung bedroht?

4 **Nennen Sie zwei Gesetze oder Rechtsverordnungen außerhalb der Gefahr-** (2)
guttransportvorschriften, von deren Regelungsbereich auch gefährliche
Güter erfasst werden!

5 **Welches der nachfolgend genannten Gesetze muss neben dem ADR speziell** (1)
beim Gefahrguttransport auf der Straße beachtet werden?

  A Das Sprengstoffgesetz ☐
  B Das Chemikaliengesetz ☐
  C Das Kreislaufwirtschaftsgesetz ☐
  D Das Atomgesetz ☐
  E Das Wasserhaushaltsgesetz ☐
  F Das Mutterschutzgesetz ☐
  G Das Betriebsverfassungsgesetz ☐
  H Das Berufsbildungsgesetz ☐
  I Das Bürgerliche Gesetzbuch ☐
  J Das Arbeitsförderungsgesetz ☐
  K Das Schwerbehindertengesetz ☐
  L Das Bundessozialhilfegesetz ☐
  M Das Umsatzsteuergesetz ☐

6 **Welches der nachfolgend genannten Gesetze muss neben dem IMDG-Code** (1)
speziell beim Gefahrgut-Seetransport beachtet werden?

  A Das Sprengstoffgesetz ☐
  B Das Chemikaliengesetz ☐

1.1 Nationale Rechtsvorschriften

C	Das Kreislaufwirtschaftsgesetz	☐
D	Das Atomgesetz	☐
E	Das Wasserhaushaltsgesetz	☐
F	Das Mutterschutzgesetz	☐
G	Das Betriebsverfassungsgesetz	☐
H	Das Berufsbildungsgesetz	☐
I	Das Bürgerliche Gesetzbuch	☐
J	Das Arbeitsförderungsgesetz	☐
K	Das Schwerbehindertengesetz	☐
L	Das Bundessozialhilfegesetz	☐
M	Das Umsatzsteuergesetz	☐

7   **Ein Gefahrgutbeauftragter muss nicht bestellt werden, wenn ...**   **(1)**

A   Unternehmen gefährliche Güter von nicht mehr als 50 Tonnen netto je Kalenderjahr für den Eigenbedarf in Erfüllung betrieblicher Aufgaben befördern, wobei dies bei radioaktiven Stoffen nur für solche der UN-Nummern 2908 bis 2911 gilt.   ☐

B   im Unternehmen ausreichend beauftragte Personen benannt sind.   ☐

C   nach Zustimmung der Berufsgenossenschaft ein Gefahrgutbeauftragter nicht erforderlich ist.   ☐

D   es sich um ein kommunales Unternehmen handelt.   ☐

E   sich im Unternehmen in den letzten drei Jahren kein Gefahrgutunfall ereignet hat.   ☐

F   alle Fahrer im Unternehmen eine gültige ADR-Schulungsbescheinigung vorweisen können.   ☐

G   nur Binnenschiffe für den Gefahrguttransport eingesetzt werden.   ☐

H   Gefahrgut nur in das Ausland befördert wird.   ☐

I   sich die Tätigkeit der Unternehmen auf die Beförderung gefährlicher Güter erstreckt, die nach den Bedingungen des Kapitels 3.4 und 3.5 ADR/RID/ADN/IMDG-Code freigestellt sind.   ☐

J   den Unternehmen ausschließlich Pflichten als Entlader zugewiesen und sie an der Beförderung gefährlicher Güter von nicht mehr als 50 Tonnen netto pro Kalenderjahr beteiligt sind.   ☐

K   wenn Gefahrgutbeförderungen ausschließlich im Luftverkehr durchgeführt werden.   ☐

L   sich die Tätigkeit der Unternehmen auf die Beförderung gefährlicher Güter erstreckt, die von den Vorschriften des ADR/RID/ADN/IMDG-Code freigestellt sind.   ☐

M   den Unternehmen ausschließlich Pflichten als Fahrzeugführer, Schiffsführer, Empfänger, Reisender, Hersteller und Rekonditionierer von Verpackungen und als Stelle für Inspektionen und Prüfungen von Großpackmitteln (IBC) zugewiesen sind.   ☐

N   den Unternehmen ausschließlich Pflichten als Auftraggeber des Absenders zugewiesen sind und sie an der Beförderung gefährlicher Güter von nicht mehr als 50 Tonnen netto je Kalenderjahr beteiligt sind, ausgenommen radioaktive Stoffe der Klasse 7 und gefährliche Güter der Beförderungskategorie 0 nach Absatz 1.1.3.6.3 ADR.   ☐

O   sich die Tätigkeit der Unternehmen auf die Beförderung gefährlicher Güter im Straßen-, Eisenbahn-, Binnenschiffs- oder Seeverkehr erstreckt, deren Mengen die in Unterabschnitt 1.1.3.6 ADR festgelegten höchstzulässigen Mengen nicht überschreiten.   ☐

8   In welchen Fällen muss ein Unternehmen keinen Gefahrgutbeauftragten be-   (2)
     stellen? Nennen Sie zwei Möglichkeiten gemäß Gefahrgutbeauftragtenver-
     ordnung!

9   Wie kann der Gefahrgutbeauftragte erreichen, dass die Geltungsdauer seines   (1)
     Schulungsnachweises verlängert wird?

     A   Durch Bestehen einer Verlängerungsprüfung   ☐

     B   Der Nachweis gilt ohne Verlängerung für die gesamte Zeit der Berufstätig-   ☐
          keit.

     C   Durch ein Bestätigungsschreiben seiner Firma über fünf Jahre ununterbro-   ☐
          chene Tätigkeit als Gefahrgutbeauftragter an die zuständige Industrie- und
          Handelskammer

     D   Aufgrund der Praktikerregelung braucht ein Schulungsnachweis nicht ver-   ☐
          längert zu werden.

     E   Der Schulungsnachweis verlängert sich automatisch, solange der Gefahr-   ☐
          gutbeauftragte in einem Unternehmen als solcher tätig ist.

     F   Er stellt einen Verlängerungsantrag bei der zuständigen Straßenverkehrs-   ☐
          behörde.

     G   Durch Teilnahme an einem Fortbildungslehrgang   ☐

10   Wie kann ein Gefahrgutbeauftragter erreichen, dass sein Schulungsnachweis   (1)
     verlängert wird?

11   Der Gb-Schulungsnachweis nach einer Grundschulung und bestandener Prü-   (1)
     fung hat eine Gültigkeitsdauer ...

     A   von 5 Jahren.   ☐

     B   von einem Jahr.   ☐

     C   von 2 Jahren.   ☐

     D   von 8 Jahren.   ☐

     E   von 10 Jahren.   ☐

     F   für den gesamten Zeitraum der Tätigkeit als Gefahrgutbeauftragter.   ☐

12   Wie lange ist ein Gb-Schulungsnachweis nach einer Grundschulung und be-   (1)
     standener Prüfung gültig?

13   Unter welcher Voraussetzung ist die Bestellung eines externen Gefahrgut-   (1)
     beauftragten zulässig?

     A   Der externe Gefahrgutbeauftragte muss Inhaber eines gültigen Schulungs-   ☐
          nachweises sein.

     B   Nur wenn im Unternehmen ein geeigneter Bewerber nicht gefunden werden   ☐
          konnte

     C   Wenn der Betriebsrat zugestimmt hat   ☐

     D   Nur wenn das vorgeschriebene Mindestalter von 25 Jahren erreicht ist   ☐

     E   Ein externer Gefahrgutbeauftragter muss über Führerschein und ADR-Schu-   ☐
          lungsbescheinigung verfügen.

     F   Die Bestellung des Gefahrgutbeauftragten muss der IHK gemeldet werden.   ☐

14   Welche Voraussetzung muss ein Gefahrgutbeauftrager erfüllen, damit er be-   (1)
     stellt werden kann?

1.1 Nationale Rechtsvorschriften

15   **Welches ist eine der Aufgaben des Gefahrgutbeauftragten?**   **(1)**

A   Überwachung der Einhaltung der Vorschriften für die Beförderung gefähr-   ☐
     licher Güter

B   Beratung des Unternehmers bei den Tätigkeiten im Zusammenhang mit der   ☐
     Beförderung gefährlicher Güter

C   Erstellen eines Jahresberichts   ☐

D   Informationsanlaufstelle für Polizei und sonstige Behörden   ☐

E   Erstellung der Jahresmeldung an das Kraftfahrtbundesamt   ☐

F   Selbstständige Durchführung aller Gefahrgutschulungen im Unternehmen   ☐

G   Aufbau einer Gefahrgutdatenbank   ☐

H   Ausbildung der Fahrzeugführer nach 8.2 ADR   ☐

I   Bezug mindestens einer Gefahrgut-Fachzeitschrift   ☐

J   Jährliche Teilnahme an einer Gefahrgut-Fachtagung   ☐

16   **Nennen Sie zwei Aufgaben des Gefahrgutbeauftragten!**   **(2)**

17   **Welche Antwort ist richtig, wenn es beim Be- oder Entladen durch das Frei-**   **(1)**
         setzen von gefährlichen Gütern zu einem Personenschaden gekommen ist?

A   Der Gefahrgutbeauftragte hat dafür zu sorgen, dass der Unfallbericht nach   ☐
     Eingang aller sachdienlichen Auskünfte erstellt wird.

B   Der Gefahrgutbeauftragte hat den Unfallbericht selbst zu erstellen, sobald er   ☐
     alle sachdienlichen Hinweise ermittelt hat.

C   Die Feuerwehr hat den Unfallbericht zu erstellen und an das Umweltbundes-   ☐
     amt zu übermitteln.

D   Der Unternehmer hat den Unfallbericht zu erstellen, damit dieser dem Unfall-   ☐
     bericht für die Haftpflichtversicherung entspricht.

E   Es muss kein Unfallbericht erstellt werden, da es sich nicht um einen Unfall   ☐
     im Sinne der GbV handelt.

18   **Welche Antwort ist richtig, wenn bei einem Gefahrguttransport Personen**   **(1)**
         durch Freisetzen von gefährlichen Gütern zu Schaden gekommen sind?

A   Der Gefahrgutbeauftragte ist dafür verantwortlich, dass der Unfallbericht   ☐
     nach Eingang aller sachdienlichen Auskünfte erstellt wird.

B   Der Gefahrgutbeauftragte hat den Unfallbericht selbst zu erstellen, sobald er   ☐
     alle sachdienlichen Hinweise ermittelt hat.

C   Die Feuerwehr hat den Unfallbericht zu erstellen und an das Umweltbundes-   ☐
     amt zu übermitteln.

D   Der Unternehmer hat den Unfallbericht zu erstellen, damit dieser dem Unfall-   ☐
     bericht für die Haftpflichtversicherung entspricht.

E   Es muss kein Unfallbericht erstellt werden, da es sich nicht um einen Unfall   ☐
     im Sinne der GbV handelt.

19   **In welchen Fällen muss der Gefahrgutbeauftragte dafür sorgen, dass ein Un-**   **(2)**
         fallbericht erstellt wird?

20   **In welcher Rechtsvorschrift sind die Verbotszeichen für Gefahrguttransporte**   **(1)**
         im Straßenverkehr zu finden?

A   Im Güterkraftverkehrsgesetz   ☐

B   Im Personenbeförderungsgesetz   ☐

C   In der Straßenverkehrsordnung   ☐

D	Im Gefahrgutbeförderungsgesetz	☐
E	Im Fahrpersonalgesetz	☐
F	In der GGVSEB	☐

21   **In welcher Rechtsvorschrift sind die Verbotszeichen für Gefahrguttransporte   (1)
im Straßenverkehr zu finden?**

22   **Über welche Rechte verfügt der Gefahrgutbeauftragte gegenüber dem Unter-   (1)
nehmer?**

A	Er hat ein Vortragsrecht gegenüber der entscheidenden Stelle im Unternehmen.	☐
B	Bestehen organisatorische Mängel bei der Gefahrgutabwicklung, hat der Gefahrgutbeauftragte ein Weisungsrecht gegenüber dem Unternehmer.	☐
C	Er hat ein eigenständiges Informationsrecht gegenüber den Medien im Namen des Unternehmers.	☐
D	Er kann dem Unternehmer die Durchführung von Gefahrguttransporten verbieten.	☐
E	Er kann einem Arbeitnehmer des Unternehmens, der gegen die Gefahrgutvorschriften verstößt, eine Abmahnung schicken.	☐
F	Er muss alle zur Wahrnehmung seiner Tätigkeit erforderlichen sachdienlichen Auskünfte und Unterlagen erhalten.	☐
G	Er muss die notwendigen Mittel zur Aufgabenwahrnehmung erhalten.	☐
H	Er muss zu vorgesehenen Vorschlägen auf Änderung oder Anträgen auf Abweichung von den Vorschriften über die Beförderung gefährlicher Güter Stellung nehmen können.	☐

23   **Welche Rechte hat der Gefahrgutbeauftragte gegenüber dem Unternehmer?   (2)
Nennen Sie zwei?**

24   **Wie lange ist der Jahresbericht des Gefahrgutbeauftragten aufzubewahren?**   **(1)**

25   **Wie lange ist der Jahresbericht des Gefahrgutbeauftragten aufzubewahren?**   **(1)**

A	Fünf Jahre	☐
B	Ein Jahr	☐
C	Drei Jahre	☐
D	Zehn Jahre	☐

26   **Der Jahresbericht des Gefahrgutbeauftragten muss erstellt werden ...**   **(1)**

A	spätestens 6 Monate nach Ablauf des Geschäftsjahres.	☐
B	am letzten Tag des jeweiligen Geschäftsjahres.	☐
C	einen Monat nach Ablauf des Geschäftsjahres.	☐
D	12 Monate nach Ablauf des Geschäftsjahres.	☐

27   **Innerhalb welchen Zeitraumes muss der Gefahrgutbeauftragte den Jahres-   (1)
bericht erstellen?**

28   **In welchem Paragraphen der GGVSEB sind die Ordnungswidrigkeiten auf-   (1)
geführt?**

29   **In welchem Paragraphen der GGVSee sind die Ordnungswidrigkeiten auf-   (1)
geführt?**

1.1 Nationale Rechtsvorschriften

30   **Bei welchen Beförderungen gefährlicher Güter gilt die GGVSEB?**   **(1)**

A   Von Deutschland nach Frankreich ☐

B   Innerhalb Deutschlands ☐

C   Von Deutschland in die Schweiz ☐

D   Von Frankreich nach Spanien ☐

E   Von Russland nach Polen ☐

F   Von Österreich in die Schweiz ☐

31   **In welchem Regelwerk werden innerstaatlich abweichende Vorschriften vom RID festgelegt?**   **(1)**

A   In den besonderen Vorschriften für die einzelnen Klassen des RID ☐

B   Im Teil 1 des RID ☐

C   In den Bemerkungen im Teil 2 des RID ☐

D   In der Anlage 2 zur GGVSEB ☐

32   **In welchem Regelwerk werden innerstaatlich abweichende Vorschriften vom ADR festgelegt?**   **(1)**

A   In den besonderen Vorschriften für die einzelnen Klassen des ADR ☐

B   Im Teil 1 des ADR ☐

C   In den Bemerkungen im Teil 2 des ADR ☐

D   In der Anlage 2 zur GGVSEB ☐

33   **Wer ist Verlader im Sinne der GGVSEB?**   **(2)**

34   **Wer ist Absender im Sinne der GGVSEB?**   **(1)**

A   Wer das Gut herstellt ☐

B   Das Unternehmen, das selbst gefährliche Güter versendet ☐

C   Wer das Gut verpackt ☐

D   Wer das Gut verlädt ☐

E   Das Unternehmen, das gefährliche Güter in einen Kesselwagen befüllt ☐

35   **Wer ist Auftraggeber des Absenders im Sinne der GGVSEB?**   **(2)**

36   **Wer ist Verpacker im Sinne der GGVSEB?**   **(2)**

37   **Welche Ordnungswidrigkeiten kann der Gefahrgutbeauftragte nach der GbV begehen? Nennen Sie zwei Möglichkeiten!**   **(2)**

38   **Wo gelten die Ausnahmen nach GGAV?**   **(1)**

A   In Deutschland (innerstaatliche Beförderung) ☐

B   Auf der Teilstrecke in Deutschland (grenzüberschreitende Beförderung) ☐

C   In der EU (innergemeinschaftliche Beförderung) ☐

D   Geregelt in der jeweiligen Ausnahme ☐

E   Im Ausland ☐

F   Im Luftverkehr ☐

39   **Wie lange haben Ausnahmen der GGAV Gültigkeit?**   **(1)**

A   Unbegrenzt, wenn nicht die Geltungsdauer ausdrücklich bestimmt ist ☐

B   Grundsätzlich 3 Jahre ☐

C   Immer bis Jahresende ☐

D   Immer 5 Jahre ☐

E   Jeweils 12 Monate ☐

40   Welche Bedeutung hat der Buchstabe „B" im Zusammenhang mit der An-   (1)
      wendung einer Ausnahme nach der Gefahrgut-Ausnahmeverordnung?

      A   Bergungsverpackung   ☐
      B   Beförderungseinheit   ☐
      C   Bedecktes Fahrzeug   ☐
      D   Betriebserlaubnis   ☐
      E   Bauliche Ausrüstung   ☐
      F   Geltungsbereich Binnenschifffahrt   ☐
      G   Beförderungsvorschrift   ☐
      H   Behältnis ist bauartgeprüft.   ☐
      I   Brennbar   ☐
      J   Bundesverkehrsministerium   ☐

41   Welche Bedeutung hat der Buchstabe „M" im Zusammenhang mit der An-   (1)
      wendung einer Ausnahme nach der Gefahrgut-Ausnahmeverordnung?

      A   Geltungsbereich Seeschifffahrt   ☐
      B   Multilaterale Vereinbarungen   ☐
      C   Meeresverunreinigungen   ☐
      D   Anlage M der GGVSee   ☐
      E   Monatliche Geltungsdauer   ☐

42   Welche Bedeutung hat der Buchstabe „E" im Zusammenhang mit der An-   (1)
      wendung einer Ausnahme nach der Gefahrgut-Ausnahmeverordnung?

      A   Geltungsbereich Eisenbahn   ☐
      B   Eigenbeförderung   ☐
      C   Eilbeförderung   ☐
      D   Anlage E der GGVSEB   ☐
      E   Expresszustellung   ☐

43   Welche Bedeutung hat der Buchstabe „S" im Zusammenhang mit der An-   (1)
      wendung einer Ausnahme nach der Gefahrgut-Ausnahmeverordnung?

      A   Geltungsbereich Binnenschifffahrt   ☐
      B   Geltungsbereich Sicherheit   ☐
      C   Sicherheitsventil   ☐
      D   Sammeleintragung   ☐
      E   Saug-Druck-Tank für Abfälle   ☐
      F   Geltungsbereich Straßenverkehr   ☐
      G   Sondervorschriften   ☐
      H   Anlage S der GGVSee   ☐
      I   Saug-Druck-Tankwagen   ☐
      J   Geltungsbereich Schienenverkehr   ☐
      K   Selbstentzündliches Gefahrgut   ☐

44   **Für welchen Verkehrsträger findet eine Ausnahme der Gefahrgut-Ausnahme-**   (1)
      verordnung Anwendung, die mit dem Buchstaben „B" gekennzeichnet ist?

45   **Für welchen Verkehrsträger findet eine Ausnahme der Gefahrgut-Ausnahme-**   (1)
      verordnung Anwendung, die mit dem Buchstaben „M" gekennzeichnet ist?

46   **Für welchen Verkehrsträger findet eine Ausnahme der Gefahrgut-Ausnahme-**   (1)
      verordnung Anwendung, die mit dem Buchstaben „S" gekennzeichnet ist?

1.1 Nationale Rechtsvorschriften

47   Für welchen Verkehrsträger findet eine Ausnahme der Gefahrgut-Ausnahme-   (1)
      verordnung Anwendung, die mit dem Buchstaben „E" gekennzeichnet ist?

48   Ein Unternehmen versendet 1 000 kg eines gefährlichen Gutes (Verpackungs-   (2)
      gruppe I) per Binnenschiff nach Rotterdam. Der Gefahrgutbeauftragte des
      Unternehmens besitzt den Schulungsnachweis für Straßen- und Seeverkehr.
      Ist dies ausreichend? Begründen Sie Ihre Antwort!

49   Ein Unternehmen versendet 100 t eines gefährlichen Gutes per Schiff nach   (2)
      Übersee. Der Gefahrgutbeauftragte des Unternehmens besitzt den Schu-
      lungsnachweis für Straßen- und Binnenschiffsverkehr. Ist dies ausreichend?
      Begründen Sie Ihre Antwort!

50   Ein Unternehmen versendet 1 000 kg eines gefährlichen Gutes (Verpackungs-   (2)
      gruppe I) per Binnenschiff nach Rotterdam. Der Gefahrgutbeauftragte des
      Unternehmens besitzt den Schulungsnachweis für Schienen- und Seever-
      kehr. Ist dies ausreichend? Begründen Sie Ihre Antwort!

51   Ein Unternehmen versendet 1 000 kg eines gefährlichen Gutes (Verpackungs-   (2)
      gruppe I) per Binnenschiff nach Rotterdam. Der Gefahrgutbeauftragte des
      Unternehmens besitzt den Schulungsnachweis für Straßenverkehr. Ist dies
      ausreichend? Begründen Sie Ihre Antwort!

52   Wie lange hat der Gefahrgutbeauftragte die Aufzeichnungen über seine Über-   (1)
      wachungstätigkeit mindestens aufzubewahren?

53   Nennen Sie zwei Punkte, die der Jahresbericht des Gefahrgutbeauftragten   (2)
      nach GbV enthalten muss!

54   Welche Bedeutung hat die Straßenverkehrsordnung speziell für die Beförde-   (1)
      rung gefährlicher Güter?

      A   In der Straßenverkehrsordnung gibt es bestimmte Verhaltensregeln, von   ☐
           denen nur die Fahrer von Gefahrguttransporten betroffen sind.

      B   Die Straßenverkehrsordnung kennt Sonderverkehrszeichen, die nur von   ☐
           Gefahrgutfahrern zu beachten sind.

      C   Die Straßenverkehrsordnung regelt nur den Transport gefährlicher Güter   ☐
           mit Pkw.

      D   In der Straßenverkehrsordnung gibt es Sondervorschriften, die nur für den ☐
           Transport explosiver Güter gelten.

      E   Die Straßenverkehrsordnung muss nur von Fahrern der Klasse 1 beachtet   ☐
           werden.

      F   Die Straßenverkehrsordnung muss nur von Fahrern der Klasse 7 beachtet   ☐
           werden.

      G   Die Straßenverkehrsordnung schließt einige Gefahrgüter von der Beförde- ☐
           rung auf der Straße aus.

55   In welchem amtlichen Bekanntmachungsmedium in Deutschland wird das   (1)
      RID verkündet?

      A   Im „Handelsblatt"   ☐

      B   Im Bundesgesetzblatt Teil II   ☐

      C   Im „Börsenblatt"   ☐

      D   Im Gefahrgutgesetzblatt   ☐

      E   In der GbV   ☐

56   **In welchem amtlichen Bekanntmachungsmedium in Deutschland wird das**   **(1)**
      ADR verkündet?

      A   Im Bundesgesetzblatt Teil II   ☐

      B   Im „Handelsblatt"   ☐

      C   Im „Börsenblatt"   ☐

      D   Im Gefahrgutgesetzblatt   ☐

      E   In der GbV   ☐

57   **In welchem amtlichen Bekanntmachungsmedium in Deutschland wird die**   **(1)**
      GGVSee verkündet?

      A   Im Bundesgesetzblatt Teil I   ☐

      B   Im „Handelsblatt"   ☐

      C   Im „Börsenblatt"   ☐

      D   Im Gefahrgutgesetzblatt   ☐

      E   Im Amtsblatt der EG   ☐

      F   In den Verkehrsnachrichten   ☐

58   **In welchem amtlichen Bekanntmachungsmedium in Deutschland wird die**   **(1)**
      GGVSEB verkündet?

      A   In den Verkehrsnachrichten   ☐

      B   Im Amtsblatt der EG   ☐

      C   Im Gefahrgutgesetzblatt   ☐

      D   Im „Börsenblatt"   ☐

      E   Im „Handelsblatt"   ☐

      F   Im Bundesgesetzblatt Teil I   ☐

59   **In welchem amtlichen Bekanntmachungsmedium in Deutschland wird das**   **(1)**
      ADN verkündet?

      A   Im „Handelsblatt"   ☐

      B   Im „Börsenblatt"   ☐

      C   Im Bundesgesetzblatt Teil II   ☐

      D   Im Gefahrgutgesetzblatt   ☐

      E   In der GbV   ☐

60   **In welchem amtlichen Bekanntmachungsmedium in Deutschland wird die**   **(1)**
      Gefahrgut-Ausnahmeverordnung verkündet?

      A   Im Amtsblatt der EG   ☐

      B   Im Bundesgesetzblatt Teil I   ☐

      C   In den Verkehrsnachrichten   ☐

      D   Im Gefahrgutgesetzblatt   ☐

      E   Im „Handelsblatt"   ☐

      F   Im „Börsenblatt"   ☐

61   **Nennen Sie drei Pflichten des Unternehmers nach der GbV!**   **(3)**

62   **Nennen Sie drei Pflichten des Gefahrgutbeauftragten!**   **(3)**

1.2   Fragen zum verkehrsträgerübergreifenden Teil

Hinweis: *Die Zahl in Klammern gibt die erreichbare Punktzahl an.*
Redaktionell eingefügte Codes zu den Themenbereichen stehen jeweils unter der Fragennummer.

63   **Welche Bedeutung hat die obere Zahl auf der orangefarbenen Tafel?**   **(1)**
(POT)   A   Es handelt sich um die Nummer zur Kennzeichnung der Gefahr.   ☐

B   Es handelt sich um die Nummer zur Kennzeichnung des Stoffes oder   ☐
Gegenstandes nach den UN-Modellvorschriften.

C   Es handelt sich um eine Zahl zur Bestimmung der Verpackungsgruppe.   ☐

D   Es handelt sich um eine Zahl, die den Dampfdruck bei 50 °C angibt.   ☐

E   Es handelt sich um den Abfallschlüssel bei der Beförderung von Abfall.   ☐

Zulässige Verkehrsträger: Straße, Eisenbahn, Binnenschifffahrt

64   **Welche Bedeutung hat die untere Zahl auf der orangefarbenen Tafel?**   **(1)**
(POT)   A   Es handelt sich um die Nummer zur Kennzeichnung des Stoffes oder   ☐
Gegenstandes gemäß den UN-Modellvorschriften.

B   Es handelt sich um die Nummer zur Kennzeichnung der Gefahr.   ☐

C   Es handelt sich um die maximal zulässige Lademenge.   ☐

D   Es handelt sich um die Transportkennzahl (TI).   ☐

E   Es handelt sich um die Äquivalentdosis.   ☐

F   Es handelt sich um die höchstzulässige Gesamtmenge je Beförderungs-   ☐
einheit.

G   Es handelt sich um den Abfallschlüssel bei der Beförderung von Abfall.   ☐

Zulässige Verkehrsträger: Straße, Eisenbahn, Binnenschifffahrt

65   **Was versteht man unter der UN-Nummer im Sinne der Gefahrgutvorschrif-**   **(2)**
(VS)   **ten?**

Zulässige Verkehrsträger: Straße, Eisenbahn, Binnenschifffahrt

66   **Was versteht man unter der UN-Nummer im Sinne der Gefahrgutvorschrif-**   **(1)**
(VS)   **ten?**

A   Die UN-Nummer gibt die höchste Nettomasse je Außenverpackung an.   ☐

B   Eine Nummer zur Kennzeichnung von Stoffen oder Gegenständen gemäß   ☐
UN-Modellvorschriften

C   Die UN-Nummer ist die Zulassungsnummer eines Versandstückes mit ge-   ☐
fährlichen Gütern.

D   Die UN-Nummer gibt das Jahr der Herstellung an.   ☐

E   Die UN-Nummer gibt die Gesamtmenge an Gefahrgut in einem Versand-   ☐
stück an.

F   Die UN-Nummer ist ein Teil des Tunnelbeschränkungscodes.   ☐

G   Mit der UN-Nummer wird die Verpackungsgruppe konkretisiert.   ☐

H   Die UN-Nummer gibt die höchstzulässige Bruttomasse bei Versandstücken   ☐
mit begrenzten Mengen an.

Zulässige Verkehrsträger: Straße, Eisenbahn, Binnenschifffahrt

67   **Auf welche Gefahr weist die Zahl 323 im oberen Teil der orangefarbenen Tafel**   **(2)**
(POT)   **hin?**

Zulässige Verkehrsträger: Straße, Eisenbahn, Binnenschifffahrt

Übergreifend

68   Welche Nummer zur Kennzeichnung der Gefahr steht für einen Stoff mit fol-   (1)
(POT)   genden Eigenschaften: sehr giftiger fester Stoff, entzündbar oder selbsterhit-
zungsfähig?

A   664   ☐

B   669   ☐

C   44   ☐

D   26   ☐

E   X886   ☐

F   623   ☐

G   X333   ☐

Zulässige Verkehrsträger: Straße, Eisenbahn, Binnenschifffahrt

69   In welchem Kapitel befinden sich für einen Stoff oder Gegenstand die jeweils   (1)
(POT)   zugeordnete Nummer zur Kennzeichnung der Gefahr und die UN-Nummer
auf orangefarbenen Tafeln?

Zulässige Verkehrsträger: Straße, Eisenbahn, Binnenschifffahrt

70   Welche Bedeutung haben die nachstehende Nummer zur Kennzeichnung der   (3)
(POT)   Gefahr und die UN-Nummer auf der orangefarbenen Tafel?

46

2926

46 = ...

2926 = ...

Zulässige Verkehrsträger: Straße, Eisenbahn, Binnenschifffahrt

71   Welche Gefahrzettel sind UN 2683 Ammoniumsulfid, Lösung, zugeordnet?   (1)
(MK)   Zulässige Verkehrsträger: Straße, Eisenbahn, Binnenschifffahrt, See

72   Ein Container enthält UN 1499 zur Beförderung in loser Schüttung. Geben Sie   (1)
(POT)   die Nummer des Großzettels (Placards) an!

Zulässige Verkehrsträger: Straße, Eisenbahn, Binnenschifffahrt, See

73   UN 1794 Bleisulfat mit 2 % freier Säure soll in Versandstücken befördert wer-   (3)
(POT)   den. Müssen an den Versandstücken Gefahrzettel nach Muster 8 angebracht
werden? Antworten Sie mit „Ja" oder „Nein" und begründen Sie Ihre Antwort!

Zulässige Verkehrsträger: Straße, Eisenbahn, Binnenschifffahrt, See

74   Welches Kennzeichen muss auf einem Versandstück angebracht sein, das   (1)
(MK)   UN 1700 enthält?

Zulässige Verkehrsträger: See

75   Welches Kennzeichen muss auf einem Versandstück angebracht sein, das   (1)
(MK)   UN 1333 enthält? Die Kriterien des Absatzes 2.2.9.1.10 treffen für dieses
Gefahrgut nicht zu.

Zulässige Verkehrsträger: Straße, Eisenbahn, Binnenschifffahrt

76   Welche Kennzeichen müssen auf einem Versandstück (= zusammengesetzte   (2)
(MK)   Verpackung mit Innenverpackungen von jeweils 1 l und einer Gesamtbrutto-
masse von 35 kg) angebracht sein, das UN 1805 enthält? Die Kriterien des
Absatzes 2.2.9.1.10 treffen für dieses Gefahrgut nicht zu.

Zulässige Verkehrsträger: Straße, Eisenbahn, Binnenschifffahrt

1.2 Verkehrsträgerübergreifender Teil

77
(MK)
Welche **Kennzeichen** müssen, neben den Gefahrzetteln, auf einem Versand-   (3)
stück (= zusammengesetzte Verpackung mit Innenverpackungen von jeweils
1 l und einer Gesamtbruttomasse von 35 kg) angebracht sein, das UN 1805
enthält? Die Kriterien des Kapitels 2.10 treffen für dieses Gefahrgut nicht zu.

Zulässige Verkehrsträger: See

78
(MK)
Welches Kennzeichen muss auf einer zusammengesetzten Verpackung mit   (3)
einem Gewicht von 35 kg angebracht sein, die UN 1950 Druckgaspackungen,
entzündbar (Fassungsraum je 200 ml) enthält?

Zulässige Verkehrsträger: Straße, Eisenbahn, Binnenschifffahrt, See

79
(MK)
Mit welchem Kennzeichen müssen **Versandstücke mit** Lithium-Ionen-   (2)
Batterien versehen sein, die gemäß Sondervorschrift 188 befördert werden?

Zulässige Verkehrsträger: Straße, Eisenbahn, Binnenschifffahrt, See

80
(MK)
Eine Palette mit **mehreren** Versandstücken unterschiedlicher Gefahrgüter,   (1)
deren Zusammenladung zulässig ist, ist mit einer undurchsichtigen Folie
umwickelt. Wo müssen die Gefahrzettel angebracht sein?

A	Auf der Folie und auf den Versandstücken	☐
B	Nur auf den Versandstücken	☐
C	Nur auf der Folie	☐
D	Auf dem Container	☐
E	Nur am Fahrzeug	☐
F	Nur an der Beförderungseinheit	☐
G	Nur an einer CTU	☐
H	Nur auf einem MEMU	☐
I	Auf einer solchen Palette müssen keine Gefahrzettel angebracht sein.	☐

Zulässige Verkehrsträger: Straße, Eisenbahn, Binnenschifffahrt, See

81
(MK)
(R)
Ein freigestelltes Versandstück der Klasse 7 ist mit UN 2910 gekennzeichnet.   (1)
Welches zusätzliche Kennzeichen ist erforderlich?

A	Es sind keine weiteren Kennzeichen erforderlich.	☐
B	Gefahrzettel Nr. 7A, 7B oder 7C	☐
C	Gefahrzettel Nr. 7E	☐
D	Großzettel (Placard) Muster 7D	☐
E	Angabe zur Identifikation des Absenders und/oder Empfängers	☐

Zulässige Verkehrsträger: Straße, Eisenbahn, Binnenschifffahrt, See

82
(MK)
(R)
Mit welcher Kennzahl müssen bei Versandstücken Gefahrzettel nach Muster   (1)
Nr. 7E ergänzt werden?

A	Kritikalitätssicherheitskennzahl (CSI)	☐
B	Criticality Safety Index (CSI)	☐
C	Transport Index (TI)	☐
D	Transportkennzahl (TI)	☐
E	Nummer des Zulassungszeugnisses	☐
F	Anzahl der Innenverpackungen	☐
G	Maximale Aktivität des radioaktiven Inhalts	☐
H	Atomzahl des Radionuklids	☐
I	Elektronenpotenzial	☐
J	UN-Nummer	☐

Zulässige Verkehrsträger: Straße, Eisenbahn, Binnenschifffahrt, See

83   Welche Form und Seitenlänge müssen Gefahrzettel haben?   (2)
(MK)
(R)   Zulässige Verkehrsträger: Straße, Eisenbahn, Binnenschifffahrt, See

84   Wo müssen Gefahrzettel nach Muster 7A (Kategorie I-WEISS), 7B (Kategorie   (1)
(MK) II-GELB) oder 7C (Kategorie III-GELB) an einem Versandstück angebracht
(R)   sein?

      A   An zwei gegenüberliegenden Seiten   ☐
      B   Auf allen Außenseiten   ☐
      C   Oben und auf zwei gegenüberliegenden Seiten   ☐
      D   Nur auf einer Außenseite   · ☐
      E   Auf keiner Außenseite   ☐

      Zulässige Verkehrsträger: Straße, Eisenbahn, Binnenschifffahrt, See

85   Ab welcher Bruttomasse muss ein Versandstück, das Stoffe der Klasse 7 ent- (1)
(MK) hält, mit der zulässigen Bruttomasse gekennzeichnet sein?
(R)
      A   Mehr als 50 kg   ☐
      B   Bis 25 kg   ☐
      C   Mehr als 50 l   ☐
      D   Mehr als 10 kg und bis 25 kg   ☐
      E   Die Kennzeichnung ist immer erforderlich.   ☐

      Zulässige Verkehrsträger: Straße, Eisenbahn, Binnenschifffahrt, See

86   Welche zwei Bedingungen bestimmen die Kategorie I-WEISS, II-GELB oder   (2)
(MK) III-GELB eines Versandstückes?
(R)   Zulässige Verkehrsträger: Straße, Eisenbahn, Binnenschifffahrt, See

87   Geben Sie die Nummer des Gefahrzettels an, der an einem Versandstück   (2)
(MK) (Transportkennzahl 3, Dosisleistung/Außenfläche 1 mSv/h) anzubringen ist!
(R)   Zulässige Verkehrsträger: Straße, Eisenbahn, Binnenschifffahrt, See

88   In welchem Absatz sind die Muster für Gefahrzettel abgebildet?   (2)
(MK) Zulässige Verkehrsträger: Straße, Eisenbahn, Binnenschifffahrt, See

89   In welchem Unterabschnitt wird die Bedeutung der Nummern zur Kennzeich-   (2)
(POT) nung der Gefahr erläutert?
      Zulässige Verkehrsträger: Straße, Eisenbahn, Binnenschifffahrt

90   Dürfen auf Gasflaschen Gefahrzettel angebracht werden, deren Abmessung   (2)
(MK) kleiner als 100 × 100 mm ist? Geben Sie auch den Absatz der Fundstelle an!
      Zulässige Verkehrsträger: Straße, Eisenbahn, Binnenschifffahrt, See

91   Darf auf Gasflaschen das Kennzeichen für umweltgefährdende Stoffe mit   (2)
(MK) kleineren Abmessungen als 100 × 100 mm angebracht sein? Geben Sie auch
      den Absatz der Fundstelle an!
      Zulässige Verkehrsträger: Straße, Eisenbahn, Binnenschifffahrt, See

92   Müssen Versandstücke mit Nickel-Metallhydrid-Batterien, die in Ausrüstun- (3)
(MK) gen verpackt sind, gekennzeichnet werden? Antworten Sie mit „Ja" oder
      „Nein" und begründen Sie Ihre Antwort!
      Zulässige Verkehrsträger: Straße, Eisenbahn, Binnenschifffahrt, See

Übergreifend

1.2 Verkehrsträgerübergreifender Teil

Übergreifend

93	Ein Versandstück mit einer Bruttomasse von 25 kg enthält mehrere Innenver-	(3)
(LQ)	packungen mit jeweils 750 ml Aceton. Darf das Versandstück als in begrenz-	
	ten Mengen verpackte gefährliche Güter befördert werden? Geben Sie auch	
	die zutreffenden Abschnitte für Ihre Lösung an!	

Zulässige Verkehrsträger: Straße, Eisenbahn, Binnenschifffahrt, See

94	Ein Großpackmittel mit einem Fassungsraum von 1 000 l enthält eine Kalium-	(4)
(MK)	hydroxidlösung. Welches Kennzeichen ist zusätzlich zu den Gefahrzetteln er-	
	forderlich und wo muss es angebracht werden? Die Kriterien des Abschnitts	
	2.9.3 und des Kapitels 2.10 treffen für dieses Gefahrgut nicht zu.	

Zulässige Verkehrsträger: See

95	Ein Großpackmittel mit einem Fassungsraum von 1 000 l enthält eine Kalium-	(3)
(MK)	hydroxidlösung. Welches Kennzeichen ist zusätzlich zu den Gefahrzetteln er-	
	forderlich und wo muss es angebracht werden? Die Kriterien des Absatzes	
	2.2.9.1.10 treffen für dieses Gefahrgut nicht zu.	

Zulässige Verkehrsträger: Straße, Eisenbahn, Binnenschifffahrt

96	Mehrere Versandstücke mit festen, nicht umweltgefährdenden Stoffen unter-	(3)
(MK)	schiedlicher UN-Nummern werden auf einer Palette transportiert, die mit	
	einer undurchsichtigen Folie umwickelt ist. Welche Kennzeichen sind zusätz-	
	lich zu den Gefahrzetteln erforderlich?	

Zulässige Verkehrsträger: Straße, Eisenbahn, Binnenschifffahrt

97	Mehrere Versandstücke mit festen, nicht umweltgefährdenden Stoffen unter-	(4)
(MK)	schiedlicher UN-Nummern werden auf einer Palette transportiert, die mit	
	einer undurchsichtigen Folie umwickelt ist. Welche Kennzeichen sind zusätz-	
	lich zu den Gefahrzetteln erforderlich?	

Zulässige Verkehrsträger: See

98	Mehrere Versandstücke, die gefährliche feste Stoffe ohne umweltgefährden-	(3)
(MK)	de Eigenschaften enthalten, sollen in einer Bergungsverpackung transpor-	
	tiert werden. Welche Kennzeichen sind zusätzlich zu den Gefahrzetteln für	
	die Bergungsverpackung erforderlich?	

Zulässige Verkehrsträger: Straße, Eisenbahn, Binnenschifffahrt

99	Mehrere Versandstücke, die feste gefährliche Stoffe ohne umweltgefährden-	(4)
(MK)	de Eigenschaften enthalten, sollen in einer Bergungsverpackung transpor-	
	tiert werden. Welche Kennzeichen sind zusätzlich zu den Gefahrzetteln für	
	die Bergungsverpackung erforderlich?	

Zulässige Verkehrsträger: See

100	An welchen Stellen müssen an einem Versandstück mit einem entzündbaren	(1)
(MK)	flüssigen Stoff und einem Fassungsraum von weniger als 450 l Gefahrzettel	
	angebracht werden?	

A	Auf einer Seite	☐
B	Auf allen Außenseiten	☐
C	Auf zwei gegenüberliegenden Seiten	☐
D	Auf zwei gegenüberliegenden Seiten und oben	☐
E	Auf der oberen Seite	☐
F	Auf keiner Seite	☐

Zulässige Verkehrsträger: Straße, Eisenbahn, Binnenschifffahrt, See

Übergreifend

101
(MK)
Wo müssen an Großpackmitteln mit einem Fassungsraum von mehr als 450 l, (2)
die gefährliche Güter enthalten, Gefahrzettel angebracht werden?

Zulässige Verkehrsträger: Straße, Eisenbahn, Binnenschifffahrt, See

102
(MK)
Wo müssen an Großpackmitteln mit einem Fassungsraum von mehr als 450 l, (2)
die gefährliche Güter enthalten, die UN-Nummern angebracht werden?

Zulässige Verkehrsträger: Straße, Eisenbahn, Binnenschifffahrt, See

103
(MK)
Nennen Sie die Sondervorschrift, nach der bei der Beförderung von Versand- (2)
stücken mit Lithium-Ionen-Batterien die Bezettelung mit einem Gefahrzettel
nach Muster Nr. 9A nicht erforderlich ist!

Zulässige Verkehrsträger: Straße, Eisenbahn, Binnenschifffahrt, See

104
(MK)
In welchem Unterabschnitt finden sich die besonderen Vorschriften für die (2)
Kennzeichnung von Versandstücken mit umweltgefährdenden Stoffen oder
Meeresschadstoffen?

Zulässige Verkehrsträger: Straße, Eisenbahn, Binnenschifffahrt, See

105
(MK)
Ein umweltgefährdender fester Stoff soll in einer Kombinationsverpackung (4)
(Kunststoffgefäß in einem Fass aus Stahl) transportiert werden. Die Gesamt-
bruttomasse beträgt 180 kg. Der Gefahrzettel ist bereits angebracht. Geben
Sie die erforderlichen Kennzeichen an!

Zulässige Verkehrsträger: See

106
(MK)
Ein umweltgefährdender flüssiger Stoff soll in einer zusammengesetzten Ver- (4)
packung transportiert werden. Die Gesamtbruttomasse beträgt 35 kg. Der
Inhalt einer Innenverpackung beträgt 6 l. Der Gefahrzettel ist bereits ange-
bracht. Geben Sie die erforderlichen Kennzeichen an!

Zulässige Verkehrsträger: Straße, Eisenbahn, Binnenschifffahrt

107
(EQ)
Nennen Sie die Fundstelle für die Kennzeichnung von Versandstücken bei (1)
Anwendung der Vorschriften für in freigestellten Mengen verpackte gefähr-
liche Güter!

A	3.5.4	☐
B	5.5.2.3	☐
C	5.2.1.9	☐
D	5.2.1.8.3	☐
E	5.2.2.2.2	☐
F	3.4.4	☐

Zulässige Verkehrsträger: Straße, Eisenbahn, Binnenschifffahrt, See

108
(LQ)
Nennen Sie die Fundstelle für die Kennzeichnung der Versandstücke bei An- (1)
wendung der Vorschriften für in begrenzten Mengen verpackte gefährliche
Güter!

A	3.5.4	☐
B	5.5.2.3	☐
C	5.2.1.9	☐
D	5.2.1.8.3	☐
E	5.2.2.2.2	☐
F	3.4.7	☐
G	3.4.5.1	☐

Zulässige Verkehrsträger: Straße, Eisenbahn, Binnenschifffahrt, See

1.2 Verkehrsträgerübergreifender Teil

109   Nennen Sie die Bedeutung und die Mindestabmessungen des nachfolgend   **(2)**
(V)   abgebildeten Piktogramms für Großpackmittel!

Zulässige Verkehrsträger: Straße, Eisenbahn, Binnenschifffahrt, See

110   Wie groß muss die Zeichenhöhe für die UN-Nummer und die Buchstaben   **(2)**
(MK)   „UN" auf einem Versandstück mit einer Nettomasse von 20 kg Gefahrgut
mindestens sein?

Zulässige Verkehrsträger: Straße, Eisenbahn, Binnenschifffahrt, See

111   In welchem Abschnitt finden sich die Sondervorschriften für Versandstücke   **(2)**
(VS)   mit Stoffen, die bei der Verwendung zu Kühl- oder Konditionierungszwecken
eine Erstickungsgefahr darstellen können?

Zulässige Verkehrsträger: Straße, Eisenbahn, Binnenschifffahrt, See

112   Versandstücke mit Gefahrgütern, die ausschließlich die Kriterien für umwelt-   **(2)**
(MK)   gefährdende Stoffe oder für Meeresschadstoffe erfüllen, müssen unter bestimmten Voraussetzungen nicht mit dem hier abgebildeten Kennzeichen
gekennzeichnet werden. Nennen Sie die genauen Voraussetzungen!

Zulässige Verkehrsträger: Straße, Eisenbahn, Binnenschifffahrt, See

113   Auf einem Versandstück ist nachfolgender Gefahrzettel angebracht. Nennen   **(2)**
(MK)   Sie die Klasse und die von dieser Klasse ausgehende Gefahreneigenschaft!

Zulässige Verkehrsträger: Straße, Eisenbahn, Binnenschifffahrt, See

114   Ein Versandstück enthält Innenverpackungen mit dem Gefahrgut UN 1201,   **(2)**
(LQ)   Verpackungsgruppe II und ist mit diesem hier abgebildeten Kennzeichen ver-
sehen. Nennen Sie die maximale Mengengrenze für die Innenverpackung.
Wie schwer darf das Versandstück sein?

Zulässige Verkehrsträger: Straße, Eisenbahn, Binnenschifffahrt, See

115 **In welchem Fall ist das hier abgebildete Kennzeichen auf einem Versand-** (1)
(MK) **stück mit gefährlichen Gütern nicht erforderlich?**

Übergreifend

A   Bei Außenverpackungen, die Druckgefäße mit Ausnahme von Kryo-Behäl-   ☐
      tern enthalten

B   Bei Außenverpackungen, die gefährliche Güter in Innenverpackungen ent-   ☐
      halten, wobei jede einzelne Innenverpackung nicht mehr als 120 ml enthält,
      mit einer für die Aufnahme des gesamten flüssigen Inhalts ausreichenden
      Menge saugfähigen Materials zwischen den Innen- und Außenverpackun-
      gen

C   Bei Außenverpackungen, die ansteckungsgefährliche Stoffe der Klasse 6.2   ☐
      in Primärgefäßen enthalten, wobei jedes einzelne Primärgefäß nicht mehr als
      50 ml enthält

D   Bei Typ IP-2-, Typ IP-3-, Typ A-, Typ B(U)-, Typ B(M)- oder Typ C-Versand-   ☐
      stücken, die radioaktive Stoffe der Klasse 7 enthalten

E   Bei Außenverpackungen, die Gegenstände enthalten, die unabhängig von   ☐
      ihrer Ausrichtung dicht sind

F   Bei Außenverpackungen, die gefährliche Güter in dicht verschlossenen In-   ☐
      nenverpackungen enthalten, wobei jede einzelne Innenverpackung nicht
      mehr als 500 ml enthält

G   Bei Typ IP-2-Versandstücken, die radioaktive Stoffe der Klasse 7 enthalten   ☐

H   Bei Typ B(U)-Versandstücken, die radioaktive Stoffe der Klasse 7 enthalten   ☐

I   Bei Außenverpackungen, die gefährliche Güter in Innenverpackungen ent-   ☐
      halten, wobei jede einzelne Innenverpackung nicht mehr als 780 ml enthält

J   Bei Außenverpackungen, die brennbare Flüssigkeiten in Primärgefäßen ent-   ☐
      halten, wobei jedes einzelne Primärgefäß nicht mehr als 180 ml enthält

K   Das Kennzeichen muss immer angebracht werden.   ☐

L   Das Kennzeichen muss immer auf allen vier Seiten des Versandstücks ange-   ☐
      bracht werden.

M   Das Kennzeichen ist nicht erforderlich, wenn ein Gefahrzettel auf dem Ver-   ☐
      sandstück angebracht ist.

N   Das Kennzeichen ist bei zusammengesetzten Verpackungen mit Innenver-   ☐
      packungen, die flüssige Stoffe enthalten, nicht erforderlich, wenn das Ver-
      sandstück zusätzlich zu Kühlzwecken Trockeneis enthält.

O   Bei Außenverpackungen, die Kryo-Behälter enthalten   ☐

Zulässige Verkehrsträger: Straße, Eisenbahn, Binnenschifffahrt, See

1.2 Verkehrsträgerübergreifender Teil

Übergreifend

116	In welchem Fall ist das hier abgebildete Kennzeichen auf einem Versand-	(2)
(MK)	stück mit gefährlichen Gütern nicht erforderlich? Nennen Sie zwei Möglich-keiten!	

Zulässige Verkehrsträger: Straße, Eisenbahn, Binnenschifffahrt, See

117	Mit welchen Kennzeichen sind Versandstücke, die UN 2211 enthalten, zu ver-	(2)
(MK)	sehen?	

Zulässige Verkehrsträger: Straße, Eisenbahn, Binnenschifffahrt

118	In welcher Amtssprache muss der Ausdruck „Umverpackung" angegeben	(2)
(MK)	sein?	

Zulässige Verkehrsträger: Straße, Eisenbahn, Binnenschifffahrt

119	Ein Versandstück besteht aus einer Kiste aus Pappe als Außenverpackung	(3)
(LQ)	und Kunststoff-Innenverpackungen mit jeweils 1 l mit dem Gefahrgut UN 1203. Das Versandstück wiegt brutto 25 kg und soll als begrenzte Menge befördert werden. Müssen auf dem Versandstück Ausrichtungspfeile ange-bracht werden? Antworten Sie mit „Ja" oder „Nein" und geben Sie die Fund-stellen für Ihre Lösung an!	

Zulässige Verkehrsträger: Straße, Eisenbahn, Binnenschifffahrt, See

120	Wie groß muss die Buchstabenhöhe des Ausdrucks „UMVERPACKUNG" min-	(1)
(MK)	destens sein?	

Zulässige Verkehrsträger: Straße, Eisenbahn, Binnenschifffahrt, See

121	Sind undurchsichtige Umverpackungen mit in freigestellten Mengen verpack-	(2)
(EQ)	ten gefährlichen Gütern mit dem Ausdruck „Umverpackung" zu kennzeich-nen? Antworten Sie mit „Ja" oder „Nein" und nennen Sie die Fundstelle für Ihre Antwort!	

Zulässige Verkehrsträger: Straße, Eisenbahn, Binnenschifffahrt, See

122	Was ist der Flammpunkt?		(1)
(K)	A	Die niedrigste Temperatur eines flüssigen Stoffes, bei der seine Dämpfe mit Luft ein entzündbares Gemisch bilden	☐
	B	Die Temperatur, bei der ein Stoff sich selbst entzündet	☐
	C	Die Temperatur, bei der ein Stoff explodiert	☐
	D	Die niedrigste Temperatur, bei der sich ein Stoff unter erhöhter Sauerstoff-zufuhr selbst entzündet	☐
	E	Die niedrigste Temperatur einer heißen Oberfläche, an der sich ein zündfähi-ges Dampf-Luft-Gemisch entzündet	☐
	F	Die Temperatur, bei dem der Innendruck eines Druckgefäßes im Diffusions-gleichgewicht ist	☐
	G	Die Temperatur, bei der das Verhältnis zwischen der Masse an Gas und Masse an Wasser den Fassungsraum eines Druckgefäßes vollständig aus-füllt	☐

Zulässige Verkehrsträger: Straße, Eisenbahn, Binnenschifffahrt, See

Übergreifend

123 Was sind radioaktive Stoffe im Sinne des Gefahrgutrechts? (2)
(K)
(R) Zulässige Verkehrsträger: Straße, Eisenbahn, Binnenschifffahrt, See

124 Wie wird die Transportkennzahl (TI) für ein Versandstück ermittelt? (2)
(K)
(R) Zulässige Verkehrsträger: Straße, Eisenbahn, Binnenschifffahrt, See

125 Was versteht man unter der Kritikalitätssicherheitskennzahl (CSI) bei der Be- (2)
(K) förderung radioaktiver Stoffe?
(R) Zulässige Verkehrsträger: Straße, Eisenbahn, Binnenschifffahrt, See

126 Was versteht man unter dem A_1-Wert in der Klasse 7? (2)
(R) Zulässige Verkehrsträger: Straße, Eisenbahn, Binnenschifffahrt, See

127 Wie groß darf der Wert der Dosisleistung an der Außenfläche eines unter aus- (2)
(R) schließlicher Verwendung beförderten Versandstückes maximal sein?
Zulässige Verkehrsträger: Straße, Eisenbahn, Binnenschifffahrt, See

128 Wie groß darf der Wert der Dosisleistung an der Außenfläche eines freige- (2)
(R) stellten Versandstückes maximal sein?
Zulässige Verkehrsträger: Straße, Eisenbahn, Binnenschifffahrt, See

129 Ein radioaktiver Stoff soll als Versandstück der Kategorie II-GELB befördert (1)
(MK) werden. Wie groß darf der Wert der Dosisleistung an der äußeren Oberfläche
(R) des Versandstückes maximal sein?

A	10 mSv/h	☐
B	2 µSv/h	☐
C	0,1 mSv/h	☐
D	1 µSv/h	☐
E	10 µSv/h	☐
F	2 mSv/h	☐
G	5 µSv/h	☐
H	1 mSv/h	☐
I	5 mSv/h	☐
J	0,5 mSv/h	☐

Zulässige Verkehrsträger: Straße, Eisenbahn, Binnenschifffahrt, See

130 Welcher UN-Nummer sind radioaktive Stoffe mit geringer spezifischer Aktivi- (1)
(K) tät (LSA-I) zuzuordnen?
(R) Zulässige Verkehrsträger: Straße, Eisenbahn, Binnenschifffahrt, See

131 Ein Gegenstand der Klasse 1 hat den Klassifizierungscode 1.1A. (2)
(K) Welche Bedeutung hat die Unterklasse 1.1?

_____

_____

Welche Bedeutung hat die Verträglichkeitsgruppe A?

_____

Zulässige Verkehrsträger: Straße, Eisenbahn, Binnenschifffahrt, See

132 Ein Versandstück enthält UN 0049. Wie lautet der Klassifizierungscode und (3)
(MK) mit welchen Kennzeichen muss das Versandstück versehen sein?
Zulässige Verkehrsträger: Straße, Eisenbahn, Binnenschifffahrt, See

1.2 Verkehrsträgerübergreifender Teil

Übergreifend

133 (K)	**Welche Unterklasse der Klasse 1 beinhaltet Stoffe und Gegenstände, die massenexplosionsfähig sind?**	**(1)**

Zulässige Verkehrsträger: Straße, Eisenbahn, Binnenschifffahrt, See

134 (K)	**Welcher Verpackungsgruppe ist UN 1203 zugeordnet?**	**(1)**

Zulässige Verkehrsträger: Straße, Eisenbahn, Binnenschifffahrt, See

135 (VS)	**Was bedeutet im Sinne der Gefahrgutvorschriften der Begriff Verpackungs-gruppe?**	**(2)**

Zulässige Verkehrsträger: Straße, Eisenbahn, Binnenschifffahrt, See

136 (K)	**Zu welcher Klasse gehören entzündbare flüssige Stoffe, die keine anderen gefährlichen Eigenschaften haben?**	**(1)**

A   Zur Klasse 9 ☐
B   Zur Klasse 6.2 ☐
C   Zur Klasse 4.1 ☐
D   Zur Klasse 4.2 ☐
E   Zur Klasse 4.3 ☐
F   Zur Klasse 5.2 ☐
G   Zur Klasse 1 ☐
H   Zur Klasse 2 ☐
I   Zur Klasse 6.1 ☐
J   Zur Klasse 7 ☐
K   Zur Klasse 8 ☐
L   Zur Klasse 3 ☐
M   Zur Klasse 5.1 ☐

Zulässige Verkehrsträger: Straße, Eisenbahn, Binnenschifffahrt, See

137 (K)	**Welcher Klasse ist eine Flüssigkeit mit einem Flammpunkt von 30 °C ohne Zusatzgefahren zuzuordnen?**	**(1)**

Zulässige Verkehrsträger: Straße, Eisenbahn, Binnenschifffahrt, See

138 (K)	**Welcher Klasse werden flüssige, giftige Mittel zur Schädlingsbekämpfung (Pestizide) mit einem Flammpunkt unter 23 °C zugeordnet?**	**(2)**

Zulässige Verkehrsträger: Straße, Eisenbahn, Binnenschifffahrt, See

139 (K)	**Entzündbare Flüssigkeiten werden u. a. eingeteilt nach ihrem Flammpunkt. In welchem Flammpunktbereich geht von dem Stoff die größte Gefahr aus?**	**(1)**

A   Unter 23 °C ☐
B   Von 23 °C bis 60 °C ☐
C   Über 60 °C bis 100 °C ☐
D   Über 100 °C ☐
E   Von 55 °C bis 100 °C ☐
F   Von 23 °C oder darüber ☐

Zulässige Verkehrsträger: Straße, Eisenbahn, Binnenschifffahrt, See

140 (K)	**Welche gefährlichen Güter werden der Klasse 2 zugeordnet?**	**(1)**

A   Gase ☐
B   Entzündbare flüssige Stoffe ☐
C   Organische Peroxide ☐
D   Sprengstoffe ☐

E	Ätzende Stoffe	☐
F	Entzündbare feste Stoffe	☐
G	Giftige Stoffe	☐
H	Selbstzersetzliche Stoffe	☐
I	Desensibilisierte explosive Stoffe	☐
J	Stoffe, die in Berührung mit Wasser entzündbare Gase entwickeln	☐
K	Organische Peroxide	☐
L	Erwärmte flüssige Stoffe	☐
M	Ansteckungsgefährliche Stoffe	☐
N	Mittel zur Schädlingsbekämpfung (Pestizide), fest	☐
O	Beim Einatmen sehr giftige Stoffe mit einem Flammpunkt unter 23 °C	☐
P	Entzündend (oxidierend) wirkende feste und flüssige Stoffe	☐
Q	Entzündend (oxidierend) wirkende Stoffe	☐
R	Radioaktive Stoffe	☐
S	Sehr giftige Stoffe mit einem Flammpunkt über 23 °C	☐
T	Explosive Stoffe	☐
U	Stark ätzende Stoffe mit einem Flammpunkt über 23 °C	☐
V	Nicht giftige, nicht ätzende entzündbare Flüssigkeiten mit einem Flammpunkt bis einschließlich 60 °C	☐
W	Ätzende Flüssigkeiten mit einem Flammpunkt unter 23 °C	☐
X	Entzündbare Flüssigkeiten mit einem Flammpunkt unter 23 °C	☐
Y	Lithium-Ionen-Batterien	☐
Z_1	Lithium-Ionen-Zellen	☐
Z_2	Lithium-Ionen-Polymer-Batterien	☐

Zulässige Verkehrsträger: Straße, Eisenbahn, Binnenschifffahrt, See

141 **Welche Hauptgefahr geht von Stoffen der Klasse 4.3 aus?**   **(1)**
(K)   Zulässige Verkehrsträger: Straße, Eisenbahn, Binnenschifffahrt, See

142 **Welche Hauptgefahr (Eigenschaft) muss für die Einstufung eines Stoffes in**   **(1)**
(K)   **die Klasse 4.1 vorliegen?**

A	Es muss sich um eine entzündbare Flüssigkeit handeln.	☐
B	Es muss sich um einen radioaktiven Stoff handeln, der über seinem Flammpunkt erwärmt transportiert wird.	☐
C	Es muss sich um einen ätzenden Stoff handeln.	☐
D	Es muss sich um einen entzündbaren festen Stoff handeln.	☐
E	Es muss sich um einen selbstentzündlichen (selbsterhitzungsfähigen) Stoff handeln.	☐
F	Es muss sich um einen entzündend (oxidierend) wirkenden Stoff handeln.	☐
G	Es muss sich um einen selbstentzündlichen Stoff handeln.	☐
H	Es muss sich um radioaktive Stoffe handeln.	☐
I	Es muss sich um pyrophore Stoffe handeln.	☐
J	Es muss sich um einen desensibilisierenden explosiven festen Stoff handeln.	☐
K	Es muss sich um einen selbstzersetzlichen Stoff handeln.	☐
L	Es muss sich um einen polymerisierenden Stoff handeln.	☐

Zulässige Verkehrsträger: Straße, Eisenbahn, Binnenschifffahrt, See

1.2 Verkehrsträgerübergreifender Teil

143   **Nennen Sie zwei Zusatzgefahren (Nebengefahren), die von entzündbaren**   (2)
(K)   **flüssigen Stoffen der Klasse 3 ausgehen können!**

Zulässige Verkehrsträger: Straße, Eisenbahn, Binnenschifffahrt, See

144   **In welche Gruppen werden Stoffe und Gegenstände der Klasse 2, ausge-**   (2)
(K)   **nommen Druckgaspackungen und Chemikalien unter Druck, zugeordnet?**
   Nennen Sie zwei Gruppen!

Zulässige Verkehrsträger: Straße, Eisenbahn, Binnenschifffahrt

145   **Auf welche gefährliche Eigenschaft weist die Gruppe A bei Stoffen und**   (1)
(K)   **Gegenständen der Klasse 2 hin?**

A	Erstickend	☐
B	Entzündbar	☐
C	Ätzend	☐
D	Oxidierend	☐
E	Giftig	☐
F	Giftig, entzündbar	☐
G	Giftig, ätzend	☐
H	Giftig, oxidierend	☐
I	Giftig, entzündbar, ätzend	☐
J	Giftig, oxidierend, ätzend	☐

Zulässige Verkehrsträger: Straße, Eisenbahn, Binnenschifffahrt

146   **Stoffe und Gegenstände der Klasse 2, ausgenommen Druckgaspackungen**   (2)
(K)   **und Chemikalien unter Druck, werden ihren gefährlichen Eigenschaften ent-**
   sprechend Gruppen zugeordnet. Geben Sie zwei Gruppen an!

Zulässige Verkehrsträger: Straße, Eisenbahn, Binnenschifffahrt

147   **Welche Bedeutung haben die Verpackungsgruppen I, II oder III bei Stoffen**   (1)
(K)   **der Klasse 3?**

A	Es handelt sich um den Code für freigestellte Mengen.	☐
B	Sie geben den Grad der Gefährlichkeit an.	☐
C	Sie weisen auf die Mischbarkeit mit Wasser hin.	☐
D	Sie geben Auskunft über die erforderlichen Gefahrzettel.	☐
E	Sie geben Auskunft über geeignete Feuerlöschmittel.	☐
F	Sie geben Auskunft über das zu benutzende Fahrzeug.	☐
G	Sie haben keine Bedeutung.	☐
H	Sie geben Auskunft zur Reaktionsfähigkeit mit ätzenden Stoffen.	☐
I	Damit können die Tunnelkategorien ermittelt werden.	☐
J	Sie geben den Gefahrengrad an.	☐

Zulässige Verkehrsträger: Straße, Eisenbahn, Binnenschifffahrt, See

148   **Welche Bedeutung hat die Verpackungsgruppe III bei Stoffen der Klasse 6.1?**   (1)
(K)

A	Radioaktiver Stoff	☐
B	Stoffe mit hoher Gefahr	☐
C	Stoffe mit mittlerer Gefahr	☐
D	Stoffe mit geringer Gefahr	☐
E	Stoffe ohne Zusatzgefahr	☐
F	Gefährlicher Stoff	☐
G	Giftiger Stoff	☐

H	Sehr gefährlicher Stoff	☐
I	Schwach giftige Stoffe oder Stoffe und Zubereitungen mit geringer Vergiftungsgefahr	☐
J	Sehr giftiger Stoff	☐
K	Schwach giftige Stoffe	☐
L	Selbstentzündlicher Stoff	☐
M	Weniger selbsterhitzungsfähiger Stoff	☐
N	Selbsterhitzungsfähiger Stoff	☐
O	Stark entzündend (oxidierend) wirkender Stoff	☐
P	Schwach entzündend (oxidierend) wirkender Stoff	☐
Q	Entzündend (oxidierend) wirkender Stoff	☐
R	Stark ätzender Stoff	☐
S	Schwach ätzender Stoff	☐
T	Ätzender Stoff	☐
U	Explosiver Stoff	☐
V	Ansteckungsgefährlicher Stoff	☐
W	Stoffe und Zubereitungen mit geringer Vergiftungsgefahr	☐

Zulässige Verkehrsträger: Straße, Eisenbahn, Binnenschifffahrt, See

149 *(K)* **Es wird Gefahrgut mit der UN-Nummer 1017 befördert. Um welchen Stoff handelt es sich?** (1)

Zulässige Verkehrsträger: Straße, Eisenbahn, Binnenschifffahrt, See

150 *(K)* **Welcher Klasse und Verpackungsgruppe ist UN 2590 zugeordnet?** (1)

Zulässige Verkehrsträger: Straße, Eisenbahn, Binnenschifffahrt, See

151 *(K)* **Welcher Klasse ist Titandisulfid zugeordnet?** (1)

Zulässige Verkehrsträger: Straße, Eisenbahn, Binnenschifffahrt, See

152 *(K)* **Welcher UN-Nummer, Klasse und welchen Verpackungsgruppen ist Krillmehl zugeordnet?** (2)

Zulässige Verkehrsträger: Straße, Eisenbahn, Binnenschifffahrt, See

153 *(R)* **UN-Nummer 2919 soll unter Anwendung einer Sondervereinbarung befördert werden. Erläutern Sie den Begriff Sondervereinbarung im Zusammenhang mit der Beförderung von radioaktiven Stoffen!** (2)

Zulässige Verkehrsträger: Straße, Eisenbahn, Binnenschifffahrt, See

154 *(K)* **Ab welchem Dampfdruck gelten Stoffe bei einer Temperatur von 50 °C als gasförmig?** (2)

Zulässige Verkehrsträger: Straße, Eisenbahn, Binnenschifffahrt, See

155 *(K)* **In wie viele Typen werden organische Peroxide aufgrund ihres Gefahrengrades eingeteilt?** (2)

Zulässige Verkehrsträger: Straße, Eisenbahn, Binnenschifffahrt, See

156 *(K)* **Unterliegt Ferrosilicium mit 24 Masse-% Silicium den gefahrgutrechtlichen Vorschriften? Antworten Sie mit „Ja" oder „Nein" und nennen Sie die Fundstelle!** (3)

Zulässige Verkehrsträger: Straße, Eisenbahn, Binnenschifffahrt, See

1.2 Verkehrsträgerübergreifender Teil

Übergreifend

157 (K)	Welcher Unterabschnitt enthält die Tabelle der überwiegenden Gefahr für die Klassifizierung von Stoffen, Lösungen und Gemischen/Stoffen, Mischungen und Lösungen?	(1)

    A   2.2.3.3 ☐

    B   5.4.1.1 ☐

    C   1.1.3.5 ☐

    D   2.1.3.10 ☐

    E   6.2.1.5 ☐

    F   4.2.2.1 ☐

    G   2.0.3.6 ☐

Zulässige Verkehrsträger: Straße, Eisenbahn, Binnenschifffahrt, See

158 (K)   **Welcher Unterabschnitt enthält die Tabelle der überwiegenden Gefahr für die Klassifizierung von Stoffen, Lösungen und Gemischen/Stoffen, Mischungen und Lösungen?** (2)

Zulässige Verkehrsträger: Straße, Eisenbahn, Binnenschifffahrt, See

159 (K)   **Was bedeutet die Abkürzung n.a.g.?** (1)

Zulässige Verkehrsträger: Straße, Eisenbahn, Binnenschifffahrt, See

160 (K)   **Welcher Unterabschnitt enthält das Verzeichnis der Sammeleintragungen für Gefahrgüter der Klasse 1?** (2)

Zulässige Verkehrsträger: Straße, Eisenbahn, Binnenschifffahrt

161 (K)   **In welchem Unterabschnitt sind die nicht zur Beförderung zugelassenen Stoffe der Klasse 3 aufgeführt?** (2)

Zulässige Verkehrsträger: Straße, Eisenbahn, Binnenschifffahrt

162 (K)   **Geben Sie für UN 1048 Klasse und Klassifizierungscode an!** (1)

Zulässige Verkehrsträger: Straße, Eisenbahn, Binnenschifffahrt

163 (K)   **Welches der folgenden Kriterien ist für die Klassifizierung ätzender Stoffe relevant?** (1)

    A   Korrosionsrate auf Aluminiumoberflächen ☐

    B   Korrosionsrate auf Stahloberflächen ☐

    C   Einwirkung auf die Haut ☐

    D   Referenztemperatur ☐

    E   Füllungsgrad ☐

    F   Ausgeliterter Fassungsraum des Gefäßes ☐

    G   Viskosität ☐

    H   Flammpunkt ☐

    I   Letale Dosis ☐

    J   Kontrolltemperatur ☐

Zulässige Verkehrsträger: Straße, Eisenbahn, Binnenschifffahrt, See

164 (K)   **Zu welcher Klasse gehört ein Stoff, der durch chemische Einwirkung Schäden auf dem Ephitelgewebe der Haut oder der Schleimhäute hervorrufen kann?** (1)

Zulässige Verkehrsträger: Straße, Eisenbahn, Binnenschifffahrt, See

165 (K)   **Welche Einwirkungszeit führt bei einer ätzenden Flüssigkeit, die das Hautgewebe zerstört, zur Einstufung in die Verpackungsgruppe I?** (2)

Zulässige Verkehrsträger: Straße, Eisenbahn, Binnenschifffahrt, See

166
(K)
Ein ätzender Stoff zerstört innerhalb einer Einwirkungszeit von 90 Minuten das intakte Hautgewebe. Welcher Klasse und Verpackungsgruppe ist der Stoff zuzuordnen? **(2)**

Zulässige Verkehrsträger: Straße, Eisenbahn, Binnenschifffahrt, See

167
(K)
Erläutern Sie für gefährliche Stoffe der Klasse 3 den Klassifizierungscode F1! **(2)**

Zulässige Verkehrsträger: Straße, Eisenbahn, Binnenschifffahrt

168
(K)
Bei einem flüssigen Stoff beträgt der Flammpunkt 21 °C und der Siedebeginn liegt bei 76 °C, weitere Gefahreigenschaften liegen nicht vor. Welcher Klasse und Verpackungsgruppe ist dieser Stoff zuzuordnen? **(2)**

Zulässige Verkehrsträger: Straße, Eisenbahn, Binnenschifffahrt, See

169
(K)
Was ist ein adsorbiertes Gas? **(2)**

Zulässige Verkehrsträger: Straße, Eisenbahn, Binnenschifffahrt, See

170
(K)
Welcher Abschnitt der Gefahrgutvorschriften enthält Kriterien für die Zuordnung von Stoffen, die in Berührung mit Wasser entzündbare Gase entwickeln? **(1)**

Zulässige Verkehrsträger: Straße, Eisenbahn, Binnenschifffahrt, See

171
(K)
Nennen Sie den Abschnitt der Regelungen von Prüfverfahren zur Bestimmung des Fließverhaltens von flüssigen, dickflüssigen oder pastenförmigen Stoffen und Gemischen! **(2)**

Zulässige Verkehrsträger: Straße, Eisenbahn, Binnenschifffahrt

172
(K)
Nennen Sie die Definition für gefährliche Güter! **(2)**

Zulässige Verkehrsträger: Straße, Eisenbahn, Binnenschifffahrt

173
(K)
Welcher Klasse ist ein flüssiges und giftiges Pestizid mit einem Flammpunkt über 23 °C zuzuordnen? **(2)**

Zulässige Verkehrsträger: Straße, Eisenbahn, Binnenschifffahrt

174
(K)
Welcher Klasse sind flüssige Stoffe, die bei oder über 100 °C, aber unterhalb ihres Flammpunktes befördert werden, zuzuordnen? **(1)**

Zulässige Verkehrsträger: Straße, Eisenbahn, Binnenschifffahrt, See

175
(K)
Welcher Verpackungsgruppe ist ein flüssiger giftiger Stoff mit einem Giftigkeitsgrad bei Einnahme von LD_{50} = 230 mg/kg zuzuordnen? **(2)**

Zulässige Verkehrsträger: Straße, Eisenbahn, Binnenschifffahrt, See

176
(K)
Geben Sie zwei Klassifizierungscodes mit ihrer jeweiligen Bedeutung für Stoffe der Klasse 6.2 an! **(2)**

Zulässige Verkehrsträger: Straße, Eisenbahn, Binnenschifffahrt

177
(K)
Können genetisch veränderte Mikroorganismen ohne giftige Gefahreigenschaften, die nicht den Bedingungen für ansteckungsgefährliche Stoffe entsprechen, zur Klasse 6.2 zugeordnet werden? Antworten Sie mit „Ja" oder „Nein" und begründen Sie Ihre Antwort! **(3)**

Zulässige Verkehrsträger: Straße, Eisenbahn, Binnenschifffahrt

178
(K)
Sind Gemische aus Salpetersäure und Salzsäure zur Beförderung zugelassen? Antworten Sie mit „Ja" oder „Nein". Begründen Sie Ihre Antwort unter Nennung der Fundstelle! **(2)**

Zulässige Verkehrsträger: Straße, Eisenbahn, Binnenschifffahrt

Übergreifend

1.2 Verkehrsträgerübergreifender Teil

179   Ein heterozyklisch sauerstoffhaltiger Stoff der Klasse 3, der leicht peroxidiert   (2)
(K)   und dessen Gehalt an Peroxid (auf Wasserstoffperoxid berechnet) 0,4 % beträgt, soll befördert werden. Ist die Beförderung möglich? Antworten Sie mit „Ja" oder „Nein" und geben Sie den Absatz für Ihre Lösung an!

Zulässige Verkehrsträger: Straße, Eisenbahn, Binnenschifffahrt

180   Nennen Sie die UN-Nummer für die Beförderung von Mikroorganismen des   (2)
(K)   Ebola-Virus der Kategorie A!

Zulässige Verkehrsträger: Straße, Eisenbahn, Binnenschifffahrt, See

181   Ein flüssiger Stoff mit gefährlichen Eigenschaften erfüllt die Kriterien für die   (2)
(K)   Zuordnung zur Klasse 3, II, und Klasse 6.1, II. Bestimmen Sie die überwiegende Gefahr!

Zulässige Verkehrsträger: Straße, Eisenbahn, Binnenschifffahrt, See

182   Dürfen leere ungereinigte Großpackmittel der UN-Nummer 3509 zugeordnet   (2)
(K)   werden, wenn diese zur regelmäßigen Wartung befördert werden sollen? Antworten Sie mit „Ja" oder „Nein" und geben Sie eine Fundstelle für Ihre Antwort an!

Zulässige Verkehrsträger: Straße, Eisenbahn, Binnenschifffahrt, See

183   Leere ungereinigte Altverpackungen, die UN 3318 Ammoniaklösung, Klasse 2   (2)
(K)   enthalten haben, sollen der Entsorgung zugeführt werden. Ist dies unter den Bedingungen der UN 3509 zulässig? Antworten Sie mit „Ja" oder „Nein" und begründen Sie Ihre Antwort!

Zulässige Verkehrsträger: Straße, Eisenbahn, Binnenschifffahrt

184   Nennen Sie den Code für eine UN-geprüfte Kombinationsverpackung aus   (2)
(V)   Kunststoff mit einer Außenverpackung aus Sperrholz in Kistenform!

Zulässige Verkehrsträger: Straße, Eisenbahn, Binnenschifffahrt, See

185   Auf einer Verpackung ist folgende Codierung angegeben: (1)
(V) $\left(\begin{smallmatrix}u\\n\end{smallmatrix}\right)$ 1A2T/Y300/S/17 ... Was bedeutet die Zahl 17?

A	Jahr der Herstellung	☐
B	Code des Herstellers	☐
C	Seriennummer	☐
D	Stückzahl der Baureihe	☐
E	BAM-Zulassung	☐
F	Maximale Anzahl der Versandstücke in einem Fahrzeug oder Container	☐
G	Identifikationsnummer für den Freifallversuch	☐
H	Maximale Anzahl von Innenverpackungen	☐

Zulässige Verkehrsträger: Straße, Eisenbahn, Binnenschifffahrt, See

186   Wofür steht die Codierung 1B1 auf einer UN-geprüften Verpackung?   (2)
(V)   Zulässige Verkehrsträger: Straße, Eisenbahn, Binnenschifffahrt, See

187   Wofür steht die Ziffer 2 bei der Codierung $\left(\begin{smallmatrix}u\\n\end{smallmatrix}\right)$3A2/... auf einer UN-geprüften   (1)
(V)   Verpackung?

Zulässige Verkehrsträger: Straße, Eisenbahn, Binnenschifffahrt, See

188   Eine Verpackung hat die Codierung $\left(\begin{smallmatrix}u\\n\end{smallmatrix}\right)$4G/X50/S/... Nennen Sie die Brutto-   (2)
(V)   höchstmasse für das Versandstück!

Zulässige Verkehrsträger: Straße, Eisenbahn, Binnenschifffahrt, See

189 Eine Verpackung hat die Codierung $\binom{u}{n}$4G/X50/S/... Nennen Sie die Ver- (2)
(V) packungsgruppen, für welche die Bauart erfolgreich geprüft wurde!

Zulässige Verkehrsträger: Straße, Eisenbahn, Binnenschifffahrt, See

190 Mit welchen Buchstaben wird in der Verpackungscodierung angegeben, für (1)
(V) welche Verpackungsgruppen eines gefährlichen Gutes eine Verpackungs-
bauart zugelassen und geprüft ist?

A	X, Y, Z	☐
B	A, B, C	☐
C	g, h, I	☐
D	I, II, III	☐
E	Y, Z, X	☐
F	i, ii, iii	☐
G	III, II, I	☐
H	Z, Y, X	☐
I	II, I, III	☐
J	U, V, W	☐
K	c, b, a	☐
L	a, b, c	☐

Zulässige Verkehrsträger: Straße, Eisenbahn, Binnenschifffahrt, See

191 Eine Verpackung enthält in ihrem Zulassungskennzeichen den Buchstaben Y. (1)
(V) Für welche Verpackungsgruppe oder Verpackungsgruppen darf die Verpackung eingesetzt werden?

A	Verpackungsgruppen I, III	☐
B	Verpackungsgruppen II, III	☐
C	Verpackungsgruppen I, II	☐
D	Verpackungsgruppe I	☐
E	Verpackungsgruppen I, II, III	☐
F	Verpackungsgruppe II	☐
G	Verpackungsgruppe III	☐

Zulässige Verkehrsträger: Straße, Eisenbahn, Binnenschifffahrt, See

192 Was bedeuten die einzelnen Angaben in der Codierung $\binom{u}{n}$.../Y25/S/0117/D... (4)
(V) auf einer Verpackung?

Y

_____

25/S

_____

0117

_____

D

_____

Zulässige Verkehrsträger: Straße, Eisenbahn, Binnenschifffahrt, See

193 Nennen Sie den maximalen Fassungsraum von Großpackmitteln für feste (2)
(V) und flüssige Stoffe der Verpackungsgruppen II und III!

Zulässige Verkehrsträger: Straße, Eisenbahn, Binnenschifffahrt, See

Übergreifend

1.2 Verkehrsträgerübergreifender Teil

Übergreifend *(sidebar)*

| 194 (V) | UN 2031 Salpetersäure (mit 68 % Säure) soll in einem Kanister mit der Codierung 3H1 befördert werden. Die Verpackung wurde im Juli 2017 hergestellt. Bis wann (Monat/Jahr) darf diese Verpackung verwendet werden? | (2) |

Zulässige Verkehrsträger: Straße, Eisenbahn, Binnenschifffahrt, See

195 (V) Nennen Sie die höchstzulässige Verwendungsdauer einer Verpackung mit der Codierung $\binom{u}{n}$3H1/…, wenn wegen der Art des Stoffes keine kürzere Verwendungsdauer vorgeschrieben ist!   (2)

Zulässige Verkehrsträger: Straße, Eisenbahn, Binnenschifffahrt, See

196 (V) Auf einem Großpackmittel aus Kunststoff ist angegeben: (2)
$\binom{u}{n}$31H1/Y/0115/… Die letzte Dichtheitsprüfung/Inspektion war im Juli 2017.
Bis wann (Monat/Jahr) darf das Großpackmittel noch für die Beförderung von UN 1173 Ethylacetat eingesetzt werden?

Zulässige Verkehrsträger: Straße, Eisenbahn, Binnenschifffahrt, See

197 (V) In welchen Zeitabständen müssen die wiederkehrenden Prüfungen von Gefäßen (kein Verbundwerkstoff) für UN 2036 Xenon erfolgen?   (2)

Zulässige Verkehrsträger: Straße, Eisenbahn, Binnenschifffahrt, See

198 (V) Was versteht man unter einer zusammengesetzten Verpackung?   (2)

Zulässige Verkehrsträger: Straße, Eisenbahn, Binnenschifffahrt, See

199 (V) Welche Verpackungsanweisung ist für UN 0337 Feuerwerkskörper anzuwenden?   (1)

Zulässige Verkehrsträger: Straße, Eisenbahn, Binnenschifffahrt, See

200 (V) Welche Verpackungsanweisung ist für UN 3373 (Biologischer Stoff, Kategorie B) anzuwenden und aus welchen Bestandteilen muss die Verpackung bestehen? Geben Sie zwei Bestandteile an!   (2)

Zulässige Verkehrsträger: Straße, Eisenbahn, Binnenschifffahrt, See

201 (V) Welche Verpackungsanweisung ist für UN 1616 Bleiacetat in Großpackmitteln anzuwenden?   (1)

Zulässige Verkehrsträger: Straße, Eisenbahn, Binnenschifffahrt, See

202 (VS) Welche Sondervorschriften gelten für die Zusammenpackung bei UN 1829?   (2)
Zulässige Verkehrsträger: Straße, Eisenbahn, Binnenschifffahrt

203 (V) Für UN 3065 mit der Verpackungsgruppe II soll ein Holzfass mit einem Fassungsraum von 150 l verwendet werden. Ist dies zulässig? Antworten Sie mit „Ja" oder „Nein" und geben Sie die genaue Fundstelle für Ihre Lösung an!   (2)

Zulässige Verkehrsträger: Straße, Eisenbahn, Binnenschifffahrt, See

204 (V) Müssen Verpackungen für UN 2990 den Vorschriften des Teils 6 entsprechen? Antworten Sie mit „Ja" oder „Nein" und geben Sie die Verpackungsanweisung an!   (2)

Zulässige Verkehrsträger: Straße, Eisenbahn, Binnenschifffahrt, See

205 (R) (V) Welcher der nachfolgenden Begriffe bezeichnet einen zulässigen Versandstücktypen gemäß Klasse 7?   (1)

A	Rollreifenfass	☐
B	Typ IP-1	☐
C	Säcke, wasserbeständig (5L3)	☐
D	Metallene Einwegflaschen	☐

E	Ortsbewegliche Gasspeichereinrichtungen	☐
F	Flaschenbündel aus Aluminium	☐
G	Typ IP-2	☐
H	Typ IP-3	☐
I	Kiste	☐
J	Abfallcontainer	☐
K	Kunststoffcontainer	☐
L	Typ A	☐
M	Typ B(U)	☐
N	Typ B(M)	☐
O	Typ C	☐
P	IPZ-Versandstück	☐
Q	Industrieversandstück des Typs 1	☐
R	Typ IP-4	☐
S	Typ A(U)	☐
T	LSA-II-Versandstück	☐

Zulässige Verkehrsträger: Straße, Eisenbahn, Binnenschifffahrt, See

206
(R)
(V)
Nennen Sie zwei zulässige Versandstücktypen für radioaktive Stoffe! (2)

Zulässige Verkehrsträger: Straße, Eisenbahn, Binnenschifffahrt, See

207
(V)
Welchen wiederkehrenden Prüfungen unterliegen metallene Großpackmittel mit dem Code 31A? (2)

Zulässige Verkehrsträger: Straße, Eisenbahn, Binnenschifffahrt, See

208
(V)
UN 1950 Druckgaspackungen sollen in einer Kiste aus Pappe befördert werden (keine Beförderung als begrenzte Menge). Welche höchste Nettomasse darf das Versandstück enthalten, wenn die Vorschriften des Unterabschnitts 4.1.1.3 nicht erfüllt sind? Geben Sie zusätzlich die Fundstelle für Ihre Lösung an! (2)

Zulässige Verkehrsträger: Straße, Eisenbahn, Binnenschifffahrt, See

209
(V)
Nennen Sie das Kapitel der Bau- und Prüfvorschriften für Großpackmittel! (1)

Zulässige Verkehrsträger: Straße, Eisenbahn, Binnenschifffahrt, See

210
(V)
Wie groß ist der höchstzulässige Fassungsraum eines UN-geprüften Stahlkanisters mit abnehmbarem Deckel? (2)

Zulässige Verkehrsträger: Straße, Eisenbahn, Binnenschifffahrt, See

211
(V)
Welche Einzelverpackung ist für UN 3242 zulässig? (2)

Zulässige Verkehrsträger: Straße, Eisenbahn, See

212
(V)
Welche Standardflüssigkeit ist für eine Verpackung aus Kunststoff nach der Assimilierungsliste für den Nachweis der chemischen Verträglichkeit zu verwenden, wenn UN 1906 damit befördert werden soll? (2)

Zulässige Verkehrsträger: Straße, Eisenbahn, Binnenschifffahrt

213
(V)
Für welche Werkstoffart von Verpackungen kann durch eine Assimilierung von Füllgütern zu Standardflüssigkeiten die Verträglichkeit nachgewiesen werden? (2)

Zulässige Verkehrsträger: Straße, Eisenbahn, Binnenschifffahrt

214   Nennen Sie den Unterabschnitt der Gefahrgutvorschrift über den Nachweis   (1)
(V)   der chemischen Verträglichkeit von Verpackungen, einschließlich Großpackmitteln, aus Kunststoff durch Assimilierung von Füllgütern zu Standardflüssigkeiten!

Zulässige Verkehrsträger: Straße, Eisenbahn, Binnenschifffahrt

215   Aus welchen Bestandteilen muss eine Verpackung für UN 3373 bestehen?   (2)
(V)   Geben Sie zwei Bestandteile an!

Zulässige Verkehrsträger: Straße, Eisenbahn, Binnenschifffahrt, See

216   UN 1347 soll in Fässern befördert werden. Die Stoffmenge in jedem Fass be-   (3)
(V)   trägt 20 kg. Ist dies zulässig? Geben Sie zusätzlich die Fundstelle für Ihre
Lösung an!

Zulässige Verkehrsträger: Straße, Eisenbahn, Binnenschifffahrt, See

217   Die Beförderung von UN 2776, Verpackungsgruppe II soll nach den Vorschrif-   (3)
(LQ)   ten für begrenzte Mengen in einer zusammengesetzten Verpackung erfolgen.
Die Ausrichtungspfeile sind bereits angebracht.

Nennen Sie die höchste Mengengrenze für die Innenverpackung und die zulässige Bruttomasse. In welchem Abschnitt finden Sie die Kennzeichnungsvorschriften für das Versandstück?

Zulässige Verkehrsträger: Straße, Eisenbahn, Binnenschifffahrt

218   Sie bereiten UN 3356 Sauerstoffgenerator, chemisch, zur Beförderung vor.   (2)
(V)   Darf eine Verpackung mit Z-Codierung verwendet werden? Antworten Sie mit
„Ja" oder „Nein" und begründen Sie unter Angabe der Fundstelle!

Zulässige Verkehrsträger: Straße, Eisenbahn, Binnenschifffahrt, See

219   In welchem Abschnitt finden sich die Verpackungsvorschriften für in frei-   (3)
(EQ)   gestellten Mengen verpackte gefährliche Güter? Nennen Sie zwei Haupt-
bestandteile der Verpackung bei freigestellten Mengen!

Zulässige Verkehrsträger: Straße, Eisenbahn, Binnenschifffahrt, See

220   Parfümerieerzeugnisse der Verpackungsgruppe II sollen als freigestellte   (2)
(EQ)   Mengen befördert werden. Wie lautet der Code zur Bestimmung der jeweils
zulässigen Höchstmengen?

Zulässige Verkehrsträger: Straße, Eisenbahn, Binnenschifffahrt, See

221   Welche Bruttomasse darf ein Versandstück mit Gefahrgut in begrenzten   (2)
(LQ)   Mengen nicht überschreiten?

Zulässige Verkehrsträger: Straße, Eisenbahn, Binnenschifffahrt, See

222   Was versteht man unter einem Kryo-Behälter?   (2)
(V)   Zulässige Verkehrsträger: Straße, Eisenbahn, Binnenschifffahrt, See

223   Muss eine Verpackung zur Beförderung von UN 2211 die Prüfungen nach   (2)
(V)   Kapitel 6.1 bestehen? Antworten Sie mit „Ja" oder „Nein" und geben Sie
die Fundstelle für Ihre Antwort an!

Zulässige Verkehrsträger: Straße, Eisenbahn, Binnenschifffahrt, See

224 Es sollen 2 000 kg eines ausschließlich umweltgefährdenden festen Stoffes   (3)
(K) befördert werden. Der Stoff ist in 400 Einzelverpackungen mit einer Netto-
(V) masse von jeweils 5 kg verpackt, wobei die Verpackung den allgemeinen Vor-
schriften der Unterabschnitte 4.1.1.1, 4.1.1.2 und 4.1.1.4 bis 4.1.1.8 entspricht.
Unterliegt dieser Transport weiteren Vorschriften? Antworten Sie mit „Ja"
oder „Nein" und begründen Sie Ihre Antwort durch Nennung der Fundstelle!

Zulässige Verkehrsträger: Straße, Eisenbahn, Binnenschifffahrt, See

225 Müssen Verpackungen für die Beförderung von UN 3509 den Vorschriften des   (2)
(V) Unterabschnitts 4.1.1.3 entsprechen? Antworten Sie mit „Ja" oder „Nein" und
begründen Sie Ihre Antwort unter Angabe der Fundstelle!

Zulässige Verkehrsträger: Straße, Eisenbahn, Binnenschifffahrt

226 Wie ist der Ausdruck Altverpackungen nach den gefahrgutrechtlichen Vor-   (2)
(V) schriften definiert?

Zulässige Verkehrsträger: Straße, Eisenbahn, Binnenschifffahrt

227 Nach welcher Verpackungsanweisung sind adsorbierte Gase zu befördern?   (2)
(V) Zulässige Verkehrsträger: Straße, Eisenbahn, Binnenschifffahrt, See

228 Nennen Sie zwei Verpackungsanweisungen für die Beförderung von beschä-   (2)
(V) digten oder defekten Lithium-Ionen-Batterien!

Zulässige Verkehrsträger: Straße, Eisenbahn, Binnenschifffahrt, See

Übergreifend

1.3 Fragen zum Teil Straße

Hinweis: Die Zahl in Klammern gibt die erreichbare Punktzahl an.
Redaktionell eingefügte Codes zu den Themenbereichen stehen jeweils unter der
Fragennummer.

229 **Welches der nachstehenden Regelwerke regelt die internationale Beförde-** **(1)**
(VS) **rung gefährlicher Güter auf der Straße?**

    A   Die GGAV   ☐

    B   Die GGVSee   ☐

    C   Das ADR   ☐

    D   Das MoU   ☐

    E   Die GbV   ☐

    F   Die IATA-DGR   ☐

    G   Das ADN   ☐

230 **Wie heißt das europäische Regelwerk, das die grenzüberschreitende Beför-** **(1)**
(VS) **derung gefährlicher Güter auf der Straße regelt?**

231 **Bei welchem der nachstehenden Beispiele ist eine grenzüberschreitende** **(1)**
(F) **Beförderung auf der Straße von den Vorschriften des ADR befreit?**

    A   Bei Beförderung von im ADR nicht näher bezeichneten Geräten, die in ihrem   ☐
inneren Aufbau gefährliche Güter enthalten, vorausgesetzt, es werden Maßnahmen getroffen, die unter normalen Beförderungsbedingungen ein Freiwerden des Inhalts verhindern

    B   Wenn eine Feuerwerksfabrik Schwarzpulver mit eigenen Fahrzeugen am   ☐
Bahnhof abholt

    C   Wenn eine Firma zu ihrer externen Versorgung Gasflaschen in großer Menge   ☐
ohne Schutzkappen transportiert

    D   Wenn ein Transport nach dem RID durchgeführt wird   ☐

232 **Welche Aussage zur GGVSEB ist richtig?** **(1)**
(VS)   A   Die GGVSEB regelt nur innerstaatliche Transporte.   ☐

    B   Die GGVSEB gibt es seit 01.01.2017 nicht mehr.   ☐

    C   Die GGVSEB definiert den Begriff Fahrzeuge im innerstaatlichen und inner-   ☐
gemeinschaftlichen Verkehr, abweichend vom ADR.

    D   Die GGVSEB gilt nur im Binnenschiffsverkehr.   ☐

    E   Die GGVSEB regelt nur grenzüberschreitende Transporte.   ☐

233 **In welchem Abschnitt des ADR finden Sie Übergangsregelungen für die Wei-** **(1)**
(Ü) **terverwendung bestimmter älterer Tankfahrzeuge?**

234 **Um den Fahrzeugführer zu überwachen, fahren Sie auf einem kennzeich-** **(1)**
(A) **nungspflichtigen Lkw mit, der Gasflaschen mit UN 1017 befördert. An Bord**
der Beförderungseinheit befindet sich die Ausrüstung nach Abschnitt 8.1.4
und Unterabschnitt 8.1.5.2 ADR.
Welche Ausrüstungsgegenstände sind in diesem Fall zusätzlich erforderlich?

235 **Bei der Beförderung von giftigen Stoffen ist eine Notfallfluchtmaske für jedes** **(1)**
(A) **Mitglied der Fahrzeugbesatzung erforderlich. In welchem Unterabschnitt des**
ADR finden Sie Anforderungskriterien für diese Notfallfluchtmaske?

236 **In welchem Kapitel des ADR sind die „allgemeinen Vorschriften für die Beför-** **(1)**
(A) **derungseinheiten und das Bordgerät" genannt?**

237
(T)
Darf nach ADR ein in Österreich zugelassenes und mit 20 000 l UN 1202 Dieselkraftstoff befülltes Tankfahrzeug ohne Überwachung auf einem Parkplatz über Nacht abgestellt werden? **(2)**

238
(T)
Mehrere Beförderungseinheiten befördern in Kolonne Stoffe der Klasse 1 (UN 0362) in kennzeichnungspflichtigen Mengen. Wie groß muss nach ADR der Abstand zwischen den Beförderungseinheiten mindestens sein? **(2)**

239
(A)
Auf einem Lkw (zGM 7,5 t) sind 900 l Terpentin in Fässern geladen und im grenzüberschreitenden Verkehr nach ADR zu befördern. Mit welcher mindestens vorgeschriebenen Feuerlöschausrüstung (Anzahl Feuerlöschgeräte und Mindestfassungsvermögen) muss der Lkw ausgestattet werden? **(2)**

240
(A)
Sie prüfen ein Fahrzeug, das mit Benzin in Fässern (Gesamtmenge 320 l) beladen ist und einen grenzüberschreitenden Transport durchführen soll. Kann Unterabschnitt 1.1.3.6 ADR angewendet werden? Wie viele Feuerlöschgeräte müssen nach ADR mindestens mitgeführt werden? Nennen Sie auch das Mindestfassungsvermögen! **(2)**

241
(M)
UN 1295 Trichlorsilan ist ein Gefahrgut der Klasse 4.3 ADR. Welche Aussage zur Beförderung dieses Stoffes in Versandstücken ist richtig? **(1)**

A   Für Trichlorsilan gilt als höchstzulässige Menge nach der Tabelle in Unterabschnitt 1.1.3.6 ADR maximal 20 l. ☐

B   Trichlorsilan ist in der Tabelle nach Unterabschnitt 1.1.3.6 ADR nicht enthalten, d. h., es gibt keine Befreiungsmöglichkeit aufgrund dieses Unterabschnitts. ☐

C   Trichlorsilan ist in der Tabelle nach Unterabschnitt 1.1.3.6 ADR nicht enthalten, d. h., es darf nicht befördert werden. ☐

D   Trichlorsilan ist in der Tabelle nach Unterabschnitt 1.1.3.6 ADR der Beförderungskategorie 0 zugeordnet. ☐

242
(M)
Welche höchstzulässige Menge je Beförderungseinheit ist in der Tabelle nach Unterabschnitt 1.1.3.6 ADR für ungereinigte leere Gasflaschen, die noch geringe Reste „Ammoniak, wasserfrei" enthalten, festgelegt? **(1)**

A   20 l Nenninhalt ☐

B   333 kg Bruttomasse ☐

C   Die Gesamtmenge je Beförderungseinheit ist für diese ungereinigten leeren Gefäße „unbegrenzt". ☐

D   1 000 kg Nettomasse ☐

243
(A)
(FF)
Für welche Fahrzeuge zur Beförderung von Explosivstoffen gilt der Unterabschnitt 9.2.2.8 ADR? **(2)**

244
(VS)
In welchem Abschnitt des ADR finden Sie die allgemeinen Vorschriften für die „Sonstige Ausrüstung und persönliche Schutzausrüstung"? **(1)**

245
(L)
Ein Tankcontainer (Fassungsraum 20 000 l) ist mit UN 1017 beladen. Ab welcher Nettomasse des Stoffes müssen die §§ 35/35a GGVSEB beachtet werden? **(2)**

246
(L)
Sind bei der Beförderung von UN 1553, 4 000 l in zwanzig Versandstücken, die §§ 35/35a GGVSEB zu beachten? Antworten Sie mit „Ja" oder „Nein"! **(2)**

247
(L)
Arsensäure, flüssig, soll in Tankcontainern auf der Straße befördert werden. Ab welcher Nettomenge des Stoffes müssen die §§ 35/35a GGVSEB beachtet werden? **(1)**

Straße

248
(LQ)
Ein fester Stoff (UN 3453) soll in einer zusammengesetzten Verpackung ver-
packt werden. Welche maximalen Höchstmengen je Innenverpackung und je
Versandstück sind nach ADR zulässig, um die Vorschriften für die begrenzten
Mengen nutzen zu können? (2)

249
(P)
Dürfen leere ungereinigte Aufsetztanks nach Ablauf der Prüffristen zum Prüfort befördert werden? Nennen Sie auch den zutreffenden Unterabschnitt
nach ADR! (2)

250
(P)
Dürfen ungereinigte leere Tankcontainer nach Ablauf der Prüffristen zum
Prüfort befördert werden? Nennen Sie auch den zutreffenden Unterabschnitt
nach ADR! (2)

251
(M)
Wie viel kg Nettoexplosivstoffmasse eines Stoffes UN 0027 dürfen auf einer
Beförderungseinheit maximal transportiert werden, um die Befreiungen nach
Unterabschnitt 1.1.3.6 ADR in Anspruch zu nehmen? (2)

252
(M)
Welche höchstzulässige Gesamtmenge je Beförderungseinheit (Nettoexplosivstoffmasse) darf bei UN 0276 nicht überschritten werden, um die Befreiungen nach Unterabschnitt 1.1.3.6 ADR in Anspruch zu nehmen? (2)

253
(LQ)
Zehn Versandstücke mit UN 1950 Druckgaspackungen, giftig, entzündbar,
Inhalt je Druckgaspackung 100 ml, Versandstückgewicht je 40 kg, sollen
versandt werden. Ist ein Versand nach Kapitel 3.4 ADR möglich? Antworten
Sie mit „Ja" oder „Nein" und geben Sie eine kurze Begründung für Ihre
Lösung an! (2)

254
(LQ)
Sicherheitszündhölzer sind in Innenverpackungen zu je 5 kg in einer Kiste
mit 40 kg Bruttomasse verpackt. Ist deren Beförderung nach Kapitel 3.4 ADR
zulässig? Begründen Sie Ihre Antwort! (2)

255
(LQ)
Fünf Liter UN 1170 Ethanol, Lösung, 3, III, (D/E), sind in einem Kanister aus
Kunststoff abgefüllt. Ist die Beförderung des einzelnen Kanisters nach Kapi-
tel 3.4 ADR zulässig? Begründen Sie Ihre Antwort! (3)

256
(LQ)
Ein Liter des Stoffes UN 1155 soll auf der Straße befördert werden. Darf dieser Stoff als begrenzte Menge nach ADR befördert werden? Geben Sie eine
kurze Begründung für Ihre Lösung! (2)

257
(P)
In welchen zeitlichen Abständen sind Tanks von Tankfahrzeugen, die für Stof-
fe der Klasse 3 zugelassen sind, zu prüfen? Nennen Sie die unterschiedlichen
Prüfungsarten und Fristen nach ADR! (4)

258
(P)
Welche Prüffristen sind für einen Tankcontainer, der für UN 1814 zugelassen
ist, vorgeschrieben? Nennen Sie die unterschiedlichen Prüfungsarten und
Fristen nach ADR! (4)

259
(A)
Gefahrgut UN 1223 ist nach ADR zu befördern. (4)

a) Ab welcher Menge ist die „Sonstige Ausrüstung und persönliche Schutzausrüstung" beim Transport dieses Stoffes in Versandstücken mitzuführen?

b) Ab welcher Menge ist die „Sonstige Ausrüstung und persönliche Schutzausrüstung" bei einem Tanktransport dieses Stoffes mitzuführen?

260
(FF)
Ein Anhänger ist ordnungsgemäß mit Blitzlichtpulver (UN 0094 in Versand- **(3)**
stücken) beladen und als EX/III-Fahrzeug zugelassen. Die Nettoexplosivstoffmasse beträgt 500 kg. Darf dieser Anhänger von einem Lkw gezogen werden,
der nicht den Anforderungen des Teils 9 ADR entspricht? Antwort mit Angabe
des Abschnitts!

261
(T)
Es werden 320 l Benzin in Stahlkanistern transportiert. Darf ein Fahrzeugfüh- **(2)**
rer mit dieser Ladung durch ein Gebiet fahren, an dessen Beginn das Verkehrszeichen 261 (Verbot für kennzeichnungspflichtige Kraftfahrzeuge mit
gefährlichen Gütern) aufgestellt ist? Geben Sie eine kurze Begründung für
Ihre Lösung!

262
(R)
(Z)
In welchem Unterabschnitt des ADR sind Zusammenladeverbote für Ver- **(2)**
sandstücke der Klasse 7, die mit einem Zettel nach Muster 7A bezettelt sind,
geregelt?

263
(R)
(VS)
In welchem Unterabschnitt des ADR sind für die Klasse 7 die Grenzwerte für **(2)**
nicht festhaftende Kontaminationen an den Außen- und Innenseiten einer
Umverpackung oder eines Containers festgelegt?

264
(R)
In welchem Fall darf ein Versandstück der Klasse 7 nach ADR nicht befördert **(1)**
werden?
Wenn das Versandstück

A   sich nicht zu Kontrollzwecken öffnen lässt   ☐

B   keine Bleiabschirmung besitzt   ☐

C   keine Tragegriffe besitzt   ☐

D   offensichtlich beschädigt ist   ☐

E   keine wasserdichte Hülle besitzt   ☐

265
(R)
(T)
Was müssen Sie überprüfen, wenn Sie eine Ladung Gefahrgut der Klasse 7 **(1)**
ADR kontrollieren?

A   Die MAK-Werte   ☐

B   Den Sicherungsplan des Verpackers   ☐

C   Den Inhalt durch Öffnen der Verpackung   ☐

D   Anzahl, Zustand und Kennzeichnung der Versandstücke anhand der Begleit- ☐
     papiere

E   Das Vorhandensein eines Formulars für den Unfallbericht   ☐

F   Die Liste der kategorisierten Tunnel in den ADR-Vertragsstaaten   ☐

266
(T)
In einem gedeckten Fahrzeug ohne Belüftung werden Druckgaspackungen in **(1)**
Versandstücken befördert. Ist bei dieser Beförderung die Sondervorschrift
CV36 des ADR zu beachten?

A   Bei der Beförderung von Druckgaspackungen muss diese Vorschrift nicht ☐
     beachtet werden.

B   Bei Druckgaspackungen ist diese Vorschrift nur zu beachten, wenn die Gase ☐
     brennbar sind.

C   Das ADR verlangt bei der Beförderung von Stoffen oder Gegenständen der ☐
     Klasse 2 grundsätzlich die Beachtung dieser Vorschrift.

D   Ja, wegen der fehlenden Belüftung   ☐

267
(Z)
In welchem Unterabschnitt des ADR wird geregelt, ob Gasflaschen mit Ver- **(1)**
sandstücken anderer Klassen zusammengeladen werden dürfen?

268 Gilt das Zusammenladeverbot nach Unterabschnitt 7.5.2.1 ADR auch dann, (2)
(Z)   wenn auf einem Fahrzeug Gasflaschen der Klasse 2 und Versandstücke der
Klasse 1.4G geladen sind und die in der Tabelle nach Absatz 1.1.3.6.3 ge-
nannten Mengen nicht überschritten werden? Geben Sie auch eine kurze
Begründung für Ihre Lösung!

269 Gilt das Zusammenladeverbot nach Unterabschnitt 7.5.2.1 ADR, wenn Unter- (2)
(Z)   abschnitt 1.1.3.1 ADR angewandt wird?

270 Aus welchem Anlass darf nach ADR eine Entladung einer Beförderungsein- (1)
(E)   heit mit gefährlichen Gütern nicht erfolgen?

  A   Wenn eine Kontrolle keine Mängel aufzeigt   ☐

  B   Wenn die Sicherheit gefährdet ist   ☐

  C   Wenn alle Vorschriften gemäß ADR eingehalten sind   ☐

  D   Wenn der Fahrzeugführer keine gültige ADR-Schulungsbescheinigung be- ☐
      sitzt

271 Welcher Abschnitt des ADR regelt die Reinigung nach dem Entladen gefähr- (1)
(E)   licher Güter?

272 Zusammenladeverbote für die Beförderung gefährlicher Güter nach ADR gel- (1)
(Z)   ten:

  A   Nicht innerhalb von Containern   ☐

  B   Innerhalb von Containern   ☐

  C   Nur für vollwandige Container im Seeverkehr   ☐

  D   Nur im Schienenverkehr des RID   ☐

273 Welche Aussage zu den Zusammenladeverboten ist nach ADR richtig?   (1)
(Z)
  A   Zusammenladeverbote gelten nicht für Container.   ☐

  B   Zusammenladen liegt vor, wenn verschiedene Gefahrgüter zu einem Ver- ☐
      sandstück vereinigt werden.

  C   Zusammenladeverbote gelten für das Zusammenladen auf einem Fahrzeug. ☐

  D   Es gibt keine Zusammenladeverbote im ADR.   ☐

274 Welcher Abschnitt des ADR regelt allgemein die Zusammenladeverbote in (1)
(Z)   einem Fahrzeug?

275 In welchem Abschnitt des ADR sind Vorschriften für die einzelnen Klassen (1)
(Z)   bezüglich der Zusammenladeverbote beschrieben?

  A   Abschnitt 7.2.4   ☐

  B   Abschnitt 5.4.1   ☐

  C   Abschnitt 7.5.2   ☐

  D   Abschnitt 7.5.4   ☐

276 Dürfen Versandstücke, gekennzeichnet mit Gefahrzettel Nr. 6.1, zusammen (1)
(Z)   mit Nahrungs-, Genuss- und Futtermitteln nach ADR auf ein Fahrzeug geladen werden?

  A   Ja, wenn eine Trennung auf dem Fahrzeug erfolgt.   ☐

  B   Nein   ☐

  C   Nur im grenzüberschreitenden Verkehr   ☐

  D   Nur im innerstaatlichen Verkehr   ☐

277
(Z)
Nahrungs-, Genuss- und Futtermittel sollen mit gefährlichen Gütern in Versandstücken zusammen auf einer Ladefläche befördert werden. Bei welcher Bezettelung der Versandstücke sind nach ADR Vorsichtsmaßnahmen zu treffen? Nennen Sie zwei Beispiele!   (2)

278
(Z)
Wie kann eine Trennung zwischen Nahrungs-, Genuss- und Futtermitteln und Gefahrgut der Klasse 6.1, jeweils in Versandstücken, auf einem Fahrzeug erfolgen? Nennen Sie eine Möglichkeit nach ADR!   (2)

279
(T)
(Z)
In welchem Fall darf die Beladung einer Beförderungseinheit mit gefährlichen Gütern nach ADR nicht erfolgen?   (1)

A	Wenn die Beförderungseinheit in einem Nicht-ADR-Staat zugelassen ist	☐
B	Wenn der Fahrzeugführer seine Sozialversicherungskarte vergessen hat	☐
C	Wenn der Fahrzeugführer die vorgeschriebene Ausrüstung nach ADR nicht vorweisen kann	☐
D	Wenn auf dem Fahrtenschreiberblatt die zulässige Lenkzeit nicht überschritten ist	☐
E	Wenn eine Sichtprüfung des Fahrzeugs zeigt, dass es nicht den Rechtsvorschriften genügt	☐
F	Wenn der Fahrzeugführer das ADR nicht dabei hat	☐

280
(Z)
Dürfen Versandstücke mit UN 0366 Detonatoren für Munition zusammen mit Versandstücken mit UN 1203 Benzin nach ADR in einen Container geladen werden? Nennen Sie auch den entsprechenden Unterabschnitt!   (2)

281
(Z)
Dürfen nach ADR gefährliche Güter der Klasse 1 (Unterklasse 1.1D) mit Rettungsmitteln der Klasse 9 auf einem Fahrzeug zusammengeladen werden? Nennen Sie auch den entsprechenden Unterabschnitt!   (2)

282
(Z)
Gibt es nach ADR bei Versandstücken mit Gegenständen der Klasse 1 (UN 0012) und Versandstücken mit Stoffen der Klasse 6.2 ein Zusammenladeverbot auf einem Fahrzeug? Antworten Sie mit „Ja" oder „Nein"!   (1)

283
(Z)
Wonach richten sich nach ADR die Zusammenladeverbote?   (1)

A	Nach dem Fahrzeug	☐
B	Nach der Kennzeichnung der Versandstücke mit Gefahrzetteln	☐
C	Nach der Mengengrenze nach Unterabschnitt 1.1.3.6	☐
D	Es gibt keine Zusammenladeverbote im ADR.	☐

284
(T)
Welcher Abschnitt des ADR enthält allgemeine Regelungen zur Handhabung und Verstauung von Gefahrgut?   (1)

285
(T)
Welche Maßnahmen sind nach ADR bei der Beförderung von Gefäßen der Klasse 2 hinsichtlich der Ladungssicherung zu beachten?   (1)

A	Gefäße sind so zu verladen, dass sie nicht umkippen oder herabfallen können.	☐
B	Die Schutzkappen an den Gasgefäßen müssen nur deswegen aufgeschraubt werden, um Schäden am Ventil durch Witterungseinflüsse zu verhindern.	☐
C	Alle Gasgefäße müssen mit besonderen bruchsicheren Ventilen ausgestattet werden.	☐
D	Gasgefäße dürfen ausschließlich in offenen Beförderungseinheiten transportiert werden.	☐

Straße

Straße

286 (Z)	Gelten Zusammenladeverbote der verschiedenen Klassen auch für Umverpackungen? Nennen Sie auch den Unterabschnitt nach ADR für Ihre Lösung!	(2)

287 (A) Welche Anforderungen stellt das ADR an die Kennzeichnung von als Ausrüstung mitzuführenden tragbaren Feuerlöschgeräten? (1)

    A   Eine Kennzeichnung nach einer anerkannten Norm und dem ADR ist erforderlich. ☐

    B   Nur eine Kennzeichnung nach ADR ist erforderlich. ☐

    C   Es ist immer eine Kennzeichnung nach CEFIC erforderlich. ☐

    D   Die Kennzeichnung der zuständigen Brandversicherung ist ausreichend. ☐

288 (TV) In welchem Abschnitt des ADR finden Sie die Sondervorschriften für die Verwendung von festverbundenen Tanks für die Klasse 3? (1)

289 (P) Nennen Sie zwei Arten von Prüfungen an festverbundenen Tanks für die Klasse 3 gemäß ADR! (2)

290 (P) In welchen zeitlichen Abständen ist die wiederkehrende Prüfung an festverbundenen Tanks für Stoffe der Klasse 3 gemäß ADR spätestens durchzuführen? (2)

291 (P) In welchen zeitlichen Abständen ist die Zwischenprüfung an festverbundenen Tanks für Stoffe der Klasse 8 gemäß ADR spätestens durchzuführen? (2)

292 (P) In welchem Fall ist eine außerordentliche Prüfung an Tanks von Tankcontainern gemäß ADR durchzuführen? (2)

293 (VN) Versandstücke, die den Vorschriften des ADR für Verpackung, Zusammenpackung, Kennzeichnung und Bezettelung nicht in vollem Umfang, wohl aber den Vorschriften der ICAO-TI entsprechen, dürfen bei einer Beförderung im Nachlauf eines Lufttransports unter bestimmten Bedingungen befördert werden. In welchem Unterabschnitt des ADR finden Sie diese Bedingungen? (1)

294 (T) Da ein Lager- oder Werksbereich als Parkplatz nicht zur Verfügung steht, stellt der Fahrer eines mit 25 000 l beladenen Tankcontainers (UN 1231 Methylacetat) sein Fahrzeug abseits auf einem bewachten Parkplatz ab. Er informiert den Parkplatzwärter über die Art und die Gefährlichkeit der Ladung sowie seinen Aufenthaltsort während der Pause. Genügt der Fahrer damit seiner Überwachungspflicht nach ADR? Begründen Sie Ihre Lösung unter Angabe der Fundstelle! (2)

295 (T) Welche Aussage zur Überwachung der Fahrzeuge gemäß Anlage 2 Nr. 3.3 GGVSEB ist zutreffend? (1)

    A   Anlage 2 Nr. 3.3 GGVSEB regelt die Überwachung von Fahrzeugen aus Drittstaaten. ☐

    B   Die Regelungen der Anlage 2 Nr. 3.3 GGVSEB gelten nur für innerstaatliche Beförderungen mit in Deutschland zugelassenen Fahrzeugen. ☐

    C   Die Regelungen der Anlage 2 Nr. 3.3 GGVSEB gelten nur für grenzüberschreitende Beförderungen mit in Deutschland zugelassenen Fahrzeugen. ☐

    D   Mit der Anlage 2 Nr. 3.3 GGVSEB werden die Vorschriften des ADR zur Überwachung der Fahrzeuge bei internationalen Beförderungen aufgehoben. ☐

296
(T)
Ihr Unternehmen befördert mit einem in Deutschland zugelassenen Tankfahr- (3)
zeug 32 000 l UN 1134 Chlorbenzen von einer Beladestelle in den Niederlan-
den zu einem Empfänger in Deutschland. Muss das Fahrzeug nach ADR beim
Parken auf einem öffentlichen Parkplatz (Dauer 2 Stunden) überwacht werden? Geben Sie eine kurze Begründung für Ihre Antwort!

297
(T)
Ihr Unternehmen befördert mit einem Tankfahrzeug 34 000 l UN 1203 Benzin. (1)
Darf dieses Fahrzeug gemäß ADR ohne Überwachung in einem Werksbereich
unter Gewährleistung ausreichender Sicherheit abgesondert geparkt wer-
den? Nennen Sie auch das Kapitel für Ihre Lösung!

298
(T)
In welcher Spalte des Verzeichnisses für gefährliche Güter des ADR finden (1)
Sie Sondervorschriften für die Beförderung in Versandstücken?

299
(P)
Welche besondere Prüfung, zusätzlich zu den Prüfungen nach 6.8.2.4.3 ADR, (2)
ist bei Saug-Druck-Tanks für Abfälle (festverbundener Tank) vorgeschrieben?
Nennen Sie die Prüfungsart und die Frist nach ADR!

300
(P)
Wer ist verpflichtet, die Tankakte gemäß ADR aufzubewahren? (1)

A	Der Fahrzeugführer bei der Beförderung des Tanks	☐
B	Der Befüller des Tanks	☐
C	Der Eigentümer oder der Betreiber des Tanks	☐
D	Der amtlich anerkannte Sachverständige für die Prüfung des Tanks	☐
E	Die für die Baumusterzulassung zuständige Behörde	☐

301
(P)
Wie lange muss der Betreiber eines Tanks nach dessen Außerbetriebnahme (1)
die Tankakte gemäß ADR noch mindestens aufbewahren?

A	1 Monat	☐
B	12 Monate	☐
C	15 Monate	☐
D	24 Monate	☐
E	15 Jahre	☐

302
(P)
Welche Informationen muss die im ADR vorgeschriebene Tankakte enthal- (1)
ten?

A	Alle technisch relevanten Informationen eines Tanks, wie die in den Unter-abschnitten 6.8.2.3, 6.8.2.4 und 6.8.3.4 genannten Bescheinigungen	☐
B	Den Kaufvertrag und ggf. den Verkaufsvertrag	☐
C	Die Bescheinigung über die Zuteilung eines amtlichen Kennzeichens	☐
D	Die freigegebenen Beladestellen, an denen der Tank befüllt werden kann	☐
E	Die für den Tank erforderliche Fahrwegbestimmung	☐

303
(P)
Ihr Unternehmen will ein Tankfahrzeug verkaufen. Was geschieht gemäß ADR (1)
mit dieser Tankakte beim Verkauf des Fahrzeugs?

304
(P)
Über die wiederkehrende Prüfung eines Tankfahrzeugs nach Absatz 6.8.2.4.2 (2)
ADR wurde vom Sachverständigen eine Bescheinigung erstellt. In welche Un-
terlage ist diese Bescheinigung aufzunehmen? Nennen Sie auch den Absatz
für Ihre Lösung!

Straße

305 Auf dem Tankschild eines Tankcontainers finden Sie nach dem Datum der zu- (1)
(P) letzt durchgeführten Prüfung den Buchstaben „P" eingeprägt. Welche Bedeutung hat dieser Buchstabe gemäß ADR?

A Die zuletzt durchgeführte Prüfung war eine Prüfung nach 6.8.2.4.1 oder ☐
6.8.2.4.2 ADR.

B Die zuletzt durchgeführte Prüfung war eine zwischendurch stattfindende ☐
Dichtheitsprüfung.

C Die zuletzt durchgeführte Prüfung war eine Flüssigkeitsdruckprüfung. ☐

D Ausnahmsweise wurde der Tankcontainer einer Prüfung mit Pressluft (P) un- ☐
terzogen.

E Der Buchstabe gibt den Festigkeitsgrad des verwendeten Baustahls an. ☐

F Der Buchstabe steht für den Einsatzzweck des Tankcontainers, also P (Pres- ☐
sure) für Gastanks.

306 In welcher Form ist das Datum der zuletzt durchgeführten Prüfung auf dem (1)
(P) Tankschild eines Tankfahrzeugs für Benzin der Klasse 3 ADR anzugeben?

307 Welche Angaben zur zuletzt durchgeführten Prüfung sind auf dem Tankschild (2)
(P) nach 6.8.2.5.1 ADR ersichtlich?

308 Vor dem Befüllen eines Tankcontainers für einen Stoff der Klasse 8 wollen Sie (1)
(P) überprüfen, ob dieser den geltenden Vorschriften des ADR bezüglich der Einhaltung der Prüffristen genügt. Wo können Sie diese Angaben am Tankcontainer ablesen?

309 Ihr Unternehmen soll einen ungereinigten leeren ortsfesten Lagertank, der (3)
(F) zuletzt UN 1965 (Gemisch C) enthalten hat, zur Entsorgung befördern. Ist die
Beförderung unter Freistellung vom ADR möglich? Geben Sie auch eine kur-
ze Begründung für Ihre Lösung!

310 Ein ungereinigter leerer ortsfester Lagerbehälter, der zuletzt UN 1202 enthal- (3)
(F) ten hat, soll von einem Kunden abgeholt werden. Bei der Verladung stellt der
Fahrer fest, dass der Befüllflansch demontiert wurde und der Lagerbehälter
nicht mehr dicht verschlossen werden kann. Darf der Lagerbehälter unter
den Freistellungsvorschriften des ADR befördert werden? Geben Sie eine
kurze Begründung und die Fundstelle für Ihre Lösung an!

311 Ihr Unternehmen soll einen ungereinigten leeren ortsfesten Lagertank beför- (1)
(F) dern, der zuletzt UN 1965 (Gemisch C) enthalten hat. Darf diese Beförderung
durchgeführt werden, obwohl der Lagertank keine Zulassung nach dem ADR
hat?

A Ja, die Beförderung ist unter Einhaltung der Bedingungen nach Unter- ☐
abschnitt 1.1.3.1 f) ADR freigestellt möglich.

B Nein, diesen Behälter darf man nur mit einer Einzelausnahme nach § 5 ☐
GGVSEB befördern.

C Ja, generell in jedem Zustand, da Lagertanks nicht dem ADR unterliegen. ☐

D Nein, der Lagertank muss auf jeden Fall vor der Beförderung gereinigt ☐
werden.

E Ja, wenn der Lagertank vor der Beförderung einer wiederkehrenden Prüfung ☐
gemäß Absatz 6.8.2.4.2 ADR unterzogen wird.

312 Gilt die in Unterabschnitt 1.1.3.1 f) ADR geregelte Freistellung auch für unge- (3)
(F) reinigte leere ortsfeste Lagerbehälter, die zuletzt UN 1005 enthalten haben?
Geben Sie eine kurze Begründung für Ihre Lösung!

313   Welche Bedeutung hat der Tunnelbeschränkungscode „B"?   (1)
(TB)

314   Müssen bei Inanspruchnahme der Freistellungen nach Unterabschnitt 1.1.3.6   (2)
(TB)   ADR die Tunnelbeschränkungen beachtet werden? Nennen Sie auch die
Fundstelle für Ihre Lösung!

315   Was bedeutet die Angabe „1000" beim Tunnelbeschränkungscode B1000C?   (1)
(TB)   A   Durchfahrt verboten durch Tunnel der Kategorie B, C, D und E, wenn die   ☐
Nettoexplosivstoffmasse je Beförderungseinheit mehr als 1 000 kg beträgt

      B   Durchfahrt verboten durch Tunnel der Kategorie B, bei mehr als 1 000 l Brut-   ☐
tomasse einer Flüssigkeit

      C   Durchfahrt verboten für Lkw mit mehr als 1 000 kg netto in Versandstücken   ☐

      D   Durchfahrt verboten durch Tunnel der Kategorie C, D und E, wenn die zu-   ☐
lässige Gesamtmasse der Beförderungseinheit mehr als 1 000 kg beträgt

      E   Durchfahrt verboten durch Tunnel der Kategorie C, wenn die Nettomasse   ☐
eines gefährlichen Gutes in loser Schüttung mehr als 1 000 kg beträgt

316   Dürfen Sie mit einer kennzeichnungspflichtigen Beförderungseinheit mit Di-   (3)
(TB)   nitrosobenzen (Nettoexplosivstoffmasse 600 kg) durch einen Tunnel der Kategorie E fahren? Geben Sie auch eine kurze Begründung für Ihre Lösung!

317   Benzin und Dieselkraftstoff werden in kennzeichnungspflichtiger Menge in   (2)
(TB)   Stahlfässern befördert. Welcher Tunnelbeschränkungscode gilt für die gesamte Ladung?

318   Mit wie vielen Feuerlöschgeräten und welchem Mindestfassungsvermögen   (3)
(A)   an Löschmitteln muss eine Beförderungseinheit (zGM 7,49 t) ausgerüstet
sein, mit der 1 500 kg Gefahrgut „UN 3291 Klinischer Abfall, unspezifiziert,
n.a.g." befördert werden? Geben Sie auch eine kurze Begründung für Ihre
Lösung!

319   Auf welche maximale Geschwindigkeit ist ein Geschwindigkeitsbegrenzer für   (1)
(FF)   Kfz mit einer höchsten Gesamtmasse von mehr als 3,5 t gemäß ADR ein-
zustellen?

320   Ab welcher Gesamtmasse sind FL-Fahrzeuge gemäß ADR mit Geschwindig-   (1)
(FF)   keitsbegrenzern auszustatten?

      A   Mehr als 3,5 t   ☐

      B   Mehr als 12 t   ☐

      C   Mehr als 7,5 t   ☐

      D   Mehr als 38 t   ☐

      E   Die Gesamtmasse ist unerheblich, alle Gefahrgutfahrzeuge müssen damit   ☐
ausgestattet werden.

321   In welchem Abschnitt des ADR sind die Regelungen für Geschwindigkeits-   (1)
(FF)   begrenzer festgelegt?

322   In welchem Abschnitt des ADR finden Sie einen tabellarischen Überblick   (2)
(FF)   über die einzuhaltenden technischen Merkmale für Fahrzeuge, die eine
ADR-Zulassungsbescheinigung benötigen?

323   Nennen Sie die nach ADR festgelegte Höchstmenge je Innenverpackung für   (1)
(LQ)   begrenzte Mengen bei der UN-Nummer 1104!

324   Nennen Sie die möglichen Sondervorschriften für einzelne Lithium-Ionen-   (1)
(VS)   Batterien!

325   Welche Sondervorschrift gilt für Feuerzeuge, wenn diese als Abfall unter ver-   (1)
(VS)   einfachten Bedingungen verpackt und befördert werden sollen?

326   Bei der Überprüfung eines Tankfahrzeugs finden Sie auf dem Tankschild nach   (1)
(P)   6.8.2.5.1 ADR die Angabe „Fassungsraum 35 000 l S". Welche Bedeutung hat
          der Buchstabe „S"?

327   Welche Maßnahme ist bei einem abgestellten, mit gefährlichen Gütern bela-   (1)
(T)   denen Anhänger ohne Bremseinrichtung zur Sicherung gegen Wegrollen zu
          ergreifen?

    A   Der Anhänger darf nur zusammen mit dem Zugfahrzeug abgestellt werden.   ☐

    B   Der Anhänger ist durch die Verwendung mindestens eines Unterlegkeils zu   ☐
        sichern.

    C   Vor jedes Rad des Anhängers ist ein Unterlegkeil zu legen.   ☐

    D   Vor und hinter jedes Rad des Anhängers sind Unterlegkeile zu legen.   ☐

    E   Nur bei abschüssigem Gelände ist die Verwendung von Unterlegkeilen vor-   ☐
        geschrieben.

328   Was versteht man nach ADR unter dem Code „BK1"?   (1)
(CV)

329   Was versteht man gemäß ADR unter dem Begriff „MEMU"?   (1)
(FF)

    A   Mobile Einheit zur Herstellung und Lagerung von explosiven Stoffen oder   ☐
        Gegenständen mit Explosivstoff

    B   Mobile Einheit zur Herstellung von explosiven Stoffen oder Gegenständen   ☐
        mit Explosivstoff

    C   Mobiles Einsatzfahrzeug mit Material zum Umgang mit Explosivstoffen   ☐

    D   Mobile Einheit zur Unterstützung von Sprengungen   ☐

    E   Mobile Einheit zur Lagerung explosiver Stoffe oder Gegenstände mit   ☐
        Explosivstoff

330   Gelten die Gefahrguttransportvorschriften des ADR für MEMU für die Her-   (2)
(VS)   stellung und das Laden von explosiven Stoffen oder Gegenständen mit
          Explosivstoff? Nennen Sie auch den Abschnitt für Ihre Lösung!

331   Für welche Abfälle darf das Verfahren nach Absatz 2.1.3.5.5 ADR nicht ange-   (1)
(K)   wendet werden? Nennen Sie ein Beispiel!

332   Nennen Sie zwei Beispiele für radioaktive Stoffe oder Gegenstände, deren   (2)
(R)   Beförderung nicht den Bestimmungen des ADR unterliegt!

333   Auf einer kennzeichnungspflichtigen Beförderungseinheit sind folgende   (2)
(TB)   Gefahrgüter in Versandstücken geladen:
          – UN 1263 Farbe, 3, II, (D/E),
          – UN 2796 Batterieflüssigkeit, sauer, 8, II, (E).
          Auf der Fahrstrecke liegt ein Tunnel der Tunnelkategorie D. Darf der Tunnel
          mit dieser Ladung durchfahren werden? Nennen Sie auch die genaue Fund-
          stelle für Ihre Lösung!

334   Im Beförderungspapier eines Tankfahrzeugs mit 18 000 l Benzin steht folgen-   (2)
(TB)   der stoffspezifische Eintrag nach ADR:
          UN 1203 Benzin, 3, II, (D/E), umweltgefährdend.
          Welche Bedeutung hat (D/E) in diesem konkreten Fall?

335   Welche zusätzliche klassenspezifische Ausrüstung ist bei einer kennzeich-   (2)
(A)   nungspflichtigen Beförderung von UN 1230 in Versandstücken mitzuführen?

336 (F) Ist für UN 1013 eine Freistellung nach Unterabschnitt 1.1.3.2 c) ADR möglich? (2)
Geben Sie auch eine kurze Begründung für Ihre Lösung!

337 (T) UN 0009, Nettoexplosivstoffmasse 15 kg, soll gemäß ADR befördert werden. (3)
Darf der Fahrzeugführer während der Beförderung im Fahrzeug rauchen?
Geben Sie auch die genaue Fundstelle für Ihre Lösung an!

338 (F) Eine Kältemaschine (1 500 kg Bruttogewicht), die in ihrem Inneren 20 kg eines (3)
verflüssigten Gases (UN 3159) enthält, soll nach ADR befördert werden. Kann
die Beförderung unter den Erleichterungen des Unterabschnitts 1.1.3.6 ADR
erfolgen? Geben Sie eine kurze Begründung für Ihre Lösung!

339 (F) In welchem Unterabschnitt des ADR finden Sie Freistellungen im Zusammen- (1)
hang mit der Beförderung von Leuchtmitteln, die gefährliche Güter enthalten?

340 (F) Unter welchen Bedingungen kann ein verunfalltes kennzeichnungspflichtiges (2)
Tankfahrzeug freigestellt vom ADR befördert werden?

341 (LQ) An welcher Stelle finden Sie im ADR die anwendbaren Mengengrenzen für (1)
Innenverpackungen und Gegenstände für die Beförderung in begrenzten
Mengen?

A	3.2 Tabelle A Spalte 7a	☐
B	Tabelle 2.1.3.10	☐
C	Tabelle 6.1.2.7	☐
D	3.2 Tabelle A Spalte 15	☐
E	Tabelle 1.1.3.6.3	☐
F	Tabelle 7.5.2.1	☐
G	Tabelle 3.5.1.2	☐

342 (TB) Im Beförderungspapier gemäß ADR finden Sie für eine kennzeichnungs- (2)
pflichtige Beförderung gefährlicher Güter in Versandstücken folgende stoffspezifischen Einträge:

– **UN 2820 Buttersäure, 8, III, (E)**
– **UN 2821 Phenol, Lösung, 6.1, II, (D/E)**

Nennen Sie den für die gesamte Ladung anzuwendenden Tunnelbeschränkungscode!
Darf ein Tunnel, der wie folgt gekennzeichnet ist, durchfahren werden?

343 (A) Ein leeres ungereinigtes Tankfahrzeug (zGM > 26 t – letztes Ladegut: Heizöl, (3)
leicht, (umweltgefährdend) [Flammpunkt gemäß EN 590:2013 + AC:2014]) soll
zur Verlängerung der ADR-Zulassungsbescheinigung vorgefahren werden.
Welche Ausrüstungsgegenstände nach ADR müssen bei dieser Fahrt durch
den Fahrzeugführer mitgeführt werden? Nennen Sie sechs Gegenstände!

Straße

344   Der Fahrzeugführer eines Getränkegroßhändlers soll bei einer Auslieferungs-   (4)
(A)   fahrt von Getränken in seinem bedeckten Fahrzeug zusätzlich drei Gas-
(D)   flaschen mit UN 1013 (insgesamt 45 kg) mitnehmen.
(TB)   Ist Unterabschnitt 1.1.3.6 ADR nutzbar?
Welche Begleitpapiere und welche Ausrüstungsgegenstände muss der Fahr-
zeugführer in diesem Fall gemäß ADR mitführen?
Darf der Fahrzeugführer mit dieser Ladung einen Tunnel der Tunnelkatego-
rie D passieren?

345   Auf einem Lkw wird ein Container, dessen Kühlanlage mit flüssigem Brenn-   (2)
(T)   stoff (UN 1202) betrieben wird, befördert (Fassungsraum und Inhalt Brennstoffbehälter 500 l). Müssen in diesem Fall die Vorschriften des ADR angewendet werden? Nennen Sie auch den Unterabschnitt für Ihre Lösung!

346   Darf der Antriebsmotor eines FL-Fahrzeugs mit verflüssigtem Erdgas (LNG)   (2)
(FF)   betrieben werden? Nennen Sie auch den Unterabschnitt für Ihre Lösung!

347   Auf einem flexiblen Schüttgut-Container ist folgende Kennzeichnung ange-   (2)
(BT)   bracht: UN/BK3/Z/0117/RUS/NTT/MK-14-10/40000/10000. Was bedeuten „Z"
und „40000"?

348   Ein Verbrennungsmotor mit Antrieb durch eine entzündbare Flüssigkeit der   (2)
(T)   Klasse 3 soll versandt werden. Der Brennstoffbehälter ist leer, aber ungereinigt und kann mangels Brennstoff nicht betrieben werden. Unterliegt diese
Beförderung den Vorschriften des ADR? Nennen Sie auch die genaue Fundstelle für Ihre Lösung!

349   Ist bei der Beschreibung der Versandstücke im Beförderungspapier nach   (2)
(D)   ADR die alleinige Angabe des Verpackungscodes, z. B. „3H1", erlaubt?
Geben Sie auch eine kurze Begründung und die Fundstelle für Ihre Lösung
an!

350   Welches der nachfolgenden Fahrzeuge benötigt nach ADR eine ADR-Zulas-   (1)
(FF)   sungsbescheinigung?

     A   Fahrzeug mit gefährlichen Gütern der Klasse 3 in Versandstücken   ☐

     B   Trägerfahrzeug für Aufsetztanks mit einem Fassungsraum von mehr als 1 m^3 ☐

     C   Offenes Fahrzeug zur Beförderung eines Tankcontainers mit einem Fas-
sungsraum von 3 m^3 ☐

     D   Trägerfahrzeug eines Containers mit loser Schüttung   ☐

     E   Fahrzeug zur Beförderung eines Tankcontainers mit einem Fassungsraum
von 6 m^3 ☐

     F   Gedecktes Fahrzeug mit gefährlichen Gütern der Klasse 7 in Versand-
stücken   ☐

     G   Batterie-Fahrzeug mit einem Fassungsraum von 1 m^3 ☐

     H   Bedecktes Fahrzeug mit gefährlichen Gütern in loser Schüttung   ☐

     I   Tankfahrzeug mit einem Fassungsraum von mehr als 1 m^3 ☐

     J   Fahrzeug zur Beförderung von 100 kg Nettoexplosivstoffmasse der UN-
Nr. 0027   ☐

351   Welche Fahrzeuge, die Stoffe und Gegenstände der Klasse 1 befördern, be-   (2)
(FF)   nötigen nach ADR bei kennzeichnungspflichtigen Beförderungen eine ADR-
Zulassungsbescheinigung?

352
(FF)
Welches der nachfolgenden Fahrzeuge benötigt nach ADR keine ADR-Zulassungsbescheinigung? (1)

    A   Tankfahrzeug mit festverbundenem Tank   ☐

    B   Beförderungseinheit zur Beförderung eines Tankcontainers mit einem Fassungsraum von mehr als 3 000 l   ☐

    C   Fahrzeug EX/III   ☐

    D   Bedecktes Fahrzeug mit gefährlichen Gütern in loser Schüttung   ☐

    E   Fahrzeug EX/II   ☐

    F   Offenes Fahrzeug mit gefährlichen Gütern in Großpackmitteln (IBC)   ☐

    G   Gedecktes Fahrzeug mit gefährlichen Gütern der Klasse 7 in Typ A-Versandstücken   ☐

    H   Batterie-Fahrzeug mit einem Fassungsraum von 3 m^3 ☐

    I   MEMU   ☐

353
(D)
Welche zusätzliche Angabe ist nach ADR im Beförderungsdokument bei der Beförderung eines Containers, dessen Ladung mit Trockeneis gekühlt wird, vorgeschrieben? (2)

354
(D)
Ein leeres ungereinigtes Tankfahrzeug war zuletzt mit Abfallschwefelsäure beladen. Für die Leerfahrt zur Ladestelle (keine Tunneldurchfahrt) soll ein Beförderungspapier erstellt werden. Wie lauten nach ADR die vorgeschriebenen Angaben im Beförderungspapier? (3)

355
(P)
Bei der Überprüfung eines abholenden Tankfahrzeugs wird festgestellt, dass die Gültigkeit der ADR-Zulassungsbescheinigung vor 14 Tagen abgelaufen ist. Darf das Fahrzeug nach ADR befüllt werden? (1)

356
(D)
(R)
Welche der aufgeführten Angaben für einen Kernbrennstofftransport Straße/Schiene ist eine korrekte stoff- und klassenspezifische Eintragung im Beförderungspapier nach ADR/RID? (1)

    A   Radioaktive Stoffe, freigestelltes Versandstück, begrenzte Stoffmenge, 7   ☐

    B   UN 2917 Radioaktive Stoffe, Typ B(M)-Versandstück, 7, (E)   ☐

    C   2910 Radioaktive Stoffe, 7   ☐

    D   UN 2910 Radioaktive Stoffe, freigestelltes Versandstück, Instrumente   ☐

    E   2910 Uranhexafluorid, Typ A-Versandstück, 6.1   ☐

357
(D)
(R)
Welche Eintragung ist bei der Beförderung von Stoffen der Klasse 7 im Beförderungspapier nach ADR in bestimmten Fällen vorgeschrieben? (1)

    A   Äquivalentdosis   ☐

    B   Kennzeichen des Zulassungszeugnisses   ☐

    C   UN-Nummer der Verpackung   ☐

    D   Nummer zur Kennzeichnung der Gefahr   ☐

    E   Nummer der Berechtigungsliste   ☐

358
(D)
Wie lautet nach ADR die vorgeschriebene Angabe im Beförderungspapier für verdichtetes Argon? (1)

    A   UN 1951 Argon, verdichtet, 2.2, (C/E)   ☐

    B   1006 Argon, 2   ☐

    C   UN 1006 Argon, verdichtet, 2.2, (E)   ☐

    D   UN 1006 Argon, 2   ☐

    E   UN 1006 Argon, verdichtet   ☐

Straße

Straße *(side tab)*

359   In einem Beförderungspapier nach ADR sind die folgenden stoffbezogenen   (2)
(D)   Angaben aufgeführt. Sind diese Angaben zum Stoff vollständig bzw. richtig?
      Antworten Sie mit „Ja" oder „Nein" und ergänzen bzw. korrigieren Sie ggf.
      die Angaben!
      UN 1114 Benzen, 3, (D/E)

360   Sie stellen bei einer Überprüfung fest, dass bei Ihren Gasflaschen die ange-   (2)
(D)   gebene Prüffrist schon seit mehreren Jahren abgelaufen ist. Daher wollen Sie
      die Gasflaschen unter Nutzung des Unterabschnitts 4.1.6.10 ADR zur wieder-
      kehrenden Prüfung befördern. Welcher Eintrag ist bei dieser Beförderung im
      Beförderungspapier, neben den allgemeinen Angaben zum Gefahrgut, zu-
      sätzlich erforderlich?

361   Nennen Sie vier Begleitpapiere, die auf einem Tankfahrzeug für Sauerstoff,   (2)
(BP) tiefgekühlt, flüssig, nach ADR mitzuführen sind!

362   Nennen Sie sechs Begleitpapiere, die bei einer Beförderung nach ADR ggf.   (3)
(BP) erforderlich sind!

363   Nennen Sie die erforderlichen Begleitpapiere nach ADR, die bei einer Beför-   (2)
(BP) derung von UN 1824 Natriumhydroxidlösung, 8, III, (E), 4000 kg, in Versand-
      stücken, mitzuführen sind!

364   Nennen Sie die erforderlichen Begleitpapiere nach ADR, die bei der Beför-   (2)
(BP) derung von UN 3175 in loser Schüttung vom Fahrzeugführer mitzuführen
      sind!

365   Welche zusätzliche Angabe ist nach ADR im Beförderungspapier bei Stoffen   (1)
(D)   und Gegenständen der Klasse 1 vorgeschrieben?
      A   Angabe der Codierung bei Säcken aus Kunststoff   ☐
      B   Anzahl der Einzelverpackungen, die in einem Versandstück enthalten sind ☐
      C   Angabe der gesamten Nettomasse in kg der enthaltenen Explosivstoffe für ☐
           den beförderten Stoff
      D   Verfallsdatum bei pyrotechnischen Gegenständen   ☐
      E   Die Chargen oder Losnummern einzelner Stoffe   ☐

366   Welche zusätzliche Angabe ist nach ADR bei Feuerwerkskörpern der Klas-   (1)
(D)   se 1 im Beförderungspapier erforderlich?
      A   Es sind keine besonderen Angaben erforderlich.   ☐
      B   Es ist die Nummer der ADR-Schulungsbescheinigung des Fahrzeugführers   ☐
           anzugeben.
      C   Angabe der Kfz-Nummer des Fahrzeugs erforderlich   ☐
      D   Klassifizierung von Feuerwerkskörpern durch die zuständige Behörde von … ☐
           mit der Referenz für Feuerwerkskörper … bestätigt
      E   Angabe des Ablaufdatums der Prüffrist für Feuerlöscher erforderlich   ☐

367   Sie kontrollieren die Inhalte einer ADR-Zulassungsbescheinigung. In welcher   (1)
(FF) Vorschrift des ADR finden Sie dazu Informationen?
      A   Abschnitt 8.2.1 ADR   ☐
      B   Kapitel 9.1 ADR   ☐
      C   Kapitel 5.4 ADR   ☐
      D   In der GGVSEB   ☐
      E   In Kapitel 7.4   ☐

368
(FF)
Wie lange gilt nach ADR die ADR-Zulassungsbescheinigung? Geben Sie auch den Unterabschnitt für Ihre Lösung an! (2)

369
(BP)
In welchem Begleitpapier nach ADR können Sie die Angaben zur Tankcodierung eines Tankfahrzeugs für die Beförderung gefährlicher Güter feststellen? (1)

370
(FF)
Nach welchem Unterabschnitt des ADR müssen Tankfahrzeuge eine ADR-Zulassungsbescheinigung mitführen? (1)

371
(FF)
Benötigt ein Fahrzeug zur Beförderung von Tankcontainern (Fassungsraum jeweils größer als 3000 l) nach ADR eine ADR-Zulassungsbescheinigung? Nennen Sie auch den Unterabschnitt für Ihre Lösung! (2)

372
(FF)
Müssen Batterie-Fahrzeuge mit einem Fassungsraum von 1000 l nach ADR eine ADR-Zulassungsbescheinigung haben? Nennen Sie auch den Abschnitt für Ihre Lösung! (2)

373
(P)
Ist es nach ADR zulässig, die jährliche technische Untersuchung eines Tankfahrzeugs auch innerhalb eines Monats nach dem Ablauf der Gültigkeit der ADR-Zulassungsbescheinigung durchzuführen? Nennen Sie auch den Unterabschnitt für Ihre Lösung! (2)

374
(BP)
Welches Begleitpapier ist nach ADR für Fahrzeuge EX/II und EX/III zum Transport von Gütern der Klasse 1 in kennzeichnungspflichtiger Menge zusätzlich erforderlich? (1)

375
(BP)
In welchem Unterabschnitt des ADR steht, dass auf einem Tankfahrzeug für Sauerstoff, tiefgekühlt, flüssig, die ADR-Zulassungsbescheinigung mitzuführen ist? (1)

376
(D)
Welche der aufgeführten Angaben ist in einem Beförderungspapier für eine Gefahrgutbeförderung innerhalb Deutschlands nach ADR erforderlich? (1)

A Ggf. der Ausdruck „Abfall" vor der offiziellen Benennung ☐
B Name und Anschrift des Beförderers ☐
C UN-Nummer ☐
D Nummer der ADR-Schulungsbescheinigung ☐
E Nummer zur Kennzeichnung der Gefahr ☐
F Abkürzung „UN" vor der UN-Nummer ☐
G Nummer des Gefahrzettelmusters ☐
H Ggf. die dem Stoff zugeordnete Verpackungsgruppe ☐
I Die offizielle Benennung für die Beförderung ☐
J Die Telefonnummer der zuständigen Polizeibehörde ☐
K Die Abkürzung „ADR" ☐
L Anzahl und Beschreibung der Versandstücke ☐
M Die Gegenstände der Schutzausrüstung ☐
N Ggf. der Tunnelbeschränkungscode ☐
O Die Abkürzung „GGVSEB" ☐
P Die Nummer der schriftlichen Weisung ☐
Q Die Angabe der Klassen bei Zusammenladeverboten ☐
R Bei Klasse 7 die Versandstückkategorie ☐
S Die Nummer der ADR-Zulassungsbescheinigung ☐
T Die Tankcodierung ☐
U Ggf. der zusätzliche Ausdruck „umweltgefährdend" ☐

377
(BP)

Gehört das Container-/Fahrzeugpackzertifikat für den Seeschiffsverkehr zu den möglichen Begleitpapieren nach ADR? **(1)**

A   Nein, das Container-/Fahrzeugpackzertifikat ist nur im Seeverkehr erforderlich. ☐

B   Ja, wenn sich ein Container im Zulauf für eine Seebeförderung befindet. ☐

C   Nein, im Zu- und Ablauf zum/vom Seetransport ist kein Container-/Fahrzeugpackzertifikat erforderlich. ☐

D   Nein, da Container im Seeverkehr nicht befördert werden dürfen. ☐

378
(BP)

Welches zusätzliche Begleitpapier wird nach ADR benötigt, wenn ein Container mit gefährlichen Gütern in Versandstücken anschließend im Seeschiffsverkehr befördert wird? Nennen Sie auch den Abschnitt! **(2)**

379
(BP)

Bei einem zu befördernden Gut, das in § 35b GGVSEB genannt ist, müssen die §§ 35/35a GGVSEB beachtet werden. Welches zusätzliche Begleitpapier ist in diesem Fall für die Beförderung auf der Straße erforderlich? **(1)**

A   EU-Lizenz ☐

B   Fahrwegbestimmung ☐

C   Fahrzeugschein ☐

D   Führerschein des Fahrzeugführers ☐

E   Container-/Fahrzeugpackzertifikat ☐

F   ADR-Schulungsbescheinigung des Fahrzeugführers ☐

G   Lichtbildausweis des Fahrzeugführers ☐

H   Bescheinigung des Eisenbahn-Bundesamtes ☐

I   Die Tankakte des verwendeten Tanks ☐

380
(VS)

Sie sollen für Ihren Betrieb eine Ausnahme für Tanks bei der nach Landesrecht zuständigen Stelle beantragen. Welche Rechtsgrundlage ist in diesem Fall maßgebend? **(1)**

A   Teil 9 ADR ☐

B   § 5 GGVSEB ☐

C   Die BAM-Gefahrgutregelungen ☐

D   Ausnahme 22 (E, S) der GGAV ☐

E   Die ADR-Ausnahmeverordnung ☐

381
(D)

Wie viele Beförderungspapiere müssen nach ADR erstellt werden, wenn wegen Zusammenladeverboten ein Lkw mit Anhänger zum Transport eingesetzt werden muss? **(1)**

382
(BP)
(M)

Müssen bei der Beförderung von Sicherheitszündhölzern (5000 kg brutto) in Versandstücken schriftliche Weisungen nach ADR mitgeführt werden? Antworten Sie mit „Ja" oder „Nein"! **(2)**

383
(P)

In der ADR-Zulassungsbescheinigung steht: „Gültig bis 31.12.2017". Wann muss ein Tankfahrzeug nach ADR spätestens zur technischen Untersuchung, um die Verlängerung der ADR-Zulassungsbescheinigung bis zum 31.12.2018 sicherstellen zu können? **(1)**

A   Bis 30.11.2017 ☐

B   Spätestens bis 31.01.2018 ☐

C   Wie bei der Hauptuntersuchung kann bis zu 2 Monate überzogen werden, also bis 28.02.2018. ☐

| | D | Gar nicht, die ADR-Zulassungsbescheinigung wird automatisch von der Zulassungsbehörde um ein Jahr verlängert und zugesandt, wenn die Hauptuntersuchung durchgeführt wurde. | ☐ |
| | E | Gar nicht, da die ADR-Zulassungsbescheinigung nur den Tank und nicht das Fahrzeug betrifft. | ☐ |

384
(L)
Es sollen 5 600 kg Nettomasse UN 1745 Brompentafluorid der Klasse 5.1 in Fässern befördert werden. Ist für diesen Transport eine Fahrwegbestimmung nach § 35a GGVSEB erforderlich? **(2)**

385
(BP)
In welchem Begleitpapier nach ADR finden Sie Angaben zur persönlichen Schutzausrüstung? **(1)**

386
(D)
Zwei Kisten mit je 50 kg Druckgaspackungen der Klasse 2 (85 Masseprozent entzündbare Bestandteile, chemische Verbrennungswärme 30 kJ/g) sind zu befördern. Wie lauten die vorgeschriebenen stoffspezifischen Angaben für diese Gegenstände im Beförderungspapier nach ADR, wenn eine beschränkte Tunneldurchfahrt auf der Strecke liegt? **(2)**

387
(D)
Geben Sie für UN 2800 die stoffspezifischen Angaben im Beförderungspapier nach ADR an! **(2)**

388
(D)
Geben Sie für eine Tankladung Chlorbenzen die stoffspezifischen Angaben im Beförderungspapier nach ADR an! Der Stoff erfüllt zusätzlich die Kriterien des Absatzes 2.2.9.1.10 des ADR. **(2)**

389
(D)
Ein Container enthält UN 1794 in loser Schüttung. Wie lauten die vorgeschriebenen stoffspezifischen Angaben im Beförderungspapier nach ADR? **(2)**

390
(BP)
(M)
Über welcher Gesamtmenge je Beförderungseinheit sind bei der Beförderung von UN 3175 in Versandstücken schriftliche Weisungen nach ADR vorgeschrieben? **(2)**

391
(D)
(TV)
Welcher Nachweis wird nach Unterabschnitt 6.8.2.4 ADR vom behördlich anerkannten Sachverständigen erstellt? **(1)**

	A	ADR-Schulungsbescheinigung	☐
	B	ADR-Zulassungsbescheinigung	☐
	C	Bescheinigung über die Tankprüfung	☐
	D	Beförderungsgenehmigung	☐
	E	Bescheinigung über die Materialverträglichkeit	☐
	F	Typgenehmigung	☐

392
(D)
Bei welcher Klasse muss im Beförderungspapier nach ADR der Klassifizierungscode angegeben werden? **(1)**

	A	Bei allen Klassen	☐
	B	Klasse 1	☐
	C	Klasse 7	☐
	D	Klasse 2	☐
	E	Klasse 9	☐
	F	Nur bei Druckgaspackungen der Klasse 2	☐

393
(D)
Welche Angabe ist nach ADR für begaste Güterbeförderungseinheiten (CTU) im Beförderungspapier u. a. erforderlich? **(1)**

| | A | Es sind keine besonderen Angaben erforderlich. | ☐ |
| | B | Angabe des Ablaufdatums der Prüffrist für Feuerlöscher | ☐ |

Straße

C   Datum und Zeitpunkt der Begasung   ☐

D   Angabe der Kfz-Nummer des Fahrzeugs   ☐

E   Angabe der Nummer der ADR-Schulungsbescheinigung des Fahrzeug-   ☐
      führers

F   Typ und Menge des verwendeten Begasungsmittels   ☐

394   **Es sollen ungereinigte leere Gasgefäße der Klasse 2 (UN 1965) befördert wer-**   (1)
(D)   **den. Wie lautet die korrekte Angabe im Beförderungspapier nach ADR?**

A   Leere Verpackung, 6.1 (2.1)   ☐

B   Leere Verpackung, Gase der Klasse 2   ☐

C   Leere ungereinigte Gasgefäße   ☐

D   Leere Gefäße, 2   ☐

E   Leere Flaschen, 2.3   ☐

395   **Es sollen leere Stahlkanister mit Rückständen der Klassen 3, 6.1 und 8 an**   (2)
(D)   **den Absender zurückgesandt werden. Sie möchten das Beförderungspapier**
          der Lieferung im befüllten Zustand verwenden. Welche Veränderungen sind
          in diesem Beförderungspapier nach ADR erforderlich?

396   **Sie wollen leere Stahlfässer mit Rückständen der Klasse 7 an den Absender**   (2)
(D)   **zurücksenden. Können Sie ohne Weiteres das Beförderungspapier nach ADR**
          für den vorherigen befüllten Zustand weiter verwenden? Nennen Sie auch die
          Fundstelle für Ihre Lösung!

397   **Ein Container ist mit Nebenprodukten der Aluminiumherstellung, Verpackungs-**   (2)
(D)   **gruppe III, in loser Schüttung befüllt. Im Beförderungspapier ist zu diesem**
          Stoff folgende Eintragung vermerkt:
          3170 Nebenprodukte der Aluminiumumschmelzung, 4.2, III, (E).
          Überprüfen Sie diesen Eintrag nach ADR auf Richtigkeit, Vollständigkeit und
          korrigieren Sie ggf. die Angaben!

398   **Auf einem Lkw sollen 10 Kanister à 10 l mit Isopropylalkohol befördert wer-**   (3)
(D)   **den. Das Beförderungspapier für diesen Stoff enthält folgenden Eintrag:**
          1219 Isopropylalkohol, 3, III, (D/E), 10 Kanister, 100 l (Wert Beförderungskate-
          gorie 2: 200).
          Überprüfen Sie diesen Eintrag nach ADR auf Richtigkeit, Vollständigkeit und
          korrigieren Sie ggf. die Angaben!

399   **Ihr Unternehmen befördert mit einem in Deutschland zugelassenen Tankfahr-**   (3)
(BP) **zeug 30 000 l UN 1203 Benzin, 3, II, (D/E), umweltgefährdend, von Hannover**
          nach Hamburg. Welche personenbezogenen Dokumente muss der Fahrzeug-
          führer gemäß ADR mitführen? Nennen Sie auch die Fundstelle für Ihre Lösung!

400   **Der Heizölhändler H. hat bei der Kontrolle seines Tankfahrzeugs festgestellt,**   (2)
(D)   **dass der Domdeckel nicht mehr richtig schließt. Das Fahrzeug soll daher mit**
          leerem ungereinigtem Tank der nahe liegenden Firma R. zur Reparatur zuge-
          führt werden. Welcher zusätzliche Vermerk ist aufgrund dessen, neben den
          gefahrgutspezifischen Angaben, im Beförderungspapier nach ADR erforder-
          lich?

401   **Wie muss die Angabe im Beförderungspapier nach ADR für den Transport**   (3)
(D)   **eines leeren ungereinigten Aufsetztanks (Tankcodierung „LGBF") lauten, der**
          zuletzt „Heizöl, leicht" enthalten hat (keine Tunneldurchfahrt)? „Heizöl, leicht"
          erfüllt auch die Kriterien des Absatzes 2.2.9.1.10 des ADR.

402
(D)
Wie lauten die Angaben nach 5.4.1.1.1 c) im Beförderungspapier gemäß ADR
für Cumylhydroperoxid der UN-Nummer 3107?   (2)

403
(BP)
Welches Dokument muss jedes Mitglied der Fahrzeugbesatzung bei der Beförderung gefährlicher Güter in kennzeichnungspflichtigen Mengen gemäß ADR mitführen?   (1)

A   Die Sicherheitserklärung (SHE)   ☐
B   Einen Lichtbildausweis   ☐
C   Das ADR in einer Sprache, die die Besatzungsmitglieder verstehen ☐
D   Eine Unterweisungsbescheinigung nach Kapitel 1.10 ADR   ☐
E   Eine Unterweisungsbescheinigung nach Kapitel 1.3 ADR   ☐
F   Die Bestellurkunde des Gefahrgutbeauftragten   ☐
G   Bei Tanktransporten die jeweilige Tankakte   ☐

404
(D)
Welche Formulierung stellt die richtige Angabe im Beförderungspapier nach ADR für ein leeres ungereinigtes Tankfahrzeug dar, das zuletzt mit UN 1203 Benzin beladen war?   (1)

A   Leeres Tankfahrzeug, 3, letztes Ladegut: 1203 Benzin, II, (D/E), umweltgefährdend   ☐
B   Leeres Tankfahrzeug, letztes Ladegut: 1203 Benzin, II, 3   ☐
C   Leeres Tankfahrzeug, 3, letztes umweltgefährdendes Ladegut: UN 1203 Benzin, II   ☐
D   Leeres Tankfahrzeug, letztes Ladegut: UN 1203 Benzin, 3, II, (D/E), umweltgefährdend   ☐
E   Leeres Tankfahrzeug, umweltgefährdend, 3, letztes Ladegut: UN 1203 Benzin, II, (D/E)   ☐
F   Leer, ungereinigt, UN 1203 Benzin, 3, II, (D/E), umweltgefährdend   ☐
G   Rückstände des zuletzt enthaltenen Stoffes, UN 1203 Benzin, 3, II, (D/E), umweltgefährdend   ☐
H   Leerer Tank, 3, umweltgefährdend   ☐
I   Leere Umschließung, leere ungereinigte Rücksendung, 3, II   ☐
J   Leertransport von umweltgefährdendem Benzin   ☐

405
(D)
Sie sollen ein Beförderungspapier für einen leeren ungereinigten Tankcontainer neu erstellen, der zuletzt mit UN 1073 beladen war. Auf der Strecke liegt eine beschränkte Tunneldurchfahrt. Ergänzen Sie den nachstehenden Eintrag im Beförderungspapier nach ADR:
Leerer Tankcontainer, …   (2)

406
(D)
Es ist der Transport eines leeren ungereinigten Großpackmittels (IBC), das zuletzt UN 1235 Methylamin, wässerige Lösung, enthalten hat, durchzuführen. Wie lautet der Eintrag im Beförderungspapier nach ADR?   (2)

407
(D)
Welcher zusätzliche Vermerk ist im Beförderungspapier nach ADR erforderlich, wenn im Nachlauf zu einer Seebeförderung Versandstücke auf der Straße befördert werden sollen, deren Kennzeichnung nicht in vollem Umfang dem ADR, wohl aber dem IMDG-Code entspricht?   (2)

408
(D)
Darf bei der Beförderung in einer Transportkette, die eine Seebeförderung einschließt, für den Landweg das Beförderungspapier mit den nach IMDG-Code vorgeschriebenen Eintragungen verwendet werden? Nennen Sie auch den Unterabschnitt des ADR für Ihre Lösung!   (2)

Straße

409 Sie lesen in einem Beförderungspapier nach ADR den Ausdruck „Verkauf bei   (1)
(D)   Lieferung". Welche Bedeutung hat dieser Eintrag?

    A Der Fahrzeugführer muss die Gefahrgüter beim Empfänger verkaufen. ☐

    B Es handelt sich um eine Gefahrgutlieferung für mehrere Empfänger, die am   ☐
       Anfang der Beförderung unbekannt sind.

    C Es handelt sich um eine Gefahrgutlieferung für einen einzigen Empfänger. ☐

    D Es handelt sich um eine Gefahrgutlieferung für mehrere Empfänger, die am   ☐
       Anfang der Beförderung bekannt sind.

410 **Welche Aussage zu den schriftlichen Weisungen nach ADR ist zutreffend?**   (1)
(BP) A Für jedes Gefahrgut müssen eigene schriftliche Weisungen mitgeführt wer- ☐
       den.

    B Die schriftlichen Weisungen richten sich nur an die Einsatzkräfte. ☐

    C Die schriftlichen Weisungen sind nur beim Transport in Versandstücken   ☐
       erforderlich.

    D Für alle Gefahrgüter gibt es einheitliche schriftliche Weisungen. ☐

    E In den schriftlichen Weisungen finden sich die Anschriften des Absenders   ☐
       und Empfängers.

    F Die schriftlichen Weisungen müssen sich hinter den orangefarbenen Tafeln   ☐
       befinden.

    G Die schriftlichen Weisungen müssen aus feuerfestem Material bestehen. ☐

    H In den schriftlichen Weisungen wird die mitzuführende Ausrüstung auf- ☐
       geführt.

411 **Bestimmte mitzuführende Ausrüstungsgegenstände nach ADR richten sich**   (1)
(A)   **nach den Gefahrzetteln der geladenen gefährlichen Güter. Welchem Begleit-**
(D)   **papier können Sie die entsprechenden Gefahrzettel entnehmen?**

    A ADR-Zulassungsbescheinigung ☐

    B Lichtbildausweis ☐

    C Container-/Fahrzeugpackzertifikat ☐

    D Beförderungspapier ☐

    E Absendererklärung ☐

    F ADR-Schulungsbescheinigung ☐

412 **Geben Sie UN-Nummer, richtige Benennung, Gefahrzettel und Tunnel-**   (1)
(D)   **beschränkungscode für einzelne Lithium-Ionen-Batterien an!**

413 **Ist der Tunnelbeschränkungscode immer im Beförderungspapier nach ADR**   (2)
(D)   **anzugeben? Nennen Sie auch die genaue Fundstelle für Ihre Lösung!**

414 **Darf der Tunnelbeschränkungscode im Beförderungspapier nach ADR auch**   (2)
(D)   **in Kleinbuchstaben angegeben werden? Nennen Sie auch die genaue Fund-**
    stelle für Ihre Lösung!

415 **Welche zusätzliche Eintragung ist im Beförderungspapier nach ADR vor-**   (2)
(D)   **zunehmen, wenn ein Tankfahrzeug nach Ablauf der Frist für die Prüfung nach**
    Absatz 6.8.2.4.2 ADR zugeführt werden soll?

416 **Wie lautet die stoffspezifische Eintragung im Beförderungspapier nach ADR,**   (2)
(D)   **wenn UN 1057 im Rahmen der Sondervorschrift 654 befördert werden soll?**

417 **Ein Abfall wurde über Absatz 2.1.3.5.5 ADR der UN 1993, VG II, zugeordnet.**   (3)
(D)   **Wie lauten die stoffspezifischen Angaben im Beförderungspapier?**

418 Welches Begleitpapier nach ADR enthält für die Fahrzeugbesatzung die Infor- (1)
(BP) mationen für die Hilfe bei Notfallsituationen?

419 Welche Angaben sind im Beförderungspapier für freigestellte Versandstücke (1)
(D) der Klasse 7 nach ADR in jedem Fall erforderlich?
(R)
 A UN, UN-Nummer, Name und Anschrift des Absenders und des Empfängers ☐

 B UN, UN-Nummer, Tunnelbeschränkungscode ☐

 C UN, UN-Nummer ☐

 D UN, UN-Nummer, Benennung, Klasse, Name und Anschrift des Absenders ☐
 und Empfängers

 E UN, UN-Nummer, Bruttomasse ☐

420 In welchem Fall ist gemäß ADR im Beförderungspapier anstelle des Aus- (2)
(D) drucks „umweltgefährdend" die Angabe „Meeresschadstoff" erlaubt?

421 Sie sollen einen Generator mit dieselbgetriebenem Verbrennungsmotor (Fas- (2)
(D) sungsraum Brennstofftank 2 500 l/Inhalt 2 000 l) verladen und nach ADR befördern. Welche Sondervorschrift ist anzuwenden? Welche zusätzliche Angabe ist im Beförderungspapier zu vermerken?

422 Welche Angabe muss bei einem mit einem tiefgekühlt verflüssigten Gas be- (1)
(D) füllten Tankcontainer zusätzlich im Beförderungspapier nach ADR eingetragen werden?

 A Beförderung nach Unterabschnitt 4.1.6.10 ☐

 B Kontrolltemperatur: ... °C ☐

 C Ende der Haltezeit: .... (TT/MM/JJJJ) ☐

 D Notfalltemperatur: ... °C ☐

423 Es soll ein Muster eines organischen Peroxids nach 2.2.52.1.9 ADR versandt (1)
(D) werden. Welcher besondere zusätzliche Vermerk ist im Beförderungspapier
nach ADR zu ergänzen?

424 Bei welcher der nachfolgenden UN-Nummern muss im Beförderungspapier (1)
(D) nach ADR die Kontroll- und Notfalltemperatur nach Absatz 5.4.1.2.3.1 angegeben werden?

 A UN 3114 ☐

 B UN 3109 ☐

 C UN 2448 ☐

 D UN 3532 ☐

425 Welche Zusatzangabe ist im Nachlauf vom Seehafen bei einem Gefahrgut in (1)
(D) einem ortsbeweglichen Tank, dessen Plakatierung und Kennzeichnung dem
IMDG-Code, aber nicht vollumfänglich dem ADR entspricht, im Beförde-
rungspapier nach ADR zu vermerken?

426 Ein Mehrkammertankfahrzeug soll nur vorne und hinten mit orangefarbenen (1)
(POT) Tafeln ausgerüstet werden. Mit welchen orangefarbenen Tafeln ist das Fahrzeug nach ADR zu kennzeichnen, wenn Benzin und Dieselkraftstoff zusammen in diesem Fahrzeug befördert werden?

 A Die gemeinsame Beförderung ist mit diesem Fahrzeug nicht zulässig. ☐

 B Orangefarbene Tafeln mit Nummern zur Kennzeichnung der Gefahr und ☐
 UN-Nummern 33/1203

Straße

C   Orangefarbene Tafeln mit Nummern zur Kennzeichnung der Gefahr und   ☐
     UN-Nummern 30/1202

D   Orangefarbene Tafeln ohne Nummern zur Kennzeichnung der Gefahr und   ☐
     UN-Nummern

E   Diese Art der Kennzeichnung ist nach ADR für diese Stoffe nicht zulässig.   ☐

427   **Sie wollen 10 Kanister mit Benzin (gesamt 200 l) und 25 Kanister Dieselkraft-**   (3)
(POT)   **stoff (gesamt 500 l) mit einem Lkw nach ADR befördern lassen. Muss die Be-**
   förderungseinheit hierzu mit orangefarbenen Tafeln gekennzeichnet werden?
   Geben Sie für Ihre Antwort eine kurze Begründung!

428   **Es sollen 5 Flaschen UN 1072 Sauerstoff, verdichtet (Fassungsraum je 50 l)**   (3)
(POT)   **und 5 Flaschen UN 1001 Acetylen, gelöst (Nettomasse je 10 kg), nach ADR**
   befördert werden.
   Muss die Beförderungseinheit mit orangefarbenen Tafeln gekennzeichnet
   werden? Auf welchen Berechnungswert stützen Sie Ihre Lösung?

429   **An welchen Stellen und mit welchen Großzetteln (Placards) muss ein Fahr-**   (2)
(POT)   **zeug nach ADR versehen sein, das Versandstücke mit radioaktiven Stoffen**
(R)   **der Klasse 7 (UN 2915) befördert?**

430   **Auf einem Lkw werden 40 Versandstücke der Klasse 1, UN 0012 und UN 0014,**   (2)
(POT)   **Bruttomasse gesamt 1 400 kg, befördert. Die Nettoexplosivstoffmasse be-**
   trägt 60 kg. Welche Großzettel sind nach ADR an diesem Lkw anzubringen?

431   **Ein Container enthält Bleisulfat (mit mehr als 3 % freier Säure) in loser Schüt-**   (2)
(POT)   **tung. Wie lauten die Nummer zur Kennzeichnung der Gefahr und die UN-**
   Nummer auf den orangefarbenen Tafeln gemäß ADR?

   Nummer zur Kennzeichnung der Gefahr =. . . . .

   UN-Nummer = ...

   An welchen Stellen müssen die orangefarbenen Tafeln mit diesen Nummern
   am Container angebracht sein?

432   **Welche Nummer zur Kennzeichnung der Gefahr und UN-Nummer nach ADR**   (2)
(POT)   **müssen auf den orangefarbenen Tafeln an einem Tankcontainer angebracht**
   werden, der mit Organochlor-Pestizid, flüssig, entzündbar, giftig (Lindan 80 %),
   Flammpunkt 20 °C, beladen werden soll?

   Nummer zur Kennzeichnung der Gefahr =. . . . .

   UN-Nummer = ...

   An welchen Stellen müssen diese orangefarbenen Tafeln am Tankcontainer
   angebracht sein?

433   **Bis zu welcher Gesamtmenge je Beförderungseinheit besteht bei UN 0305**   (2)
(POT)   **keine Kennzeichnungspflicht mit orangefarbenen Tafeln nach ADR?**

434   **Ein Tankfahrzeug befördert Benzin. Wie lauten die Nummer zur Kennzeich-**   (2)
(POT)   **nung der Gefahr und die UN-Nummer auf den orangefarbenen Tafeln?**

   Nummer zur Kennzeichnung der Gefahr =. . . . .

   UN-Nummer = ...

   An welchen Stellen müssen an diesem Tankfahrzeug nach ADR Großzettel
   angebracht werden?

435
(POT)
Ein Fahrzeug mit Aufsetztanks befördert Natriumhydroxidlösung (VG II). Wie lauten die Nummer zur Kennzeichnung der Gefahr und die UN-Nummer auf den orangefarbenen Tafeln? **(2)**

Nummer zur Kennzeichnung der Gefahr = ...

UN-Nummer = ...

An welchen Stellen müssen an diesem Fahrzeug nach ADR Großzettel angebracht sein?

436
(POT)
Ein Tankcontainer enthält Tetrachlorethylen. Wie lauten die Nummer zur Kennzeichnung der Gefahr und die UN-Nummer auf den orangefarbenen Tafeln? **(2)**

Nummer zur Kennzeichnung der Gefahr = ...

UN-Nummer = ...

An welchen Stellen müssen an diesem Tankcontainer nach ADR Großzettel angebracht sein?

437
(POT)
Ein Container enthält UN 2803 in loser Schüttung. An welchen Stellen müssen die orangefarbenen Tafeln mit Nummern zur Kennzeichnung der Gefahr und UN-Nummern am Container nach ADR angebracht sein? **(1)**

438
(POT)
Auf einem Lkw wird Abfall (UN 3175) in loser Schüttung befördert. Mit welchem Großzettel und an welchen Stellen ist der Lkw nach ADR zu bezetteln? **(2)**

439
(POT)
Sie sehen an einem Tankfahrzeug, das UN 1977 Stickstoff, tiefgekühlt, flüssig, befördert, den Großzettel Nr. 2.2, in den der englische Aufdruck „Non-flammable, non-toxic gas" eingedruckt ist. Ist das nach ADR zulässig? **(1)**

A   Ja, nach Unterabschnitt 5.2.2.2 sind Angaben, die auf die Art der Gefahr hinweisen, erlaubt. ☐

B   Nein, da ein tiefgekühltes verflüssigtes Gas kein nicht brennbares, nicht giftiges Gas (non-flammable, non-toxic) ist, ist dieser Aufdruck falsch und damit unzulässig. ☐

C   Nur wenn das Tankfahrzeug zu einer Niederlassung einer englischen Firma unterwegs ist ☐

D   Nein, in Deutschland nicht ☐

E   Nein, diese Ergänzung ist nach ADR nicht zulässig. ☐

440
(MK)
30 Versandstücke mit Klebstoffen der Klasse 3, Verpackungsgruppe I, die in zusammengesetzten Verpackungen à 10 l verpackt sind, werden zur leichteren Handhabung in eine Umverpackung aus Pappe eingestellt. Geben Sie die vorgeschriebenen Kennzeichen und Gefahrzettel auf der Umverpackung nach ADR an! **(4)**

441
(POT)
Auf einer Beförderungseinheit wird ein Container, der 8 000 kg UN 2212 in Versandstücken à 100 kg enthält, nach ADR befördert. **(4)**
An welchen Stellen müssen an diesem Container Großzettel angebracht sein?
An welchen Stellen müssen die orangefarbenen Tafeln an dieser Beförderungseinheit angebracht werden?

442
(LQ)
Ihr Unternehmen will UN 1208 in einer zusammengesetzten Verpackung als begrenzte Menge nach ADR versenden. Welche Mengen je Innenverpackung bzw. Versandstück sind maximal zulässig? Wie ist das Versandstück zu kennzeichnen? **(4)**

Straße

443
(MK)
Feste gefährliche Güter in UN-geprüften Kisten sollen in einer undurchsichti- (2)
gen Umverpackung befördert werden. Auf der Umverpackung sind für jedes
Gefahrgut die Großbuchstaben „UN" und die UN-Nummer sowie die entsprechenden Gefahrzettel angebracht. Ist diese Kennzeichnung und Bezettelung
nach ADR ausreichend? Nennen Sie auch die Fundstelle für Ihre Lösung!

444
(POT)
Welche der nachstehenden Aussagen zur Kennzeichnung eines Containers (1)
im Zulauf zum Seeschiffsverkehr ist gemäß ADR zutreffend?

A   Ab der Einfahrt in den Freihafenbereich muss die Kennzeichnung dem   ☐
     IMDG-Code entsprechen.

B   Nur wenn die Großzettel keine englischsprachigen Hinweise enthalten, darf   ☐
     der Container bereits für den Straßentransport entsprechend dem IMDG-
     Code gekennzeichnet werden.

C   Der Container darf bereits für den Straßentransport entsprechend dem   ☐
     IMDG-Code gekennzeichnet werden. Ggf. ist aber ein zusätzlicher Eintrag
     im Beförderungspapier erforderlich.

D   Der Container darf bereits für den Straßentransport entsprechend dem   ☐
     IMDG-Code gekennzeichnet werden. Da das Seerecht aber keine orange-
     farbenen Tafeln vorsieht, muss der Fahrer bei kennzeichnungspflichtigen
     Beförderungen die orangefarbenen Tafeln am Trägerfahrzeug abdecken.

445
(POT)
Zwei Tankcontainer mit einem Fassungsraum von jeweils 5 000 l sind mit (2)
UN 1263 Farbe, 3, II, befüllt und werden auf einen Lkw mit Planenaufbau verladen. Nach der Verladung sind die an den Tankcontainern angebrachten
orangefarbenen Tafeln nach 5.3.2.1.2 ADR nicht mehr sichtbar. Welche Maßnahme bezüglich dieser orangefarbenen Tafeln ist vor Abfahrt zu treffen?

446
(POT)
Für den Transport eines Tankcontainers mit 10 000 l Dieselkraftstoff steht ein (2)
offenes Fahrzeug zur Verfügung. Durch die seitlichen Bordwände sind allerdings die orangefarbenen Tafeln verdeckt. Sichtbar sind jedoch die Großzettel. Welche Maßnahme ist bezüglich der orangefarbenen Tafeln gemäß ADR
zu ergreifen? Geben Sie auch die Fundstelle für Ihre Lösung an!

447
(POT)
Durch die Höhe der Bordwände eines Lkw sind die orangefarbenen Tafeln (1)
eines verladenen Tankcontainers mit 4 000 l Gefahrgut nicht mehr sichtbar.
Die Großzettel sind allerdings deutlich zu erkennen. Reicht dies gemäß ADR
für die Durchführung der Beförderung aus?

A   Nein, es sind an den Längsseiten des Fahrzeugs dieselben orangefarbenen   ☐
     Tafeln wie auf dem Tankcontainer anzubringen.

B   Ja, die Gefahreigenschaften können aus dem Großzettel ersehen werden.   ☐

C   Ja, da der Tankcontainer korrekt gekennzeichnet und bezettelt ist, sind die   ☐
     Vorgaben des ADR erfüllt.

D   Nein, es müssen zusätzlich die orangefarbenen Tafeln und die Großzettel an   ☐
     den beiden Längsseiten und hinten am Fahrzeug angebracht werden.

E   Nein, Trägerfahrzeuge für Tankcontainer müssen generell mit denselben   ☐
     orangefarbenen Tafeln und den Großzetteln gekennzeichnet werden.

448
(POT)
Zwei Tankcontainer mit einem Fassungsraum von jeweils 3 000 l sind mit (2)
UN 1263 Farbe, 3, II, (D/E), befüllt und werden auf einen Lkw mit Planenauf-
bau verladen. Welche Maßnahme nach ADR ist bezüglich der Großzettel vor
Abfahrt zu treffen?

449
(POT)
Zwei Tankcontainer mit einem Fassungsraum von jeweils 5000 l sind mit UN 1230 Methanol, 3 (6.1), II, (D/E), befüllt und werden auf einen Lkw mit Planenaufbau verladen. Welche Maßnahme nach ADR ist bezüglich der orangefarbenen Tafeln mit Nummern vor Abfahrt zu treffen? **(2)**

450
(MK)
Wie sind Versandstücke mit flüssigen Patientenproben, die im Verdacht stehen, ansteckungsgefährliche Stoffe der Kategorie B (UN 3373) zu enthalten, zu kennzeichnen und zu beschriften? **(2)**

451
(MK)
Welche Versandstücke mit gefährlichen Gütern sind gemäß ADR mit Ausrichtungspfeilen zu kennzeichnen? Nennen Sie einen Fall! **(2)**

452
(MK)
In welchem Fall ist eine Umverpackung gemäß ADR mit Ausrichtungspfeilen zu kennzeichnen? **(1)**

    A   Wenn Versandstücke mit gefährlichen Gütern in freigestellten Mengen nach Kapitel 3.5 ADR enthalten sind ☐

    B   Wenn die auf den enthaltenen Versandstücken vorgeschriebenen Ausrichtungspfeile nicht sichtbar sind ☐

    C   Wenn feste Stoffe in Versandstücken enthalten sind ☐

    D   Wenn Versandstücke mit in begrenzten Mengen verpackten flüssigen Stoffen, deren Verschlüsse nicht sichtbar sind, enthalten sind und die Bedingungen des Abschnitts 5.2.1.10 erfüllt sind ☐

    E   Wenn Druckgefäße mit verdichteten Gasen enthalten sind ☐

    F   Wenn Einzelverpackungen ohne Lüftungseinrichtung mit Stoffen der Klasse 3 enthalten sind ☐

453
(MK)
In einer Kiste aus Pappe (4G) sind 20 Glasflaschen à 100 ml, die UN 2945 enthalten, verpackt. Absorbierendes Material für die Aufnahme des gesamten flüssigen Inhalts ist zwischen die Innenverpackungen und die Außenverpackung eingebracht. Ist dieses Versandstück mit Ausrichtungspfeilen zu kennzeichnen? Nennen Sie auch den Absatz für Ihre Lösung! **(2)**

454
(MK)
(R)
An welchen Versandstücken mit flüssigen radioaktiven Stoffen müssen gemäß ADR Ausrichtungspfeile als zusätzliche Kennzeichnung angebracht werden? **(1)**

    A   An freigestellten Versandstücken und Typ IP-1-Versandstücken ☐

    B   An keiner Art von Versandstücken, da für radioaktive Stoffe die Vorschriften für die Ausrichtungspfeile nicht gelten ☐

    C   An allen Versandstückarten für radioaktive Stoffe ☐

    D   An Typ C-Versandstücken ☐

    E   An Typ IP2-Versandstücken ☐

    F   An Typ B(U)-Versandstücken ☐

455
(LQ)
Welche Seitenlänge muss das Kennzeichen auf Versandstücken bei in begrenzten Mengen verpackten Gütern gemäß ADR grundsätzlich haben? **(1)**

456
(MK)
Welche Kennzeichen müssen an Großverpackungen mit Druckgaspackungen (Abfall-Druckgaspackungen), Klassifizierungscode 5TF, gemäß ADR angebracht werden? **(2)**

Straße

457 In einer Beförderungseinheit sind nur Versandstücke mit UN 2915 unter aus-   (1)
(POT) schließlicher Verwendung zu befördern. Welche der folgenden Aussagen zur
Kennzeichnung mit der orangefarbenen Tafel an den beiden Längsseiten der
Beförderungseinheit ist zutreffend?

A   Orangefarbene Tafeln sind generell nicht gefordert.   ☐

B   Vorn und hinten sind an der Beförderungseinheit nur die neutralen orange-   ☐
farbenen Tafeln 30 × 12 cm anzubringen.

C   Zusätzlich zu den neutralen orangefarbenen Tafeln vorn und hinten sind an   ☐
den beiden Längsseiten der Beförderungseinheit orangefarbene Tafeln
(30 × 40 cm) mit den Nummern (70/2915) anzubringen.

D   Zusätzlich zu den neutralen orangefarbenen Tafeln vorn und hinten sind an   ☐
den beiden Längsseiten der Beförderungseinheit orangefarbene Tafeln
(30 × 12 cm) anzubringen, die mit der Nummer zur Kennzeichnung der
Gefahr „70" versehen sind.

E   Zusätzlich zu den neutralen orangefarbenen Tafeln vorn und hinten sind an   ☐
den beiden Längsseiten der Beförderungseinheit orangefarbene Tafeln
(30 × 12 cm) anzubringen, die mit der UN-Nummer 3333 versehen sind.

F   Zusätzlich zu den neutralen orangefarbenen Tafeln vorn und hinten sind an   ☐
den beiden Längsseiten der Beförderungseinheit orangefarbene Tafeln
(30 × 12 cm) anzubringen, die mit der Aufschrift „RADIOAKTIV" versehen
sind.

458 Ein Gefahrgut der Klasse 3 ist nach den Kriterien des Absatzes 2.2.9.1.10 des   (1)
(MK) ADR auch als umweltgefährdend eingestuft. Welches Kennzeichen ist neben
den in Unterabschnitt 5.2.1.1 festgelegten Kennzeichen anzubringen?

A   Das Kennzeichen für umweltgefährdende Stoffe   ☐

B   Der Gefahrzettel Nr. 9A   ☐

C   In diesem Fall ist der Gefahrzettel Nr. 9 anzubringen.   ☐

D   Da die entzündbaren Eigenschaften die Hauptgefahr darstellen, ist ein wei-   ☐
teres Kennzeichen nicht vorgeschrieben.

E   In diesen Fällen ist immer die offizielle Benennung des Stoffes anzugeben.   ☐

459 Auf einer Beförderungseinheit mit einer zulässigen Gesamtmasse von 18 t   (2)
(LQ) werden ausschließlich 9 000 kg UN 1266, VG II, in begrenzten Mengen nach
ADR befördert. Wie muss diese Beförderungseinheit gekennzeichnet wer-
den?

460 Bei welchen Beförderungen wird das nachfolgende Kennzeichen verwendet?   (1)
(LQ)

A   Beförderung von gefährlichen Gütern in begrenzten Mengen nach 3.4 ADR   ☐

B   Beförderung von freigestellten Mengen gefährlicher Güter nach 3.5 ADR   ☐

C   Beförderung von Gefahrgütern mit hohem Gefahrenpotenzial   ☐

D   Beförderung von Gefahrgütern in Mengen unterhalb der Freigrenzen von   ☐
1.1.3.6 ADR

E   Beförderung von Gefahrgütern, die dem § 35 GGVSEB unterliegen   ☐

F   Beförderung von gefährlichen Gütern durch Tunnel   ☐

461
(MK)
(R)
In welchem Absatz des ADR finden Sie die Vorschriften zur Kennzeichnung (1)
der Außenseite der Verpackung freigestellter Versandstücke der Klasse 7, die
feste Stoffe beinhalten?

462
(MK)
Welche Kennzeichen sind an der Außenseite der Verpackung freigestellter (1)
Versandstücke der Klasse 7, die feste Stoffe beinhalten, mit einem Brutto-
gewicht von 40 kg erforderlich?

A   UN, Klasse, Tunnelbeschränkungscode, Absender und/oder Empfänger   ☐

B   UN, UN-Nummer, radioaktive Stoffe, Strahlenzeichen   ☐

C   UN, UN-Nummer, Bruttogewicht, Klasse 7, Tunnelbeschränkungscode   ☐

D   UN, UN-Nummer, Absender und/oder Empfänger   ☐

E   UN, UN-Nummer, Benennung, Klasse   ☐

463
(MK)
Sie erhalten ein Sicherheitsdatenblatt von einem gefährlichen Stoff (UN 1866, (2)
VG II), der auch umweltgefährdende Eigenschaften hat. Wie muss ein Fass
mit 200 l dieses Stoffes nach ADR gekennzeichnet sein?

464
(LQ)
In welchem Fall muss eine Beförderungseinheit (zGM 18 t) wie unten gezeigt (2)
gekennzeichnet werden?

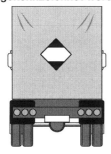 

465
(POT)
Auf einem gedeckten Fahrzeug ohne Belüftung werden Versandstücke, die (2)
Trockeneis als Kühlmittel enthalten, befördert. Die Gefährdungsbeurteilung
ergab ein Risiko für Erstickungsgefahren. An welchen Stellen ist ein zusätzli-
ches Warnkennzeichen nach ADR anzubringen und welche Mindestgröße
muss hierbei eingehalten werden?

466
(MK)
Ein Generator mit dieselgetriebenem Verbrennungsmotor (Fassungsver- (2)
mögen Brennstofftank 600 l/Inhalt 550 l) soll im öffentlichen Straßenverkehr
nach ADR befördert werden. Welche Sondervorschrift ist anzuwenden? Wie
ist der Generator zu kennzeichnen?

467
(LQ)
Eine Beförderungseinheit (zGM 24 t) befördert in begrenzten Mengen ver- (2)
packte gefährliche Güter (10 t Bruttogesamtmasse). Wie ist die Beförderungseinheit gemäß ADR zu kennzeichnen?

468
(MK)
Darf ein Flaschenbündel (Inhalt: UN 1006 Argon, verdichtet) mit einem gemäß (2)
5.2.2.2.1.2 ADR verkleinerten Gefahrzettel Nr. 2.2 gekennzeichnet werden?
Begründen Sie Ihre Antwort!

469
(MK)
Sie sollen ein Flaschenbündel (Inhalt: UN 1072) mit Gefahrzetteln nach ADR (2)
kennzeichnen. Welche Gefahrzettel müssen angebracht werden? Wie oft
müssen die Gefahrzettel angebracht werden?

470
(POT)
Muss ein gut belüftetes Fahrzeug mit Trockeneis als Ladung mit einem Warn- (2)
kennzeichen nach 5.5.3.6.2 ADR gekennzeichnet werden? Nennen Sie auch
die genaue Fundstelle für Ihre Lösung!

471 *(POT)*	In einem Container sind 1 000 Versandstücke mit Lithium-Metall-Batterien (je- de Batterie enthält mehr als 2 g Lithium) verladen und sollen nach ADR ver- sandt werden. Welcher Großzettel ist zu verwenden und an welchen Stellen ist dieser am Container anzubringen? Nennen Sie auch die genauen Fund- stellen für Ihre Lösung!	(3)

472 *(TV)*	Darf UN 1789 in einem Tankcontainer befördert werden? Nennen Sie auch die entsprechende Fundstelle im ADR!	(2)

473
(TV)
Wo finden Sie im ADR die Angaben der höchstzulässigen Masse je Liter Fas- (1)
sungsraum für ein Tankfahrzeug, das mit Gemisch C (UN 1965) beladen werden soll?

A   Verpackungsanweisung P200 ☐

B   In der ADR-Zulassungsbescheinigung ☐

C   In der Prüfbescheinigung ☐

D   Unterabschnitt 4.3.3.2 ☐

474
(BT)
Welche Aussage über die Beförderung in loser Schüttung ist nach ADR rich- (1)
tig?

A   Flüssige gefährliche Güter sind generell zur Beförderung in loser Schüttung ☐
zugelassen.

B   Die Beförderung in loser Schüttung ist die Beförderung von festen Stoffen in ☐
Verpackungen.

C   Die Beförderung von gefährlichen Gütern in loser Schüttung ist nur zulässig, ☐
wenn diese Beförderungsart ausdrücklich zugelassen ist.

D   Das ADR lässt die Beförderung von Gütern in loser Schüttung generell nicht ☐
zu.

475
(BT)
An welchen Stellen können Sie im ADR feststellen, ob ein bestimmtes gefähr- (2)
liches Gut zur Beförderung in loser Schüttung zugelassen ist? Nennen Sie
die genaue Fundstelle!

476
(BT)
UN 2211 soll in loser Schüttung befördert werden. Welches der nachfolgen- (1)
den Fahrzeuge darf nach ADR verwendet werden?

A   Ein gedecktes Fahrzeug ohne Belüftung ☐

B   Ein offenes Kraftfahrzeug ☐

C   Nur ein offener Anhänger ☐

D   Ein bedecktes Fahrzeug mit angemessener Belüftung ☐

E   Nur ein besonders ausgerüstetes Fahrzeug mit Metallaufbau ☐

477
(BT)
Abfälle, die UN 3175 zugeordnet sind, sollen in loser Schüttung befördert (1)
werden. Welches der nachfolgenden Fahrzeuge darf nach ADR verwendet
werden?

A   Ein gedecktes Fahrzeug ohne Belüftung ☐

B   Ein offenes Fahrzeug ☐

C   Ein bedecktes Fahrzeug mit angemessener Belüftung ☐

D   Ein geschlossener Anhänger ohne ausreichende Belüftung ☐

E   Ausschließlich ein unbelüftetes Fahrzeug mit Metallaufbau ☐

478
(BT)
Dürfen nach ADR Abfälle, die UN 3175 zugeordnet sind, in loser Schüttung (2)
auf einem bedeckten Fahrzeug mit angemessener Belüftung befördert werden? Geben Sie für Ihre Lösung auch die entsprechenden Sondervorschriften
an!

479
(MK)
Zehn Kanister à 5 l mit UN 1294 werden von einem Absender zur leichteren (1) Handhabung in eine Umverpackung aus Pappe eingestellt. Welche der folgenden Aussagen zur Umverpackung ist nach ADR richtig?

A   Die Verwendung einer Umverpackung bei UN 1294 ist verboten.   ☐

B   Im Beförderungspapier hat ein Hinweis auf die Umverpackung zu erfolgen. ☐

C   Soweit Umverpackungen verwendet werden, müssen diese UN-geprüft   ☐
      sein.

D   Die Umverpackung muss mit dem Gefahrzettel Nr. 3 versehen sein.   ☐

E   Für diese Stoffe besteht ein Zusammenladeverbot in Umverpackungen.   ☐

F   Die Umverpackung muss mit dem Kennzeichen „UN 1294" versehen sein.   ☐

G   Die Umverpackung muss an zwei gegenüberliegenden Seiten mit Ausrich-   ☐
      tungspfeilen versehen sein.

H   Die Umverpackung muss mit dem Ausdruck „UMVERPACKUNG" gekenn-   ☐
      zeichnet sein.

480
(MK)
Es werden 30 Versandstücke à 20 kg brutto mit UN 1057 in eine Umverpackung (1) aus Holz eingestellt. Welche Aussage zur Umverpackung ist nach ADR richtig?

A   Holzkisten als Umverpackungen sind verboten.   ☐

B   Es dürfen bei UN 1057 nur maximal 15 Versandstücke in Umverpackungen   ☐
      eingebracht werden.

C   Die Umverpackung ist mit dem Kennzeichen „UN 1057" zu versehen.   ☐

D   Diese Gegenstände dürfen nur in UN-geprüften Umverpackungen aus Pappe   ☐
      eingestellt werden.

E   Die Umverpackung ist mit dem Gefahrzettel Nr. 2.1 zu versehen.   ☐

F   Umverpackungen müssen immer UN-geprüft sein.   ☐

G   Die Umverpackung muss mit dem Ausdruck „UMVERPACKUNG" gekenn-   ☐
      zeichnet sein.

H   Die Umverpackung muss an zwei gegenüberliegenden Seiten mit Ausrich-   ☐
      tungspfeilen versehen sein.

481
(BT)
Wie lautet die Begriffsbestimmung für „Beförderung in loser Schüttung" nach (1) ADR?

482
(CV)
Großcontainer dürfen nach ADR für die Beförderung nur verwendet werden, (1) wenn sie in „bautechnischer Hinsicht" geeignet sind. In welchem Abschnitt finden Sie diese Eignungsmerkmale?

483
(VS)
In welchem Abschnitt des ADR wird der Begriff „Geschlossene Ladung" definiert? (1)

484
(VS)
Darf Ammoniumnitrat, flüssig, in Versandstücken befördert werden? Nennen (3) Sie auch die entsprechende Fundstelle im ADR!

485
(VS)
In welchem Abschnitt des ADR sind Umverpackungen definiert? (1)

486
(V)
Wie bezeichnet man nach ADR Ladepaletten, auf denen mehrere verschiede- (1) ne Gefahrgüter in Versandstücken gestapelt und mit Schrumpffolie gesichert sind?

487
(TV)
Toluen ist gemäß ADR zu befördern. Nennen Sie zwei Tankcodierungen (2) (ADR-Tanks) für Tankfahrzeuge, in denen dieser Stoff befördert werden darf!

Straße

488   Welcher der nachfolgenden Tanks kann gemäß ADR für UN 1294 verwendet   (1)
(TV)   werden?

    A   Tankfahrzeug – Tankcodierung LGBV   ☐

    B   Tankfahrzeug – Tankcodierung SGAH   ☐

    C   Tankfahrzeug – Tankcodierung LGBF   ☐

    D   Tankfahrzeug – Tankcodierung LGAV   ☐

489   Es soll eine Kunststoffpressmischung in loser Schüttung nach ADR transpor-   (1)
(BT)   tiert werden. Welche Aussage ist zutreffend?

    A   Der Transport ist in bedeckten Fahrzeugen mit angemessener Belüftung zu- ☐
          lässig.

    B   Der Transport ist verboten.   ☐

    C   Der Transport ist nur in offenen Fahrzeugen zulässig.   ☐

    D   Es ist ausreichend, für feuchte Witterung eine Plane von 2 × 3 m mitzufüh- ☐
          ren, um mit dieser bei Bedarf die Ladung zu schützen. In diesem Fall darf
          ein offenes Fahrzeug verwendet werden.

    E   Der Transport ist ausschließlich in gedeckten Fahrzeugen ohne Belüftung ☐
          erlaubt.

490   Dürfte Dieselkraftstoff (Sondervorschrift 640K) in einem Tankcontainer mit   (3)
(TV)   der ADR-Tankcodierung LGAV befördert werden? Geben Sie auch eine kurze
         Begründung für Ihre Lösung!

491   Darf nach ADR Sauerstoff, tiefgekühlt, flüssig, in Tanks mit der Codierung   (2)
(TV)   C22BN befördert werden? Nennen Sie auch die Fundstelle für Ihre Lösung!

492   Stellen Sie fest, ob ein gefährliches Gut (UN 2717) nach ADR zur Beförderung   (2)
(BT)   in loser Schüttung in einem offenen Fahrzeug zugelassen ist! Nennen Sie
         auch die spezifischen Sondervorschriften für Ihre Lösung!

493   Welche Sondervorschriften müssen Sie beachten, wenn Sie UN 2834 in loser   (1)
(BT)   Schüttung in Containern nach ADR befördern wollen?

494   UN 1939 ist gemäß Verpackungsanweisung IBC08 in einem flexiblen IBC ver-   (2)
(FF)   packt. Welche Fahrzeugart ist zu verwenden, wenn dieses Gut nach ADR be-
         fördert wird?

495   In welchem Abschnitt des ADR ist der Begriff „Ausschließliche Verwendung"   (1)
(R)   definiert?
(VS)

496   In eine Umverpackung sind zur leichteren Handhabung mehrere von außen   (3)
(MK)   nicht sichtbare Säcke, die „Calciumhypochlorit, trocken" enthalten, einge-
         stellt. Wie muss die Umverpackung gekennzeichnet und bezettelt sein?

497   Welche zulässige Verwendungsdauer ist gemäß ADR für UN-geprüfte Kisten   (1)
(V)   aus Kunststoff (4H2) vorgeschrieben?

    A   Keine   ☐

    B   5 Jahre   ☐

    C   2 Jahre   ☐

    D   2,5 Jahre, danach ist eine neue Prüfung erforderlich   ☐

    E   10 Jahre   ☐

498   In welchem Abschnitt des ADR finden Sie Sondervorschriften für begaste   (1)
(T)   Güterbeförderungseinheiten (CTU)?

499 (T)	In welchem Absatz des ADR finden Sie die Vorschriften für den Versand infizierter Tiere?	(1)

500 (T)	An welcher Stelle können Sie im ADR feststellen, ob ein gefährliches Gut zur Beförderung in Tankfahrzeugen bzw. in Tankcontainern zugelassen ist?	(1)

	A	Tabelle A Spalte 7	☐
	B	Tabelle A Spalte 3b	☐
	C	Tabelle A Spalte 12	☐
	D	Tabelle A Spalte 10	☐

501 (BT)	An welcher Stelle können Sie im ADR feststellen, ob ein gefährliches Gut zur Beförderung in loser Schüttung zugelassen ist?	(1)

	A	Tabelle A Spalte 12	☐
	B	Tabelle A Spalte 17	☐
	C	Tabelle A Spalte 7	☐
	D	Tabelle A Spalte 3b	☐
	E	Tabelle A Spalte 10	☐

502 (TV)	An welcher Stelle können Sie im ADR feststellen, ob ein gefährliches Gut zur Beförderung in einem ortsbeweglichen Tank zugelassen ist?	(1)

	A	Tabelle A Spalte 12	☐
	B	Tabelle A Spalte 17	☐
	C	Tabelle A Spalte 9a	☐
	D	Tabelle A Spalte 10	☐

503 (T)	Wie viel kg Nettoexplosivstoffmasse eines Stoffes (UN 0027) dürfen nach ADR auf einer Beförderungseinheit EX/II maximal transportiert werden?	(2)

504 (BT)	Was versteht man unter einem Schüttgut-Container?	(1)

	A	Ein Behältnissystem, das für die Beförderung fester Stoffe in direktem Kontakt mit dem Behältnissystem vorgesehen ist. Verpackungen, Großpackmittel (IBC), Großverpackungen und Tanks sind eingeschlossen.	☐
	B	Ein Behältnissystem, das für die Beförderung fester Stoffe in direktem Kontakt mit dem Behältnissystem vorgesehen ist. Großpackmittel sind eingeschlossen.	☐
	C	Ein Behältnissystem, das für die Beförderung fester Stoffe in direktem Kontakt mit dem Behältnissystem vorgesehen ist. Großverpackungen sind eingeschlossen.	☐
	D	Ein Behältnissystem, das für die Beförderung fester Stoffe in direktem Kontakt mit dem Behältnissystem vorgesehen ist. Verpackungen, Großpackmittel (IBC), Großverpackungen und Tanks sind nicht eingeschlossen.	☐

505 (TV)	Darf UN 0331 Sprengstoff, Typ B, in Tanks befördert werden? Begründen Sie kurz Ihre Antwort!	(2)

506 (BT)	In welchen Fällen ist eine Beförderung in loser Schüttung gemäß ADR zulässig?	(2)

507 (V) (VS)	Die Beförderung von UN 1950 Druckgaspackungen, 2.1, in Versandstücken erfordert die Beachtung von Sondervorschriften. Welche der nachstehenden Vorschriften ist gemäß ADR dabei zu beachten?	(1)

	A	SV 344	☐
	B	P203	☐
	C	SV 327	☐

Straße

D	SV 190	☐
E	SV 625	☐
F	P001	☐
G	S20	☐
H	R001	☐
I	CV36	☐
J	VV8	☐

508   In welchem Kapitel des ADR finden Sie „für bestimmte Stoffe und Gegen-   (1)
(VS)   stände geltende Sondervorschriften"?

509   Alkoholische Getränke der Verpackungsgruppe III sind in Behältern mit   (2)
(V)   einem Fassungsraum von 200 l verpackt. Unterliegt die Beförderung dieser
(VS)   Behälter den Vorschriften des ADR? Nennen Sie auch die Fundstelle für Ihre
Lösung!

510   Versandstücke mit Verpackungen aus nässeempfindlichen Werkstoffen müs-   (1)
(VS)   sen in gedeckte oder bedeckte Fahrzeuge oder in geschlossene oder be-
deckte Container verladen werden. In welchem Abschnitt des ADR finden
Sie dazu Informationen?

511   Nach dem Entladevorgang eines zuvor mit Gefahrgut in Versandstücken be-   (1)
(T)   ladenen Fahrzeugs bemerken Sie bei der Kontrolle der Fahrzeugladefläche,
dass Gefahrgut ausgetreten ist. Ist nach ADR eine erneute Beladung mit anderen Gefahrgütern zulässig?

A	Ja, aber erst nach Rücksprache mit der beauftragten Person	☐
B	Das entscheidet der Fahrzeugführer.	☐
C	Nein, erst nach Reinigung der Ladefläche	☐
D	Ja, eine Beladung mit anderen Gefahrgütern ist stets möglich.	☐

512   Bei der Entladung eines Fahrzeugs mit Gütern der Klasse 4.1 wird auf der   (2)
(T)   Ladefläche ein Versandstück beschädigt. Ein Teil des Inhalts tritt aus. Welche
Maßnahme ist nach ADR vor der erneuten Beladung des Fahrzeugs zu tref-
fen? Geben Sie auch den zutreffenden Abschnitt an!

513   Beim Entladen von Versandstücken der Klasse 3 wurde ein Versandstück be-   (2)
(T)   schädigt. Auf der Ladefläche des Fahrzeugs befinden sich noch Reste der
Flüssigkeit. Was ist nach ADR vor dem erneuten Beladen zu tun? Nennen Sie
auch den entsprechenden Abschnitt!

514   Welche Sondervorschrift gilt nach Kapitel 7.2 ADR für die Beförderung von   (1)
(VS)   UN 1977 in Versandstücken?

A	V5	☐
B	LQ19	☐
C	CV11	☐
D	P203	☐
E	MP9	☐
F	S20	☐

515   Ist die Beförderung von UN 3141 in Großpackmitteln des Typs 31HA2 in   (2)
(T)   bedeckten Fahrzeugen zulässig? Nennen Sie auch die Fundstelle für Ihre
Lösung!

516   In welchem Kapitel des ADR finden Sie Vorschriften für den Bau von Saug-   (1)
(P)   Druck-Tanks für Abfälle?

517
(T)
Es sind nässeempfindliche Verpackungen mit gefährlichen Gütern zu beför- (1)
dern. Welche der nachfolgenden Fahrzeugarten darf nach ADR für den Transport dieser Güter verwendet werden?

A	Ein offenes Fahrzeug	☐
B	Ein Silotankfahrzeug	☐
C	Ein gedecktes Fahrzeug	☐
D	Ein offener Sattelanhänger	☐
E	Ein Batterie-Fahrzeug	☐
F	Ein bedecktes Fahrzeug	☐

518
(T)
Nach dem Entladen eines Fahrzeugs, das verpackte gefährliche Güter gela- (2)
den hatte, wird vom Fahrzeugführer eine Verunreinigung der Ladefläche festgestellt. Was ist zu tun?

519
(T)
Die Codierung CV13 bei der UN-Nummer 1710 bedeutet: (1)

A	Beförderung in loser Schüttung nur in offenen Fahrzeugen	☐
B	Trennung von Nahrungsmitteln erforderlich	☐
C	Beförderung nur in Umverpackungen erlaubt	☐
D	Ggf. gründliche Reinigung vor Wiederverwendung des Fahrzeugs erforder-lich	☐

520
(BT)
Es wurde der Stoff UN 2067 in loser Schüttung gemäß ADR befördert. Das (2)
Fahrzeug soll mit dem gleichen Stoff wieder beladen werden. Muss das Fahr-
zeug vor der Beladung gereinigt werden? Nennen Sie auch die Fundstelle für
Ihre Lösung!

521
(LQ)
(T)
Welchen allgemeinen Vorschriften müssen die Verpackungen bei der Beförde- (1)
rung in begrenzten Mengen entsprechen? Nennen Sie zwei Unterabschnitte!

522
(LQ)
Welche höchstzulässige Bruttomasse ist bei UN 3065 (VG II) in begrenzten (1)
Mengen je Versandstück (zusammengesetzte Verpackungen) gemäß ADR
festgelegt?

523
(LQ)
Sie wollen Druckgaspackungen mit giftigem und Druckgaspackungen mit (4)
ätzendem Inhalt gemeinsam als begrenzte Mengen in einer zusammenge-
setzten Verpackung verpacken. Welche höchstzulässigen Nettomengen je
Innenverpackung und welche Bruttomasse je Außenverpackung sind gemäß
ADR dabei zulässig?

524
(LQ)
Müssen gemäß ADR bei der Beförderung von in begrenzten Mengen ver- (1)
packten gefährlichen Gütern baumustergeprüfte Verpackungen verwendet
werden?

A	Nein, da Unterabschnitt 4.1.1.3 ADR nicht berücksichtigt werden muss.	☐
B	Ja, da auch alle allgemeinen Vorschriften des Abschnitts 4.1.1 ADR beachtet werden müssen.	☐
C	Nur wenn in Tabelle A Spalte 7a der Code „100 ml" genannt ist.	☐
D	Ja, sobald die Verpackung dieser gefährlichen Güter in Trays erfolgt.	☐
E	Ja, wenn das Kennzeichen mit dem Buchstaben „Y" verwendet wird.	☐

525
(T)
Welche Fahrzeuge dürfen gemäß ADR für die Beförderung zur Entsorgung (2)
von Druckgaspackungen (Abfall-Druckgaspackungen), Klassifizierungscode
5FC, verwendet werden?

526   Welche Verpackungsart ist für undichte oder stark verformte Druckgas-   (2)
(T)   packungen (Abfall-Druckgaspackungen), Klassifizierungscode 5F, gemäß
      ADR zu verwenden? Nennen Sie auch die Fundstelle für Ihre Lösung!

527   Welche Sondervorschrift ist gemäß ADR speziell bei UN 1950 (Abfall-Druck-   (1)
(T)   gaspackungen), die zu Entsorgungszwecken befördert werden, zu beachten?

      A   SV 327   ☐
      B   P001   ☐
      C   LP01   ☐
      D   SV 653   ☐
      E   IBC08   ☐
      F   V14   ☐
      G   P200   ☐

528   UN 1950 (Abfall-Druckgaspackungen größer 50 ml), Klassifizierungscode 5F,   (2)
(E)   ohne Schutzkappen gegen unbeabsichtigtes Entleeren, sollen entsorgt wer-
      den. Unter welchen Verpackungsbedingungen ist dies gemäß ADR möglich?

529   Welche Vorschriften sind bei der Beförderung in freigestellten Mengen nach   (1)
(EQ) ADR einzuhalten?

      A   Vorschriften für die Unterweisung   ☐
      B   Klassifizierungsverfahren und Kriterien für die Verpackungsgruppen   ☐
      C   Bestimmte allgemeine Verpackungsvorschriften   ☐
      D   Mengengrenzen für Innen- und Außenverpackung   ☐
      E   Anbringung des Kennzeichens mit dem Buchstaben „Y"   ☐
      F   Kennzeichnung mit der zutreffenden UN-Nummer   ☐
      G   Ausschließliche Verwendung von UN-geprüften Verpackungen   ☐
      H   Anbringung des jeweils zutreffenden Gefahrzettels   ☐
      I   Kennzeichnung der Beförderungseinheit mit dem Kennzeichen nach 3.4.7   ☐
           ADR

530   Es sollen in einem Versandstück UN 1133, VG III und UN 1230, VG II zusam-   (1)
(EQ) mengepackt werden und als freigestellte Menge befördert werden. Welche
      höchstzulässige Nettomenge je Außenverpackung ist möglich?

      A   30 ml   ☐
      B   300 ml   ☐
      C   500 ml   ☐
      D   1 000 ml   ☐

531   Es sollen 10 mg Quecksilber nach ADR befördert werden. Ist die Beförderung   (2)
(EQ) in freigestellten Mengen nach Kapitel 3.5 ADR möglich? Geben Sie eine kurze
      Begründung für Ihre Lösung!

532   Für einen betrieblichen Service-Mitarbeiter soll Aceton, korrekt verpackt ge-   (2)
(EQ) mäß Kapitel 3.5 ADR, versandt werden. Dürfen Sie das Versandstück mit
      Aceton zusammen mit den erforderlichen Werkzeugen in einer Umver-
      packung versenden? Geben Sie auch eine kurze Begründung!

533   Als Gefahrgutbeauftragter sollen Sie den maximalen Füllungsgrad für einen   (1)
(TV) Tank zur Beförderung flüssiger Stoffe bei Umgebungstemperatur ermitteln.
      In welchem Absatz des ADR finden Sie die entsprechende Berechnungs-
      formel?

534
(TV)
Ihr Unternehmen betreibt ein Tankfahrzeug zur Beförderung von UN 1299, **(1)**
dessen Tank durch Schwallwände in mehrere Abteile unterteilt ist. Welchen
Fassungsraum dürfen diese Abteile höchstens aufweisen, damit der Tank
auch zu mehr als 20 % und weniger als 80 % gefüllt befördert werden darf?

A   2 500 l   ☐

B   5 000 l   ☐

C   7 500 l   ☐

D   10 000 l   ☐

E   Diese Angabe kann nur der ADR-Zulassungsbescheinigung entnommen   ☐
     werden.

535
(TV)
Es soll ein Tanksattelauflieger mit UN 1202 befüllt werden. Der Ein-Kammer- **(2)**
Tankaufbau hat ein Volumen von 42 000 l und ist nicht durch Trenn- oder
Schwallwände unterteilt. Welche Vorgaben zum Füllungsgrad müssen in
diesem Fall nach ADR stets beachtet werden?

536
(BT)
Welche Art von Schüttgut-Containern ist nach ADR für die Verwendung in **(1)**
MEMU zugelassen?

A   Ausschließlich zugelassene Schüttgut-Container des Typs BK2   ☐

B   Alle Container entsprechend den Vorschriften des Abschnitts 7.3.3 ADR   ☐

C   Ausschließlich zugelassene Schüttgut-Container des Typs BK1   ☐

D   Alle im ADR vorgesehenen Containertypen   ☐

E   Ausschließlich bedeckte Container, die zusätzlich die Sondervorschrift AP2 ☐
     erfüllen

537
(BT)
Welche Schüttgut-Container sind gemäß ADR für die Beförderung umwelt- **(1)**
gefährdender fester Stoffe zulässig?

538
(BT)
Dürfen umweltgefährdende feste Stoffe nach ADR in loser Schüttung in **(2)**
einem Schüttgut-Container befördert werden? Nennen Sie auch die Fundstelle für Ihre Lösung!

539
(V)
Bis zu welchem Volumen je Gefäß unterliegen bestimmte viskose Stoffe (z. B. **(2)**
Farben oder Lacke ohne weitere Gefahreigenschaften) mit einem Flamm-
punkt von 23 °C bis 60 °C nicht den Vorschriften des ADR? Geben Sie auch
den Absatz für Ihre Lösung an!

540
(LQ)
Dürfen 10 Dosen à 3 l UN 1133, VG III, und 10 Druckgaspackungen à 500 ml **(2)**
UN 1950 (Klassifizierungscode 5F), die in einem Versandstück zusammenge-
packt sind, nach ADR als begrenzte Menge (limited quantity) versandt wer-
den? Geben Sie eine kurze Begründung für Ihre Lösung!

541
(V)
(VS)
Ein neuer Stahlkanister enthält 5 l eines flüssigen umweltgefährdenden Stof- **(2)**
fes. Unterliegt die Beförderung dieses Kanisters den Vorschriften des ADR?
Geben Sie auch die Fundstelle für Ihre Lösung an!

542
(F)
Unter welchen Bedingungen können Feuerlöscher (UN 1044) als Ladung ohne **(2)**
weitere Beachtung der Vorschriften des ADR befördert werden?

543
(F)
Unterliegt UN 3065, VG III, in Fässern à 200 l den Vorschriften des ADR? Ge- **(2)**
ben Sie auch eine kurze Begründung für Ihre Lösung!

544
(T)
Ist es nach ADR zulässig, Versandstücke mit Organischen Peroxiden, Typ C, **(3)**
fest, in einer Menge von 25 000 kg in einer bedeckten Beförderungseinheit zu
transportieren? Geben Sie auch den Unterabschnitt für Ihre Lösung an!

545   Auf einer MEMU sollen zum Zwecke einer späteren Sprengung 190 kg   (3)
(T)   UN 0331 und 420 Einheiten Zünder (UN 0409) befördert werden. Ist eine
      solche Beförderung nach ADR zulässig? Geben Sie auch die genaue Fund-
      stelle an!

546   An welcher Stelle finden Sie die Regelungen für die Beförderung von UN 2910   (2)
(R)   mit Nebengefahren? Nennen Sie die entsprechende Sondervorschrift des
      ADR!

547   Ein radioaktiver Stoff (UN 2910) gelöst in Chlorwasserstoffsäure der Klasse 8   (1)
(R)   (Nebengefahr) soll gemäß ADR befördert werden. Die Säure liegt in einer
      Menge oberhalb der für freigestellte Mengen geltenden Grenzwerte vor. Wel-
      cher UN-Nummer ist dieser Stoff gemäß Sondervorschrift 290 zuzuordnen?

      A   UN 1789   ☐
      B   UN 2910   ☐
      C   UN 2911   ☐
      D   UN 2915   ☐
      E   UN 2909   ☐

548   80 ml des Stoffes UN 1133 Klebstoffe, 3, III, sollen nach Unterabschnitt 3.5.1.4   (2)
(EQ) ADR versandt werden. Ist dies zulässig? Geben Sie eine kurze Begründung
      für Ihre Lösung!

549   Auf einem offenen Lkw wird Gefahrgut in Versandstücken mit folgenden   (3)
(T)   Codierungen transportiert:
      1H2 und 1G.
      Ist dieser Transport nach ADR zulässig? Geben Sie auch die Fundstelle für
      Ihre Lösung an!

550   Feste Stoffe (UN 3175), bestehend aus Benzin- und Dieselfiltern, sollen nach   (2)
(BT) ADR in einem bedeckten Container in loser Schüttung transportiert werden.
      Geben Sie die Bedingungen an, unter denen dieser für eine Beförderung in
      loser Schüttung verwendet werden kann. Nennen Sie auch die Fundstelle für
      Ihre Lösung!

551   Ein Tankwechselaufbau ist vor Ablauf der Frist für die wiederkehrende Prü-   (1)
(P)   fung nach 6.8.4.2 ADR mit Heizöl, leicht, befüllt worden. Bei der Abfahrtskon-
      trolle vor der Auslieferung fällt auf, dass die Prüffrist nun seit zwei Wochen
      abgelaufen ist. Darf der befüllte Tankwechselaufbau nach ADR befördert wer-
      den?

      A   Ja, in diesem Fall ist die Beförderung innerhalb eines Zeitraums von höchs-   ☐
           tens einem Monat nach Ablauf der Prüffrist zulässig.
      B   Nein, da die Prüffrist überschritten ist.   ☐
      C   Ja, bis zu einem Jahr nach Ablauf der Prüffrist darf der befüllte Tankwech-   ☐
           selaufbau noch befördert werden.
      D   Ja, da die Prüffrist nur für die Befüllung entscheidend ist.   ☐

552   Sie überprüfen das Tankfahrzeug eines Stickstofflieferanten mit UN 1977.   (1)
(FF) Welcher Fahrzeugtyp muss in der ADR-Zulassungsbescheinigung mindes-
      tens eingetragen sein?

      A   Fahrzeug AT   ☐
      B   Fahrzeug FL   ☐
      C   EX/II   ☐
      D   EX/III   ☐
      E   MEMU   ☐

553 Wie können Sie feststellen, ob ein gefährliches Gut in einem ADR-Tank beför-   (2)
(TV) dert werden darf?

554 Auf welche maximale Verwendungsdauer ist die Nutzung von flexiblen   (1)
(BT) Schüttgut-Containern ab dem Zeitpunkt der Herstellung nach ADR be-
      schränkt?

A   2 Jahre   ☐
B   2,5 Jahre   ☐
C   3 Jahre   ☐
D   5 Jahre   ☐
E   Unbegrenzt, solange der Schüttgut-Container dicht ist   ☐

555 Welche höchstzulässige Bruttomasse darf ein flexibler Schüttgut-Container   (1)
(BT) nicht überschreiten?

556 Welche Sondervorschrift des ADR regelt die Beförderung zur Entsorgung von   (1)
(VS) Lithiumbatterien, die in Ausrüstungen von privaten Haushalten enthalten
      sind?

557 Welche Aussage zu multilateralen Vereinbarungen ist richtig?   (1)
(VS) A   Multilaterale Vereinbarungen gelten im grenzüberschreitenden Verkehr in   ☐
          allen ADR-Vertragsstaaten.
      B   Multilaterale Vereinbarungen gelten unmittelbar im Verkehr zwischen den   ☐
          Unterzeichnerstaaten der jeweiligen Vereinbarung.
      C   Multilaterale Vereinbarungen gelten nur im innergemeinschaftlichen Verkehr. ☐
      D   Multilaterale Vereinbarungen gelten ausschließlich im Verkehr mit in   ☐
          Deutschland zugelassenen Fahrzeugen.

558 Auf einem Trägerfahrzeug befinden sich vier Tankcontainer (Fassungsraum je   (1)
(BP) 1 000 l) mit jeweils 1 000 l Dieselkraftstoff (UN 1202). Welche Schulung (ADR-
      Schulungsbescheinigung) muss der Fahrzeugführer für diesen Transport
      nachweisen?
      A   Tankcontainer unterliegen der GGVSee, eine Schulung des Fahrzeugführers   ☐
          ist daher nicht erforderlich.
      B   Der Fahrzeugführer muss die ADR-Schulungsbescheinigung für Beförderun-   ☐
          gen in Tanks besitzen.
      C   Es reicht die ADR-Schulungsbescheinigung für Beförderungen ausgenom-   ☐
          men in Tanks (Basiskurs).
      D   Der Fahrzeugführer muss die Schulung für die Klasse 1 nachweisen.   ☐

559 Bei welcher der nachfolgenden Beförderungen benötigt der Fahrzeugführer   (1)
(BP) eine ADR-Schulungsbescheinigung?
      A   Beförderung eines leeren ungereinigten ortsfesten Lagerbehälters für   ☐
          UN 1202 Heizöl, leicht, nach den Bedingungen von 1.1.3.1 f) ADR
      B   Beförderung von 5 000 kg Bauschutt in loser Schüttung in einem Container   ☐
      C   Beförderung von 2 500 kg Bruttomasse UN 0012 Patronen für Handfeuer-   ☐
          waffen mit einem Lkw, zGM 7,5 t
      D   Beförderung von 1 200 l UN 1002 Luft, verdichtet, in Gasflaschen auf einem ☐
          Lkw, zGM 4,5 t

E   Beförderung eines Versandstücks mit 1 l der UN-Nummer 1613 in einem ☐
        Pkw

F   Beförderung von 1 000 kg UN 3480, die die Bedingungen der Sondervor- ☐
        schrift 188 erfüllen

G   Beförderung von 20 kg UN 3104 in Versandstücken in einem Pkw   ☐

560   **900 kg eines Stoffes (UN 1884) sollen in loser Schüttung auf einem Lkw beför-** (2)
(BP)   **dert werden. Benötigt der Fahrzeugführer für diese Beförderung eine ADR-**
          Schulungsbescheinigung?

561   **Auf einem Lkw werden verschiedene Stoffe der Klasse 3, Verpackungs-** (2)
(BP)   **gruppe III, in Versandstücken befördert. Über welcher Gesamtmenge dieser**
          zu befördernden Stoffe benötigt der Fahrzeugführer eine ADR-Schulungs-
          bescheinigung?

562   **Es sind 25 kg netto eines Stoffes (UN 3102) in Versandstücken auf einem Lkw** (2)
(BP)   **zu befördern. Benötigt der Fahrzeugführer eine ADR-Schulungsbescheini-**
          gung? Begründen Sie Ihre Antwort!

563   **Es sind 300 l eines Stoffes (UN 1830) in Versandstücken auf einem Lkw zu be-** (2)
(BP)   **fördern. Benötigt der Fahrzeugführer eine ADR-Schulungsbescheinigung?**
          Begründen Sie Ihre Antwort!

564   **Ein Fahrzeugführer eines Kurierdienstes soll in einem Pkw (zGM 1,8 t) zwei** (2)
(BP)   **Kisten mit der UN-Nummer 1689, insgesamt 40 kg netto, von München nach**
          Hamburg befördern. Benötigt er eine ADR-Schulungsbescheinigung? Geben
          Sie eine kurze Begründung für Ihre Lösung!

565   **Darf nach ADR eine Person während der Beförderung von Benzin in einem** (1)
(T)   **Tankfahrzeug den Fahrzeugführer begleiten?**

          A   Ja, nur wenn sie Mitglied der Fahrzeugbesatzung ist.   ☐
          B   Ja, immer.   ☐
          C   Ja, wenn es der Werkschutz gestattet.   ☐
          D   Ja, wenn es der Fahrer gestattet.   ☐

566   **Es sollen Stoffe mit UN 3175 in loser Schüttung nach ADR befördert werden.** (2)
(BT)   **Welchen Kurs im Rahmen der Schulung von Fahrzeugführern muss der Fah-**
          rer für diese Beförderung mindestens erfolgreich besucht haben?

567   **Bei der Belieferung eines Kunden mit UN 1202 Heizöl, leicht, tritt durch eine** (1)
(PF)   **defekte Schlauchleitung Heizöl aus und droht in die Kanalisation zu laufen.**
          Welche der aufgeführten Verhaltensweisen des Fahrzeugführers wird u. a.
          durch die GGVSEB gefordert?

          A   Da Heizöl als nicht besonders gefährlich gilt, sind besondere Maßnahmen ☐
                  nicht erforderlich. Empfehlenswert ist aber das Ausstreuen von Ölbinde-
                  mittel.

          B   Die Kanalisation muss sofort mit großen Mengen Wasser gespült werden. ☐

          C   Der Fahrer hat nichts zu beachten, zuständig ist in diesem Fall der Emp- ☐
                  fänger.

          D   Der Fahrer muss durch geeignete Maßnahmen versuchen, den Schaden so ☐
                  gering wie möglich zu halten. Außerdem muss er die nächstgelegenen zu-
                  ständigen Behörden benachrichtigen oder benachrichtigen lassen.

Straße

568   **Wozu dienen die schriftlichen Weisungen beim Transport gefährlicher Güter**   **(1)**
(BP)   **nach ADR?**

   A   Als ausführliche Information nur für die Hilfskräfte (Polizei und Feuerwehr)   ☐
        bei einem Unfall

   B   Als Anweisung für den Fahrzeugführer für das richtige Verhalten bei Unfällen   ☐
        oder Notfällen, die sich während der Beförderung ereignen können

   C   Als spezielles Begleitpapier für Kontrollzwecke durch die Gewerbeaufsicht   ☐
        im Betrieb

   D   Als Checkliste für den Fahrzeugführer zur Einhaltung der Fahrstrecke   ☐

   E   Als Beförderungsgenehmigung beim Transport von Gütern der Anlage 1   ☐
        GGVSEB

   F   Als Nachweis für die Verlängerung der ADR-Zulassungsbescheinigung   ☐

569   **Welches ist eine Ordnungswidrigkeit gemäß § 37 GGVSEB für einen Absender?**   **(1)**
(PF)   A   Wenn er dem Fahrzeugführer die persönliche Schutzausrüstung nicht über-   ☐
        gibt

   B   Wenn er einen Fahrzeugführer einsetzt, der keine ADR-Schulungsbescheini-   ☐
        gung besitzt

   C   Wenn er nicht dafür sorgt, dass der Feuerlöscher regelmäßig überprüft wird   ☐

   D   Wenn er nicht dafür sorgt, dass das vorgeschriebene Beförderungspapier   ☐
        mitgegeben wird

570   **Welche Aussage bezüglich der Beförderpflichten ist nach GGVSEB richtig?**   **(1)**
(PF)   A   Er hat die Vorschriften über das Beladen nach Kapitel 7.5 ADR zu beachten.   ☐

   B   Er hat dafür zu sorgen, dass nur Fahrzeugführer mit einer gültigen Beschei-   ☐
        nigung nach Absatz 8.2.2.8 ADR eingesetzt werden.

   C   Er hat dafür zu sorgen, dass gefährliche Güter in geprüfte Verpackungen   ☐
        verpackt werden.

   D   Er hat die Vorschriften über das Entladen nach Unterabschnitt 7.5.1.3 ADR   ☐
        zu beachten.

571   **Welche Aussage bezüglich der Verladerpflichten ist nach GGVSEB richtig?**   **(1)**
(PF)   A   Er muss die Beförderungseinheit mit orangefarbenen Tafeln kennzeichnen.   ☐

   B   Er hat die Vorschriften über die Beförderung in Versandstücken nach Kapitel   ☐
        7.2 ADR zu beachten.

   C   Er hat dafür zu sorgen, dass geschulte Fahrzeugführer nach Kapitel 8.2 ADR   ☐
        eingesetzt werden.

   D   Er hat dafür zu sorgen, dass das Beförderungspapier mitgegeben wird.   ☐

572   **Wer ist nach GGVSEB bei einem Tankfahrzeug für das Anbringen der orange-**   **(1)**
(PF)   **farbenen Tafeln verantwortlich?**

   A   Der Beförderer   ☐

   B   Der Fahrzeugführer   ☐

   C   Der Befüller   ☐

   D   Der Absender   ☐

   E   Der Verlader   ☐

   F   Der Entlader   ☐

573   **Ein Tankfahrzeug wurde in der Raffinerie mit UN 1223 Kerosin vom Fahrzeug-**   **(2)**
(PF)   **führer selbst befüllt. Wer ist nach GGVSEB verpflichtet, bei innerstaatlichen**
         Beförderungen die Dichtheit der Verschlusseinrichtungen gemäß Absatz
         4.3.2.3.3 ADR zu prüfen?

Straße

574   Wer muss nach GGVSEB im Straßenverkehr dafür sorgen, dass die Großzet- (2)
(PF)   tel an Containern, die gefährliche Güter in Versandstücken enthalten, ange-
         bracht sind?

575   Welche Verantwortlichen haben nach GGVSEB für die ordnungsgemäße   (2)
(PF)   Ladungssicherung im Straßenverkehr zu sorgen?

576   Wer ist gemäß GGVSEB nach der Beladung eines Tankfahrzeugs mit Gefahr- (1)
(PF)   gut für die Kennzeichnung des Fahrzeugs mit Großzetteln verantwortlich?

     A   Betreiber   ☐

     B   Beförderer   ☐

     C   Fahrzeugführer   ☐

     D   Absender   ☐

     E   Verlader   ☐

     F   Empfänger   ☐

     G   Befüller   ☐

     H   Entlader   ☐

577   Welche Aussage bezüglich der Befüllerpflichten ist nach GGVSEB im Stra- (1)
(PF)   ßenverkehr richtig?

     A   Er hat dafür zu sorgen, dass geschulte Fahrzeugführer nach Kapitel 8.2 ADR   ☐
        eingesetzt werden.

     B   Er hat die Vorschriften über das Verbot von Feuer und offenem Licht nach   ☐
        Kapitel 8.5 ADR zu beachten.

     C   Er hat dafür zu sorgen, dass die Vorschriften über die Beförderung in loser   ☐
        Schüttung nach Kapitel 7.3 ADR beachtet werden.

     D   Er hat dafür zu sorgen, dass die schriftlichen Weisungen mitgegeben werden.   ☐

     E   Er hat dafür zu sorgen, dass die Feuerlöschgeräte nach Anlage 2 Nr. 3.4   ☐
        GGVSEB geprüft werden.

     F   Er hat die Vorschriften über die Kennzeichnung und Bezettelung von Ver-   ☐
        sandstücken zu beachten.

578   Welche Aussage gehört nach GGVSEB zu den Pflichten des Betreibers eines   (1)
(PF)   Tankcontainers?

     A   Er hat dafür zu sorgen, dass die Ausrüstung nach Abschnitt 8.1.5.3 ADR   ☐
        dem Fahrzeugführer vor Beförderungsbeginn übergeben wird.

     B   Er hat dafür zu sorgen, dass eine außerordentliche Prüfung des Tankcontai-   ☐
        ners durchgeführt wird, wenn die Sicherheit des Tanks beeinträchtigt ist.

     C   Er hat dafür zu sorgen, dass bei Tankcontainern der höchstzulässige Fül-   ☐
        lungsgrad eingehalten wird.

     D   Er hat dafür zu sorgen, dass nur Tankcontainer verwendet werden, die für   ☐
        die Beförderung der betreffenden Güter zugelassen sind.

579   Welche Aussage gehört nach GGVSEB zu den Pflichten des Verpackers?   (1)
(PF)   A   Er hat die Vorschriften über die Kennzeichnung zu beachten.   ☐

     B   Er hat dafür zu sorgen, dass an gereinigten Tankcontainern die Großzettel   ☐
        entfernt werden.

     C   Er hat für das Anbringen von orangefarbenen Tafeln zu sorgen.   ☐

     D   Er hat den Beförderer auf das gefährliche Gut hinzuweisen.   ☐

580 Welche Aussage gehört nach GGVSEB zu den Pflichten des Absenders? (1)
(PF)

A Er hat dafür zu sorgen, dass geschulte Fahrzeugführer nach Kapitel 8.2 ADR ☐
eingesetzt werden.

B Er hat dafür zu sorgen, dass bei Tankfahrzeugen der höchstzulässige Fül- ☐
lungsgrad eingehalten wird.

C Er hat dafür zu sorgen, dass die schriftlichen Weisungen dem Fahrzeugfüh- ☐
rer übergeben werden.

D Er hat dafür zu sorgen, dass dem Beförderungspapier die schriftlichen Hin- ☐
weise nach Absatz 5.4.1.2.5.2 beigefügt werden.

581 Welche Überwachungsbehörde ist für die Überwachung der gefahrgutrecht- (1)
(VS) lichen Bestimmungen auf der Straße zuständig?

A Die Feuerwehr ☐

B Der TÜV ☐

C Das Bundesamt für Güterverkehr ☐

D Das Luftfahrtbundesamt ☐

E Das EBA ☐

F Die BAM ☐

582 Welcher Paragraph regelt in der GGVSEB die Pflichten des Verpackers? (1)
(PF)

583 In welchem Paragraphen sind die Aufgaben des „Auftraggebers des Absen- (1)
(PF) ders" nach GGVSEB beschrieben?

584 Nennen Sie zwei Paragraphen aus der GGVSEB, in denen die Pflichten des (2)
(PF) „Verladers" beschrieben sind?

585 In welchem Abschnitt des ADR sind die Pflichten der Hauptbeteiligten fest- (1)
(PF) gelegt?

586 Nennen Sie vier Beteiligte, denen Pflichten bei der Beförderung gefährlicher (2)
(PF) Güter nach GGVSEB/ADR zugewiesen sind!

587 In welchem Abschnitt des ADR ist der „Beförderer" definiert? (1)
(PF)

588 Wer hat nach GGVSEB sicherzustellen, dass der gemäß Unterabschnitt (1)
(PF) 1.8.5.1 ADR geforderte Bericht dem Bundesamt für Güterverkehr vorgelegt
wird? Nennen Sie einen Verantwortlichen!

589 Welches Kriterium stellt ein meldepflichtiges Ereignis nach Abschnitt 1.8.5 (1)
(UF) ADR dar?

A Produktaustritt von 1 l eines Stoffes der UN-Nr. 2814 ☐

B Arbeitsunfähigkeit einer beteiligten Person von zwei Tagen ☐

C Umweltschaden in Höhe von 10 000 Euro ☐

D Sperrung einer Autobahn für zwei Stunden, bedingt durch die vom Gefahr- ☐
gut ausgehende Gefahr

E Personenschaden im Zusammenhang mit der Beförderung von Gefahrgut ☐
und Krankenhausaufenthalt von drei Tagen

F Produktaustritt von 900 l der UN-Nr. 1202 ☐

590 Welcher zuständigen Behörde in Deutschland ist der Bericht nach Unter- (1)
(UF) abschnitt 1.8.5.1 ADR vorzulegen?

591	Welches der nachfolgenden gefährlichen Güter in den angegebenen Mengen ist nach Kapitel 1.10 ADR ein Gut mit hohem Gefahrenpotenzial?	(1)
(SC)		

A   UN 1202 Dieselkraftstoff, 3, III, (D/E), umweltgefährdend, 26 000 l in Tanks   ☐

B   UN 1203 Benzin, 3, II, (D/E), umweltgefährdend, 5 000 l in 50 Fässern   ☐

C   UN 1575 Calciumcyanid, 6.1, I, (C/E), umweltgefährdend, 25 kg in einer zusammengesetzten Verpackung   ☐

D   UN 1616 Bleiacetat, 6.1, III, (E), umweltgefährdend, 8 000 kg in loser Schüttung   ☐

E   UN 1963 Helium, tiefgekühlt, flüssig, 2.2, (C/E), 30 kg in einem Kryogefäß   ☐

592	Nennen Sie zwei Elemente eines Sicherungsplanes gemäß ADR!	(2)
(SC)		

593	Nennen Sie drei Kriterien, die eine von Ihnen dokumentierte Unterweisung für gefährliche Güter gemäß ADR enthalten muss!	(3)
(SCH)		

594	Welcher der nachfolgenden Stoffe/Gegenstände zählt nach Kapitel 1.10 ADR zu den gefährlichen Gütern mit hohem Gefahrenpotenzial?	(1)
(SC)		

A   30 kg Schwarzpulver, 1.1D   ☐

B   30 000 l Dieselkraftstoff, 3, III, umweltgefährdend, in einem Tank   ☐

C   5 000 kg Lithium-Ionen-Batterien, 9   ☐

D   4 800 l Batterieflüssigkeit, alkalisch, 8, II, in einem Tankcontainer   ☐

E   6 000 l Propan, 2.1, in einem Tank   ☐

F   8 000 l Heizöl, leicht, 3, III, umweltgefährdend, in einem Aufsetztank   ☐

G   1 000 kg Feuerwerkskörper, 1.4S   ☐

H   500 kg Chlor, 2.3 (5.1, 8), umweltgefährdend, in Gasflaschen   ☐

I   120 kg Kupfercyanid, 6.1, II   ☐

595	Gelten die Bestimmungen des Abschnittes 1.10.3 ADR auch bei einer Beförderung von 8 000 l UN 1202 Dieselkraftstoff, 3, III, (D/E), umweltgefährdend, in einem Tankfahrzeug? Begründen Sie Ihre Antwort unter Angabe der Fundstelle im ADR!	(2)
(SC)		

596	Die an der Beförderung gefährlicher Güter mit hohem Gefahrenpotenzial Beteiligten sind gemäß ADR verpflichtet, Sicherungspläne einzuführen. Welches der nachstehenden Elemente muss der Sicherungsplan beinhalten?	(1)
(SC)		

A   Übersicht der ausgeschilderten Notausgänge   ☐

B   Plan zur Sicherstellung der Information aller Betriebsangehörigen über den Inhalt der Sicherungspläne   ☐

C   Verzeichnis der betroffenen gefährlichen Güter bzw. der Art der betroffen gefährlichen Güter   ☐

D   Zuweisung der Verantwortlichkeiten an Personen der abholenden Transportunternehmen   ☐

E   Die Nummern der Verpackungsanweisungen   ☐

F   Eine Kopie der Tabelle in Absatz 1.1.3.6.3 ADR   ☐

597	Was versteht man unter dem Begriff „Sicherung" im Sinne von Kapitel 1.10 ADR?	(1)
(SC)		

A   Begleitschutz für Fahrzeuge, die bestimmte gefährliche Stoffe der Klassen 1 oder 7 befördern   ☐

B   Die Gestellung eines Begleitfahrzeuges mit orangefarbener Rundumleuchte für bestimmte Tunneldurchfahrten   ☐

Straße

C   Maßnahmen oder Vorkehrungen, die zu treffen sind, um den Diebstahl oder den Missbrauch gefährlicher Güter zu minimieren ☐

D   Maßnahmen oder Vorkehrungen, die zu treffen sind, um Unfälle mit gefährlichen Gütern möglichst auszuschließen ☐

598
(SC)
Sie sollen eine Gasflasche mit 45 kg netto UN 1005 Ammoniak, wasserfrei, befördern. Müssen bei dieser Beförderung die Vorschriften von Unterabschnitt 1.10.3.3 ADR beachtet werden? Begründen Sie kurz Ihre Antwort unter Angabe der Fundstelle im ADR! (4)

599
(SC)
Gelten die Bestimmungen des Abschnittes 1.10.3 ADR auch bei der Beförderung von Typ A-Versandstücken der UN-Nr. 3333 (Cs-137, Aktivität 0,9 TBq)? Begründen Sie Ihre Antwort unter Angabe der Fundstelle im ADR! (2)

600
(SC)
Welche an der Beförderung gefährlicher Güter mit hohem Gefahrenpotenzial Beteiligten sind nach ADR verpflichtet, Sicherungspläne einzuführen? (1)

A   Führer von Fahrzeugen mit einem Gesamtgewicht über 3,5 t ☐

B   Gefahrgutbeauftragte ☐

C   Störfallbeauftragte von Tanklagerbetrieben ☐

D   Beförderer, Absender sowie in Abschnitt 1.4.2 und 1.4.3 ADR aufgeführte weitere Beteiligte ☐

E   Aufsichtsbeamte der Überwachungsbehörden ☐

F   Kurierdienste, die gefährliche Güter in begrenzten Mengen befördern ☐

G   Absender von Mengen innerhalb der Grenzen der Tabelle in Absatz 1.1.3.6.3 ADR ☐

601
(SC)
Welche Aussage zu Unterweisungen im Bereich der Sicherung ist gemäß ADR richtig? (1)

A   Spezielle Unterweisungen im Bereich der Sicherung sind nur gefordert, wenn gefährliche Güter mit hohem Gefahrenpotenzial befördert werden. ☐

B   Das Thema Sicherung ist nur bei der erstmaligen Unterweisung nach Kapitel 1.3 ADR zu berücksichtigen. ☐

C   Aus Geheimhaltungsgründen darf im Rahmen von Unterweisungen nach Kapitel 1.3 ADR nicht über Sicherungspläne gesprochen werden. ☐

D   Die in Kapitel 1.3 ADR festgelegten Unterweisungen müssen auch Bestandteile enthalten, die der Sensibilisierung im Bereich der Sicherung dienen. ☐

E   Unterweisungen mit Bestandteilen zum Thema Sicherung dürfen nicht vom Gefahrgutbeauftragten durchgeführt werden. ☐

F   Unterweisungen im Bereich der Sicherung sind immer genau im Jahresrhythmus durchzuführen. ☐

602
(UF)
Bis wann muss nach ADR ein meldepflichtiges Ereignis mit gefährlichen Gütern der zuständigen Behörde spätestens gemeldet werden? Geben Sie auch den Unterabschnitt für Ihre Lösung an! (2)

603
(SC)
Gelten die Bestimmungen des Kapitels 1.10 ADR auch bei einer Beförderung von 800 l UN 1202 Dieselkraftstoff, 3, III, in Versandstücken? Begründen Sie Ihre Antwort unter Angabe der Fundstelle im ADR! (2)

604
(PF)
Wer muss nach ADR dafür sorgen, dass der Fahrzeugbesatzung die schriftlichen Weisungen in ihrer Sprache bereitgestellt werden? (1)

A   Absender ☐

B   Beförderer ☐

C   Verlader ☐

81

D	Befüller	☐
E	Auftraggeber des Absenders	☐
F	Empfänger	☐

605 **Im Rahmen einer Sammelgutbeförderung sollen auf eine bereits mit anderem** **(2)**
(SCH) **Gefahrgut beladene kennzeichnungspflichtige Beförderungseinheit zusätz-**
lich Kartuschen für technische Zwecke (UN 0323) mit einer Nettoexplosiv-
stoffmasse von 300 kg geladen werden. Benötigt der Fahrzeugführer neben
dem Basiskurs für diese Beförderung auch den Aufbaukurs Klasse 1? Geben
Sie auch die Fundstelle für Ihre Lösung an!

606 **Wie lange müssen Absender und Beförderer eine Kopie des Beförderungs-** **(1)**
(D) **papiers nach ADR mindestens aufbewahren?**

607 **Wie lange müssen gemäß GGVSEB die Aufzeichnungen der erhaltenen Unter-** **(1)**
(SCH) **weisung nach 1.3 ADR vom Arbeitgeber aufbewahrt werden?**

A	5 Jahre	☐
B	3 Monate	☐
C	1 Jahr	☐
D	2 Jahre	☐
E	8 Jahre	☐
F	2,5 Jahre	☐

608 **Welche Aussage zur Unterweisung von Personen, die an der Beförderung ge-** **(1)**
(SCH) **fährlicher Güter beteiligt sind, ist gemäß ADR zutreffend?**

A	Arbeitnehmer müssen unterwiesen sein, bevor sie Pflichten gemäß Abschnitt 1.3.2 ADR übernehmen.	☐
B	Ohne eine erforderliche Unterweisung dürfen Aufgaben nur unter der direkten Überwachung einer unterwiesenen Person wahrgenommen werden.	☐
C	Die Unterweisung kann zu einem beliebigen Zeitpunkt, der den betrieblichen Ablauf nicht stört, durchgeführt werden.	☐
D	Wann und ob eine Unterweisung stattfinden muss, entscheidet nur der Gefahrgutbeauftragte.	☐
E	Unterweisungen sind nur erforderlich, wenn das Unternehmen Stoffe und/oder Gegenstände befördert, die gemäß Tabelle 1.10.3.1.2 als „gefährliche Güter mit hohem Gefahrenpotenzial" eingestuft sind.	☐
F	Die Unterweisung muss generell einmal im Monat durchgeführt werden.	☐
G	Unterweisungen dürfen nur von IHK-anerkannten Lehrgangsveranstaltern durchgeführt werden.	☐

609 **Ein Container enthält UN 1794 in loser Schüttung. Der Stoff erfüllt zusätzlich** **(10)**
die Kriterien des Absatzes 2.2.9.1.10 ADR. Beantworten Sie folgende Fragen
nach ADR:

1. Wie lauten gemäß ADR die stoffspezifischen Angaben im Beförderungspapier nach ADR?

2. Welche Gefahrzettel (Großzettel) und Kennzeichen müssen sich am Container befinden?

3. An welchen Stellen müssen die Großzettel und Kennzeichen am Container angebracht werden?

4. Welche Nummer zur Kennzeichnung der Gefahr und welche UN-Nummer sind auf den orangefarbenen Tafeln nach ADR am Container anzubringen?
   Nummer zur Kennzeichnung der Gefahr = ...
   UN-Nummer = ...

5. An welchen Stellen müssen die orangefarbenen Tafeln am Container angebracht werden?

6. Der Container wird auf einen Lkw geladen. Mit wie vielen orangefarbenen Tafeln und an welchen Stellen ist die Beförderungseinheit zu kennzeichnen?

7. Wer ist für die Kennzeichnung der Beförderungseinheit mit orangefarbenen Tafeln verantwortlich?

610 **Ein Heizölhändler soll seinem Kunden 18 000 l Heizöl, leicht, liefern. Der Stoff** (10) **ist umweltgefährdend. Der Heizölhändler beauftragt seinen Fahrer, das Tankfahrzeug (LGBF) bei der Raffinerie befüllen zu lassen und das Heizöl beim Kunden anzuliefern.**

1. Wer ist nach GGVSEB in diesem Fall als Absender für die Erstellung des Beförderungspapieres verantwortlich?

2. Wie lauten die stoffspezifischen Angaben im Beförderungspapier nach ADR?

3. Muss der Fahrer bei diesem Transport die Vorschriften zur Fahrwegbestimmung nach § 35a GGVSEB beachten? Begründen Sie Ihre Antwort!

4. Welche Großzettel und Kennzeichen müssen am Tankfahrzeug angebracht werden? An welchen Stellen sind sie anzubringen?

5. Wie viele Feuerlöschgeräte und mit welchem Mindestfassungsvermögen sind mitzuführen?

611 **Ein Gasproduzent erhält von einem Kunden die Bestellung, ihm zwei Kryo-** (10) **Behälter mit tiefgekühlt verflüssigtem Sauerstoff zu liefern. Der Gasproduzent hat die bereits gefüllten Kryo-Behälter (Nettomasse je 800 kg) auf dem Hof stehen, die aber noch nicht bezettelt sind. Auch ein Lkw (zGM 7,5 t) steht bereit.**

1. Wer muss in diesem Fall als Absender für die Mitgabe des Beförderungspapieres sorgen?

2. Wie lauten die stoffspezifischen Angaben im Beförderungspapier nach ADR?

3. Welche und wie viele Gefahrzettel und Kennzeichen sind auf jedem Kryo-Behälter anzubringen?

4. Darf der Gasproduzent für diesen Transport einen Fahrer, der keine ADR-Schulungsbescheinigung besitzt, einsetzen? Geben Sie eine kurze Begründung für Ihre Lösung!

5. Wie muss der Lkw gekennzeichnet werden und wer ist dafür verantwortlich?

612 **Als Gefahrgutbeauftragter eines Mineralölhandelsunternehmens überprüfen** (10) **Sie einen Ihrer Lkw vor der Abfahrt. Die zu kontrollierende Beförderungseinheit besteht aus einem Tankfahrzeug (zGM 18 t) und einem Anhänger (zGM 18 t). Der Tank ist mit 6 000 l Benzin befüllt, auf dem Anhänger befinden sich 80 Kanister mit Dieselkraftstoff (Flammpunkt gemäß EN 590:2013 + AC:2014) mit einer Gesamtmenge von 1 600 l. Die beiden Stoffe sind umweltgefährdend.**

1. Listen Sie zwei, neben dem Beförderungspapier erforderliche Begleitpapiere auf, die vom Fahrzeugführer nach ADR mitzuführen sind!

2. Wie lauten die stoffspezifischen Angaben im Beförderungspapier nach ADR für das Benzin?

3. Welche Ausrüstungsgegenstände müssen nach ADR durch den Fahrzeugführer mitgeführt werden? Nennen Sie zwei Gegenstände!

Straße

4. An welchen Stellen ist die Beförderungseinheit mit neutralen orangefarbenen Tafeln zu kennzeichnen?

5. Welche Gefahrzettel und Kennzeichen müssen an den Kanistern angebracht sein?

6. Welche Großzettel und Kennzeichen sind zu verwenden und an welchen Stellen sind diese am Tankfahrzeug anzubringen?

613 **Mineralölkonzern (M) hat Spediteur (S) beauftragt, die Versorgung der Tank-** **(10)** **stellen (T) von M mit Kraftstoffen zu übernehmen. Für die Belieferung einer dieser Tankstellen schließt S einen Beförderungsvertrag mit dem Fracht-führer (U) ab. U gibt seinem Fahrzeugführer (F) den Auftrag, bei der Raffine-rie (R) 14000 l Benzin und 18000 l Dieselkraftstoff (Flammpunkt gemäß EN 590:2013 + AC:2014) in sein Tankfahrzeug (Zugfahrzeug und Tanksattelanhän-ger – Tankcodierung LGBF) füllen zu lassen und bei der Tankstelle anzulie-fern. Beide Stoffe sind umweltgefährdend.**

1. Wer hat in diesem Fall gemäß GGVSEB die Pflichten (Buchstabe des jeweili-gen Verantwortlichen bitte eintragen) als

    – Auftraggeber des Absenders? (............)

    – Absender? (............)

    – Beförderer? (............)

    – Befüller? (............)

2. Die Beförderungseinheit ist nur vorne und hinten mit folgender orangefarbe-nen Tafel gekennzeichnet:

    Ist dies zulässig? (Nennen Sie auch den Unterabschnitt für Ihre Lösung!)

3. Mit welchen Großzetteln und Kennzeichen und an welchen Stellen ist die Beförderungseinheit zu bezetteln und zu kennzeichnen?

4. Darf der Fahrer seinen achtjährigen Sohn mitnehmen? Auf welchen Ab-schnitt stützen Sie Ihre Antwort?

5. Wer muss gemäß GGVSEB dafür sorgen, dass die Ausrüstungsgegenstände gemäß Abschnitt 8.1.5 ADR mitgegeben werden?

614 **Sie kontrollieren nach ADR ein offenes Fahrzeug (Lkw, zGM 12 t), auf dem ein** **(10)** **Tankcontainer geladen ist. Der Tankcontainer ist mit 6000 l Propionsäure (60 Masse-% Säure) komplett gefüllt und soll nach Österreich befördert werden.**

1. Wie lauten die stoffspezifischen Angaben im Beförderungspapier nach ADR?

2. Welche Begleitpapiere nach ADR muss der Fahrzeugführer neben dem Be-förderungspapier bei dieser Beförderung mitführen?

3. Wie ist die Beförderungseinheit zu kennzeichnen?

4. Muss die Beförderungseinheit beim Parken überwacht werden? Nennen Sie auch das zutreffende Kapitel gemäß ADR für Ihre Lösung!

5. Mit welchen orangefarbenen Tafeln und Großzetteln ist der Tankcontainer zu kennzeichnen und zu bezetteln? An welchen Stellen sind die orangefarbe-nen Tafeln und die Großzettel anzubringen?

615   **Von einer Gefahrgutspedition soll mit eigenem Lkw (zGM 4,5 t) Isopropanol in**   (10)
12 Kanistern à 30 l befördert werden.

1. Müssen bei dieser Beförderung auch die Regelungen aus §§ 35/35a GGVSEB beachtet werden?

2. Wer hat gemäß GGVSEB das Fahrzeug mit den Ausrüstungsgegenständen auszurüsten?

3. Ist die höchstzulässige Menge nach Unterabschnitt 1.1.3.6 ADR überschritten? Auf welchen Berechnungswert stützen Sie Ihre Lösung?

4. Welche Ausrüstungsgegenstände nach ADR müssen bei diesem Transport durch den Fahrzeugführer mitgeführt werden? Nennen Sie sechs Gegenstände!

5. Welche Begleitpapiere nach ADR müssen bei diesem Transport mitgeführt werden?

6. Wie ist die Beförderungseinheit nach ADR zu kennzeichnen?

616   **Es sollen 11 Gasflaschen, die mit UN 1965 (Handelsname „Propan", Netto-**   (10)
masse 33 kg/Flasche) gefüllt sind, auf einem bedeckten Fahrzeug (zGM 3,5 t)
nach ADR befördert werden.

1. Wie und an welchen Stellen ist das Fahrzeug zu kennzeichnen?

2. Ist bei dieser Beförderung eine Kennzeichnung nach Sondervorschrift CV36 erforderlich?

3. Welche sonstige Ausrüstung ist mitzuführen? Nennen Sie vier Gegenstände!

4. Welche Begleitpapiere muss der Fahrzeugführer bei diesem Transport mitführen?

5. Welchen Regelprüffristen für die wiederkehrende Prüfung unterliegen Gasflaschen für diese UN-Nummer?

6. Sind die Mengengrenzen nach Unterabschnitt 1.1.3.6 ADR überschritten? Geben Sie auch den berechneten Wert an!

617   **Ein Transportunternehmer soll eine Tankstelle mit Kraftstoffen versorgen.**   (10)
Dazu schickt er seinen Fahrer mit einem leeren ungereinigten Tankfahrzeug
(Zugfahrzeug mit Tanksattelanhänger, Tankcodierung „LGBF"), das zuletzt
Dieselkraftstoff (Flammpunkt gemäß EN 590:2013 + AC:2014) befördert hat,
zur Raffinerie. Bei der Raffinerie soll der Fahrer 26 000 l Benzin laden und am
nächsten Morgen entladen. Beide Stoffe erfüllen zusätzlich die Kriterien des
Absatzes 2.2.9.1.10 ADR.

1. Welche vorgeschriebenen Angaben nach ADR muss der Transportunternehmer für die Fahrt zur Raffinerie im Beförderungspapier für das leere Tankfahrzeug eintragen?

2. Mit welchen Nummern muss das Tankfahrzeug auf dem Weg zur Raffinerie und wie muss es nach der Beladung auf den orangefarbenen Tafeln gekennzeichnet werden?

   – Leerfahrt Raffinerie: . . . .

   – Nach der Beladung: . . . .

3. Wer hat nach GGVSEB das Fahrzeug mit den orangefarbenen Tafeln auszurüsten?

4. Dürfte der Transportunternehmer für diesen Transport alternativ auch ein Tankfahrzeug mit der Tankcodierung „L4BN" einsetzen? Geben Sie auch den Unterabschnitt für Ihre Entscheidung an!

5. Welches Begleitpapier gibt Aufschluss darüber, ob das Tankfahrzeug für den Transport von Benzin zugelassen ist?

6. Welche Großzettel und Kennzeichen sind zu verwenden und an welchen Stellen sind diese am Tankfahrzeug anzubringen?

618 **Ein Kunde hat für Prüfzwecke ein verdichtetes Gas, oxidierend, n.a.g. (Koh-** (10) **lendioxid und Sauerstoff) bestellt. Von diesem Gas sind 12 Flaschen (Fassungsraum jeweils 20 l) abgefüllt worden und sollen nach ADR zum Versand gebracht werden.**

1. Wie lauten die stoffspezifischen Angaben im Beförderungspapier nach ADR?

2. Welche Gefahrzettel müssen auf den Gasflaschen angebracht sein?

3. Auf der Ladefläche des abholenden Lkw (26 t zulässige Gesamtmasse) befindet sich auch eine Palette mit Kanistern, die Gasöl enthalten. Dürfen die Gasflaschen mit dem Gasöl auf dem Lkw zusammengeladen werden? Geben Sie auch den Unterabschnitt an, auf den Sie Ihre Entscheidung stützen!

4. Der Nenninhalt der Gasölkanister beträgt zusammen 400 l. Der Fahrer möchte von Ihnen wissen, ob er nach der Zuladung der Gasflaschen die orangefarbenen Tafeln an der Beförderungseinheit anbringen muss. Auf welchen Berechnungswert stützen Sie Ihre Lösung?

5. Muss der Fahrer beim Transport dieses Gases eine Notfallfluchtmaske mitführen?

6. Der Fahrer weist Sie darauf hin, dass das Fahrzeug keine ADR-Zulassungsbescheinigung hat. Darf das Fahrzeug dennoch beladen werden?

7. Bei dem Lkw handelt es sich um ein gedecktes Fahrzeug ohne ausreichende Belüftung. Welche Sondervorschrift für die Beförderung ist beim Transport dieses Gasgemisches daher zu beachten?

619 **Es soll Ethylendichlorid mit einem Tankfahrzeug (Zugfahrzeug mit Tanksattel-** (10) **anhänger) nach ADR befördert werden.**

1. Wie lauten die stoffspezifischen Angaben im Beförderungspapier nach ADR?

2. Welche Begleitpapiere neben dem Beförderungspapier muss der Fahrzeugführer bei diesem Transport nach ADR mitführen?

3. Welche Nummer zur Kennzeichnung der Gefahr und welche UN-Nummer sind auf den orangefarbenen Tafeln nach ADR anzubringen und welche Großzettel müssen verwendet werden?

   – Nummer zur Kennzeichnung der Gefahr: . . . .

   – UN-Nummer: . . . .

   – Großzettel: . . . .

4. An welchen Stellen sind die neutralen orangefarbenen Tafeln bzw. die orangefarbenen Tafeln mit Nummern an der Beförderungseinheit anzubringen?

5. In welchem Unterabschnitt des ADR ist festgelegt, dass am Tankfahrzeug selbst oder auf einer Tafel ein Hinweis auf die höchstzulässige Gesamtmasse, Leermasse und auf den Betreiber oder Fahrzeughalter angegeben sein muss?

6. Nennen Sie zwei mitzuführende Ausrüstungsgegenstände, die nach dem ADR bei Beförderungen dieses Stoffes auf der Beförderungseinheit mitgeführt werden müssen!

620   Ein leeres ungereinigtes Tankfahrzeug (letztes Ladegut: Formaldehydlösung,   (10)
      mit mindestens 25 % Formaldehyd) soll zur Verlängerung der ADR-Zulas-
      sungsbescheinigung vorgefahren werden. Vor Abfahrt überprüfen Sie das
      Fahrzeug (zGM 18 t) und die Begleitpapiere nach ADR.

      1.   Welche Ausrüstungsgegenstände nach ADR müssen bei diesem Transport
           durch den Fahrzeugführer mitgeführt werden? Nennen Sie zwei!

      2.   Welche Nummer zur Kennzeichnung der Gefahr und welche UN-Nummer
           sind auf den orangefarbenen Tafeln nach ADR anzubringen und welche
           Großzettel müssen verwendet werden?
           –   Nummer zur Kennzeichnung der Gefahr: . . . .
           –   UN-Nummer: . . . .
           –   Großzettel: . . . .

      3.   An welchen Stellen müssen die Großzettel angebracht sein?

      4.   Welche Begleitpapiere außer dem Beförderungspapier sind bei diesem
           Transport nach ADR mitzuführen?

      5.   Wie lauten die vorgeschriebenen Angaben im Beförderungspapier nach
           ADR?

      6.   Sie stellen fest, dass die ADR-Zulassungsbescheinigung seit zwei Wochen
           abgelaufen ist. Ist die Fahrt damit noch zulässig?

      7.   Welche Kurse im Rahmen der Fahrzeugführerschulung nach ADR muss der
           Fahrzeugführer mindestens erfolgreich besucht haben, um die Fahrt durch-
           führen zu können?

621   Die Gefahrgutspedition Sped GmbH hat von den Farben- und Lackwerken   (10)
      Mayer GmbH (Farbenhersteller) den Auftrag bekommen, UN 1263 Farbe, 3, III,
      in 250 Fässern à 30 l, vom Lager der Firma Mayer in Kirchheim nach Nürnberg
      zu versenden. Die Sped GmbH schließt mit dem Subunternehmer SubTrans
      einen Beförderungsvertrag ab. Die Firma SubTrans übernimmt den Auftrag
      und setzt ein eigenes Fahrzeug (zGM 16 t) zum Transport ein.

      1.   Die Fässer sind auf Paletten gestapelt und mit undurchsichtiger Schrumpf-
           folie gesichert. Was ist in diesem Zusammenhang zu veranlassen?

      2.   Wer ist in diesem Fall Verlader, Absender, Auftraggeber des Absenders und
           Verpacker nach GGVSEB?

      3.   Welche Ausrüstungsgegenstände nach ADR müssen bei diesem Transport
           durch den Fahrzeugführer mitgeführt werden? Nennen Sie vier Gegen-
           stände!

      4.   Welche Begleitpapiere müssen nach ADR bei diesem Transport mitgeführt
           werden?

      5.   Wie ist die Beförderungseinheit zu kennzeichnen?

      6.   Nach Überprüfung der für den Stoff vorgeschriebenen Verpackungsvor-
           schrift P001 i. V. m. PP1 stellt sich die Frage: Müssen die verwendeten Fäs-
           ser UN-geprüft sein?

622   Ein Tankfahrzeug mit Tankanhänger wird für die Kundenbelieferung mit Heiz-   (10)
      öl, leicht (Flammpunkt gemäß EN 590:2013 + AC:2014 – umweltgefährdend)
      eingesetzt (Volumen gesamt 30 000 l). Die Beförderungseinheit ist mit Fahr-
      zeugführer und Beifahrer besetzt. Vor dem Transport überprüfen Sie das
      Fahrzeug und die Begleitpapiere nach ADR.

      1.   Welche Ausrüstungsgegenstände nach ADR müssen bei diesem Transport
           durch den Fahrzeugführer mitgeführt werden? Nennen Sie vier Gegen-
           stände!

      2.   Welche Begleitpapiere außer dem Beförderungspapier müssen bei diesem
           Transport nach ADR mitgeführt werden?

3. Die stoffspezifischen Angaben im Beförderungspapier nach ADR lauten:
UN 1202 Heizöl, 3, III, (D/E), Sondervorschrift 640L.
Überprüfen Sie die Angaben auf Richtigkeit und Vollständigkeit und ergänzen Sie ggf. fehlende Angaben!

4. Muss der Beifahrer im Besitz einer gültigen ADR-Schulungsbescheinigung sein?

5. An welchen Stellen sind die Großzettel und Kennzeichen an dieser Beförderungseinheit anzubringen?

6. Auf einem der mitgeführten Feuerlöschgeräte befindet sich folgende Angabe: „Nächste Überprüfung: 2018".
Ist dies so zulässig? Begründen Sie Ihre Antwort!

623 **Eine Spedition erhält von einer Chemiefirma den Auftrag, nach ADR den Versand von gefährlichen Gütern in Versandstücken zu besorgen. Sie will diesen Transport mit einem eigenen Fahrzeug (zGM 2,8 t) durchführen. Die Spedition erhält von der Chemiefirma folgende Informationen:**   (10)

– **Ethanol, Lösung, 3, III, (D/E), 3 Fässer, 600 l (insgesamt)**
– **UN 1710 Trichlorethylen, 6.1, (E), 2 Kisten, 40 l (insgesamt)**
– **UN 2015 Wasserstoffperoxid, stabilisiert, (B/E), 1 Kiste, 6 l**

1. Überprüfen Sie die oben genannten stoffspezifischen Angaben auf Vollständigkeit und ergänzen Sie diese ggf. zu vollständigen vorgeschriebenen Angaben im Beförderungspapier nach ADR!

2. Ist die höchstzulässige Menge nach Tabelle in Unterabschnitt 1.1.3.6 ADR überschritten? Geben Sie auch den Wert an, der sich für die oben genannten Güter aus der Tabelle ermitteln lässt!

3. Wie ist die Beförderungseinheit zu kennzeichnen?

4. Wer ist für die Kennzeichnung der Beförderungseinheit verantwortlich?

5. Wer ist in diesem Fall „Absender" im Sinne der GGVSEB?

6. Der Fahrzeugführer besitzt keine ADR-Schulungsbescheinigung, ist aber nach Kapitel 1.3 ADR unterwiesen. Darf er die Beförderung durchführen?

624 **Spedition S. erhält von der Chemiefirma C. den Auftrag, nach ADR den Versand der von ihr verpackten gefährlichen Güter in Versandstücken vom Lager der Chemiefirma C. zum Großhändler E. zu besorgen. S. schließt mit Frachtführer F. einen Beförderungsvertrag. Dieser beauftragt seinen Fahrzeugführer T. mit dem betriebseigenen Lkw mit der Abholung der Güter bei C. und der Beförderung zu E.
Die Spedition erhält von der Chemiefirma folgende Informationen:**   (10)

– **Nitromethan, 3, II, (E), 3 Fässer, 600 l (insgesamt)**
– **UN 1824, 8, III, (E), 8 Kanister, 240 l (insgesamt)**
– **UN 1710 Trichlorethylen, 6.1, (E), 2 Kisten, 40 l (insgesamt)**

1. Ist eine Zusammenladung der oben genannten Gefahrgüter auf einem Fahrzeug zulässig?
Nennen Sie auch den Unterabschnitt gemäß ADR für Ihre Lösung!

2. Wer ist nach GGVSEB (Buchstabe des Verantwortlichen in die jeweilige Klammer eintragen)
   – Absender? (.....)
   – Beförderer? (.....)
   – Auftraggeber des Absenders? (.....)
   – Fahrzeugführer? (.....)
   – Verlader? (.....)
   – Verpacker? (.....)

3. Überprüfen Sie die oben genannten Angaben auf Vollständigkeit und ergänzen Sie diese ggf. zu vollständigen vorgeschriebenen Angaben im Beförderungspapier nach ADR!

4. Wer hat nach GGVSEB für die Mitgabe des Beförderungspapiers zu sorgen? Buchstabe des Verantwortlichen angeben!

5. Benötigt der Fahrzeugführer für diese Beförderung eine ADR-Schulungsbescheinigung?

625 **Mineralölhändler M. will seine Heizöllagertanks wieder auffüllen. Dazu beauf-** (10)
tragt er seinen Fahrzeugführer F., mit dem betriebseigenen Tankfahrzeug mit
Tankanhänger (Tankcodierung jeweils LGBF) Heizöl, leicht (der Norm EN
590:2013 + AC:2014 entsprechend – umweltgefährdend), bei der Raffinerie R.
befüllen zu lassen und zu M. zu transportieren.

1. Während der Fahrt wird der Fahrzeugführer durch einen Vorwegweiser auf einen Tunnel mit der Tunnelkategorie C hingewiesen. Darf der Fahrzeugführer diesen Tunnel durchfahren?

2. Wie lauten die stoffspezifischen Angaben im Beförderungspapier nach ADR?

3. Welche Nummer zur Kennzeichnung der Gefahr und UN-Nummer sind auf der orangefarbenen Tafel bei dieser Beförderung zu verwenden?

4. Wie viele Großzettel und Kennzeichen werden an dieser Beförderungseinheit benötigt und an welchen Stellen sind diese anzubringen?

5. Welche einzelnen Begleitpapiere außer dem Beförderungspapier muss der Fahrzeugführer bei dieser Beförderung nach ADR mitführen?

6. Welcher Großzettel und welches Kennzeichen sind an den beiden Tankfahrzeugen anzubringen?

7. Wer muss bei diesem Beförderungsfall die Beförderungseinheit mit den erforderlichen orangefarbenen Tafeln ausrüsten? Nennen Sie den Verantwortlichen nach GGVSEB!

626 **Es soll Methanol mit einem Tankfahrzeug (Zugfahrzeug mit Tanksattelanhän-** (10)
ger über 7,5 t zGM) nach ADR befördert werden.

1. Wie lauten die stoffspezifischen Angaben im Beförderungspapier nach ADR?

2. Welche Begleitpapiere neben dem Beförderungspapier muss der Fahrzeugführer bei diesem Transport nach ADR mitführen?

3. Auf der Beförderungseinheit befinden sich zwei Feuerlöschgeräte à 2 kg. Ist dies ausreichend? Geben Sie auch eine kurze Begründung für Ihre Lösung!

4. Wo sind die neutralen orangefarbenen Tafeln und die orangefarbenen Tafeln mit Nummern an dieser Beförderungseinheit anzubringen?

5. In welchem Unterabschnitt des ADR ist festgelegt, dass am Tankfahrzeug selbst oder auf einer Tafel ein Hinweis auf die höchstzulässige Gesamtmasse, Leermasse und auf den Betreiber oder Eigentümer angegeben sein muss?

6. An welchen Stellen sind die Großzettel an der Beförderungseinheit anzubringen?

Straße

627   Spedition S. erhält von der Chemiefirma C. den Auftrag, nach ADR den Ver-   (10)
sand von gefährlichen Gütern in Versandstücken zum Großhändler E. zu besorgen. S. schließt mit Frachtführer F. einen Beförderungsvertrag. Dieser beauftragt seinen Fahrzeugführer T. mit dem betriebseigenen Kleintransporter
(zGM 2,8 t) mit der Abholung der Versandstücke bei C. und der Beförderung
zu E.

S. erhält folgende Informationen:

– **UN 1267 Roherdöl, 3, III, (D/E), umweltgefährdend, 3 Fässer, 600 l (ins-
gesamt)**
– **UN 2015 Wasserstoffperoxid, wässerige Lösung, stabilisiert, 5.1 (8), I,
(B/E), 2 Kisten, 12 l (insgesamt)**

   1.   Auf der geplanten Fahrstrecke befindet sich ein Tunnel mit der Tunnelkategorie C. Darf der Tunnel mit dieser Ladung wie geplant durchfahren werden?

   2.   Ist die höchstzulässige Menge nach Tabelle in Unterabschnitt 1.1.3.6 ADR
überschritten? Auf welchen Berechnungswert stützen Sie Ihre Lösung?

   3.   Wer hat nach GGVSEB dafür zu sorgen, dass dem Absender die Angaben
nach 5.4.1.1 ADR schriftlich mitgeteilt werden (Buchstabe des Verantwortlichen angeben)?

   4.   Nennen Sie die für diese Beförderung erforderlichen Begleitpapiere nach
ADR!

   5.   Wie viele Feuerlöschgeräte sind während der Beförderung mitzuführen?
Welches Mindestfassungsvermögen müssen diese haben?

   6.   Wer hat nach GGVSEB die Beförderungseinheit mit Feuerlöschgeräten auszurüsten (Buchstabe des Verantwortlichen angeben)?

628   **Spediteur S. erhält vom Batteriegroßhändler B. den Auftrag, die Beförderung**   (10)
**eines von ihm befüllten Containers mit 8 000 kg gebrauchten Batterien
(UN 2794, Abfälle zur Verwertung) in loser Schüttung nach ADR zu besorgen.
S. schließt mit dem Frachtführer T. einen Beförderungsvertrag, den Transport
mit dessen eigenem Fahrzeug durchzuführen. T. beauftragt seinen Fahrzeugführer F., den Container bei B. abzuholen und zur Bleihütte E. zu transportieren.**

   1.   Wer ist nach GGVSEB/ADR in diesem Falle (Buchstabe des Verantwortlichen in die jeweilige Klammer eintragen)

         – Auftraggeber des Absenders? (.....)
         – Absender? (.....)
         – Beförderer? (.....)
         – Befüller? (.....)

   2.   Wie lauten die stoffspezifischen Angaben im Beförderungspapier nach
ADR?

   3.   An welchen Stellen sind die Großzettel und orangefarbenen Tafeln am Container anzubringen?

         – Großzettel: .....
         – Orangefarbene Tafeln: .....

   4.   Welche Begleitpapiere nach ADR benötigt der Fahrzeugführer?

   5.   Wie viele Feuerlöschgeräte mit welchem Inhalt sind nach ADR bei dieser
Beförderung mitzuführen?

629 Spedition S. erhält von der Chemiefirma C. den Auftrag, im grenzüberschrei- (10)
tenden Verkehr nach ADR den Versand von gefährlichen Gütern in Versandstücken vom Lager der Chemiefirma C. zum Großhändler E. zu besorgen.
S. schließt mit Frachtführer F. einen Beförderungsvertrag. Dieser beauftragt
seinen Fahrzeugführer T. mit dem betriebseigenen Lkw (zGM 7,5 t) mit der
Abholung der Versandstücke bei C. und der Beförderung zu E.
Die Spedition erhält von der Chemiefirma folgende Informationen:

- **1002 Luft, (E), 7 Flaschen, 350 l (insgesamt)**
- **UN 2014, (E), 3 Kisten, 120 l (insgesamt)**

1. Überprüfen Sie die oben genannten Angaben auf Vollständigkeit und ergänzen
   Sie diese ggf. zu vollständigen Angaben im Beförderungspapier nach ADR!

2. Ist die höchstzulässige Menge nach Tabelle in Unterabschnitt 1.1.3.6 ADR
   überschritten? Auf welchen Berechnungswert stützen Sie Ihre Lösung?

3. Wie viele Feuerlöschgeräte sind während der Beförderung mindestens mitzuführen? Nennen Sie auch das Mindestfassungsvermögen!

4. Wer muss nach GGVSEB dieses Fahrzeug mit Feuerlöschgeräten ausrüsten
   (Buchstabe des Verantwortlichen angeben)?

5. Wer muss nach GGVSEB dafür sorgen, dass das Beförderungspapier nach ADR in
   diesem Beispielfall mitgegeben wird (Buchstabe des Verantwortlichen angeben)?

6. Wer ist „Auftraggeber des Absenders" nach GGVSEB (Buchstabe des Verantwortlichen angeben)?

7. Benötigt der Fahrzeugführer bei diesem grenzüberschreitenden Transport eine
   ADR-Schulungsbescheinigung?

630 **Kaliumhydrogendifluorid, Lösung (VG II), abgefüllt in 7 Kanistern aus Kunst-** (10)
stoff mit je 60 l Inhalt, soll nach ADR befördert werden.

1. Verwendet werden 7 Kanister, die wie abgebildet gekennzeichnet und bezettelt
   sind. Überprüfen Sie nach ADR, ob die Versandstücke wie vorgeschrieben gekennzeichnet und bezettelt sind und ergänzen bzw. korrigieren Sie ggf. die Angaben!

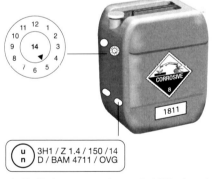

2. Ein Lieferschein ist als Beförderungspapier nach ADR wie unten erstellt worden.
   Überprüfen Sie das Beförderungspapier nach ADR auf Richtigkeit und ergänzen bzw. korrigieren Sie ggf. die Angaben!

Lieferschein

Absender:	Empfänger:
Gut und Schnell Mainweg 245 65451 Kelsterbach	Müller Chemikalien Taunusstr. 12 60329 Frankfurt/Main
3421 Kaliumfluorid, Lösung, 8, II	7 Kanister aus Kunststoff

Straße

631   **Folgende Sendung soll nach ADR befördert werden:**   (10)
      4 Fässer aus Stahl mit Pentan-2,4-dion à 200 l.

   1.   Die Versandstücke sind wie abgebildet gekennzeichnet und bezettelt. Über-
        prüfen Sie nach ADR, ob die Versandstücke wie vorgeschrieben gekenn-
        zeichnet und bezettelt sind und ergänzen bzw. korrigieren Sie ggf. die
        Angaben!

   2.   Das Beförderungspapier nach ADR ist wie unten erstellt.
        Überprüfen Sie das Beförderungspapier nach ADR und ergänzen bzw. kor-
        rigieren Sie ggf. die Angaben!

                          Beförderungspapier

Absender:	Empfänger:
Lösfit GmbH Nordendplatz 33 60318 Frankfurt	Häberle AG Trollingerstr. 88 70329 Stuttgart
UN 2310 Pentan-2,4-dion, 3, III, (D/E)	insgesamt 800 l

   3.   Auf der geplanten Fahrstrecke befindet sich ein Tunnel der Kategorie E. Darf
        der Fahrzeugführer diesen Tunnel durchfahren?

   4.   Die Fässer werden zur leichteren Handhabung auf eine Palette gestellt und
        mit undurchsichtiger Folie umwickelt. Was hat der Verpacker zu veranlassen?

   5.   Der abholende Lkw hat bereits 5 Kisten à 40 l Gefahrgut (UN 1279, Gesamt-
        menge 200 l) geladen. Muss die Beförderungseinheit nach Zuladung der
        4 Fässer mit orangefarbenen Tafeln gekennzeichnet werden? Auf welchen
        Berechnungswert stützen Sie Ihre Lösung?

   6.   Welche Ausrüstungsgegenstände nach ADR muss der Fahrzeugführer auf
        der abholenden Beförderungseinheit (zGM 7,5 t) mitführen? Nennen Sie
        zwei!

632 **Eine Isotopensonde (UN 3332, Kategorie II-GELB, Transportkennzahl 0,5) soll** **(10)**
nach ADR befördert werden.

1. Das dafür erforderliche Typ A-Versandstück mit 41 kg Bruttogewicht ist wie
unten gekennzeichnet und bezettelt. Überprüfen Sie nach ADR, ob das Versandstück, wie oben vorgeschrieben, gekennzeichnet und bezettelt ist und
ergänzen bzw. korrigieren Sie ggf. die Angaben!

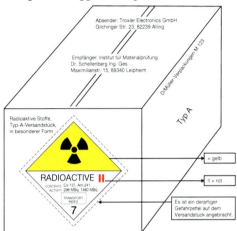

2. Das Beförderungspapier nach ADR ist wie unten erstellt worden. Überprüfen
Sie das Beförderungspapier nach ADR auf Richtigkeit und ergänzen bzw.
korrigieren Sie ggf. die Angaben!

Absender/Verlader:	Empfänger/Bestimmungsort:
Troxler Electronics GmbH Gilchinger Str. 23 82239 Alling	Institut für Materialprüfung Dr. Schellenberg Ing. Ges. Maximilianstr. 15 89340 Leipheim

1 Troxler Isotopensonde, Modell 3440, Seriennummer 13928

3332
Radioaktive Stoffe, in besonderer Form,
7.
Cs-137, Am-241,
in besonderer Form,
296 MBq, 1480 MBq,
Kategorie,
Transportkennzahl 0,5,
Zulassungskennzeichen GB/140/S, GB/7/S

1 Kiste, 41 kg brutto

633 **Sie sollen für die Beförderung von 10,5 t Propen in einem Tankfahrzeug nach** **(10)**
ADR folgende Fragen klären:

1. Muss bei dieser Beförderung die Notfallfluchtmaske mitgeführt werden?
2. Welcher Großzettel muss verwendet werden und an welchen Stellen sind
die Großzettel am Tankfahrzeug anzubringen?
3. Welche Nummer zur Kennzeichnung der Gefahr und welche UN-Nummer
sind auf den orangefarbenen Tafeln nach ADR anzubringen?
Nummer zur Kennzeichnung der Gefahr = _____
UN-Nummer = _____

4. Wie lauten die stoffspezifischen Angaben im Beförderungspapier nach ADR?

5. Müssen bei dieser Beförderung §§ 35/35a GGVSEB beachtet werden?

6. Müssen die orangefarbenen Tafeln auch angebracht sein, wenn der Tank leer, aber ungereinigt ist? Geben Sie auch den Unterabschnitt nach ADR für Ihre Lösung an!

634 **UN 3170 soll in loser Schüttung in bedeckten Großcontainern befördert wer-**   (10)
den. Die Produkte reagieren bei Raumtemperatur leicht mit Wasser, wobei
die größte Menge des entwickelten entzündbaren Gases 20 l pro Kilogramm
des Stoffes je Stunde ist. Die Produkte fallen nicht unter die Zuordnungskri-
terien der Verpackungsgruppe I.

1. Welcher Klasse und Verpackungsgruppe sind diese Stoffe zuzuordnen?

2. Wie lauten die stoffspezifischen Angaben im Beförderungspapier nach ADR?

3. Welche ergänzende Vorschrift ist bei Nutzung eines bedeckten Großcontainers zu beachten?

4. An welchen Stellen müssen am Großcontainer die Großzettel (Placards) angebracht werden?

5. Muss der Beförderer für diese Beförderungen einen Sicherungsplan erstellen? Geben Sie eine kurze Begründung für Ihre Lösung!

6. Darf mit dieser Ladung ein Tunnel mit der Tunnelkategorie D durchfahren werden?

635 **Abfälle aus einer Lackiererei (Putztücher und Abdeckpapier mit Kohlenwas-**   (10)
serstoffgemischen, Flammpunkt kleiner 60 °C) sollen in einem geprüften
Schüttgut-Container (BK1) als „Feste Stoffe, die entzündbare flüssige Stoffe
enthalten, n.a.g." gemäß ADR befördert werden.

1. Welcher Klasse und Verpackungsgruppe sind diese Stoffe zuzuordnen?

2. Wie lauten die stoffspezifischen Angaben im Beförderungspapier nach ADR?

3. Welche Großzettel (Placards) müssen sich am Container befinden?

4. An welchen Stellen müssen die Großzettel am Container angebracht werden?

5. Welche Nummer zur Kennzeichnung der Gefahr und welche UN-Nummer sind auf den orangefarbenen Tafeln nach ADR anzubringen?
    Nummer zur Kennzeichnung der Gefahr = ...
    UN-Nummer =. . . . .

6. Der Schüttgut-Container wird auf eine Beförderungseinheit (Trägerfahrzeug) gesetzt. An welchen Stellen müssen die orangefarbenen Tafeln mit Nummern angebracht werden?

636 **Ein Umschmelzbetrieb befördert gemäß ADR flüssige Aluminiumlegierung**   (10)
(Transporttemperatur ca. 800 °C, 15 t, UN 3257) in drei Tiegeln (gemäß Anlage
12 RSEB) auf einem Fahrzeug.

1. Wie lauten die stoffspezifischen Angaben im Beförderungspapier nach ADR?

2. Welche Sondervorschrift gemäß Kapitel 3.3 ADR ist bei dieser Beförderung zu beachten?

3. Welche Kennzeichen und Großzettel sind am Fahrzeug anzubringen?

4. An welchen Stellen sind die Kennzeichen und Großzettel an der Beförderungseinheit anzubringen?

5.   An welchen Stellen sind die orangefarbenen Tafeln an der Beförderungseinheit anzubringen?

6.   An der geplanten Fahrstrecke liegt ein beschränkter Tunnel der Tunnelkategorie E. Kann der Tunnel mit dieser Ladung passiert werden?

7.   Muss der Beförderer für diese Beförderung einen Sicherungsplan erstellen? Nennen Sie auch die Fundstelle im ADR für Ihre Lösung!

637   **Für den Versand eines Versandstückes nach ADR liegen folgende Daten vor:**   (10)
Ni-63 gelöst in 50 ml Chlorwasserstoffsäure der Verpackungsgruppe III mit einer Gesamtaktivität von 200 MBq. Die spezifische Aktivität liegt oberhalb der Aktivitätsgrenzen für von der Klasse 7 freigestellte Stoffe. Dosisleistung an der Versandstückoberfläche kleiner 5 µSv/h, keine Kontamination am Versandstück.

1.   Unterliegt der Stoff den Vorschriften der Klasse 7 des ADR? Geben Sie eine kurze Begründung für Ihre Lösung!

2.   Ist der Aktivitätsgrenzwert für die Klassifizierung als freigestelltes Versandstück (UN 2910) überschritten?

3.   Welche Hauptgefahr hat die vorliegende Sendung, welches ist die Nebengefahr?

4.   Wie lauten die stoffspezifischen Angaben im Beförderungspapier nach ADR für diese Sendung?

5.   Kann die Sendung als begrenzte Menge (limited quantity) befördert werden? Geben Sie eine kurze Begründung für Ihre Lösung!

638   **In einem Klinikum sind 1 200 kg klinische Abfälle angefallen, bei denen der**   (10)
Verdacht auf Verunreinigung mit ansteckungsgefährlichen Stoffen (Humanes Immundefizienz-Virus – keine Kulturen) besteht. Im Rahmen der ordnungsgemäßen Entsorgung sollen diese zum Versand nach ADR vorbereitet werden. Dabei sind einige Fragen zu klären.

1.   Welcher UN-Nummer sind diese Abfälle nach ADR zuzuordnen?

2.   Wie lauten die stoffspezifischen Angaben für diese Abfälle im Beförderungspapier nach ADR?

3.   Können Sie für die Entsorgung dieser als feste Stoffe anfallenden klinischen Abfälle Verpackungen des Typs „UN/1H2/…" verwenden? Geben Sie eine kurze Begründung für Ihre Lösung!

4.   Welchen Prüfanforderungen müssen diese Verpackungen nach ADR entsprechen?

5.   Mit welchem Kennzeichen müssen die Verpackungen nach ADR versehen werden?

6.   Mit welcher Bezettelung müssen die Verpackungen nach ADR versehen werden?

639   **Es sollen 60 l Farbe, Verpackungsgruppe II (Sondervorschrift 640C) in Kunst-**   (10)
stoffkanistern à 5 l in begrenzten Mengen (limited quantities) versandt werden. Die Farbe hat eine Dichte von 1 kg/l und das Tara je Kanister beträgt 0,5 kg.

1.   Wie sind die einzelnen Versandstücke zu kennzeichnen?

2.   Wer ist nach GGVSEB für die richtige Kennzeichnung der Versandstücke verantwortlich? Nennen Sie auch die genaue Fundstelle!

3.   Müssen die Außenverpackungen der Versandstücke bauartgeprüft (UN-geprüft) sein? Geben Sie eine kurze Begründung für Ihre Lösung!

4. Können die beschriebenen Kunststoffkanister à 5 l als Innenverpackung zur Beförderung in begrenzten Mengen eingesetzt werden? Geben Sie eine kurze Begründung!

5. Wie viele Versandstücke müssen Sie mindestens vorbereiten? Geben Sie eine kurze Begründung!

640   **Die Spedition S. erhält von der Chemiefirma C. den Auftrag, einen Versand**   (10)
von gefährlichen Gütern in Versandstücken vom Zentrallager der Chemie-
firma zum Außenlager A. durchzuführen. S. erhält von C. folgende Informa-
tionen gemäß ADR:
- **UN 3048 Aluminiumphosphid-Pestizid, 6.1, I, (C/E), 1 Kiste, 10 kg**
- **UN 1170 Ethanol, 3, II, (D/E), 1 Fass, 50 l**
- **UN 1002 Luft, verdichtet, 2.2, (E), 2 Gasflaschen à 50 l Nenninhalt**
- **UN 1104 Amylacetate, 3, III, (D/E), 5 Kanister à 20 l**

1. Sind die Vorschriften über die Handhabung und Verstauung aus Abschnitt 7.5.7 ADR auch bei Beförderungen in Mengen unterhalb der Freigrenzen nach 1.1.3.6 ADR zu beachten? Geben Sie eine kurze Begründung!

2. Der Fahrzeugführer des für den Transport vorgesehenen Lkw weist seinen Disponenten darauf hin, dass für dieses Fahrzeug keine ADR-Zulassungsbescheinigung existiert. Darf das Fahrzeug dennoch beladen werden?

3. Der Fahrzeugführer legt dem Disponenten eine bereits seit drei Monaten abgelaufene ADR-Schulungsbescheinigung vor. Darf er diese Ladung übernehmen? Geben Sie eine kurze Begründung!

4. S. bekommt einen weiteren Abholauftrag eines Kunden. Dort sollen 12 Versandstücke à 10 l mit UN 1090 Aceton, verpackt in begrenzten Mengen nach Kapitel 3.4 ADR, zugeladen werden. Welche Gesamtmenge nach 1.1.3.6 ADR hätte dann die gesamte Ladung?

5. Der Fahrzeugführer soll bei diesem Kunden auch noch eine Palette mit 12 leeren, ungereinigten Gasflaschen (Leere Gefäße, 2) übernehmen. Welcher Beförderungskategorie sind diese nach ADR zuzuordnen und wie hoch ist die zulässige Gesamtmenge dieser Beförderungskategorie nach ADR?

6. Kann diese Beförderung als nicht kennzeichnungspflichtiger Transport unter Nutzung der Freistellungen nach 1.1.3.6 ADR durchgeführt werden? Geben Sie auch den nach 1.1.3.6 ADR ermittelten Gesamtwert an!

641   **Ein Straßenbauunternehmer beauftragt seinen Fahrzeugführer, mit einem**   (10)
Lkw und einem Aufsetztank (Fassungsraum 6 500 l) 6 000 l Dieselkraftstoff
(der Norm EN 590:2013 + AC:2014 entsprechend und umweltgefährdend) zu
einer Autobahnbaustelle zu befördern, um die dort eingesetzten Baumaschi-
nen mit Kraftstoff zu versorgen.

1. Wie lauten die stoffspezifischen Angaben im Beförderungspapier nach ADR?

2. Der Aufsetztank ist an beiden Längsseiten mit Großzetteln (Nr. 3) und dem Kennzeichen für die Umweltgefahr versehen. Am Fahrzeug selbst sind vorn und hinten orangefarbene Tafeln ohne Kennzeichnungsnummern angebracht. Ist diese Kennzeichnung für diesen Beförderungsfall ausreichend? Geben Sie eine Begründung für Ihre Lösung!

3. Für den Lkw ist eine ADR-Zulassungsbescheinigung ausgestellt worden. In Zeile 7 sind alle Eintragungen außer „FL" und „AT" gestrichen. Darf dieses Fahrzeug für die Beförderung von UN 1202 Dieselkraftstoff eingesetzt werden?

4. Welche Angaben müssen auf dem verwendeten Aufsetztank selbst oder auf Tafeln angebracht sein? Nennen Sie eine Angabe!

5.   Welche Tankcodierung ist für den beförderten Stoff vorgeschrieben?

6.   Welches zusätzliche Dokument ist bei der innerstaatlichen Beförderung in Aufsetztanks vorgeschrieben, wenn die Übergangsvorschrift aus Unterabschnitt 1.6.3.41 ADR genutzt wird?

7.   Nach dem Betanken der Baumaschinen ist im Tank noch ein Rest von rund 1 500 l Dieselkraftstoff enthalten. Da der Tank nicht mit Schwallwänden unterteilt ist, fragt der Fahrzeugführer seinen Gefahrgutbeauftragten, ob er mit dieser Restmenge überhaupt fahren darf, weil sie ja mehr als 20 % des Fassungsraumes beträgt. Welche Antwort geben Sie dem Fahrzeugführer und auf welcher Fundstelle beruht Ihre Lösung?

642   Unternehmen U. lässt einen ortsbeweglichen Tank (Nennvolumen 5 000 l), ge-   (10)
füllt mit UN 2383, von Deutschland nach Großbritannien befördern. U. beauftragt die Spedition S., den Transport durchzuführen. S. schickt seinen Fahrzeugführer F., den ortsbeweglichen Tank bei U. abzuholen und über Frankreich per Fähre nach Großbritannien zu befördern.

1.   Welche Tankanweisung ist bei diesem Stoff gemäß ADR vorgeschrieben?

2.   Der ortsbewegliche Tank wird auf einem bedeckten Sattelauflieger verladen und die Plane wird geschlossen. Welche Besonderheit gilt nach ADR hierbei hinsichtlich der Großzettel?

3.   An welchen Stellen des ortsbeweglichen Tanks sind nach ADR orangefarbene Tafeln mit Nummer zur Kennzeichnung der Gefahr und UN-Nummer anzubringen?

4.   Wer hat dafür zu sorgen, dass die Großzettel und die orangefarbenen Tafeln am ortsbeweglichen Tank angebracht sind?

5.   Dürfen am Tank orangefarbene Tafeln aus selbstklebender Kunststofffolie verwendet werden? Nennen Sie auch die Fundstelle gemäß ADR für Ihre Lösung!

6.   Nennen Sie zwei Begleitpapiere nach ADR, die bei dieser Beförderung neben der ADR-Schulungsbescheinigung mitzuführen sind!

7.   Welche Kurse muss der Fahrzeugführer in seiner ADR-Schulungsbescheinigung bescheinigt haben, um die Fahrt antreten zu können?

8.   Welche der nachfolgenden Gefahrguttransportvorschriften muss bei dieser Beförderung zusätzlich beachtet werden?
   – RID
   – ADN
   – IMDG-Code
   – Hazchem-Code
   – ICAO-TI

643   5 000 l Antimonpentachlorid, flüssig, sind als Abfall im Produktionsprozess   (10)
von K. angefallen. Kunde K. schließt mit dem Entsorger E. einen Beförderungsvertrag, diesen Stoff zur Sondermüllentsorgungsanlage S. zu transportieren. E. schickt seinen Fahrzeugführer F. mit einem Saug-Druck-Tankfahrzeug (Tankcodierung L4BH) zu K.

1.   Wer sind nach GGVSEB in diesem Fall Absender, Beförderer und Empfänger?

2.   Wie lauten die stoffspezifischen Angaben im Beförderungspapier nach ADR?

3.   Welcher besondere Eintrag in der ADR-Zulassungsbescheinigung weist darauf hin, dass das abholende Fahrzeug für den Transport von Abfällen zugelassen ist?

4. Darf das Saug-Druck-Tankfahrzeug (Tankcodierung L4BH) nach ADR mit diesem Abfall befüllt werden? Geben Sie eine kurze Begründung für Ihre Lösung!

5. Welcher Prüfung sind die Tanks dieses Tankfahrzeugs zusätzlich zu den Prüfungen nach 6.8.2.4.3 ADR im dreijährigen Rhythmus zu unterziehen?

644　**UN 1049 soll in einem Batterie-Fahrzeug (die Elemente bestehen aus Fla-**　(10)
schenbündeln – gesamter Fassungsraum 20 000 l) nach ADR transportiert
werden.

1. Wie lauten die stoffspezifischen Angaben im Beförderungspapier nach ADR?

2. Welche Fahrzeugbezeichnung muss in der ADR-Zulassungsbescheinigung mindestens bescheinigt sein?

3. Welcher Großzettel ist zu verwenden? An welchen Stellen sind die Großzettel am Batterie-Fahrzeug anzubringen?

4. Wie sieht die Kennzeichnung mit orangefarbenen Tafeln aus und an welchen Stellen sind diese an der Beförderungseinheit anzubringen?

5. Unterliegt diese Beförderung den §§ 35/35a GGVSEB?

6. Sind bei dieser Beförderung die Vorschriften von 1.10.3 ADR zu beachten?

7. Nennen Sie eine Angabe, die sich auf dem Tankschild des Batterie-Fahrzeugs nach ADR befinden muss!

1.4   Fragen zum Teil Eisenbahn

Hinweis: *Die Zahl in Klammern gibt die erreichbare Punktzahl an.*
Redaktionell eingefügte Codes zu den Themenbereichen stehen jeweils unter der
Fragennummer.

645   **Welche Regelwerke gelten für die innerstaatliche Beförderung gefährlicher**   **(1)**
(VS)   **Güter mit Eisenbahnen?**

    A   GGVSEB und RID   ☐

    B   GGVSEB und ADR   ☐

    C   GGVSEB und ADNR   ☐

    D   GGVSee und IMDG-Code   ☐

646   **Die GGVSEB normiert Sicherheitspflichten. In welchem Fall hat der Beför-**   **(2)**
(PF)   **derer unverzüglich den jeweiligen Eisenbahninfrastrukturunternehmer zu**
    benachrichtigen?

647   **In welchem Regelwerk finden Sie Aussagen zu den allgemeinen Sicherheits-**   **(1)**
(VS)   **pflichten der an einem Gefahrguttransport mit der Eisenbahn Beteiligten?**

    A   In der GGVSEB, § 18   ☐

    B   In der GGAV   ☐

    C   In der GGVSEB, § 4   ☐

    D   In der Gefahrgutbeauftragtenverordnung   ☐

    E   Im Gefahrgutbeförderungsgesetz   ☐

    F   Im RID, Abschnitt 1.4.1   ☐

648   **Darf Dipropionylperoxid (Klasse 5.2) mit Eisenbahnen befördert werden?**   **(2)**
(T)

649   **An welcher Stelle lässt sich das Datum der zuletzt durchgeführten wieder-**   **(1)**
(P)   **kehrenden Prüfung des Tanks eines Kesselwagens gemäß RID feststellen?**

    A   Am Eintrag im Tankschild   ☐

    B   Im Revisionsraster am Fahrgestell   ☐

    C   In der ADR-Zulassungsbescheinigung   ☐

    D   Im Beförderungspapier   ☐

    E   An der Lastgrenzrastertafel   ☐

650   **An welchen Stellen finden Sie gemäß RID den Fassungsraum eines Kessel-**   **(1)**
(P)   **wagens angeschrieben?**

    A   Auf dem Tankschild   ☐

    B   Auf den Domdeckeln   ☐

    C   Auf den Pufferhülsen   ☐

    D   Auf der orangefarbenen Kennzeichnung   ☐

    E   Auf beiden Seiten des Tanks selbst oder beidseitig auf Tafeln   ☐

    F   An den eingebauten Schwallwänden   ☐

651   **An welcher Stelle ist nach RID die nächstfällige wiederkehrende Prüfung**   **(1)**
(P)   **oder Zwischenprüfung des Tanks eines Kesselwagens anzugeben?**

    A   Im Beförderungspapier   ☐

    B   An der Lastgrenzrastertafel   ☐

    C   Auf dem Revisionsraster am Fahrgestell   ☐

Eisenbahn

D	Auf beiden Seiten des Kesselwagens (auf dem Tank selbst oder auf einer Tafel)	☐
E	In der ADR-Zulassungsbescheinigung	☐

652   **An welcher Stelle ist die Tankcodierung des Tanks eines Tankcontainers ge-**   **(1)**
(P)   **mäß RID anzugeben?**

A	Auf dem CSC-Zulassungsschild	☐
B	Auf den Revisionsanschriften am Containerrahmen	☐
C	Im Beförderungspapier	☐
D	Auf dem Tankcontainer selbst oder auf einer Tafel	☐
E	In der ADR-Zulassungsbescheinigung	☐

653   **Von welchen Kriterien ist gemäß RID der Füllungsgrad eines Kesselwagens**   **(1)**
(P)   **abhängig?**

A	Von der Einfülltemperatur und der Dichte	☐
B	Von der Zugkraft der Zuglokomotive	☐
C	Vom Betriebsdruck des Tanks	☐
D	Von der Anzahl der hintereinanderliegenden Verschlusseinrichtungen	☐

654   **In welchem Fall nach RID ist eine außerordentliche Prüfung eines Tanks von**   **(2)**
(P)   **Kesselwagen durchzuführen?**

655   **In welchem Unterabschnitt des RID sind die Vorschriften über die Bestim-**   **(2)**
(R)   **mung der Transportkennzahl bei radioaktiven Stoffen der Klasse 7 enthalten?**

656   **In welchem Abschnitt des RID sind die Vorschriften über die Bestimmung der**   **(2)**
(R)   **Kritikalitätssicherheitskennzahl für Versandstücke mit spaltbaren Stoffen der**
         Klasse 7 enthalten?

657   **In welchem Absatz des RID finden Sie für die einzelnen Radionuklide die**   **(2)**
(R)   **Aktivitätskonzentrationen für freigestellte Stoffe?**

658   **Nennen Sie zwei Arten von Prüfungen an Tanks von Kesselwagen gemäß**   **(2)**
(P)   **RID!**

659   **In welchen zeitlichen Abständen ist die wiederkehrende Prüfung an Tanks**   **(2)**
(P)   **von Kesselwagen für Stoffe der Klasse 3 gemäß RID spätestens durchzufüh-**
         ren?

660   **In welchen zeitlichen Abständen ist die Zwischenprüfung an Tanks von Kes-**   **(2)**
(P)   **selwagen für Stoffe der Klasse 8 gemäß RID spätestens durchzuführen?**

661   **In welchen zeitlichen Abständen ist die wiederkehrende Zwischenprüfung an**   **(2)**
(P)   **ortsbeweglichen Tanks (T4) für den Stoff UN 1897 gemäß RID spätestens**
         durchzuführen?

662   **Darf gemäß RID ein Versandstück mit einem Zettel nach Muster 1 mit einem**   **(2)**
(Z)   **Versandstück mit einem Zettel nach Muster 3 zusammen in einem Wagen**
         verladen werden? Nennen Sie auch den zutreffenden Unterabschnitt für Ihre
         Lösung!

663   **Sie wollen Versandstücke mit UN 0006 und Versandstücke mit UN 0171 in**   **(1)**
(Z)   **einen Wagen verladen. Was müssen Sie nach RID beachten?**

A	Gegebenenfalls Zusammenladeverbote aufgrund der Verträglichkeitsgruppen	☐
B	Verwendung von Wagen mit ordnungsgemäßen Funkenschutzblechen	☐

C	Nur Feuergutwagen einsetzen	☐
D	Nur offene Wagen einsetzen	☐
E	Begleitung erforderlich	☐

664 (Z) Müssen Versandstücke mit UN 1230 gemäß RID von Nahrungs-, Genuss- und Futtermitteln getrennt befördert werden? Nennen Sie auch den zutreffenden Abschnitt für Ihre Lösung! (2)

665 (TT) Nennen Sie zwei Maßnahmen gemäß RID, die eine Trennung von Versandstücken mit Gefahrzettel Muster 6.1 zu Versandstücken mit Nahrungs-, Genuss- und Futtermitteln in einem Wagen darstellen! (2)

666 (VS) In welchem Abschnitt des RID finden Sie Vorschriften zur Ladungssicherung? (1)

A	Im Abschnitt 7.5.7 des RID	☐
B	Im Abschnitt 3.2.1 zur Tabelle A des RID	☐
C	Im Abschnitt 7.1.1 des RID	☐
D	Im Abschnitt GGVSEB des RID	☐

667 (P) Welche Absperreinrichtung ist bei Kesselwagen oder Tankcontainern mit mehreren hintereinanderliegenden Absperreinrichtungen gemäß RID zuerst nach der Befüllung/Entladung zu schließen? (2)

668 (TT) Nennen Sie zwei Kontrollmaßnahmen gemäß RID, die vor dem Befüllen eines Flüssiggaskesselwagens zu beachten sind! (2)

669 (P) Welche Bedeutung haben die vier Teile der Tankcodierung bei einem Tank für die Klasse 3 des RID? (2)

670 (P) Toluen ist gemäß RID zu befördern. Nennen Sie zwei Tankcodierungen (RID-Tanks) für Kesselwagen, in denen dieser Stoff befördert werden könnte! (3)

671 (P) Ein Kesselwagen, beladen mit Heizöl, leicht (Sondervorschrift 640L), ist mit Untenentleerungseinrichtungen ausgerüstet. In welcher Ausführungsart müssen die Verschlusseinrichtungen gemäß RID ausgeführt sein? (1)

A	Mindestens zwei voneinander unabhängige hintereinanderliegende	☐
B	Mindestens drei voneinander unabhängige hintereinanderliegende	☐
C	Zwei äußere	☐
D	Eine innere Verschlusseinrichtung und eine Schutzkappe	☐

672 (LQ) Ein fester Stoff (UN 3453) soll in einer zusammengesetzten Verpackung verpackt werden. Welche maximalen Höchstmengen je Innenverpackung und je Versandstück sind nach RID zulässig, um die Vorschriften für die begrenzten Mengen nutzen zu können? (2)

673 (LQ) UN 1715 Essigsäureanhydrid soll als begrenzte Menge nach Kapitel 3.4 RID in Innenverpackungen, die in Trays enthalten sind, verpackt werden. Welchen Inhalt darf die Innenverpackung höchstens haben und welche Bruttomasse darf das so verpackte Versandstück höchstens haben? (1)

A	1 l Innenverpackung, 20 kg Bruttomasse je Versandstück	☐
B	1 l Innenverpackung, 30 kg Bruttomasse je Versandstück	☐
C	500 ml Innenverpackung, 4 l/Versandstück	☐
D	5 l Innenverpackung, Versandstück unbegrenzt	☐
E	Der Versand als begrenzte Menge ist nicht zugelassen.	☐

674
(E)
Beim Entladen von Versandstücken mit Gefahrgut wird festgestellt, dass ein   (1)
Teil des gefährlichen Inhalts ausgetreten ist. In welchem Unterabschnitt des
RID finden Sie Hinweise zur weiteren Vorgehensweise?

675
(E)
Sie haben festgestellt, dass nach dem Entladen eines Wagens, in dem sich   (1)
verpackte gefährliche Güter befanden, ein Teil des Inhalts ausgetreten ist.
Wann ist der Wagen gemäß RID zu reinigen?

A	Auf jeden Fall vor erneutem Beladen	☐
B	So bald wie möglich	☐
C	Eine Reinigung ist nur erforderlich, wenn Unbefugte Zutritt haben.	☐
D	Innerhalb einer Woche	☐
E	Eine Reinigung ist sofort nach der Entladung durchzuführen.	☐
F	Eine Reinigung ist bei Gefahrgut in keinem Fall erforderlich.	☐

676
(BT)
In welchem Kapitel des RID finden Sie die Vorschriften über die Auslegung,   (1)
den Bau und die Prüfung von Schüttgut-Containern?

677
(TT)
Wie lange muss die Tankakte eines Kesselwagens geführt und aufbewahrt   (1)
werden?

A	Nur bis zur ersten durchgeführten Gefahrgutbeförderung	☐
B	Genau 15 Jahre ab Inbetriebnahme des Kesselwagens, unabhängig von der Nutzungsdauer	☐
C	Sie muss für die gesamte Lebensdauer geführt und bis 15 Monate nach der Außerbetriebnahme des Tanks aufbewahrt werden.	☐
D	Bis zur erfolgreich durchgeführten Dichtheitsprüfung	☐
E	Längstens bis zur ersten wiederkehrenden Prüfung	☐
F	Nur bis zum Ablauf der Verjährungsfristen nach BGB nach der Beschaffung	☐

678
(P)
Mit welchem Buchstaben wird das Datum (Monat, Jahr) der erstmaligen oder   (1)
der wiederkehrenden Prüfung auf dem Tankschild gemäß RID ergänzt?

A	EP oder WP	☐
B	P	☐
C	L	☐
D	TM	☐
E	TT	☐
F	S	☐

679
(P)
Ein ungereinigter leerer Kesselwagen, dessen Prüffrist für die wiederkehren-   (1)
de Prüfung am 30.6.2018 abläuft, soll am 4.7.2018 zur Prüfung befördert werden. Ist diese Beförderung gemäß RID noch möglich?

A	Die Beförderung kann noch durchgeführt werden.	☐
B	Nur wenn auch eine Ausnahmegenehmigung nach § 5 GGVSEB vorliegt.	☐
C	Die Beförderung ist nicht mehr zulässig. Die Prüfung muss auf dem Werks-gelände des Standortes durchgeführt werden.	☐
D	Die Beförderung zur Prüfung ist nur zulässig, wenn im Beförderungspapier der Eintrag „Prüfung in der Werkstatt" eingetragen ist.	☐
E	Die Beförderung ist nur zulässig, wenn sie vom zuständigen Gefahrgut-beauftragten genehmigt und begleitet wird.	☐

680
(BT)
In der Tabelle 3.2 Spalte 10 RID wird für einen Stoff der Code „BK1" angege-   (1)
ben. Was bedeutet „BK1"?

Eisenbahn

681 Welche Aussage ist nach RID zutreffend? Ein geschlossener Schüttgut-Con- (1)
(TT) tainer darf

A öffnungsfähige Seitenwände haben, die während der Beförderung geschlos- ☐
sen werden können.

B mit Öffnungen ausgerüstet sein, die einen Austausch von Dämpfen und ☐
Gasen mit Luft ermöglichen.

C eine flexible Plane als Abdeckung haben. ☐

D nur oben offen sein. ☐

E mit keinen Öffnungen ausgerüstet sein, die einen Austausch von Dämpfen ☐
und Gasen mit Luft ermöglichen.

F eine nicht starre Abdeckung haben. ☐

G nur mit einem Füllungsgrad zwischen 20 % und 80 % befüllt werden. ☐

H mit flüssigen gefährlichen Gütern befüllt werden. ☐

682 Wie ist nach RID ein bedeckter Schüttgut-Container definiert? (1)
(BT)

683 Darf ein ungereinigter leerer Tankcontainer auch nach Ablauf der Fristen für (2)
(P) die Prüfungen nach den Absätzen 6.8.2.4.2 und 6.8.2.4.3 RID befördert wer-
den, um ihn der Prüfung zuzuführen? Geben Sie auch die Fundstelle für Ihre
Lösung an!

684 Die Vorschriften des RID gelten nicht für die Beförderung von (1)
(F) A tiefgekühlt verflüssigten Gasen der Gruppe A. ☐

B verflüssigten Gasen der Gruppe O, wenn der Druck des Gases im Gefäß bei ☐
einer Temperatur von 20 °C höchstens 200 kPa beträgt.

C verdichteten Gasen der Gruppe O, wenn der Druck des Gases im Gefäß bei ☐
einer Temperatur von 20 °C höchstens 200 kPa beträgt.

D verflüssigten Gasen der Gruppe A, wenn der Druck des Gases im Gefäß bei ☐
einer Temperatur von 20 °C höchstens 200 kPa beträgt.

E unverpackten Handfeuerlöschern (UN 1044) als Ladung. ☐

F tiefgekühlt verflüssigten Gasen der Gruppe O. ☐

G verdichteten Gasen der Gruppe F, wenn der Druck des Gases im Gefäß bei ☐
einer Temperatur von 20 °C höchstens 200 kPa beträgt.

685 Unterliegt eine Kältemaschine (UN 2857) mit 10 kg nicht entzündbarem, nicht (2)
(F) giftigem Gas den Vorschriften des RID? Geben Sie eine kurze Begründung
für Ihre Lösung!

686 Der UN-Nummer 2800 zugeordnete neue Batterien unterliegen nicht den Vor- (1)
(F) schriften des RID, wenn die Bedingungen der

A Sondervorschrift 598 eingehalten sind. ☐
B Sondervorschrift 119 eingehalten sind. ☐
C Sondervorschrift 332 eingehalten sind. ☐
D Sondervorschrift 594 eingehalten sind. ☐
E Sondervorschrift 188 eingehalten sind. ☐

687 Neue Lithium-Metall-Batterien sollen unter Nutzung der Sondervorschrift 188 (1)
(F) des RID befördert werden. Wie müssen diese Batterien verpackt sein?

A Ausschließlich in UN-geprüften Verpackungen der Verpackungsgruppe I ☐
B In perforierter Folie ☐
C Die Versandstücke dürfen eine Bruttomasse von 40 kg nicht überschreiten. ☐

Eisenbahn

D	In stoßfesten Innenverpackungen	☐
E	In Innenverpackungen, die in starken Außenverpackungen verpackt sind, die u. a. den Vorschriften von 4.1.1.1 entsprechen	☐
F	Generell in UN-geprüften Innenverpackungen	☐

688
(VS)
Müssen nach RID neue Lithium-Ionen-Batterien mit einer Nennenergie von 50 Wh in UN-geprüften Verpackungen verpackt werden? Geben Sie eine kurze Begründung für Ihre Lösung! (3)

689
(T)
UN 1057 (Abfall-Feuerzeuge, nicht undicht oder stark verformt), die getrennt gesammelt und gemäß 5.4.1.1.3 RID versandt werden, dürfen für Entsorgungszwecke unter folgenden Bedingungen befördert werden. Sie (1)

A	müssen vollständig leergebrannt sein.	☐
B	dürfen nur noch einen Füllungsgrad von höchstens 20 % aufweisen.	☐
C	dürfen nur in gedeckten Containern geladen werden.	☐
D	dürfen nur in Schüttgut-Container BK1 geladen werden.	☐
E	müssen gemäß Verpackungsanweisung P003 verpackt sein.	☐
F	müssen in ausreichend belüfteten Verpackungen verpackt werden.	☐

690
(P)
In welchem Unterabschnitt des RID finden Sie grundsätzliche Regelungen für die Berechnung des höchstzulässigen Füllungsgrades von Tankcontainern? (1)

691
(TT)
Nennen Sie die genaue Fundstelle im RID für die Berechnung des höchstzulässigen Füllungsgrades für UN 1170 Ethanol, 3, II, in einem Kesselwagen (Tankcodierung LGBF)! (3)

692
(TT)
Auf dem Tankschild eines Kesselwagens befindet sich die Tankcodierung SGAN. Darf der Kesselwagen mit UN 1824, 8, II, befüllt werden? Geben Sie eine kurze Begründung für Ihre Lösung! (3)

693
(TT)
Erläutern Sie die Tankcodierung für Kerosin! (2)

694
(P)
Wo finden Sie im RID Übergangsvorschriften für Kesselwagen? (1)

A	1.6.3 RID	☐
B	4.3.2.4.4 RID	☐
C	6.8.2.4.3 RID	☐
D	6.7.2.19.6 RID	☐
E	1.6.4 RID	☐
F	1.1.4.4 RID	☐

695
(HU)
Was ist „Huckepackverkehr" im Sinne des RID? (1)

696
(F)
In welchem Unterabschnitt des RID finden Sie die Bedingungen für die Freistellung von Leuchtmitteln, die gefährliche Güter enthalten? (1)

697
(UF)
Durch ein undichtes Ventil traten an einem Kesselwagen mit UN 2187 geringe Mengen Gas (ca. 100 kg) aus. Die zuständige Behörde veranlasste aufgrund dieses Zwischenfalls eine Sperrung der Bahnstrecke Augsburg – München für einen Zeitraum von vier Stunden. Muss der Beförderer in diesem Fall einen Bericht gemäß 1.8.5 RID erstellen? Geben Sie eine kurze Begründung für Ihre Lösung! (2)

Eisenbahn

698
(Z)
Dürfen Versandstücke mit UN 2475 (in begrenzten Mengen verpackt) und UN 0174 gemäß RID in einem Wagen verladen werden? Geben Sie auch die Fundstelle für Ihre Lösung an! (2)

699
(Z)
Welche Kombination von Versandstücken mit gefährlichen Gütern unterliegt keinem Zusammenladeverbot auf einem Wagen? (1)

A	UN 1154 in begrenzten Mengen und UN 0499 ☐
B	UN 1154 in begrenzten Mengen und UN 0015 ☐
C	UN 1154 in begrenzten Mengen und UN 0054 ☐
D	UN 1154 und UN 0027 ☐
E	UN 1154 und UN 0147 ☐

700
(BT)
In welchem Kapitel des RID werden die Prüfverfahren für flexible Schüttgut-Container behandelt? (1)

A	Kapitel 6.11 ☐
B	Kapitel 6.6 ☐
C	Kapitel 6.7 ☐
D	Kapitel 6.1 ☐
E	Kapitel 6.5 ☐

701
(BT)
Vor dem Befüllen flexibler Schüttgut-Container sind diese einer Sichtprüfung zu unterziehen. Nennen Sie zwei Bauteile, die hierbei zu prüfen sind! (2)

702
(D)
Ein **Container** mit gefährlichen Gütern wird per Schiene für einen Weitertransport auf See zu einem Seehafen befördert. Welches Dokument muss der Sendung beim Bahntransport beigegeben werden? (1)

A	Container-/Fahrzeugpackzertifikat ☐
B	Schriftliche Weisungen ☐
C	Gruppenunfallmerkblätter (EmS) ☐
D	Fahrwegbestimmung ☐
E	ADR-Schulungsbescheinigung ☐
F	ADR-Zulassungsbescheinigung ☐

703
(D)
In welchem Fall ist bei der Beförderung gefährlicher Güter gemäß RID bei einem Transport in **Containern** ein Container-/Fahrzeugpackzertifikat erforderlich? (1)

A	Immer ☐
B	Nur, wenn eine Beförderung auf der Straße folgt ☐
C	Nur, wenn eine Beförderung auf Binnenwasserstraßen folgt ☐
D	Nur, wenn eine Seebeförderung folgt ☐

704
(D)
Leere ungereinigte IBC, die mit Dieselkraftstoff befüllt waren, sollen nach Ablauf der Frist für die wiederkehrende Prüfung gemäß RID zur Durchführung der nächsten vorgeschriebenen Prüfung befördert werden. Ist dafür ein zusätzlicher Vermerk im Beförderungspapier erforderlich? (1)

705
(D)
Welche Angabe ist im Beförderungspapier gemäß RID der UN-Nummer „UN 1814" voranzustellen, wenn dieser Stoff in einem Kesselwagen befördert wird? (1)

706
(D)
Welche Angabe ist im Beförderungspapier gemäß RID der UN-Nummer „UN 2270" voranzustellen, wenn dieser Stoff in einem Kesselwagen befördert wird? (1)

Eisenbahn

707   Welche Erklärung muss nach RID im Beförderungspapier bei Beförderungen   (2)
(D)   von tiefgekühlt verflüssigten Gasen in Kesselwagen zusätzlich zu den allge-
       meinen Angaben eingetragen werden?

708   Ein Kesselwagen war mit Propen beladen und soll leer und ungereinigt zu-   (3)
(D)   rückgeschickt werden. Wie lauten die vorgeschriebenen stoffspezifischen
       Angaben im Beförderungspapier gemäß RID?

709   Aus welchen Unterlagen können gemäß RID die zu treffenden Maßnahmen   (1)
(D)   bei einem Unfall mit gefährlichen Gütern entnommen werden?

       A   Aus dem Beförderungspapier   ☐
       B   Aus der Bescheinigung über die Prüfung des Tankcontainers   ☐
       C   Aus den schriftlichen Weisungen   ☐
       D   Aus dem Tankschild   ☐
       E   Aus der Tankakte   ☐

710   Eine Isotopensonde zur zerstörungsfreien Werkstoffprüfung soll in einem   (4)
(D)   Wagen gemäß RID versandt werden. Es liegen folgende Informationen vor:
(R)   UN 3332, Transportkennzahl 0,5, Inhalt Cs-137 (Aktivität 296 MBq, Zulas-
       sungskennzeichen GB/140/S) und Am-241 (Aktivität 1 480 MBq, Zulassungs-
       kennzeichen GB/7/S), max. Dosisleistung an der Versandstückoberfläche
       7,5 µSv/h.
       Wie lauten gemäß RID die vorgeschriebenen Angaben im Beförderungs-
       papier?

711   Ein Wagen kann gemäß Unterabschnitt 7.5.8.1 RID nach dem Entladen vor   (2)
(D)   Ort nicht gereinigt werden und soll deshalb der nächsten geeigneten Stelle
       zugeführt werden. Welcher zusätzliche Eintrag ist dabei im Beförderungs-
       papier gemäß RID zu vermerken?

712   Welche Angaben müssen gemäß RID für einen zur Beförderung aufgegebe-   (3)
(D)   nen gefährlichen Stoff oder Gegenstand im Beförderungspapier gemacht
       werden? Nennen Sie sechs Angaben!

713   In einem Wagen werden ausschließlich Versandstücke mit der UN-Nr. 1057   (2)
(D)   befördert. Der Wagen ist mit folgender orangefarbenen Tafel versehen:

       Wie lauten die stoffspezifischen Angaben im Beförderungspapier gemäß
       RID?

714   Ein Wagen enthält Silicium-Pulver in loser Schüttung. Im Beförderungspapier   (2)
(D)   ist zu diesem Stoff folgender Eintrag vermerkt:
       „44, UN 1346 Silicium-Pulver, 4.1, III".
       Überprüfen Sie diesen Eintrag nach RID auf Richtigkeit und korrigieren Sie
       ggf. die Angaben!

715   Ein bereits nach IMDG-Code gekennzeichneter ortsbeweglicher Tank mit   (3)
(D)   UN 1300 (Flammpunkt 25 °C) wird im Vorlauf zum Seehafen mit der Eisenbahn
       befördert. Im RID-Beförderungspapier sind folgende Eintragungen vermerkt:
       „33, UN 1300 Terpentin, 3, III, umweltgefährdend, Beförderung nach Unter-
       abschnitt 1.1.4.4".
       Überprüfen Sie diesen Eintrag nach RID auf Richtigkeit und korrigieren Sie
       ggf. die Angaben!

716 | Es sollen leere ungereinigte Fässer (letztes Ladegut: UN 2023) zur Reinigung | (2)
(D) | und Wiederverwendung versandt werden. Wie lauten die spezifischen Gefahr-
| gutangaben im Beförderungspapier gemäß RID? Nennen Sie eine Möglichkeit!

717 | Ein leerer ungereinigter Tankcontainer soll zur Beförderung mit der Eisen- | (3)
(D) | bahn aufgegeben werden. Das letzte Ladegut war UN 1744 Brom und ist zu-
| sätzlich umweltgefährdend. Wie lauten die spezifischen Gefahrgutangaben
| im Beförderungspapier gemäß RID? Nennen Sie eine Möglichkeit!

718 | Ein leerer ungereinigter Wagen soll zur Beförderung mit der Eisenbahn auf- | (3)
(D) | gegeben werden. Das letzte Ladegut waren UN 1364 Baumwollabfälle, ölhal-
| tig, in loser Schüttung. Wie lauten die spezifischen Gefahrgutangaben im Be-
| förderungspapier gemäß RID? Nennen Sie eine Möglichkeit!

719 | Leere ungereinigte Fässer (letztes Ladegut: UN 1897), die zur Entsorgung vor- | (2)
(D) | gesehen sind, sollen unter der UN-Nummer 3509 versandt werden. Wie lauten
| die spezifischen Gefahrgutangaben im Beförderungspapier gemäß RID?

720 | Welcher besondere Eintrag ist im Beförderungspapier gemäß Unterabschnitt | (2)
(D) | 5.4.1.1 i. V. m. Kapitel 3.3 RID zu vermerken, wenn UN 1263 Farbe (Dampf-
| druck bei 50 °C höchstens 110 kPa, Flammpunkt 21 °C) in einem Kessel-
| wagen (Tankcodierung: LGBF) befördert wird?

721 | Nennen Sie eine Sprache, in der gemäß RID die Angaben im Beförderungs- | (1)
(D) | papier grundsätzlich angegeben werden müssen!

722 | Welche der nachstehenden Angaben muss in einem Beförderungspapier | (1)
(D) | gemäß RID enthalten sein?

| | A | Name und Anschrift des Beförderers | ☐
| | B | Der Name des Gefahrgutbeauftragten | ☐
| | C | Die Adresse der zuständigen IHK | ☐
| | D | Die Notrufnummer „110" | ☐
| | E | Die Telefonnummer der zuständigen Gewerbeaufsicht | ☐
| | F | Name und Anschrift des Verpackers | ☐
| | G | Der Name des Betreibers des Tankcontainers | ☐
| | H | Der Betreiber der Eisenbahninfrastruktur | ☐
| | I | Name und Anschrift des Verladers | ☐
| | J | Name und Anschrift des Befüllers eines Kesselwagens | ☐
| | K | Die Gesamtmenge jeden gefährlichen Gutes | ☐
| | L | Name und Anschrift des Empfängers | ☐
| | M | Ggf. die Anzahl und Beschreibung der Versandstücke | ☐
| | N | Name und Anschrift des Absenders | ☐
| | O | Ggf. die Erklärung entsprechend den Vorschriften einer Sondervereinbarung | ☐
| | P | Der Tunnelbeschränkungscode | ☐
| | Q | Ggf. der Ausdruck „umweltgefährdend" oder „Meeresschadstoff/umwelt- | ☐
| | | gefährdend" |
| | R | Die Nummer der schriftlichen Weisungen | ☐

Eisenbahn

1.4 Eisenbahn

723   **Im Huckepackverkehr ist bei der Beförderung von Tanks, für die das ADR**   (1)
(HU)   **eine orangefarbene Tafel mit Angabe der Nummer zur Kennzeichnung der**
     Gefahr vorsieht, im Beförderungspapier nach RID der UN-Nummer des
     Gutes zusätzlich voranzustellen:

     A   Der Verwendungszweck   ☐

     B   „Beförderung gemäß Unterabschnitt 1.1.4.4 RID"   ☐

     C   Das Datum der letzten Tankprüfung   ☐

     D   Das Datum der letzten Prüfung gemäß CSC   ☐

     E   Die Nummer zur Kennzeichnung der Gefahr   ☐

724   **Die Prüfung eines flüssigen Abfallgemischs, dessen Zusammensetzung nicht**   (1)
(D)   **genau bekannt ist, hat ergeben, dass die überwiegende Gefahr eine Zuord-**
     nung zur Klasse 3, UN 1993, VG II, möglich macht. Wie lautet der Eintrag im
     Beförderungspapier nach RID für dieses Abfallgemisch, wenn die Beförde-
     rung in einem Kesselwagen erfolgt?

     A   33, UN 1993 Entzündbarer flüssiger Stoff, n.a.g., 3, II, Abfall nach Absatz   ☐
          2.1.3.5.5

     B   Abfall, 33, UN 1993 Entzündbarer flüssiger Stoff, n.a.g., 3, II, Abfall nach   ☐
          Absatz 2.1.3.5.5

     C   Abfall, 33, UN 1993 Entzündbarer flüssiger Stoff, n.a.g., 3, II   ☐

     D   Abfall, UN 1993 Entzündbarer flüssiger Stoff, n.a.g., 3, II, Abfall nach   ☐
          Absatz 2.1.3.5.5

     E   33, UN 1993 Abfall, Entzündbarer flüssiger Stoff, n.a.g., 3, II, Abfall nach   ☐
          Absatz 2.1.3.5.5

725   **Die Prüfung eines flüssigen Abfallgemischs, dessen Zusammensetzung nicht**   (3)
(D)   **genau bekannt ist, hat ergeben, dass die überwiegende Gefahr eine Zuord-**
     nung zur Klasse 3, UN 1993, möglich macht. Der Flammpunkt des umwelt-
     gefährdenden Gemisches liegt bei 18 °C. Wie lautet der Eintrag im Beförde-
     rungspapier nach RID für dieses Abfallgemisch, wenn die Beförderung in
     einem Kesselwagen erfolgt?

726   **Die Prüfung eines flüssigen Abfallgemischs, dessen Zusammensetzung nicht**   (1)
(D)   **genau bekannt ist, hat ergeben, dass die überwiegende Gefahr eine Zuord-**
     nung zur Klasse 3, UN 1993, möglich macht. Die chemischen und technischen
     Eigenschaften schließen eine Zuordnung zur Verpackungsgruppe I aus.
     Wie lautet der Eintrag im Beförderungspapier nach RID für dieses Abfall-
     gemisch, wenn die Beförderung in einem Kesselwagen erfolgt?

     A   33, UN 1993 Entzündbarer flüssiger Stoff, n.a.g., 3, II, Abfall nach Absatz   ☐
          2.1.3.5.5

     B   Abfall, 33, UN 1993 Entzündbarer flüssiger Stoff, n.a.g., 3, II, Abfall nach   ☐
          Absatz 2.1.3.5.5

     C   Abfall, 33, UN 1993 Entzündbarer flüssiger Stoff, n.a.g., 3, II   ☐

     D   Abfall, UN 1993 Entzündbarer flüssiger Stoff, n.a.g., 3, II, Abfall nach Absatz   ☐
          2.1.3.5.5

     E   33, UN 1993 Abfall Entzündbarer flüssiger Stoff, n.a.g., 3, II, Absatz 2.1.3.5.5   ☐

727   **Gefährliche Güter in freigestellten Mengen werden durch ein Konnossement**   (2)
(EQ)   **begleitet. Welche Angaben müssen gemäß RID eingetragen werden?**

728   **Ungereinigte leere Kesselwagen dürfen gemäß 4.3.2.4.4 RID auch nach Ab-**   (2)
(D)   **lauf der Fristen für die Prüfungen nach den Absätzen 6.8.2.4.2 und 6.8.2.4.3**
     RID befördert werden, um sie der Prüfung zuzuführen. Welche zusätzliche
     Angabe ist diesbezüglich im Beförderungspapier gemäß RID anzugeben?

Eisenbahn

729
(HU)
Ein Tanksattelanhänger mit UN 1993, VG II, soll im Huckepackverkehr auf der (3)
Eisenbahn befördert werden. Welche zusätzlichen Angaben sind gemäß RID
im Beförderungspapier einzutragen? Nennen Sie auch die genaue Fundstelle
im RID!

730
(D)
UN 2078 wird in einen Kesselwagen gefüllt. Der Stoff ist zusätzlich umwelt- (2)
gefährdend. Wie lauten die stoffspezifischen Angaben im Beförderungspapier nach RID?

731
(D)
Welche Angaben sind immer in einem Beförderungspapier gemäß RID ein- (3)
zutragen, wenn Versandstücke mit der UN-Nummer 2910 befördert werden
sollen? Nennen Sie auch die Fundstelle für Ihre Lösung!

732
(D)
Was ist hinsichtlich der schriftlichen Weisungen gemäß RID zu beachten? (1)
A   Sie sind auf dem Führerstand an leicht zugänglicher Stelle mitzuführen.   ☐
B   Sie sind dem Triebfahrzeugführer in allen RID-Amtssprachen auszuhändi- ☐
    gen.
C   Sie dürfen bedarfsorientiert auf dem Smartphone des Triebfahrzeugführers ☐
    bereitgestellt werden, wenn dieser damit einverstanden ist.
D   Sie müssen in einer Sprache, die der Triebfahrzeugführer lesen und verste- ☐
    hen kann, bereitgestellt werden.
E   Sie müssen den internationalen Gepflogenheiten entsprechend immer auch ☐
    in englischer Sprache verfasst sein.

733
(D)
Welche Menge Brennstoff darf nach RID eine Verbrennungsmaschine (1)
(UN 3530) maximal enthalten, ohne dass ein Beförderungspapier erforder-
lich ist?

734
(POT)
Es gibt zwei eisenbahnspezifische Rangierzettel. Nennen Sie die Nummern (2)
und deren Bedeutung gemäß RID!

735
(POT)
Wie groß müssen Großzettel (Placards) an Kesselwagen gemäß RID mindes- (2)
tens sein, und an welchen Stellen sind diese anzubringen?

736
(POT)
Wie ist ein Wagen, der gefährliche Güter in Versandstücken enthält, gemäß (1)
RID zu bezetteln?
A   Der Wagen muss nicht bezettelt werden.   ☐
B   Mit der orangefarbenen Kennzeichnung   ☐
C   Mit Großzetteln (Placards), die den Gefahrzetteln der Versandstücke ent- ☐
    sprechen, an beiden Längsseiten
D   Mit zwei Gefahrzetteln 100 × 100 mm   ☐
E   Mit dem orangefarbenen Streifen   ☐

737
(POT)
Welche Großzettel sind gemäß RID an ungereinigten leeren Kesselwagen (1)
vorgeschrieben?

738
(POT)
Ein Kesselwagen, in dem gefährliche Güter gemäß RID befördert wurden, soll (1)
nach Entleerung und Reinigung an einen anderen Einsatzort überführt werden.
Müssen die Großzettel (Placards) vorher entfernt oder abgedeckt werden?
A   Ja   ☐
B   Nein, wenn die Überführungsfahrt nachts erfolgt   ☐
C   Nein, wenn binnen 24 Stunden gleichartiges Gefahrgut erneut in den Kessel- ☐
    wagen eingefüllt werden soll
D   Nein, wenn es der Betriebsleiter genehmigt   ☐
E   Nein, wenn es der Gefahrgutbeauftragte genehmigt   ☐

109

739 Wie sind gemäß RID Großcontainer zu bezetteln?   (1)
(POT)

A	Wie Kesselwagen
B	Wie Wagen
C	Sie sind nicht zu kennzeichnen.
D	Wie die Kleincontainer
E	Wie Versandstücke
F	Wie Tankcontainer mit einem gefährlichen Gut
G	Wie MEGC
H	Wie IBC
I	An beiden Längsseiten und hinten am Großcontainer
J	An beiden Längsseiten des Großcontainers
K	Wie ortsbewegliche Tanks mit einem gefährlichen Gut
L	An beiden Längsseiten und an jedem Ende des Großcontainers

740 An welchen Stellen sind gemäß RID Großcontainer, die mit Gefahrgut bela-   (2)
(POT) den sind, zu bezetteln?

741 An welchen Stellen sind gemäß RID Wechselaufbauten, die mit Gefahrgut   (2)
(POT) beladen sind, zu bezetteln?

742 An welchen Stellen sind nach RID an Wagen mit Versandstücken der Klasse 7   (1)
(POT) (Gefahrzettel Muster 7B) Großzettel anzubringen?
(R)

A	An beiden Längsseiten des Wagens
B	An beiden Längsseiten und am Ende des Zuges
C	Am Anfang und am Ende des Zuges und einer Längsseite des Wagens
D	Nur am Anfang und am Ende des Zuges
E	An beiden Längsseiten und an jedem Ende des Wagens

743 Welche besondere Kennzeichnung gemäß Teil 5 RID müssen nur Tanks von   (2)
(POT) Kesselwagen für verflüssigte, tiefgekühlt verflüssigte oder gelöste Gase aufweisen?

744 In welchen Fällen sind Tanks von Kesselwagen durch einen durchgehenden,   (2)
(POT) etwa 30 cm breiten orangefarbenen Streifen zu kennzeichnen?

745 Wie ist nach RID ein Wagen, der UN 0340 enthält, zu bezetteln? Geben Sie die   (2)
(POT) Nummern der Zettel an! An welchen Stellen sind die Zettel am Wagen anzubringen?

746 Mit welchem Großzettel (Nummer), welchem Kennzeichen und welcher Num-   (3)
(POT) mer zur Kennzeichnung der Gefahr und UN-Nummer auf der orangefarbenen
Tafel muss gemäß RID ein Kesselwagen versehen sein, der Benzin enthält?
Der Stoff erfüllt zusätzlich die Kriterien des Absatzes 2.2.9.1.10 RID.

747 An welchen Stellen sind gemäß RID an einem Wagen, der gefährliche Güter   (2)
(POT) in Versandstücken enthält, Großzettel anzubringen und wie groß müssen
diese sein?

748 Ein Kesselwagen ist mit Propen befüllt. Welche Bezettelungen, Kennzeich-   (4)
(POT) nungen und orangefarbenen Tafeln müssen gemäß Teil 5 RID an diesem
Kesselwagen angebracht werden?

Eisenbahn

749
(POT)
In einem Wagen werden Großpackmittel (IBC) mit UN 1993 (VG II) als ge- (2)
schlossene Ladung befördert. Der Wagen ist an beiden Längsseiten mit
der orangefarbenen Tafel

versehen. Ist dies gemäß RID zulässig? Nennen Sie auch den Absatz für Ihre
Lösung!

750
(POT)
Ein Tankcontainer mit drei Abteilen ist mit UN 1300 (umweltgefährdend) im (1)
Abteil 1 und im Abteil 3 befüllt. Das mittlere Abteil ist leer und gereinigt. Wie
ist der Tankcontainer mit Großzetteln, Kennzeichen und orangefarbenen
Tafeln nach RID zu kennzeichnen und bezetteln?

A   Großzettel, Kennzeichen für umweltgefährdende Stoffe und orangefarbene ☐
Tafeln vorn und hinten am Tankcontainer

B   Großzettel, Kennzeichen für umweltgefährdende Stoffe und orangefarbene ☐
Tafeln links und rechts an den Längsseiten des Tankcontainers

C   Großzettel, Kennzeichen für umweltgefährdende Stoffe und orangefarbene ☐
Tafeln vorn und hinten und links und rechts an den Längsseiten des Tankcontainers

D   Großzettel und Kennzeichen für umweltgefährdende Stoffe vorn und hinten ☐
und links und rechts an den befüllten Abteilen sowie orangefarbene Tafeln
links und rechts an den befüllten Abteilen des Tankcontainers

E   Großzettel und Kennzeichen für umweltgefährdende Stoffe vorn und hinten ☐
und links und rechts sowie orangefarbene Tafeln links und rechts am Tankcontainer

751
(MK)
Eine Umverpackung (Kiste aus Pappe) enthält eine Kiste mit 50 kg UN 1950 (4)
Druckgaspackungen (Klassifizierungscode 5A) und eine Kiste mit 50 l
UN 1915 Cyclohexanon. Wie ist diese Umverpackung nach RID zu kennzeich-
nen und zu bezetteln?

752
(POT)
Welches besondere Kennzeichen ist gemäß RID bei der Beförderung von (1)
UN 3258 zusätzlich zum Großzettel am Wagen anzubringen?

753
(POT)
Welche Toleranz ist bei den Abmessungen der orangefarbenen Tafeln gemäß (1)
RID zugelassen?

754
(POT)
In einen gedeckten Wagen ohne Belüftung werden Gasflaschen à 50 l mit (2)
UN 1013 verladen. Welches besondere Kennzeichen ist neben den vor-
geschriebenen Placards (Großzetteln) gemäß RID dabei noch erforderlich?

755
(MK)
Welche Aussage zu den Ausrichtungspfeilen auf einem Versandstück ist ge- (1)
mäß RID richtig?

A   Sie legen fest, wie das Versandstück während des Transports auszurichten ☐
ist, damit der Verschluss von Innenverpackungen mit Flüssigkeiten nach
oben steht.

B   Sie dienen als Hinweis, dass das Versandstück in einer Umverpackung ☐
möglichst weit oben angeordnet wird.

C   Sie zeigen an, wo das Versandstück nach dem Transport geöffnet werden ☐
soll.

D   Sie haben je nach Farbe und Rahmen unterschiedliche Bedeutung für Ver- ☐
sandstücke und geschlossene Kryo-Behälter.

E   Sie gehören ebenso wie das Kelchglas (zerbrechlich) und der Regenschirm ☐
(nässeempfindlich) zu den vorgeschriebenen Gefahrzetteln.

Eisenbahn

756   Auf einer Palette sind mehrere zusammengesetzte Verpackungen mit   (4)
(MK)   UN 1230 Methanol und UN 1219 Isopropanol mit einer undurchsichtigen Wickelfolie gesichert. Welche Kennzeichen und Gefahrzettel sind gemäß RID außen an der Wickelfolie anzubringen?

757   In einem gedeckten Wagen werden vier Tankcontainer (L21DH, Fassungs-   (4)
(POT)   raum je 5000 l) befördert. Sie sind mit UN 3394 befüllt und mit den vorgeschriebenen orangefarbenen Tafeln und Großzetteln gekennzeichnet und bezettelt.
An welchen Stellen ist der Wagen nach RID zu kennzeichnen und zu bezetteln?
Welche Großzettel und welche orangefarbene Tafeln sind nach RID am Wagen anzubringen?

758   In einem gedeckten Wagen werden vier Tankcontainer (L21DH, Fassungs-   (3)
(POT)   raum je 1500 l) befördert. Sie sind mit UN 3394 befüllt und mit den vorgeschriebenen orangefarbenen Tafeln und Großzetteln gekennzeichnet und bezettelt.
Der Wagen ist an beiden Längsseiten lediglich mit den Großzetteln Nr. 4.2 und 4.3 bezettelt. Ist dies nach RID ausreichend? Geben Sie eine kurze Begründung für Ihre Lösung!

759   Verpackte radioaktive Stoffe mit einer einzigen UN-Nummer (UN 3328) wer-   (2)
(POT)   den unter ausschließlicher Verwendung in einem Wagen befördert. Es befin-
(R)   den sich keine anderen gefährlichen Güter im Wagen. Wie lauten die Angaben auf der orangefarbenen Tafel? An welchen Stellen sind diese anzubringen?

760   Wie ist nach RID ein Container zu kennzeichnen, in dem ausschließlich ver-   (1)
(POT)   packte radioaktive Stoffe mit einer einzigen UN-Nummer unter ausschließ-
(R)   licher Verwendung befördert werden?

     A   Mit einer neutralen orangefarbenen Tafel an jeder Längsseite   ☐

     B   Mit einer orangefarbenen Tafel an jeder Längsseite, die ein Totenkopf-   ☐
        symbol mit gekreuzten Gebeinen trägt

     C   Mit einer orangefarbenen Tafel an jeder Längsseite, die den Gefahrzettel   ☐
        Nr. 7D enthält

     D   Mit einer orangefarbenen Tafel mit Nummer zur Kennzeichnung der Gefahr   ☐
        und UN-Nummer an beiden Längsseiten

761   Ein Tankcontainer mit einer Kammer wird mit UN 3082 befüllt. Wie und an   (4)
(POT)   welchen Stellen ist der Tankcontainer nach RID zu kennzeichnen und zu bezetteln?

762   Müssen nach RID Versandstücke mit Lithium-Metall-Batterien, die den Be-   (2)
(MK)   dingungen der Sondervorschrift 188 entsprechen, mit dem Gefahrzettel Nr. 9A gekennzeichnet werden? Geben Sie eine kurze Begründung für Ihre Lösung!

763   Ein Sattelanhänger, beladen mit Versandstücken der Klassen 3 und 8 in   (2)
(HU)   kennzeichnungspflichtiger Menge nach ADR, wird für den Huckepackverkehr auf einen Tragwagen gekrant. Wie und wo ist der Sattelanhänger zu kennzeichnen?

764   Auf einem Tragwagen der rollenden Landstraße ist ein mit Versandstücken   (2)
(HU)   der Klasse 8 (Wert nach 1.1.3.6: 800 Punkte) beladenes Straßenfahrzeug verladen. Ist der Tragwagen zu kennzeichnen? Nennen Sie auch die genaue Fundstelle aus dem RID für Ihre Lösung!

765 Ein mit Großzetteln gekennzeichneter Sattelanhänger wird per Kran auf einen **(2)**
(POT) Tragwagen für den Huckepackverkehr verladen. Nach der Verladung sind keine Kennzeichen mehr sichtbar. An welchen Stellen müssen nach RID die Großzettel am Tragwagen angebracht werden und welche Größe müssen sie mindestens haben?

766 Woran erkennt der Empfänger ein Versandstück mit folgendem Gefahrgut **(1)**
(R) der Klasse 7 RID:
„Radioaktive Stoffe, freigestelltes Versandstück – begrenzte Stoffmenge".

    A   Am Gefahrzettel Nr. 7A   ☐

    B   Am Kennzeichen „UN 2910"   ☐

    C   Am aufgedruckten Strahlenwarnzeichen   ☐

    D   Das ist nicht erkennbar, da solche freigestellten Versandstücke nicht ge-   ☐
             kennzeichnet sind.

    E   Aus den beigefügten schriftlichen Weisungen   ☐

767 Ein Befüller eines Kesselwagens hat vom Absender folgende Angaben er- **(4)**
(POT) halten:
„33, UN 1203 Benzin, 3, II, umweltgefährdend".
Wie und an welchen Stellen muss der Kesselwagen gekennzeichnet und
bezettelt werden?

768 Ein Flaschenbündel (Tara 650 kg) enthält UN 1971 Methan, verdichtet. Das **(3)**
(MK) Einzelvolumen der 12 verbundenen Flaschen beträgt 50 l, die Bruttomasse
des Flaschenbündels beträgt 1 000 kg. Wie ist das Flaschenbündel nach
Teil 5 RID zu kennzeichnen und zu bezetteln? Nennen Sie drei Angaben!

769 In welchem Unterabschnitt des RID finden Sie, unter welchen Bedingungen **(1)**
(VN) bei der Beförderung mit der Eisenbahn Vorschriften des IMDG-Codes angewendet werden können?

770 Welchen Vorschriften muss ein zur Beförderung nach RID im Huckepackver- **(1)**
(HU) kehr auf einen Güterzug aufgegebenes Straßenfahrzeug entsprechen?

    A   Dem ADR   ☐

    B   Der GGVSee   ☐

    C   Dem CSC   ☐

    D   Dem IIR   ☐

    E   Dem RID, Kapitel 7.7   ☐

771 Welche Aussage ist für den Huckepackverkehr gemäß RID richtig? **(1)**
(HU)   A   Temperaturkontrollierte Güter der Klasse 5.2 dürfen nur unter ständiger Auf-   ☐
             sicht eines Sachkundigen verladen werden.

    B   Temperaturkontrollierte selbstzersetzliche Stoffe der Klasse 4.1 sind im   ☐
             Huckepackverkehr nicht zugelassen.

    C   Die Seiten der Tragwagen sind immer mit den Großzetteln der auf dem Stra-   ☐
             ßenfahrzeug befindlichen gefährlichen Güter zu versehen.

    D   Im Huckepackverkehr darf nur innerstaatlich befördert werden.   ☐

    E   Schwefeltrioxid darf nur im Huckepackverkehr befördert werden.   ☐

772 Ein Gefahrgut soll im Huckepackverkehr befördert werden. Wo finden Sie im **(2)**
(HU) RID die Bedingungen dafür? Nennen Sie die genauen Fundstellen!

773 Dürfen in Kesselwagen, die zur Beförderung von UN 2078 zugelassen sind, **(2)**
(TT) auch Nahrungs-, Genuss- und Futtermittel befördert werden? Nennen Sie
auch die Sondervorschrift für Ihre Lösung!

Eisenbahn

113

774   In welchem Abschnitt des RID sind die Regelungen für den Schutzabstand   (1)
(T)   enthalten?

775   Auf einem Wagen sind Versandstücke mit Gefahrzettel Nr. 1 geladen. Ein wei-   (1)
(Z)   terer Wagen ist mit Versandstücken mit Gefahrzettel Nr. 3 beladen. Wie groß
      muss der Schutzabstand im selben Zugverband gemäß RID sein?

      A   Zwischen den Puffertellern mindestens 18 m   ☐
      B   Es muss ein zweiachsiger Wagen dazwischengestellt werden.   ☐
      C   Zwischen den Puffertellern müssen 10 m Abstand sein.   ☐
      D   Bei diesen Gefahrgütern ist kein Schutzabstand vorgeschrieben.   ☐

776   Dürfen gemäß RID in einem vierachsigen Wagen, der zur Einhaltung eines   (2)
(T)   Schutzabstandes eingestellt ist, Stoffe der Klasse 3, die nach Kapitel 3.4 RID
      verpackt wurden, befördert werden? Geben Sie eine kurze Begründung für
      Ihre Lösung!

777   Muss gemäß RID ein Wagen mit dem Großzettel nach Muster 1.4 von einem   (2)
(T)   Wagen mit dem Großzettel nach Muster 3 durch einen Schutzabstand ge-
      trennt sein? Geben Sie auch die Rechtsquelle für Ihre Lösung an!

778   In welchem Kapitel des RID finden Sie die Bestimmungen für die Verwendung   (1)
(TT) von Kesselwagen?

779   In welchem Kapitel des RID finden Sie die Bestimmungen für die Verwendung   (1)
(TT) von ortsbeweglichen Tanks?

780   In welchem Kapitel des RID finden Sie die Vorschriften für die Beförderung   (1)
(BT) gefährlicher Güter in loser Schüttung?

781   An einem ungereinigten leeren Kesselwagen ist die Prüffrist überschritten.   (2)
(P)   Der Absender will den Wagen zu der für die Prüfung zuständigen Stelle beför-
      dern. Ist diese Beförderung zulässig? Nennen Sie auch den Unterabschnitt
      für Ihre Entscheidung!

782   An welcher Stelle können Sie im RID feststellen, ob ein gefährliches Gut zur   (1)
(BT) Beförderung in loser Schüttung zugelassen ist?

      A   Tabelle A Spalte 7   ☐
      B   Tabelle A Spalte 3b   ☐
      C   Tabelle A Spalte 10 bzw. Spalte 17   ☐
      D   Tabelle A Spalte 12   ☐

783   An welcher Stelle können Sie im RID feststellen, ob ein gefährliches Gut zur   (1)
(TT) Beförderung in Kesselwagen bzw. Tankcontainern zugelassen ist?

      A   Tabelle A Spalte 7   ☐
      B   Tabelle A Spalte 3b   ☐
      C   Tabelle A Spalte 12   ☐
      D   Tabelle A Spalte 10   ☐

784   An welcher Stelle können Sie im RID feststellen, ob ein gefährliches Gut zur   (1)
(TT) Beförderung in einem ortsbeweglichen Tank zugelassen ist?

      A   Tabelle A Spalte 10   ☐
      B   Tabelle A Spalte 9a   ☐
      C   Tabelle A Spalte 17   ☐
      D   Tabelle A Spalte 12   ☐

785   Bei welcher Klasse muss gemäß RID zur Beachtung der Zusammenladever-   (1)
(Z)   bote von Ladungen in Versandstücken die Verträglichkeitsgruppe berück-
      sichtigt werden?

786   Welcher Mindestabstand ist gemäß RID zwischen einem radioaktiven Stoff   (2)
(R)   (UN 2915, Transportkennzahl 1, Kategorie II-GELB) in einem Versandstück
(T)   und mehreren Sendungen mit der Aufschrift „FOTO" auf einem Wagen ein-
      zuhalten? Die Beförderungsdauer beträgt 10 Stunden.

787   Ein Schüttgut-Container soll gemäß RID mit Gefahrgut befüllt werden. Nen-   (3)
(BT) nen Sie drei „größere Beschädigungen", die die Verwendung dieses Schütt-
      gut-Containers ausschließen würden.

788   Wie lautet gemäß RID der Code für einen bedeckten Schüttgut-Container?   (1)
(BT) A   BK1   ☐
      B   BK2   ☐
      C   LGBF   ☐
      D   BK3   ☐
      E   CW24   ☐
      F   TT4   ☐
      G   SGAV   ☐
      H   TU1   ☐
      I   W6   ☐

789   In welche Wagen müssen gemäß RID Versandstücke mit Verpackungen aus   (2)
(T)   nässeempfindlichen Werkstoffen verladen werden?

790   Dürfen gemäß RID Versandstücke mit UN 3222 in einem Kleincontainer ver-   (2)
(T)   laden werden? Nennen Sie auch die Fundstelle für Ihre Lösung!

791   In welchem Unterabschnitt des RID sind die Bedingungen für die Mitnahme   (1)
(T)   gefährlicher Güter als Hand- oder Reisegepäck geregelt?

792   Unter welchen Voraussetzungen ist die Beförderung von UN 0129 (Bleiazid,   (1)
(HU) angefeuchtet) im Huckepackverkehr gemäß RID zulässig?
      A   Wenn die Beförderung unter Temperaturkontrolle erfolgt   ☐
      B   Wenn die Beförderung unter erhöhten Brandschutzvorkehrungen durch-   ☐
           geführt wird
      C   Wenn die Bedingungen des Unterabschnitts 1.1.4.4 RID eingehalten werden   ☐
      D   Wenn die Vorschriften des ADR nicht angewendet werden   ☐
      E   Die Beförderung im Huckepackverkehr ist bei diesem Stoff nicht zulässig.   ☐
      F   Wenn im Beförderungspapier der Vermerk „Beförderung gemäß Unter-   ☐
           abschnitt 1.1.4.4" eingetragen ist

793   Welchen Vorschriften müssen die zur Beförderung im Huckepackverkehr auf-   (1)
(HU) gegebenen Straßenfahrzeuge entsprechen?
      A   Dem RID   ☐
      B   Dem ADR   ☐
      C   Dem IATA-DGR   ☐
      D   Den ICAO-TI   ☐
      E   Dem ADN   ☐
      F   Dem IMDG-Code   ☐

Eisenbahn

1.4 Eisenbahn

794 (TT)	An einem Tankcontainer wurde nach dem Entladen von Gefahrgut fest- gestellt, dass das Bodenventil defekt ist. Unter welchen Bedingungen darf der Tankcontainer einer Werkstatt zugeführt werden? Nennen Sie die Vor- gaben gemäß RID!	(4)

795 *(EQ)* Wie viele Versandstücke in freigestellten Mengen verpackter gefährlicher (1)
Güter dürfen sich gemäß RID in einem Wagen oder Container höchstens
befinden?

796 *(TT)* Propylenimin, stabilisiert, soll in einem ortsbeweglichen Tank befördert wer- (1)
den. Welche Tankanweisung ist nach RID mindestens zu beachten? Welche
Sondervorschriften für ortsbewegliche Tanks sind zusätzlich einzuhalten?

797 *(BT)* UN 2950 soll in loser Schüttung in einem bedeckten Wagen nach RID beför- (2)
dert werden. Ist dies zulässig? Geben Sie auch eine kurze Begründung für
Ihre Lösung!

798 *(V)* Ein Versandstück mit UN 1802 und ein Versandstück mit UN 1812 sollen zur (1)
leichteren Handhabung zusammen in einer Umverpackung versandt werden.
Welche Aussage ist nach RID zutreffend?

A Der Versand von Versandstücken mit UN 1802 mit anderen Gütern in einer ☐
Umverpackung ist gemäß Sondervorschrift MP3 verboten.

B Die Umverpackung muss UN-geprüft sein. ☐

C Umverpackungen sind beim Versand dieser Gefahrgüter verboten. ☐

D Die Umverpackung muss an zwei gegenüberliegenden Seiten mit Ausrich- ☐
tungspfeilen gekennzeichnet sein.

E Die Verwendung einer Umverpackung ist verboten, da für die beiden Stoffe ☐
ein Zusammenladeverbot besteht.

F Die Umverpackung ist mit den Kennzeichen beider UN-Nummern zu ver- ☐
sehen.

G Die Verwendung einer Umverpackung ist nicht möglich, da gemäß Abschnitt ☐
7.5.4 RID ein Trenngebot besteht.

799 *(LQ)* Wo finden Sie im RID die Höchstmengen je Innenverpackung, die bei der Be- (1)
förderung in begrenzten Mengen in einem Versandstück zugelassen sind?

800 *(LQ)* UN 1823 und UN 1931 sollen zusammen in einem Versandstück als begrenzte (4)
Menge gemäß RID verpackt werden. Welche Höchstmengen je Innenver-
packung sind maximal je Stoff zulässig? Wie ist das Versandstück zu kennzeichnen? Welcher Unterabschnitt regelt die Zusammenpackmöglichkeit der
beiden Stoffe?

801 *(V)* Sind im Eisenbahnverkehr für UN 1428 UN-geprüfte Kunststoffsäcke (1)
(UN/5H3/...) als Einzelverpackung zulässig?

802 *(EQ)* Beurteilen Sie folgende Aussage gemäß RID: Ein Stoff der UN-Nummer 3288, (2)
VG III, als freigestellte Menge verpackt, Innenverpackung je 1 g, Gesamtmen-
ge je Versandstück 100 g, unterliegt keinen weiteren Bestimmungen des RID.
Geben Sie eine kurze Begründung für Ihre Lösung!

803 *(MK)* Bei der Kontrolle einer Ladung Rettungsschwimmwesten (UN 2990, einziges (3)
Gefahrgut, kleine Gaspatronen [120 ml, Klassifizierungscode 2A] zur Aktivierung), verpackt in stabilen Holzkisten mit einer Bruttomasse von je 38 kg,
stellen Sie fest, dass weder eine Bezettelung noch eine Kennzeichnung gemäß RID angebracht ist. Wie beurteilen Sie diesen Sachverhalt? Nennen Sie
auch eine Fundstelle für Ihre Lösung!

804
(F)
Unter welchen Bedingungen dürfen Sicherheitseinrichtungen, pyrotechnisch, beförderd werden, ohne die Vorschriften des RID anwenden zu müssen? (2)

805
(V)
Sie wollen gefährliche Güter gemäß RID verpacken. Was müssen Sie beachten? (1)

A   Es dürfen nur zugelassene und zulässige Verpackungen verwendet werden.   ☐

B   Die Zusammenpackvorschriften sind zu beachten.   ☐

C   Die Versandstücke sind zu kennzeichnen.   ☐

D   Die Vorschriften über das Getrennthalten sind zu beachten.   ☐

E   Der Verpackungscode ist anzubringen.   ☐

F   Die Vorschriften über die Beladung und Handhabung sind zu beachten.   ☐

G   Bei Gefahrgut müssen immer Umverpackungen verwendet werden.   ☐

H   Alle Versandstücke mit gefährlichen Gütern müssen mit Ausrichtungspfeilen versehen werden.   ☐

806
(F)
Welche Freistellungsregelung des RID kann bei der Verladung eines Kühlcontainers (Ladung kein Gefahrgut) mit eingebautem und eingeschalteten Dieselaggregat (Brennstoffbehälter: Fassungsraum 300 l, Inhalt 150 l) auf einen Wagen genutzt werden? (1)

A   Unterabschnitt 1.1.3.3 RID   ☐

B   Sondervorschrift 363 RID   ☐

C   Unterabschnitt 1.1.3.2 a) RID   ☐

D   Unterabschnitt 1.1.3.1 c) RID   ☐

807
(P)
An einem befüllten Kesselwagen eines Lagerhalters ist die Prüffrist für die wiederkehrende Prüfung 14 Tage überschritten. Darf der Kesselwagen gemäß RID noch zur Beförderung aufgegeben werden? Nennen Sie die genaue Fundstelle für Ihre Antwort! (2)

808
(TT)
Welche angenommene Umgebungstemperatur wird nach RID bei der Berechnung der Haltezeit für Kesselwagen für tiefgekühlt verflüssigte Gase über die Referenzhaltezeit zugrundegelegt? (2)

809
(V)
Sie wollen leere ungereinigte IBC an Ihren Lieferanten zur Wiederbefüllung zurücksenden. In den IBC waren Gefahrgüter der Klassen 3, 4.1 und 8, jeweils Verpackungsgruppe III. Dürfen Sie diese IBC nach RID unter UN 3509 zur Wiederbefüllung zurücksenden? Geben Sie eine kurze Begründung für Ihre Lösung! (2)

810
(BT)
Bis zu welchem maximalen Volumen und Gewicht dürfen flexible Schüttgut-Container befüllt werden? (2)

811
(PF)
Nennen Sie vier Verantwortliche nach GGVSEB mit Pflichten für die Beförderung mit der Eisenbahn! (2)

812
(PF)
Welche Pflichten hat der Absender nach GGVSEB bei einer Beförderung mit der Eisenbahn? (1)

A   Er hat sich zu vergewissern, ob die gefährlichen Güter gemäß RID klassifiziert und nach § 3 befördert werden dürfen.   ☐

B   Er hat für die Mitgabe des Beförderungspapiers zu sorgen.   ☐

C   Er hat für den ordnungsgemäßen Verschluss der Verpackung zu sorgen.   ☐

D   Er hat für die Einhaltung des höchstzulässigen Füllungsgrads der Tankcontainer zu sorgen.   ☐

E   Er hat für die Einhaltung der Prüffristen bei Kesselwagen zu sorgen.   ☐

Eisenbahn

Eisenbahn

813   Welche Pflichten hat der Befüller nach GGVSEB bei einer Beförderung mit   (1)
(PF) der Eisenbahn?

    A   Er hat dafür zu sorgen, dass der höchstzulässige Füllungsgrad bei Kessel- ☐
         wagen eingehalten wird.

    B   Er hat Versandstücke zu kennzeichnen. ☐

    C   Er hat für die Übergabe der schriftlichen Weisungen an den Triebfahrzeug- ☐
         führer zu sorgen.

    D   Er hat die Verpackungscodierung zu prüfen. ☐

814   Welche Pflichten hat der Verlader nach GGVSEB, wenn er gemäß RID gefähr-   (1)
(PF) liche Güter in Wagen verlädt?

    A   Er hat dafür zu sorgen, dass die Vorschriften über die Beladung und Hand- ☐
         habung beachtet werden.

    B   Er hat Versandstücke zu kennzeichnen. ☐

    C   Er hat für die Übergabe der schriftlichen Weisungen an den Triebfahrzeug- ☐
         führer zu sorgen.

    D   Er hat die Verpackungscodierung zu prüfen. ☐

815   Welche Pflichten hat der Verpacker im Schienenverkehr nach GGVSEB, wenn   (1)
(PF) er Gefahrgut in Versandstücke verpackt?

    A   Er hat die Vorschriften über die Kennzeichnung von Versandstücken zu be- ☐
         achten.

    B   Er hat für die Übergabe der schriftlichen Weisungen an den Triebfahrzeug- ☐
         führer zu sorgen.

    C   Er hat bei der Übergabe zu prüfen, ob die Wagen nicht überladen sind. ☐

    D   Er hat dem Absender die Angaben zum Gefahrgut schriftlich mitzuteilen. ☐

816   Welche Pflichten hat der Auftraggeber des Absenders nach GGVSEB?   (1)
(PF) A   Er hat für die schriftliche oder nachweisbar elektronische Mitteilung be- ☐
         stimmter Angaben über das gefährliche Gut an den Absender zu sorgen.

    B   Er hat das vorgeschriebene Beförderungspapier zu übergeben. ☐

    C   Er hat die Zusammenladeverbote zu beachten. ☐

    D   Er hat für die Kennzeichnung der Kesselwagen für Gase mit orangefarbenen ☐
         Streifen zu sorgen.

    E   Er hat sich vor Erteilung des Auftrags zu vergewissern, ob die gefährlichen ☐
         Güter befördert werden dürfen.

    F   Er hat für die Kennzeichnung nach Unterabschnitt 5.5.3.4 RID zu sorgen. ☐

817   Welche Aufgaben hat der Befüller im Schienenverkehr nach GGVSEB? Nen-   (2)
(PF) nen Sie zwei Aufgaben!

818   Welche Pflichten hat der Beförderer nach GGVSEB bei Beförderungen mit   (1)
(PF) der Eisenbahn?

    A   Er hat das Personal hinsichtlich der Besonderheiten des Schienenverkehrs ☐
         nach Unterabschnitt 1.3.2.2 RID zu unterweisen.

    B   Er hat dafür zu sorgen, dass Begleitpapiere im Zug mitgeführt werden. ☐

    C   Er hat dafür zu sorgen, dass Kesselwagen mit orangefarbenen Tafeln aus- ☐
         gerüstet sind.

    D   Er hat die Vorschriften für die Kennzeichnung und Bezettelung von Umver- ☐
         packungen zu beachten.

    E   Er hat dafür zu sorgen, dass Kesselwagen auch zwischen den Prüfterminen ☐
         den Bauvorschriften entsprechen.

819 **Welche Aufgaben hat der Betreiber eines Kesselwagens nach GGVSEB?** (1)
(PF)
A Er hat gegebenenfalls eine außerordentliche Prüfung des Tanks durchführen ☐
zu lassen.
B Er hat dafür zu sorgen, dass Kesselwagen mit orangefarbenen Tafeln aus- ☐
gerüstet sind.
C Er darf den Kesselwagen nur mit zugelassenen Gütern befüllen. ☐
D Er hat für die Kennzeichnung des Kesselwagens mit Großzetteln zu sorgen. ☐
E Er hat die Dichtheit der Verschlusseinrichtung zu prüfen. ☐

820 **Wer hat nach GGVSEB dafür zu sorgen, dass eine außerordentliche Prüfung** (2)
(PF) **des Tanks von Kesselwagen durchgeführt wird, wenn die Sicherheit des**
Tanks oder seiner Ausrüstung beeinträchtigt ist?

821 **Wer hat nach GGVSEB für die Durchführung einer außerordentlichen Prüfung** (1)
(PF) **des Tanks eines Kesselwagens zu sorgen?**
A Der Absender eines Kesselwagens ☐
B Der Empfänger eines Kesselwagens ☐
C Der Betreiber eines Kesselwagens ☐
D Der Beförderer eines Kesselwagens ☐
E Die für die Instandhaltung zuständige Stelle (ECM) ☐

822 **Wer hat nach GGVSEB für die Durchführung einer außerordentlichen Prüfung** (1)
(PF) **eines Tankcontainers zu sorgen?**
A Der Absender eines Tankcontainers ☐
B Der Empfänger eines Tankcontainers ☐
C Der Betreiber eines Tankcontainers ☐
D Der Beförderer eines Tankcontainers ☐
E Die für die Instandhaltung zuständige Stelle (ECM) ☐

823 **Im Anschlussgleis eines Betriebes wird ein Wagen mit Versandstücken bela-** (1)
(PF) **den. Wer hat nach GGVSEB für das Anbringen der vorgeschriebenen Groß-**
zettel zu sorgen?
A Der Verpacker ☐
B Der Verlader ☐
C Die Eisenbahn ☐
D Der Befüller ☐

824 **Nennen Sie zwei zuständige Stellen nach GGVSEB, die Aufgaben für den** (2)
(VS) **Eisenbahnverkehr nach RID haben!**

825 **Welche Behörde ist zuständig für die behördlichen Gefahrgutkontrollen im** (1)
(PF) **Bereich der Eisenbahnen des Bundes?**
(VS)
A Das Kraftfahrtbundesamt (KBA) ☐
B Das Eisenbahn-Bundesamt (EBA) ☐
C Die Polizei ☐
D Die Bundespolizei ☐
E Das BMVI ☐
F Die BAM ☐
G Das Bundesamt für Güterverkehr ☐

826 Wer kann für den Bereich der Eisenbahnen des Bundes Ausnahmen von der   (1)
(VS)   GGVSEB auf Antrag zulassen?

    A   Das Eisenbahn-Bundesamt (EBA) ☐

    B   Der Betriebsleiter ☐

    C   Die Deutsche Bahn AG (DB AG) ☐

    D   Die Bundesanstalt für Materialforschung und -prüfung ☐

    E   Die nach Landesrecht zuständigen Behörden ☐

827 Wer ist nach GGVSEB für die Erteilung einer Baumusterzulassung von Kes-   (1)
(PF)   selwagen zuständig?

828 Wer ist nach GGVSEB dafür verantwortlich, dass für Kesselwagen die Tank-   (2)
(PF)   akte nach Absatz 4.3.2.1.7 RID geführt wird?

829 Ein ungereinigter, leerer Kesselwagen ist beschädigt (undicht) und soll einer   (2)
(TT)   Reparaturwerkstätte zugeführt werden.
       Welche Maßnahmen sind nach RID erforderlich, um die Beförderung durch-
       zuführen?
       Nennen Sie eine Möglichkeit mit Angabe der Fundstelle!

830 Wer hat nach GGVSEB sicherzustellen, dass der gemäß Unterabschnitt   (1)
(PF)   1.8.5.1 RID geforderte Bericht dem Eisenbahn-Bundesamt vorgelegt wird?
       Nennen Sie zwei Verantwortliche!

831 Welches Kriterium stellt ein meldepflichtiges Ereignis nach Abschnitt 1.8.5   (1)
(UF)   RID dar?

    A   Produktaustritt von 1 l eines Stoffes der UN-Nr. 2814 ☐

    B   Arbeitsunfähigkeit einer beteiligten Person von zwei Tagen ☐

    C   Umweltschaden in Höhe von 10 000 Euro ☐

    D   Sperrung eines Schienenweges für zwei Stunden, bedingt durch die vom ☐
         Gefahrgut ausgehende Gefahr

    E   Personenschaden im Zusammenhang mit der Beförderung von Gefahrgut ☐
         und Krankenhausaufenthalt von drei Tagen

    F   Produktaustritt von 900 l der UN-Nr. 1202 ☐

    G   Jedes Austreten radioaktiver Stoffe aus Versandstücken ☐

832 Welcher zuständigen Behörde ist der Bericht nach Unterabschnitt 1.8.5.1 RID   (2)
(UF)   in Deutschland vorzulegen? Nennen Sie auch die vorgeschriebene Frist!

833 Drei IBC à 1 000 l Isopropanol (UN 1219) sind nach RID zu befördern. Was ist   (2)
(SC)   gemäß Kapitel 1.10 durch den Verlader/Absender zwingend erforderlich, be-
       vor dem Beförderer diese gefährlichen Güter zur Beförderung übergeben
       werden dürfen?

834 Unter dem Aspekt der „Sicherung" müssen nach RID Bereiche innerhalb von   (1)
(SC)   Rangierbahnhöfen, die für das zeitweilige Abstellen während der Beför-
       derung gefährlicher Güter verwendet werden,

    A   umzäunt werden. ☐

    B   gut beleuchtet sein. ☐

    C   nur außerhalb der gewöhnlichen Betriebsstunden gut beleuchtet sein. ☐

    D   nur außerhalb der gewöhnlichen Betriebsstunden von einem Wachdienst ☐
         bewacht werden.

    E   rund um die Uhr bewacht werden. ☐

    F   durch die Bundespolizei überwacht werden. ☐

Eisenbahn

835 Welche Pflichten treffen die an der Beförderung gefährlicher Güter mit hohem (1)
(PF) Gefahrenpotenzial beteiligten Beförderer bei Überschreiten der in der Tabelle
(SC) nach Absatz 1.1.3.6.3 RID aufgeführten Mengen?

A Unterrichtung des Eisenbahn-Bundesamtes über die hauptsächlich beför- ☐
derten gefährlichen Güter mit hohem Gefahrenpotenzial

B Unterrichtung der Bundespolizei über die hauptsächlich beförderten gefähr- ☐
lichen Güter mit hohem Gefahrenpotenzial

C Unterrichtung des Eisenbahn-Bundesamtes über die Hauptfahrrouten ☐

D Unterrichtung der Bundespolizei über die Hauptfahrrouten ☐

E Feststellung der Identität des Absenders ☐

F Feststellung der Identität des Empfängers ☐

G Einführung und Anwendung von Sicherungsplänen ☐

836 Bei der Beförderung gefährlicher Güter mit hohem Gefahrenpotenzial sind (1)
(SC) Sicherungspläne einzuführen:

A Immer ☐

B Nur für Beförderungen während der Nachtstunden ☐

C Nur von Absender und Beförderer ☐

D Nur bei Überschreiten bestimmter Mindestmengen ☐

837 Ein Absender/Verlader belädt drei Wagen mit jeweils fünf IBC à 1 000 l mit (3)
(SC) UN 1219. Muss der Absender/Verlader in diesem Fall einen Sicherungsplan
gemäß RID einführen? Begründen Sie Ihre Entscheidung!

838 Ein Mineralölhändler befüllt Kesselwagen ausschließlich mit UN 1202 Heizöl, (2)
(SC) leicht, 3, III, umweltgefährdend. Ist er nach RID verpflichtet, für sein Unter-
nehmen Sicherungspläne zu erstellen? Begründen Sie Ihre Antwort unter
Angabe der Fundstelle im RID!

839 Wer hat die detaillierte Beschreibung aller vermittelten Unterweisungsinhalte (1)
(Sch) nach Kapitel 1.3 RID aufzubewahren?

A Arbeitgeber und Arbeitnehmer ☐

B Der Gefahrgutbeauftragte ☐

C Das Gewerbeaufsichtsamt ☐

D Das zuständige Amt für Arbeitssicherheit ☐

E Die zuständige IHK ☐

F Nur der Arbeitgeber ☐

G Nur der Arbeitnehmer ☐

H Der Betriebsrat ☐

840 Wer ist gemäß GGVSEB dafür verantwortlich, dass für Kesselwagen die Tank- (1)
(PF) akte gemäß 4.3.2.1.7 RID geführt, aufbewahrt, an einen neuen Eigentümer
oder Betreiber übergeben und dem Sachverständigen zur Verfügung gestellt
wird?

A Der Befüller ☐

B Der Absender ☐

C Der Mieter ☐

D Der Betreiber ☐

E Der Beförderer ☐

F Der Eisenbahninfrastrukturunternehmer ☐

Eisenbahn

1.4 Eisenbahn

841 Der Absender von Gefahrgut in Tanks im Huckepackverkehr gemäß RID hat   (1)
(HU) dafür zu sorgen, dass
(PF)

    A   der Empfänger des Gutes eine mündliche Vorausannahmeerklärung abgibt. ☐

    B   im Beförderungspapier zusätzlich die Nummer zur Kennzeichnung der Ge- ☐
         fahr angegeben wird.

    C   alle Abläufe dem TIR entsprechen. ☐

    D   der Beförderungsweg vorher festgelegt wird. ☐

    E   dem Empfänger die Zugnummer vorgemeldet wird. ☐

    F   die Fahrwegbestimmung für den Schienenverkehr mitgegeben wird. ☐

842 Sind bei der Beförderung von UN 2912 in loser Schüttung die Sicherheitsvor-   (2)
(SC) schriften aus Kapitel 1.10 RID anzuwenden? Nennen Sie auch den Abschnitt
für Ihre Lösung!

843 10 t gefährlicher Güter sollen nach RID in begrenzten Mengen in einem Wa-   (2)
(LQ) gen befördert werden. Welche Aufgabe hat der Absender in diesem Fall?

844 Welche an der Gefahrgutbeförderung Beteiligten müssen eine Kopie des Be-   (2)
(PF) förderungspapiers für gefährliche Güter und der im RID festgelegten zusätzlichen Informationen und Dokumentation aufbewahren? Welcher Mindestzeitraum ist festgelegt?

845 Was ist vor dem Einsatz eines Arbeitnehmers zu beachten, wenn dieser im   (1)
(Sch) Zusammenhang mit der Beförderung gefährlicher Güter mit der Eisenbahn
Pflichten übernehmen soll?

    A   Der Arbeitnehmer darf nicht der Personalvertretung (Betriebsrat) des Arbeit- ☐
         gebers angehören.

    B   Der Arbeitnehmer muss einen zweistündigen Grundkurs „Pflichten nach der ☐
         GGVSEB" der zuständigen IHK absolviert haben.

    C   Der Arbeitnehmer muss vor der Übernahme von Pflichten nach den Vor- ☐
         schriften des Abschnitts 1.3.2 RID unterwiesen worden sein.

    D   Der Arbeitnehmer muss eine Prüfung bei der zuständigen Gewerbeaufsicht ☐
         ablegen.

    E   Der Arbeitnehmer darf ohne Unterweisung nach den Vorschriften des Ab- ☐
         schnitts 1.3.2 RID nur unter der direkten Überwachung einer unterwiesenen
         Person Aufgaben im Zusammenhang mit der Beförderung gefährlicher Güter
         übernehmen.

    F   Der Arbeitnehmer muss im Besitz der ADR-Schulungsbescheinigung sein. ☐

846 In welchem Begleitpapier gemäß RID stehen die Maßnahmen, die der Trieb-   (1)
(D) fahrzeugführer bei einem Unfall oder Zwischenfall, der sich während der Beförderung ereignet, zu ergreifen hat?

847 Welche Vorschriften hat der Verpacker gemäß RID/GGVSEB in Bezug auf die   (1)
(MK) Kennzeichnung von Versandstücken, die ein Kühl- oder Konditionierungsmittel enthalten, zu beachten?

848 Beim Befüllen gefährlicher Güter in einen Schüttgut-Container ereignet sich   (1)
(UF) ein schwerer Unfall mit Todesfolge. Wann ist der zuständigen Behörde ein
Bericht gemäß dem in Unterabschnitt 1.8.5.4 RID vorgeschriebenen Muster
vorzulegen?

    A   Unverzüglich ☐

    B   Spätestens eine Woche nach dem Ereignis ☐

    C   Spätestens einen Monat nach dem Ereignis ☐

D   Spätestens drei Monate nach dem Ereignis   ☐
E   Spätestens sechs Monate nach dem Ereignis   ☐
F   Spätestens ein Jahr nach dem Ereignis   ☐
G   Innerhalb von sechs Monaten nach Ablauf des Geschäftsjahres   ☐

849   **Eine Chemikalienhandlung will 50 l Isopropanol gemäß RID versenden. Das**   (10)
      Isopropanol ist verpackt in einer UN-geprüften Holzkiste mit 50 Innenver-
      packungen à 1 l (Bruttogewicht 45 kg).

1.   Wäre eine Versendung dieses Versandstücks nach Kapitel 3.4 RID zulässig?
      Geben Sie eine kurze Begründung für Ihre Lösung!

2.   Welche Kennzeichen und Gefahrzettel müssen am Versandstück angebracht
      werden?

3.   Das Versandstück wird auf einer Palette in eine undurchsichtige Schrumpf-
      folie eingeschrumpft. Welche Kennzeichnung und Bezettelung ist erforder-
      lich?

4.   Wie lauten die stoffspezifischen Angaben im Beförderungspapier gemäß
      RID?

5.   Wer hat gemäß GGVSEB nach der Verladung dieser Güter und vor Antritt
      der Fahrt dem Triebfahrzeugführer die schriftlichen Weisungen bereitzustel-
      len?

850   **Ein Sattelanhänger, der u. a. zwei Fässer à 50 l Isopropylamin geladen hat,**   (10)
      wird über eine Spedition im Huckepackverkehr gemäß RID (Vor- und Nach-
      lauf auf der Straße) befördert.

1.   Wie lauten die stoffspezifischen Angaben im Beförderungspapier gemäß
      RID/ADR?

2.   Welche zusätzliche Angabe ist im Beförderungspapier beim Huckepackver-
      kehr gemäß RID erforderlich?

3.   Der Sattelanhänger ist mit einer neutralen orangefarbenen Tafel am Heck
      versehen. Welche Maßnahme ist für den Huckepackverkehr zusätzlich zu
      veranlassen?

4.   Die Spedition erhält zusätzlich einen Auftrag, ein Versandstück der UN-
      Nummer 3111 zu befördern. Darf dieses Versandstück auf dem Sattelanhän-
      ger im Huckepackverkehr mitgenommen werden?

5.   Welchen gefahrgutrechtlichen Bestimmungen müssen der Sattelanhänger
      und die Versandstücke entsprechen?

6.   Was ist gemäß RID zu veranlassen, wenn die orangefarbenen Tafeln des
      Sattelanhängers außerhalb des Tragwagens nicht sichtbar sind und wer
      muss nach GGVSEB dafür sorgen?

851   **55-prozentige Salpetersäure, andere als rotrauchende, ist gemäß RID in Ver-**   (10)
      sandstücken in einem Wagen zu versenden.

1.   Als Verpackung sind Fässer aus Kunststoff vorgesehen. Ist dies zulässig?

2.   Wie ist die Verpackung zu kennzeichnen und welcher Gefahrzettel (Nummer
      des Gefahrzettels) muss angebracht werden?

3.   Wie viele Jahre beträgt die zulässige Verwendungsdauer der Fässer?

4.   Woran erkennen Sie, ob das Fass noch verwendet werden darf?

5.   Mit welcher Standardflüssigkeit müssen die Kunststofffässer geprüft worden
      sein, um die chemische Verträglichkeit für diesen Stoff nachzuweisen?

6.   An welchen Stellen müssen die Großzettel am Wagen angebracht werden?

7.   Wer hat gemäß GGVSEB für die Anbringung von Großzetteln am Wagen zu
      sorgen?

Eisenbahn

852   **Ein Straßentankfahrzeug mit Isopropylamin (Vor- und Nachlauf auf der Stra-**   (10)
       ße) wird im Huckepackverkehr gemäß RID befördert.

       1.   Welches Begleitpapier hat der Beförderer dem Triebfahrzeugführer nach der
             Beladung und vor Antritt der Fahrt zusätzlich zum Beförderungspapier ge-
             mäß RID bereitzustellen?

       2.   Wie lauten die stoffspezifischen Angaben im Beförderungspapier gemäß
             RID/ADR?

       3.   Wie lauten die Nummer zur Kennzeichnung der Gefahr und die UN-Nummer
             auf den orangefarbenen Tafeln am Tankfahrzeug?
             Nummer zur Kennzeichnung der Gefahr = ...
             UN-Nummer =. . . . .

       4.   Geben Sie die Nummern der Großzettel an, die verwendet werden müssen!

       5.   An welchen Stellen müssen die Großzettel und die orangefarbenen Tafeln
             am Tankfahrzeug angebracht sein?

       6.   Müssen gemäß RID die Großzettel auch am für den Huckepackverkehr (rol-
             lende Landstraße) verwendeten Tragwagen angebracht werden? Nennen
             Sie auch den Absatz für Ihre Lösung!

       7.   Wer ist für die Angaben im Beförderungspapier gemäß RID verantwortlich?

853   **UN 1467 soll gemäß RID in loser Schüttung befördert werden.**   (10)

       1.   Wie lauten die stoffspezifischen Angaben im Beförderungspapier gemäß
             RID für diesen Stoff?

       2.   Ist die Beförderung in loser Schüttung in gedeckten Wagen möglich? Auf
             welche Regelung des RID stützen Sie Ihre Lösung?

       3.   Welche Beförderungsarten sind für diesen Stoff noch möglich?

       4.   Wie muss der Wagen mit diesen Stoffen gekennzeichnet und bezettelt
             werden?

       5.   Gemäß Transportplanung soll der Wagen nach der Entladung mit UN 1466
             befüllt werden. Kann dieses Gut unmittelbar befüllt werden? Geben Sie eine
             kurze Begründung für Ihre Lösung!

854   **Druckgaspackungen mit einem giftigen Stoff und entzündbarem Gas als**   (10)
       Treibmittel, Fassungsraum je 500 ml (Klassifizierungscode TF), sollen gemäß
       RID in Versandstücken (keine Großverpackungen) versandt werden.

       1.   Wie lauten die stoffspezifischen Angaben für diese Gegenstände im Beför-
             derungspapier gemäß RID?

       2.   Können die Vorschriften für begrenzte Mengen in Anspruch genommen
             werden?

       3.   Dürfen die Druckgaspackungen in Außenverpackungen (Bruttomasse
             40 kg), die nicht bauartzugelassen sind, verpackt werden?

       4.   Für welche Bruttohöchstmasse ist ein Versandstück (UN/4G/Y60/S/17/D/...)
             zugelassen?

       5.   Wie ist das Versandstück zu kennzeichnen und zu bezetteln?

       6.   Dürfen mehrere Versandstücke in einer Umverpackung verpackt werden?

       7.   Nennen Sie zwei zulässige Werkstoffarten für die Außenverpackungen!

855   **Kerosin soll gemäß RID in einem Kesselwagen befördert werden. Der Stoff**   (10)
       erfüllt zusätzlich die Kriterien des Absatzes 2.2.9.1.10 RID.

       1.   Ist die Beförderung in RID-Tanks zulässig und an welcher Stelle des RID ist
             die Zulässigkeit geregelt?

       2.   Ist die Verwendung eines Kesselwagens mit der Tankcodierung LGAH zu-
             lässig?

3. An welcher Stelle im RID befinden sich die Vorschriften über den zulässigen Füllungsgrad? Nennen Sie den Unterabschnitt!

4. Wer hat dafür zu sorgen, dass der höchstzulässige Füllungsgrad eingehalten wird?

5. Welche Kennzeichnung und Bezettelung ist nach Teil 5 RID am Kesselwagen anzubringen?

6. Wie lauten die stoffspezifischen Angaben im Beförderungspapier gemäß RID für diesen Stoff?

856   **UN 1965 Kohlenwasserstoffgas, Gemisch, verflüssigt, n.a.g. (Gemisch A 01),**   **(10)**
soll gemäß RID in einem Kesselwagen befördert werden.

1. An welcher Stelle ist die nächstfällige wiederkehrende Prüfung oder die Zwischenprüfung des Tanks des Kesselwagens angegeben?

2. Welche Kennzeichnung und Bezettelung ist nach Teil 5 RID am Kesselwagen anzubringen?

3. Unter welcher Bedingung ist die Verwendung eines Kesselwagens mit der Tankcodierung P12BN zulässig?

4. Ist diese Beförderungsart in RID-Tanks zulässig und an welcher Stelle des RID ist die Zulässigkeit geregelt?

5. Welche Maßnahmen sind nach dem Befüllen erforderlich? Nennen Sie eine!

857   **Sie kontrollieren nach RID einen Tragwagen, auf dem ein Tankcontainer gela-**   **(10)**
den ist. Der Tankcontainer ist mit 10 000 l Diallylamin gefüllt und soll nach Po-
len befördert werden.

1. Wie lauten die stoffspezifischen Angaben im Beförderungspapier nach RID?

2. Welche Dokumente nach RID muss der Triebfahrzeugführer neben dem Beförderungspapier bei dieser Beförderung mitführen?

3. Durch die Höhe der Seitenwände des Tragwagens sind die Großzettel am Tankcontainer nicht mehr sichtbar. Welche Maßnahme ist zu treffen?

4. Wer muss dafür sorgen, dass die Großzettel am Tankcontainer und ggf. am Tragwagen angebracht werden?

5. Mit welchen orangefarbenen Tafeln und Großzetteln ist der Tankcontainer zu kennzeichnen und zu bezetteln? An welchen Stellen sind die orangefarbenen Tafeln und die Großzettel anzubringen?

858   **An einem Kesselwagen für UN 1965 Kohlenwasserstoffgas, Gemisch, ver-**   **(10)**
flüssigt, n.a.g. (Gemisch C), ist die Tankcodierung P25BN angebracht.

1. Dieser Tank ist wärmeisoliert. Welche zusätzliche Angabe muss daher im Tankschild und auf beiden Seiten des Kesselwagens angegeben sein?

2. Erläutern Sie die Tankcodierungsangaben!

3. In welchen zeitlichen Abständen sind die wiederkehrenden Prüfungen am Tank des Kesselwagens nach RID durchzuführen?

4. Welche Kennzeichnung und Bezettelung muss gemäß Kapitel 5.3 RID am Kesselwagen angebracht sein?

5. Welche zusätzliche Angabe zur offiziellen Benennung des Gases muss am Tank selbst bzw. im Tankschild eingetragen sein?

Eisenbahn

859   In Verbindung mit seiner Haupttätigkeit befördert ein Eisenbahninfrastruktur-   (10)
       unternehmen auf einer innerdeutschen Gleisstrecke mit einem Arbeitszug
       einen Wagen für Wartungsarbeiten mit folgenden Gefahrgütern:
       – 1 Fass mit 100 l UN 1203 Benzin (umweltgefährdend),
       – 1 IBC mit 500 l UN 1202 Dieselkraftstoff (umweltgefährdend),
       – 2 Gasflaschen mit je 33 kg UN 1965 Kohlenwasserstoffgas, Gemisch, ver-
         flüssigt, n.a.g. (Gemisch C),
       – 2 Gasflaschen mit je 6,3 kg UN 1001 Acetylen, gelöst.
       1.   Welche Großzettel und Kennzeichen sind ggf. am Wagen anzubringen?
       2.   Müssen die Versandstücke gekennzeichnet und bezettelt sein?
       3.   Welche Begleitpapiere muss der Triebfahrzeugführer auf dem Arbeitszug ge-
             mäß RID mitführen? Nennen Sie zwei!
       4.   Müssen für diese Beförderung zugelassene bzw. geprüfte Verpackungen
             verwendet werden?
       5.   Unterliegt diese Beförderung den Vorschriften des RID? Begründen Sie Ihre
             Lösung!
       6.   Welches Format müssen die Großzettel und Kennzeichen ggf. haben?

860   Ein flüssiger radioaktiver Stoff mit geringer spezifischer Aktivität (LSA-I) soll   (10)
       gemäß RID in einem Kesselwagen befördert werden.
       1.   Ist bei diesem Stoff Kapitel 1.10 RID anzuwenden? Geben Sie auch eine kur-
             ze Begründung für Ihre Lösung!
       2.   Ist die Beförderung in RID-Tanks zulässig und an welcher Stelle des RID ist
             die Zulässigkeit geregelt?
       3.   Ist die Verwendung eines Kesselwagens mit der Tankcodierung L4BN zulässig?
       4.   An welcher Stelle im RID befinden sich für diesen Stoff die Vorschriften über
             den zulässigen Füllungsgrad?
       5.   Wer hat dafür zu sorgen, dass der höchstzulässige Füllungsgrad eingehalten
             wird?
       6.   Welche Kennzeichnung und Bezettelung ist nach Teil 5 RID am Kesselwagen
             anzubringen?

861   Essigsäureanhydrid soll gemäß RID in einem Kesselwagen (Tankcodierung   (10)
       L4BN) befördert werden.
       1.   Die letzte wiederkehrende Prüfung des Kesselwagens wurde gemäß Tank-
             schild 12/2014 durchgeführt. Wann ist gemäß RID die nächste Zwischenprü-
             fung fällig?
       2.   Ist die Verwendung eines Kesselwagens mit der Tankcodierung LGAH zuläs-
             sig? Nennen Sie auch den Absatz für Ihre Lösung!
       3.   Ist die Beförderung in RID-Tanks zulässig und an welcher Stelle des RID ist
             die Zulässigkeit geregelt?
       4.   An welcher Stelle im RID befinden sich die Vorschriften über den zulässigen
             Füllungsgrad? Nennen Sie den Unterabschnitt!
       5.   Welche Großzettel und orangefarbenen Tafeln sind nach Teil 5 RID am Kes-
             selwagen anzubringen?
       6.   Wie lauten die stoffspezifischen Angaben im Beförderungspapier gemäß RID?

862   Calciumcarbid (VG II) soll in einem geschlossenen Großcontainer in loser   (10)
       Schüttung gemäß RID befördert werden.
       1.   Ist dies zulässig? Nennen Sie auch die Fundstelle im RID für Ihre Lösung!
       2.   Wie lauten die stoffspezifischen Angaben im Beförderungspapier gemäß
             RID?

Eisenbahn

3.   An welchen Stellen sind die orangefarbenen Tafeln am Großcontainer anzu-
     bringen?

4.   Wie lauten die Angaben auf den orangefarbenen Tafeln?

5.   An welchen Stellen sind die Placards (Großzettel) am Großcontainer anzu-
     bringen und welches Placard ist anzubringen?

6.   Welches zusätzliche Kennzeichen ist an den Ladetüren des Großcontainers
     anzubringen?

863   **Ein Tankcontainer soll mit dem Gefahrgut UN 1078 (Gemisch F3) befüllt wer-**   (10)
          den und gemäß RID versandt werden.

1.   Welche Tankcodierung muss der Tankcontainer gemäß RID mindestens
     haben?

2.   Darf gemäß RID ein Tankcontainer mit der Tankcodierung P27DH verwendet
     werden? Geben Sie ein kurze Begründung!

3.   Welche stoffspezifischen Angaben müssen im Beförderungspapier gemäß
     RID eingetragen werden?

4.   Wer muss nach GGVSEB dafür sorgen, dass der in diesem Fall erforderliche
     Rangierzettel Nr. 13 an den richtigen Stellen angebracht wird?

864   **Ein Abfall ist UN 3077 zugeordnet und soll in loser Schüttung gemäß RID be-**   (10)
          fördert werden.

1.   Wer muss gemäß GGVSEB für die Mitgabe des Beförderungspapiers sor-
     gen?

2.   Ist ein bedeckter Großcontainer verwendbar? Nennen Sie auch die Fund-
     stelle für Ihre Lösung!

3.   Welche Typen von Schüttgut-Containern sind verwendbar?

4.   Welche Großzettel und Kennzeichen sind für UN 3077 erforderlich?

5.   An welchen Stellen sind am Schüttgut-Container die Großzettel und Kenn-
     zeichen anzubringen?

6.   Wie lauten die Angaben auf den orangefarbenen Tafeln und an welchen Stel-
     len sind diese am Schüttgut-Container anzubringen?

7.   Wer ist gemäß GGVSEB für die Kennzeichnung und Bezettelung der Schütt-
     gut-Container verantwortlich?

865   **10 t Ethanol, Lösung (Flammpunkt 24 °C, 940 g/l), sollen in begrenzten Men-**   (10)
          gen nach RID befördert werden. Das Ethanol befindet sich in Innenver-
          packungen aus Kunststoff (Fassungsraum 2 l, Tara 200 g).

1.   Wie viele Innenverpackungen sind je Versandstück (Kiste aus Pappe, Tara
     1 kg) maximal zulässig, um noch als begrenzte Mengen versendet werden
     zu können?

2.   Wie ist das Versandstück zu kennzeichnen?

3.   Welche höchstzulässige Nettomenge je Innenverpackung ist zulässig?

4.   Wer muss gemäß GGVSEB den Beförderer in diesem Fall auf die Beförde-
     rung in begrenzten Mengen hinweisen?

5.   Die Versandstücke sollen zum leichteren Umschlag auf Paletten gestellt wer-
     den und mit undurchsichtiger Folie umverpackt werden. Wie sind die Umver-
     packungen in diesem Fall zu kennzeichnen?

6.   Die Paletten mit den insgesamt 10 t Ethanol werden in einen Wagen gela-
     den. Wie und an welchen Stellen ist der Wagen nach RID zu kennzeichnen?

866   UN 1170, VG II, soll in einen ortsbeweglichen Tank gefüllt, per Eisenbahn zum   (10)
        Seehafen befördert und nach Übersee verschifft werden.

        1.   Welche Tankanweisung ist durch den Befüller zu beachten?

        2.   Darf ein ortsbeweglicher Tank mit der Codierung T10 verwendet werden?
              Nennen Sie auch die genaue Fundstelle für Ihre Lösung!

        3.   In welcher Vorschrift ist der höchstzulässige Füllungsgrad für diesen Stoff
              festgelegt?

        4.   Der Tank soll bereits nach den Vorschriften des IMDG-Codes gekennzeich-
              net werden. Ist dies zulässig? Nennen Sie auch die genaue Fundstelle ge-
              mäß RID!

        5.   Für den Zulauf zum Seehafen wird ein Beförderungspapier gemäß RID aus-
              gestellt. Wie lauten die vorgeschriebenen stoffspezifischen und sonstigen
              Angaben für diesen Fall?

        6.   Der Tank soll zusammen mit einem Container, der Feuerwerkskörper (Unter-
              klasse 1.4S) beinhaltet, auf einen Tragwagen verladen werden. Ist dies ge-
              mäß RID zulässig? Nennen Sie auch die genaue Fundstelle für Ihre Lösung!

867   Flüssiges Eisen mit einer Temperatur von 1400 °C soll als erwärmter flüssiger   (10)
        Stoff in loser Schüttung in einem Torpedowagen von der Eisenhütte zum
        Walzwerk nach RID befördert werden.

        1.   Geben Sie die stoffspezifischen Angaben im Beförderungsdokument nach
              RID an.

        2.   Welche Großzettel und Kennzeichnungen sind nach Teil 5 RID am Wagen
              (Torpedowagen) anzubringen?

        3.   An welchen Stellen sind die Großzettel und Kennzeichnungen am Torpedo-
              wagen anzubringen?

        4.   Welche Sondervorschrift ist beim Bau der Torpedowagen nach RID zu be-
              achten und in welcher Regelung sind in Deutschland die Bedingungen dafür
              festgelegt? Nennen Sie die konkreten Fundstellen!

868   3400 kg Schwefel sollen in loser Schüttung nach RID befördert werden.   (10)

        1.   Welche Arten von Schüttgut-Containern sind bei dieser UN-Nummer zuläs-
              sig?

        2.   Welche Anforderungen werden nach RID an Beförderungsmittel gestellt, auf
              die flexible Schüttgut-Container verladen werden?

        3.   Wie lauten die stoffspezifischen Angaben im Beförderungspapier nach RID?

        4.   Wie lange darf ein flexibler Schüttgut-Container nach der Herstellung für die
              Beförderung gefährlicher Güter verwendet werden?

        5.   Auf einem zugelassenen flexiblen Schüttgut-Container ist folgende Kenn-
              zeichnung angebracht: „UN/BK3/Z/11 09/RUS/NTT/
              MK-14-10/56000/14000". Was bedeutet die Zahl „56000"?

        6.   Welche Großzettel sind bei Schwefel vorgeschrieben und was ist nach RID
              zu tun, wenn die Großzettel nicht von außen sichtbar sind?

869   Ein leerer, ungereinigter Batteriewagen, der mit UN 1065 befüllt war, soll nach   (10)
        seiner Entleerung zur Wiederbefüllung zum Befüller befördert werden. Die
        Frist für die nächste wiederkehrende Prüfung nach RID ist allerdings vor
        2 Monaten abgelaufen.

        1.   Wie lauten die stoffspezifischen Angaben für diesen Batteriewagen im Beför-
              derungpapier nach RID?

        2.   Ist der Rücktransport des Batteriewagens zur Wiederbefüllung nach RID zu-
              lässig? Nennen Sie auch die genaue Fundstelle für Ihre Lösung!

3.   Ist eine Beförderung zur wiederkehrenden Prüfung zulässig? Nennen Sie auch die genaue Fundstelle für Ihre Lösung!

4.   Welche zusätzliche Angabe ist bei der Beförderung nach Ablauf der Prüffrist im Beförderungspapier nach RID gefordert?

5.   Wer hat dafür zu sorgen, dass der Batteriewagen für den Transport zur Prüfung gekennzeichnet und bezettelt ist?

6.   Welches Dokument muss nach der wiederkehrenden Prüfung der Tankakte gemäß RID beigefügt werden?

1.5 Fragen zum Teil Binnenschifffahrt

Hinweis: *Die Zahl in Klammern gibt die erreichbare Punktzahl an.*
Redaktionell eingefügte Codes zu den Themenbereichen stehen jeweils unter der
Fragennummer.

870 Dürfen im Binnenschiffsverkehr 500 kg Munition der UN 0012 als Gefahrgut   (2)
(F) im Rahmen der Freimengenregelung transportiert werden?

871 Dürfen auf Binnenschiffen, die gefährliche Güter nach ADN befördern, Fahr-   (1)
(BA) gäste mitreisen?

872 Darf der Führer eines Tankschiffes mit Benzinladung gemäß ADN Fahrgäste   (2)
(BA) befördern? Nennen Sie auch den zutreffenden Abschnitt im ADN!

873 Auf einem Binnenschiff werden 30 t UN 1831 Schwefelsäure, rauchend, 8 (6.1), (1)
(BA) VG I, in Versandstücken befördert. Dürfen Fahrgäste an Bord mitgenommen
werden?

    A   Ja, da für die Beförderung von Schwefelsäure kein Zulassungszeugnis be- ☐
           nötigt wird und die Säure weder brennbar noch explosionsgefährlich ist.

    B   Die Mitnahme ist unter ausdrücklichem Einverständnis des Schiffseigners ☐
           erlaubt.

    C   Bei Vorliegen einer Sondergenehmigung durch die zuständige Behörde ist ☐
           die Mitnahme erlaubt.

    D   Die Beförderung von Fahrgästen ist im vorliegenden Fall verboten. ☐

874 Das Fassungsvermögen des Treibstofftanks eines Schiffes umfasst insgesamt (1)
(F) 42 000 l Gasöl. Gilt diese Bunkermenge als gefährliches Gut im Sinne des ADN?

875 Nennen Sie die nach ADN höchste zulässige Bruttomasse für UN 3102 Orga-   (2)
(BTG) nisches Peroxid Typ B, fest, die in einem Trockengüterschiff (kein Doppelhüllenschiff) befördert werden darf!

876 Auf einem Schiff werden Versandstücke mit ätzenden Stoffen der Klasse 8,   (2)
(F) VG III, verladen. Bis zu welcher höchstzulässigen Bruttomasse kann eine
Befreiung von der Anwendung der Vorschriften des ADN in Anspruch ge-
nommen werden? Nennen Sie auch die zutreffende Fundstelle!

877 Auf einem Schiff werden Versandstücke der Klasse 3, VG III, mit 2 500 kg   (3)
(F) Bruttomasse und Versandstücke der Klasse 8, VG III, mit 1 500 kg Bruttomas-
se geladen. Kann eine Befreiung von der Anwendung der Vorschriften des
ADN in Anspruch genommen werden? Nennen Sie auch die zutreffende
Fundstelle!

878 Ein Schiff wurde mit 500 kg Versandstücken der Klasse 3, VG II, beladen. Ist (2)
(F) die Freimenge überschritten, nach der die Vorschriften des ADN in vollem
Umfang anzuwenden sind? Nennen Sie auch die zutreffende Fundstelle!

879 Auf einem Schiff werden leere ungereinigte Verpackungen geladen, die Stoffe (2)
(F) der Klasse 5.1 enthalten haben. Kann eine Befreiung von der Anwendung der
Vorschriften des ADN in Anspruch genommen werden? Nennen Sie auch die
zutreffende Fundstelle!

880 Auf einem Schiff werden Versandstücke der Klasse 2, 2F, mit 350 kg Brutto- (2)
(F) masse und Versandstücke der Klasse 6.1, VG III, mit 2 500 kg Bruttomasse
verladen. Kann eine Befreiung von der Anwendung der Vorschriften des ADN
in Anspruch genommen werden? Begründen Sie Ihre Antwort!

881 (BA) Darf an Bord von Binnenschiffen, die gefährliche Güter nach ADN befördern, geraucht werden? (1)

    A   Das Rauchen ist nur an Bord von Container- und offenen Typ N-Tankschiffen erlaubt. ☐

    B   Das Rauchen ist nur an Bord von leeren Schiffen erlaubt. ☐

    C   Es besteht ein generelles Rauchverbot. Dieses Verbot gilt nicht in den Wohnungen und im Steuerhaus, sofern deren Fenster, Türen, Oberlichter und Luken geschlossen sind. ☐

    D   Nur im Bereich der Umschlaganlagen ist das Rauchen verboten; auf der Fahrt ist es hingegen gestattet. ☐

882 (BA) Wo und unter welchen Bedingungen darf an Bord eines Binnenschiffes nach ADN beim Gefahrguttransport geraucht werden? (2)

883 (BTG) Dürfen verölte Teile an Bord eines Trockengüterschiffes, das gefährliche Güter befördert, mit Flüssigkeiten mit einem Flammpunkt von weniger als 55 °C gereinigt werden? Nennen Sie auch die zutreffende Fundstelle im ADN! (2)

884 (BTS) Wie oft müssen auf Tankschiffen, die entzündbare flüssige Stoffe der Klasse 3 ADN transportieren, Pumpenräume auf Leckagen überprüft werden? In welchem Zustand müssen sich dabei Bilge und Auffangwannen befinden? (2)

885 (BTS) In welchen zeitlichen Abständen müssen die Kofferdämme bei Tankschiffen, die gefährliche Güter nach ADN transportieren, auf ihre Trockenheit (Ausnahme: Kondenswasser) überprüft werden? Geben Sie auch die zutreffende Fundstelle an! (2)

886 (BTS) Innerhalb welcher Zeitabstände müssen die für das Laden und Löschen benutzten Schlauchleitungen von Tankschiffen nach ADN geprüft werden? (1)

    A   Einmal pro Jahr durch hierfür von der zuständigen Behörde zugelassene Personen ☐

    B   Alle fünf Jahre, jeweils bei der Verlängerung des Zulassungszeugnisses ☐

    C   Die Schlauchkupplungen sind jährlich auf Dichtheit, die Schläuche selber alle zwei Jahre auf Zustand und Dichtheit zu prüfen. ☐

    D   Die erstmalige Prüfung ist nach dreijährigem Gebrauch vorzunehmen, danach sind sie alle zwei Jahre zu prüfen. ☐

887 (BTG) Auf einem Trockengüterschiff befinden sich in der Ladung explosive Stoffe. Das Schiff führt drei blaue Kegel/Lichter. Welcher Abstand ist nach ADN während der Fahrt von anderen Schiffen einzuhalten? (2)

888 (BTS) Ein Tankschiff ist mit zwei blauen Kegeln/Lichtern bezeichnet und liegt außerhalb der von der zuständigen Behörde besonders angegebenen Liegeplätze still. Welcher Mindestabstand muss nach ADN von geschlossenen Wohngebieten mindestens eingehalten werden? (2)

889 (BTG) In welchem Abstand von einem Tanklager muss der Schiffsführer eines Trockengüterschiffes mit drei blauen Kegeln einen Liegeplatz aufsuchen, wenn keiner der von der örtlichen Behörde besonders angegebenen Liegeplätze zur Verfügung steht? (2)

890 (PF) Wer ist nach GGVSEB zuständig für das Ausweisen von Liegeplätzen und Abständen beim Stillliegen nach 7.1.5.4.4 ADN? (2)

891 (PF) Hat der Schiffsführer beim Laden und Löschen von gefährlichen Gütern neben den Bestimmungen des ADN noch zusätzliche Vorschriften zu beachten? (1)

Binnenschifffahrt

892   Welche Unterabschnitte des ADN enthalten die für die Beförderung gefähr-   (2)
(Z)   licher Güter aller Klassen geltenden Vorschriften hinsichtlich der Zusammen-
      ladeverbote für Laderäume und Container?

893   Dürfen gefährliche Güter der Klasse 1 ADN mit unterschiedlichen Verträglich-   (1)
(Z)   keitsgruppen zusammen im gleichen Laderaum gestaut werden?

    A   Ja, soweit sich dies aus der Tabelle unter 7.1.4.3.4 ADN ergibt.   ☐

    B   Nein   ☐

    C   Es besteht kein Zusammenladeverbot; jedoch müssen die Stapelvorschrif-   ☐
            ten beachtet werden.

    D   Nur mit Zustimmung eines Sprengstoffexperten   ☐

894   Welcher Mindestabstand muss eingehalten werden, wenn gefährliche Güter   (2)
(BTG) der Klasse 1 ADN, für die die Bezeichnung mit drei blauen Kegeln vorgeschrie-
      ben ist, mit gefährlichen Gütern der Klasse 5.2 ADN zusammen im gleichen
      Laderaum gestaut werden?

895   Es sollen gefährliche Güter verschiedener Klassen gemäß ADN auf Paletten   (2)
(BTG) gepackt mit dem Schiff befördert werden. Durch welchen horizontalen Min-
      destabstand müssen sie getrennt sein?

896   Welcher Mindestabstand vom Steuerhaus muss bei der Stauung gefährlicher   (2)
(BTG) Güter in Versandstücken nach ADN eingehalten werden?

897   Unter welcher Voraussetzung dürfen Öffnungen eines Ladetanks bei einem   (1)
(BTS) Tankschiff, das mit zwei blauen Kegeln/Lichtern nach ADN bezeichnet ist,
      geöffnet werden?

    A   Sobald der Beladungsvorgang beendet ist   ☐

    B   Wenn die Ladepapiere vorliegen   ☐

    C   Der Ladetank muss vorher entspannt worden sein.   ☐

    D   Nach Einhaltung einer Wartezeit von 30 Minuten nach Ende der Beladung   ☐

898   Wo darf gemäß ADN die Ladung eines Tankschiffes umgeladen werden? Ist   (2)
(BTS) hierfür eine Genehmigung erforderlich?

899   Darf nach ADN ein gefährliches Gut im direkten Umschlag von einem Schiff   (1)
(BTS) auf ein anderes umgeladen werden?

    A   Nein   ☐

    B   Ja, mit Genehmigung der örtlich zuständigen Behörde   ☐

    C   Ja, wenn für die Schiffe kein Zulassungszeugnis erforderlich ist   ☐

    D   Ja, wenn sowohl Absender wie auch Empfänger des gefährlichen Gutes ihr   ☐
            ausdrückliches Einverständnis erklärt haben

900   Ein Binnenschiff wird mit explosiven Stoffen der Klasse 1 ADN beladen. Drei   (2)
(BA) blaue Lichter/Kegel sind vorgeschrieben. Was ist zu veranlassen, wenn ein
      Gewitter aufzieht?

901   Ein Binnenschiff wird mit Stoffen der Klasse 4.1 ADN beladen. Drei blaue   (2)
(BA) Lichter/Kegel sind vorgeschrieben. Was ist zu veranlassen, wenn ein Gewit-
      ter aufzieht?

902   Ein Binnenschiff wird mit Stoffen der Klasse 5.2 ADN beladen. Drei blaue   (2)
(BA) Lichter/Kegel sind vorgeschrieben. Was ist zu veranlassen, wenn ein Gewit-
      ter aufzieht?

Binnenschifffahrt

903
(BTS)
Während der Beladung eines Tankschiffes bei Nacht fällt die Hafenbeleuchtung aus. Reichen die ex-geschützten Taschenlampen nach ADN aus, um die Beladung von Deck aus fortführen zu können? Nennen Sie auch die zutreffende Fundstelle im ADN! **(2)**

904
(BTS)
Wo darf das Entgasen von stillliegenden Tankschiffen erfolgen, die gefährliche Stoffe der Klasse 2 mit Klassifizierungscode „T" ADN enthalten haben? **(2)**

905
(BTS)
Welcher Unterabschnitt des ADN enthält die Bestimmungen über den höchstzulässigen Füllungsgrad von Tankschiffen? **(2)**

906
(BTS)
Wie viel Prozent beträgt nach ADN der maximal zulässige Tankfüllungsgrad von Salpetersäure, rotrauchend (UN 2032)? **(2)**

907
(BTS)
Wie viel Prozent beträgt nach ADN der maximal zulässige Tankfüllungsgrad von Cresylsäure (UN 2022)? **(2)**

908
(BTS)
Wie viel Prozent beträgt nach ADN der maximal zulässige Tankfüllungsgrad von Cycloheptan (UN 2241)? **(2)**

909
(BTS)
Wie wird nach ADN in der Tankschifffahrt der Begriff der Ladungsrückstände definiert? **(2)**

910
(D)
In welchen beiden Kapiteln des ADN finden Sie Angaben über die Dokumentation? **(2)**

911
(D)
Ein Containerschiff (kein Doppelhüllenschiff) befördert einen Container mit 10 000 kg UN 1263 Farbe, 3, VG II, in Großpackmitteln (IBC) von Duisburg nach Karlsruhe. Nennen Sie drei Dokumente, die sich nach ADN an Bord befinden müssen! **(3)**

912
(D)
Für jedes nach ADN zu befördernde gefährliche Gut ist ein Papier an Bord mitzuführen, das alle nach ADN erforderlichen Vermerke zu dem Gut enthält. Wie nennt man dieses Papier? **(1)**

913
(D)
In welchem Abschnitt des ADN ist der Inhalt des Beförderungspapiers festgelegt? **(2)**

914
(D)
Muss der Schiffsführer bei der Fahrt mit einem Tankschiff mit leeren ungereinigten Tanks, das mit einem gefährlichen Gut nach ADN beladen war, ein Beförderungspapier mitführen? Nennen Sie auch die zutreffende Fundstelle im ADN! **(2)**

915
(D)
In welchem Absatz des ADN befinden sich Hinweise, in welcher Sprache die Vermerke im Beförderungspapier abgefasst sein müssen? **(2)**

916
(D)
Welche Angaben muss das Beförderungspapier über die geladenen gefährlichen Güter nach ADN enthalten? **(1)**

A   Die in 5.4.1.1 ADN vorgeschriebenen Vermerke ☐

B   Die in der Rheinschifffahrtspolizeiverordnung – Anlage 7 – aufgeführten Hinweise ☐

C   Ausschließlich Angaben über das Verhalten im Brandfall ☐

D   Die vom Hersteller des gefährlichen Gutes gelieferten Angaben über die chemischen und physikalischen Eigenschaften dieses Gutes ☐

Binnenschifffahrt

917 (D)	Welche der folgenden Angaben muss im Beförderungspapier nach ADN enthalten sein?	(1)

A   Die Adresse des Herstellers des Gutes ☐

B   Die amtliche Schiffsnummer ☐

C   Name(n) und Anschrift(en) des/der Empfänger(s) ☐

D   Das Ablaufdatum der Gültigkeit des Zulassungszeugnisses ☐

918 (PF)   Wer ist nach ADN verpflichtet, dem Beförderer die für eine Beförderung erforderlichen Angaben, Informationen und Papiere zu liefern? **(2)**

919 (PF)   Wer ist nach ADN bei Tankschiffen mit leeren ungereinigten Ladetanks hinsichtlich des Beförderungspapiers als Absender anzusehen? **(2)**

920 (D)   Wann müssen nach ADN die Beförderungspapiere an den Schiffsführer übergeben werden? **(2)**

921 (D)   Nach dem Beladen des Schiffes überreicht der Absender dem Schiffsführer ein ordnungsgemäß ausgefülltes Beförderungspapier und die schriftlichen Weisungen. Ist dies nach ADN korrekt? Nennen Sie auch die zutreffende Fundstelle im ADN! **(2)**

922 (D)   Unter welchen Voraussetzungen kann nach einem Umschlag von einem Seeschiff auf ein Binnenschiff das Beförderungsdokument für den Seeverkehr auch als Beförderungspapier gemäß ADN verwendet werden? **(2)**

923 (D)   In welcher Sprache/welchen Sprachen müssen die schriftlichen Weisungen nach ADN abgefasst werden? **(2)**

924 (D)   Wann müssen nach ADN die schriftlichen Weisungen an den Schiffsführer übergeben werden? **(2)**

925 (D)   Von wem sind die vom Schiffsführer bei einer Beförderung nach ADN mitzuführenden schriftlichen Weisungen bereitzustellen? **(2)**

926 (D)   Wer muss nach ADN dem Schiffsführer die schriftlichen Weisungen zur Verfügung stellen? **(1)**

A   Die Wasserschutzpolizei ☐

B   Der Empfänger ☐

C   Die für das Laden zuständige Hafenbehörde ☐

D   Der Absender ☐

E   Der Beförderer ☐

F   Der Hersteller der Ware ☐

927 (D)   Welches Papier muss der Beförderer dem Schiffsführer nach ADN für das Verhalten bei Unfällen oder Zwischenfällen, die sich während der Beförderung gefährlicher Güter ereignen können, mitgeben? **(1)**

928 (D)   In welchem Papier nach ADN sind beim Transport gefährlicher Güter die Maßnahmen beschrieben, die bei einem Unfall oder Zwischenfall zu ergreifen sind? **(1)**

929 (D)   Von wem sind dem Schiffsführer die bei der Beförderung gefährlicher Güter auf Binnenschiffen an Bord mitzuführenden schriftlichen Weisungen mitzugeben? **(1)**

A   Von der Wasserschutzpolizei ☐

B   Vom Zollamt ☐

C   Vom Absender ☐

	D	Vom Beförderer	☐
	E	Vom Hersteller der Ware	☐
	F	Vom Hafenamt	☐
	G	Vom Empfänger	☐

930
(D)
In welchem Papier nach ADN sind die Gefahren beschrieben, die von einem gefährlichen Stoff bei der Beförderung ausgehen können? (1)

931
(D)
Wo müssen die schriftlichen Weisungen an Bord eines Binnenschiffes mit-geführt werden, wenn mit dem Schiff ein gefährliches Gut befördert wird? (2)

932
(D)
Während der Fahrt tritt aus einer undichten Stelle eines Tankschiffs Gefahr-gut aus. In welchem Papier nach ADN sind die zu ergreifenden Maßnahmen beschrieben? (1)

933
(PF)
Wer muss die Mitglieder der Besatzung eines Binnenschiffes vor Ladebeginn über die zu ladenden gefährlichen Güter informieren? (1)

	A	Der Schiffsführer	☐
	B	Das Personal der Löschstelle	☐
	C	Der Empfänger des Gefahrgutes	☐
	D	Jedes Mitglied der Besatzung muss sich selbst informieren.	☐
	E	Die Wasserschutzpolizei	☐
	F	Der Sachkundige	☐

934
(PF)
Wer muss darauf achten, dass jedes Mitglied der Besatzung eines Binnen-schiffes die schriftlichen Weisungen versteht? (1)

	A	Der Sachkundige	☐
	B	Der Gefahrgutbeauftragte	☐
	C	Der Schiffsführer	☐
	D	Der Absender	☐

935
(F)
Ein Containerschiff soll einen Container mit 1 000 kg UN 1080 SCHWEFEL-HEXAFLUORID, 2.2, in Stahlflaschen befördern. Werden für diese Beförderung nach ADN schriftliche Weisungen benötigt? Begründen Sie Ihre Antwort! (2)

936
(ZTS)
In welcher Unterlage wird bestätigt, dass ein Schiff untersucht worden ist und dass Bau und Ausrüstung den anwendbaren Vorschriften des ADN ent-sprechen? (2)

937
(ZTS)
Was wird im Zulassungszeugnis für ein Tankschiff nach ADN bestätigt? (1)

	A	Dass Bau und Ausrüstung des Schiffes den anwendbaren Vorschriften des ADN entsprechen	☐
	B	Dass Bau, Einrichtung und Ausrüstung des Schiffes den Bestimmungen der Rheinschiffsuntersuchungsordnung entsprechen	☐
	C	Dass das Schiff unter der Aufsicht einer anerkannten Klassifikationsgesell-schaft gebaut und von ihr zur Beförderung gefährlicher Güter zugelassen wurde	☐
	D	Dass Bau, Einrichtung, Ausrüstung und Besatzungsstärke den internationa-len Transportbestimmungen für flüssige Treib- und Brennstoffe entsprechen	☐

938
(ZTS)
Wer stellt das Zulassungszeugnis nach ADN für ein Tankschiff aus? (1)

| | A | Die Zentralkommission für die Rheinschifffahrt | ☐ |
| | B | Die von allen Rheinuferstaaten und Belgien anerkannten Klassifikations-gesellschaften | ☐ |

Binnenschifffahrt

| | C | Die zuständigen Behörden der ADN-Vertragsparteien | ☐ |
| | D | Die für das Laden des Schiffes zuständige Hafenbehörde | ☐ |

939
(ZTS) **Mit einem Binnenschiff werden 5 t UN 2448 SCHWEFEL, GESCHMOLZEN, 4.1, VG III, und 10 t UN 1498 NATRIUMNITRAT, 5.1, VG III, befördert. Wird für diesen Transport ein Zulassungszeugnis nach ADN benötigt?** (2)

940
(ZTS) **Wie lange ist nach ADN ein Zulassungszeugnis gültig?** (1)

A Maximal 2 Jahre ☐
B Maximal 3 Jahre ☐
C Maximal 5 Jahre ☐
D Maximal 10 Jahre ☐

941
(ZTS) **Ein Binnenschiff erhält nach einer Havarie ein vorläufiges Zulassungszeugnis. Wie lange ist das Zeugnis nach ADN gültig?** (1)

942
(SK) **Wie lange ist die Bescheinigung über die besonderen Kenntnisse des „Sachkundigen" gemäß ADN gültig?** (1)

A Maximal 1 Jahr ☐
B Maximal 5 Jahre ☐
C Maximal 3 Jahre ☐
D Unbeschränkt ☐

943
(D) **Welche der nachstehend aufgeführten Dokumente müssen sich nach ADN bei der Beförderung gefährlicher Güter auf Binnenschiffen an Bord befinden, wenn die Freimengenregelungen nicht in Anspruch genommen werden können?** (1)

A Ein Abdruck des ADN ☐
B Die Rheinschifffahrtspolizeiverordnung ☐
C Die Rheinschifffahrtsuntersuchungsverordnung ☐
D Wenn die Ladung im kombinierten Verkehr befördert wird, die entsprechenden Beförderungsvorschriften wie das RID, das ADR bzw. der IMDG-Code ☐
E Die „Mannheimer Akte" ☐
F Das Zulassungszeugnis für das Schiff ☐
G Die vorgeschriebenen Beförderungspapiere für alle beförderten gefährlichen Güter ☐
H Die vorgeschriebenen schriftlichen Weisungen ☐
I Die vorgeschriebene Bescheinigung der Isolationswiderstände der elektrischen Einrichtungen ☐
J Die vorgeschriebene Bescheinigung der Prüfung der Feuerlöschschläuche ☐
K Ein Prüfbuch, in dem alle geforderten Messergebnisse festgehalten sind ☐
L Je ein Lichtbildausweis für jedes Mitglied der Besatzung ☐
M Die GGVBinSch ☐
N Der vorgeschriebene Stauplan ☐
O Die vorgeschriebene Bescheinigung über besondere Kenntnisse des ADN ☐

944
(PF) **Für das Laden bzw. Löschen von Stoffen und Gegenständen der Klasse 1, für die nach ADN drei blaue Kegel/Lichter vorgeschrieben sind, ist eine schriftliche Genehmigung erforderlich. Von welcher Behörde nach GGVSEB wird die Genehmigung erteilt?** (2)

945   Für das Laden bzw. Löschen von Stoffen der Klasse 4.1, für die nach ADN   (2)
(BA)   drei blaue Kegel/Lichter vorgeschrieben sind, ist eine schriftliche Genehmigung erforderlich. Von welcher Behörde nach GGVSEB wird die Genehmigung erteilt?

946   Für das Laden bzw. Löschen von Stoffen der Klasse 5.2, für die nach ADN   (2)
(BA)   drei blaue Kegel/Lichter vorgeschrieben sind, ist eine schriftliche Genehmigung erforderlich. Von welcher Behörde nach GGVSEB wird die Genehmigung erteilt?

947   Von wem ist nach ADN der Stauplan aufzustellen, wenn das Schiff gefähr-   (2)
(PF)   liche Güter verschiedener Klassen geladen hat?

948   Welches der nachfolgend aufgeführten Papiere muss der Schiffsführer ge-   (1)
(D)   mäß ADN bei der Beförderung gefährlicher Güter in Versandstücken vor Antritt der Fahrt erstellen?

     A   Für jedes Gefahrgut schriftliche Weisungen   ☐

     B   Eine Bestätigung, worin sich der Schiffsführer dafür verbürgt, dass die gefährlichen Güter entsprechend den ADN-Vorschriften geladen und gestaut wurden   ☐

     C   Eine Aufstellung, aus welcher der Ladeort, die Bezeichnung der Ladestelle sowie das Datum und die Uhrzeit des Ladens jedes einzelnen gefährlichen Gutes ersichtlich ist   ☐

     D   Ein Stauplan, aus dem ersichtlich ist, welche gefährlichen Güter in den einzelnen Laderäumen oder an Deck geladen sind   ☐

949   Nennen Sie die zutreffenden Fundstellen für Angaben zur Prüfliste im ADN!   (2)
(PL)

950   Wer muss nach ADN die Prüfliste unterzeichnen?   (2)
(PL)

951   Nach welchen Vorschriften sind Binnenschiffe zu bezeichnen, die gefährliche   (1)
(BTS)   Güter geladen haben und keine Freimengenregelungen in Anspruch nehmen dürfen?

     A   Nach Kapitel 3 des CEVNI und dem ADN   ☐

     B   Nach der Rheinschiffsuntersuchungsordnung und dem ADN   ☐

     C   Das Schiff selber braucht nicht bezeichnet zu werden, hingegen müssen die Versandstücke mit Gefahrzetteln gemäß Kapitel 5.2 ADN gekennzeichnet werden.   ☐

     D   Nach einer der „Internationalen Regelungen"   ☐

952   Nach welchen internationalen Vorschriften über die Beförderung gefährlicher   (2)
(MK)   Güter kann die Kennzeichnung und Bezettelung der mit Binnenschiffen beförderten Versandstücke erfolgen?

953   Nennen Sie die Fundstelle im ADN, die Hinweise über die Anzahl der jeweils   (2)
(BTS)   vorgeschriebenen blauen Kegel beim Transport von gefährlichen Gütern in Tankschiffen enthält!

954   Ein Schiff hat 3 100 kg UN 1223 Kerosin, 3, VG III, umweltgefährdend, in Stahl-   (2)
(BTG)   fässern geladen. Muss das Schiff gemäß ADN mit Blaulicht/Blaukegel bezeichnet werden?

Binnenschifffahrt

1.5 Binnenschifffahrt

955   Ein Binnenschiff hat 3 100 kg UN 1223 Kerosin, 3, VG III, umweltgefährdend,   (1)
(BTG) in Stahlfässern geladen. Muss das Schiff mit Blaulicht/Blaukegel bezeichnet
      werden?

    A   Nein, da für diesen Stoff keine Bezeichnung mit blauen Kegeln/blauen Lich- ☐
        tern vorgesehen ist.

    B   Nein, Kerosin ist kein Gefahrgut. ☐

    C   Nein, die Partie übersteigt nicht das bezeichnungspflichtige Gewicht. ☐

    D   Ja; alle Schiffe, die Güter der Klasse 3 befördern, müssen Blaulicht/Blau- ☐
        kegel führen.

    E   Ja, weil die Bruttomasse von 3 000 kg überschritten ist. ☐

956   Der Ladetank eines Tankschiffes wurde entleert und gereinigt. Unter welchen   (3)
(BTS) Bedingungen dürfen die blauen Kegel/Lichter entfernt werden? Geben Sie
      auch die zutreffende Fundstelle im ADN an!

957   In welchem Fall müssen beim Binnenschiffstransport Gefahrzettel auf einem   (2)
(MK)   Overpack (Umverpackung) zusätzlich angebracht werden? Geben Sie auch
      die Fundstelle für diese Vorschrift an!

958   In welchem Kapitel des ADN finden Sie Bedingungen für die Beförderung   (2)
(BT)   gefährlicher Güter in loser Schüttung?

959   In welchem Kapitel des ADN finden Sie Bedingungen für die Beförderung   (1)
(BT)   gefährlicher Güter in loser Schüttung?

    A   7.1 ADN ☐

    B   1.2 ADN ☐

    C   3.5 ADN ☐

    D   8.2 ADN ☐

960   In welchem Abschnitt des ADN kann man nachlesen, welche Stoffe zur Beför-   (1)
(BTS) derung in Tankschiffen zugelassen sind?

961   Auf einem Trockengüterschiff wird in einem Tankcontainer eine entzündbare   (2)
(BTG) Flüssigkeit mit einem Flammpunkt von 75 °C befördert. Sind Vorschriften
      nach dem ADN zu beachten? Begründen Sie Ihre Aussage!

962   Ein entzündbarer organischer fester Stoff ohne Zusatzgefahr ist in der alpha-   (2)
(K)   betischen Liste nicht namentlich aufgeführt. Welche korrekte offizielle Be-
      nennung verwenden Sie?

963   Ein giftiger organischer flüssiger Stoff ohne Zusatzgefahr ist in der alphabeti-   (2)
(K)   schen Liste nicht namentlich aufgeführt. Welche korrekte offizielle Benen-
      nung verwenden Sie?

964   Ein ätzender Feststoff, basisch, anorganisch, ohne Zusatzgefahr ist in der al-   (2)
(K)   phabetischen Liste nicht namentlich aufgeführt. Welche korrekte offizielle
      Benennung verwenden Sie?

965   Sind nach ADN UN 1798 GEMISCHE AUS SALPETERSÄURE UND SALZSÄURE   (2)
(K)   zur Beförderung mit Binnenschiffen zugelassen? Begründen Sie Ihre Antwort!

966   Nennen Sie die besonderen Gefahreigenschaften der Unterklasse 5.2 nach   (3)
(K)   ADN! Geben Sie drei der besonderen Eigenschaften an!

967   Welche UN-Nummer nach ADN trifft für ein Pestizid, fest, giftig, n.a.g., zu?   (1)
(K)

Binnenschifffahrt

968
(K)
Welche UN-Nummer nach ADN trifft für Cyclobutan zu?   (1)

969
(K)
Welche UN-Nummer nach ADN trifft für Acrylamid, fest zu?   (1)

970
(K)
Welche UN-Nummer nach ADN trifft für Schwefelsäure, gebraucht zu?   (1)

971
(MK)
Für die Benutzung einer Umverpackung (Holzkiste) im Binnenschiffsverkehr   (1)
gilt:

A   Der Q-Wert muss kleiner 1 sein.   ☐

B   Auf der Umverpackung muss der Ausdruck „Umverpackung" angebracht   ☐
        sein.

C   Auf der Umverpackung darf nichts vermerkt sein.   ☐

D   Gefahrgut darf generell nicht in Umverpackungen verschickt werden.   ☐

972
(K)
Gibt es für den Binnenschiffsverkehr eine Verpackungsvorschrift für Natron-   (2)
kalk (enthält 3 % Natriumhydroxid)? Begründen Sie Ihre Antwort!

973
(V)
Wie hoch ist für den Binnenschiffsverkehr das zulässige Nettogewicht für   (2)
einen Sack Textilgewebe UN/5L3/...?

974
(V)
Wie hoch ist für den Binnenschiffsverkehr die höchstzulässige Nettomasse   (2)
für eine Kiste aus Kunststoff UN/4H1/...?

975
(V)
Wie hoch ist nach den Vorschriften des ADN der zulässige Fassungsraum   (2)
eines Stahlkanisters UN/3A1/...?

976
(V)
Wie hoch ist nach den Vorschriften des ADN die höchstzulässige Nettomasse   (2)
einer Kiste aus Naturholz UN/4C1/...?

977
(BA)
Mit wie vielen Handfeuerlöschern muss ein Schiff, das gefährliche Güter nach   (2)
ADN befördert, zusätzlich zu den nach den Vorschriften für das jeweilige Bin-
nengewässer vorgeschriebenen Löschern ausgerüstet sein?

978
(BA)
Innerhalb welcher Frist müssen nach ADN Feuerlöschgeräte geprüft werden?   (2)

979
(BTG)
Ist an Bord von Schiffen, die gefährliche Güter nach ADN in Versandstücken   (1)
befördern, der Einsatz von Maschinen, die mit flüssigem Kraftstoff betrieben
werden, erlaubt?

A   Nein   ☐

B   Ja, wenn der Flammpunkt des Kraftstoffes 55 °C oder mehr beträgt   ☐

C   Nur dann, wenn alle Laderaumluken geschlossen sind   ☐

D   Nur wenn die Versandstücke keine Güter der Gefahrklasse 1 enthalten   ☐

980
(BTG)
Unter welcher Bedingung ist an Bord von Schiffen, die gefährliche Güter nach   (2)
ADN in Versandstücken befördern, der Einsatz von Maschinen, die mit flüssi-
gem Kraftstoff betrieben werden, erlaubt?

981
(BA)
Wie viele geeignete Fluchtgeräte müssen sich – sofern erforderlich – an Bord   (1)
von Schiffen befinden, die gefährliche Güter nach ADN befördern?

A   Für jedes Besatzungsmitglied ein geeignetes Fluchtgerät   ☐

B   Für jede an Bord befindliche Person ein geeignetes Fluchtgerät   ☐

Binnenschifffahrt

| C | Für jeweils zwei Personen ein geeignetes Fluchtgerät | ☐ |
| D | Unabhängig von der Personenzahl und Schiffsgröße zwei geeignete Fluchtgeräte | ☐ |

982
(BA)
Was versteht man unter dem Begriff „geeignetes Fluchtgerät" im Sinne des ADN? (2)

983
(BA)
Wie viele geeignete Fluchtgeräte müssen sich – sofern erforderlich – an Bord von Schiffen befinden, die gefährliche Güter nach ADN befördern? (2)

984
(BTS)
In welchem Abschnitt des ADN sind den gefährlichen Gütern die jeweils zugelassenen Tankschiffstypen zugeordnet? (2)

985
(BTS)
Welcher Tankschiffstyp nach ADN ist beim Transport von UN 2820 BUTTERSÄURE, 8, VG III, vorgeschrieben? (2)

986
(BTS)
Welcher Tankschiffstyp nach ADN ist beim Transport von UN 2874 FURFURYLALKOHOL, 6.1, VG III, vorgeschrieben? (2)

987
(BTS)
Welcher Tankschiffstyp nach ADN ist beim Transport von Stoffnummer 9000 AMMONIAK, WASSERFREI, TIEFGEKÜHLT, vorgeschrieben? (2)

988
(BTG)
Ein Containerschiff soll auf dem Rhein sieben Tankcontainer mit jeweils 20 Tonnen UN 1230 METHANOL, 3 (6.1), VG II, befördern. Muss das Containerschiff ein Doppelhüllenschiff sein? Begründen Sie Ihre Antwort! (4)

989
(BTG)
Ein Container-Doppelhüllenschiff soll auf dem Rhein zwei Container mit jeweils 10 Tonnen UN 3102 ORGANISCHES PEROXID TYP B, FEST (Dibenzoylperoxid), 5.2 (1), befördern. Ist dies zulässig? Begründen Sie Ihre Antwort! (4)

990
(BA)
In welchem Abschnitt des ADN ist der Begriff „Wohnung" genau definiert? (2)

991
(BT)
Ein Schiff hat in zwei Laderäumen UN 1408 FERROSILICIUM, 4.3 (6.1), VG III, in loser Schüttung geladen. Mit wie vielen voneinander unabhängigen Saugventilatoren muss das Schiff nach ADN ausgerüstet sein? (2)

992
(BTS)
Auf einem Tankschiff wird UN 2448 SCHWEFEL, GESCHMOLZEN, 4.1, VG III, geladen. Muss sich an Bord des Schiffes ein Toximeter befinden? Nennen Sie auch die zutreffende Fundstelle im ADN! (2)

993
(BA)
Muss das nach 8.1.5.1 ADN genannte Gerät zur Messung toxischer Gase auch auf Schubleichtern ohne Wohnräume vorhanden sein? (1)

A	Ja, es muss immer vorhanden sein.	☐
B	Nein, es genügt, wenn das Schubboot oder das Schiff, das die gekoppelte Zusammenstellung antreibt, mit einem solchen Gerät ausgerüstet ist.	☐
C	Ja, sofern der Schubleichter eine gewisse Länge überschreitet.	☐
D	Nein, es genügt, wenn der Schiffseigner eine verantwortliche Person bezeichnet, die über ein solches Gerät verfügt und dieses im Bedarfsfall kurzfristig aufgeboten werden kann.	☐

994
(BTS)
Welche der nachstehend genannten besonderen Ausrüstungen nach ADN ist gegebenenfalls auf Tankschiffen mitzuführen? (1)

A	Ein Instrument, mit dem der Druck im Ladetank gemessen werden kann	☐
B	Ein Gasspürgerät	☐
C	Zwei Lade-/Löschschläuche	☐
D	Ein Messband	☐

995
(BTG)
Dürfen auf einem Trockengüterschiff Laderäume beheizt werden? Nennen (2)
Sie auch die zutreffende Fundstelle im ADN!

996
(BTS)
Welche drei Schiffstypen werden gemäß ADN bei Tankschiffen unterschie- (2)
den?

997
(BTS)
Wie wird nach ADN ein Schiff „Typ G" definiert? (2)

998
(BTS)
Wie wird nach ADN ein Schiff „Typ C" definiert? (2)

999
(BTS)
Wie wird nach ADN ein Schiff „Typ N geschlossen" definiert? (2)

1000
(BTS)
Wie wird nach ADN ein Schiff „Typ N offen" definiert? (2)

1001
(BTS)
Bei welchem Füllungsgrad muss nach ADN der Grenzwertgeber für die Aus- (1)
lösung der Überlaufsicherung im Ladetank eines Typ-N-Tankschiffes spätestens ansprechen?

A   97,5 %   ☐
B   85 %   ☐
C   97 %   ☐
D   75 %   ☐

1002
(BTS)
Bei welchem Füllungsgrad muss nach ADN ein Niveau-Warngerät auf einem (1)
Typ-G-Tankschiff spätestens ansprechen?

A   86 %   ☐
B   90 %   ☐
C   92 %   ☐
D   97 %   ☐

1003
(SK)
Wen bezeichnet man als „Sachkundigen" im Sinne des ADN? (1)

A   Eine Person, die beweisen kann, dass sie besondere Kenntnisse des ADN ☐
hat

B   Den Gefahrgutbeauftragten des Absenders. Da dieser das Produkt am bes- ☐
ten kennt, gilt er als Sachkundiger im Sinne des ADN.

C   Angehörige der Wasserschutzpolizei sind aufgrund ihrer Aufgaben Sachkun- ☐
dige im Sinne des ADN.

D   Der Schiffsführer ist aufgrund seiner Ausbildung und seiner allgemeinen ☐
Kenntnisse eine sachkundige Person im Sinne des ADN.

1004
(SK)
Wie alt muss ein „Sachkundiger" gemäß ADN mindestens sein? (1)

1005
(BA)
Welche Voraussetzungen gemäß ADN müssen Personen erfüllen, die Lade- (1)
räume oder bei Tankschiffen bestimmte Räume unter Deck mit Atemschutz-
geräten betreten?

A   Personen, die in der Handhabung dieser Geräte ausgebildet und den zu- ☐
sätzlichen Belastungen gesundheitlich gewachsen sind

B   Alle Besatzungsmitglieder, da keine besonderen Voraussetzungen zu erfül- ☐
len sind

    C   Nur die Inhaber der Bescheinigung über besondere Kenntnisse des ADN   ☐

    D   Jedes Besatzungsmitglied, das an einer ABC-Schutz-Ausbildung teilgenom-   ☐
            men hat

    E   Jeder Inhaber eines Sachkundenachweises gemäß ADN   ☐

1006   **Nennen Sie drei Fundstellen des ADN, in denen sich Regelungen über die Un-**   (3)
(SK)   **terweisung und Ausbildung des am Gefahrguttransport beteiligten Personals**
       befinden!

1007   **Wegen einer Leckage kann ein mit gefährlichen Gütern beladenes Schiff sei-**   (1)
(BTS) **ne Reise nicht mehr fortsetzen. Die Ladung muss umgeschlagen werden.**
       Welche Regelung schreibt das ADN für diesen Fall vor?

    A   Es darf sofort an Ort und Stelle umgeschlagen werden.   ☐

    B   Ein Umschlag darf nur mit Genehmigung der örtlich zuständigen Behörde er-   ☐
            folgen.

    C   Ein Bord-Bord-Umschlag ist generell verboten.   ☐

    D   Ein Umschlag darf nur in einem Hafenbecken erfolgen.   ☐

1008   **Es sollen 20 t n-Propylalkohol, VG II, in einem Tankcontainer in die USA ver-**   (10)
       schifft werden. Die Beförderung erfolgt zunächst mit einem Containerschiff
       auf dem Rhein nach Rotterdam.

    1.   Zu welcher Gefahrklasse nach ADN gehört n-Propylalkohol?

    2.   Nennen Sie vier Angaben, die das Beförderungspapier gemäß ADN für die-
         sen Transport enthalten muss!

    3.   Wie ist der Tankcontainer im Hinblick auf die bevorstehende Seebeför-
         derung gemäß den Bestimmungen des ADN zu kennzeichnen und zu plaka-
         tieren?

    4.   Muss das Schiff wegen des Containers mit blauen Kegeln/Lichtern bezeich-
         net sein?

1009   **Es sollen 20 t n-Propylalkohol, VG II, in einem Tankcontainer in die USA ver-**   (10)
       schifft werden. Die Beförderung erfolgt zunächst mit einem Containerschiff
       auf dem Rhein nach Rotterdam.

    1.   Nennen Sie fünf Angaben, die das Beförderungspapier gemäß ADN für die-
         sen Transport enthalten muss!

    2.   Muss sich ein Sachkundiger an Bord befinden?

    3.   Welche besondere Ausrüstung gemäß ADN ist für diesen Transport erforder-
         lich?

    4.   Wie viele Feuerlöschgeräte müssen gemäß ADN an Bord des Schiffes sein?

1010   **Eine Reederei erhält den Auftrag, 1 500 t Ölsaatkuchen mit mehr als 1,5 Mas-**   (10)
       se-% Öl mit dem Schiff von Rotterdam nach Mannheim zu bringen. Die Öl-
       saatkuchen sind unverpackt.

    1.   Nennen Sie fünf der erforderlichen Angaben im Beförderungspapier nach
         ADN!

    2.   Ist nach ADN der Transport in loser Schüttung zulässig? Geben Sie auch die
         zutreffenden Fundstellen an!

    3.   Muss das Schiff eine Bezeichnung nach ADN führen?

    4.   Welche Maßnahmen sind vor dem Löschen der Ladung von den Personen
         zu beachten, die die Laderäume betreten sollen?

Binnenschifffahrt

1011   **Eine Reederei erhält den Auftrag, 1 500 t Ölsaatkuchen mit mehr als 1,5 Mas-**   (10)
        se-% Öl mit dem Schiff von Rotterdam nach Mannheim zu bringen. Die Öl-
        saatkuchen sind unverpackt.

      1.   Zu welcher Klasse nach ADN gehören Ölsaatkuchen?

      2.   Nennen Sie vier der erforderlichen Angaben im Beförderungspapier nach
            ADN!

      3.   Welche besondere Ausrüstung ist nach ADN an Bord mitzuführen? Geben
            Sie auch die zutreffende Fundstelle an!

      4.   Welche Voraussetzungen muss der Sachkundige an Bord nach ADN erfüllen?

      5.   Wie viele Feuerlöschgeräte müssen gemäß ADN an Bord des Schiffes sein?

1012   **Auf dem Rhein werden in einem Tankschiff 1 000 t UN 1547 ANILIN befördert.**   (10)
        Der Transport wird nach den Vorschriften des ADN durchgeführt.

      1.   Welche besondere Ausrüstung ist für diesen Transport erforderlich?

      2.   Welcher Tankschiffstyp ist zu verwenden?

      3.   Wie viele blaue Kegel/Lichter muss das Schiff führen?

      4.   Welche Anforderungen muss der an Bord befindliche Sachkundige erfüllen?

1013   **Auf dem Rhein werden in einem Tankschiff 1 000 t UN 1547 ANILIN befördert.**   (10)
        Der Transport wird nach den Vorschriften des ADN durchgeführt.

      1.   Nennen Sie fünf Angaben, die das Beförderungspapier enthalten muss!

      2.   Welcher Tankschiffstyp ist zu verwenden?

      3.   Wie müssen tragbare Lampen beschaffen sein, die an Deck benutzt werden?

      4.   Darf sich der 12-jährige Sohn des Schiffsführers während der Fahrt an Bord
            befinden? Nennen Sie auch die zutreffende Fundstelle im ADN!

1014   **Mit einem Binnentankschiff werden 800 t UN 1214 ISOBUTYLAMIN nach den**   (10)
        Vorschriften des ADN transportiert.

      1.   Welcher Tankschiffstyp muss verwendet werden? Nennen Sie auch die zu-
            treffende Fundstelle im ADN!

      2.   Welche besondere Ausrüstung ist für diesen Transport erforderlich?

      3.   Nennen Sie vier Dokumente, die nach dem ADN bei diesem Tankschifftrans-
            port zusätzlich mitgeführt werden müssen!

1015   **Mit einem Binnentankschiff werden 800 t UN 1214 ISOBUTYLAMIN nach den**   (10)
        Vorschriften des ADN transportiert.

      1.   Benötigt das Schiff ein Zulassungszeugnis? Nennen Sie auch die zutreffen-
            de Fundstelle im ADN!

      2.   Welcher Tankschiffstyp muss verwendet werden? Nennen Sie auch die zu-
            treffende Fundstelle im ADN!

      3.   In welchem Abschnitt des ADN finden Sie die allgemeinen Betriebsvorschrif-
            ten für Tankschiffe?

      4.   Nennen Sie fünf erforderliche Angaben im Beförderungspapier!

1016   **Mit einem Binnentankschiff werden 900 t UN 1888 Chloroform nach den Vor-**   (10)
        schriften des ADN transportiert.

      1.   Nennen Sie vier Angaben, die das Beförderungspapier enthalten muss!

      2.   Benötigt das Schiff ein Zulassungszeugnis? Nennen Sie auch die zutreffen-
            de Fundstelle im ADN!

      3.   Welche besondere Ausrüstung ist nach ADN an Bord mitzuführen? Geben
            Sie auch die zutreffende Fundstelle an!

Binnenschifffahrt

1017 **Mit einem Binnentankschiff werden 900 t UN 1888 Chloroform nach den Vor-**   (10)
schriften des ADN transportiert.

1. Zu welcher Gefahrklasse gehört Chloroform?

2. Nennen Sie sechs Angaben, die das Beförderungspapier enthalten muss!

3. Welcher Tankschiffstyp muss für das genannte Gut verwendet werden?

4. Wie viele blaue Kegel/Lichter muss das Schiff führen?

5. In welchem Abschnitt des ADN finden Sie die für diesen Transport zutreffenden allgemeinen Betriebsvorschriften?

1018 **Es sollen 400 t UN 2067 in loser Schüttung auf dem Rhein transportiert wer-**   (10)
den.

1. Um welchen Stoff handelt es sich und zu welcher Klasse nach ADN gehört
er?

2. Nennen Sie fünf Angaben, die das Beförderungspapier enthalten muss!

3. Muss das Schiff mit blauen Kegeln/Lichtern bezeichnet sein?

4. Welche besondere Ausrüstung ist für den Transport erforderlich?

1019 **Es sollen 400 t UN 2067 in loser Schüttung auf dem Rhein transportiert wer-**   (10)
den.

1. Nennen Sie drei Angaben, die das Beförderungspapier enthalten muss!

2. Kann der Transport in loser Schüttung durchgeführt werden? Geben Sie
auch die Fundstelle für Ihre Aussage an!

3. Muss sich ein Sachkundiger an Bord befinden?

4. Welche Maßnahmen sind während des Ladens/Löschens und der Beförderung zu ergreifen?

1.6 Fragen zum Teil See

Hinweis: *Die Zahl in Klammern gibt die erreichbare Punktzahl an.*
Redaktionell eingefügte Codes zu den Themenbereichen stehen jeweils unter der
Fragennummer.

1020   **Werden die im Kapitel 3.4 des IMDG-Codes aufgeführten Bedingungen für**   (1)
(LQ)   **gefährliche Güter in begrenzten Mengen eingehalten, so sind diese Güter**
keine Gefahrgüter im Sinne des IMDG-Codes mehr. Ist diese Aussage zutref-
fend?

   A   Diese Aussage ist richtig.   ☐

   B   Diese Aussage ist falsch. Die unter den Bestimmungen des Kapitels 3.4 be-   ☒
förderten Güter sind in jedem Fall Gefahrgut gemäß IMDG-Code.

   C   Diese Aussage stimmt teilweise.   ☐

   D   Kapitel 3.4 enthält die grundlegenden Bestimmungen über Trennvorschriften   ☐
und ist deshalb nicht anwendbar.

1021   **Wie groß darf die Gesamtbruttomasse eines Versandstücks, in dem gefähr-**   (1)
(LQ)   **liche Güter in begrenzten Mengen gemäß Kapitel 3.4 des IMDG-Codes beför-**
dert werden, maximal sein?

   A   10 kg   ☐

   B   15 kg   ☐

   C   30 kg   ☒

   D   45 kg   ☐

   E   50 kg   ☐

1022   **Welches Kapitel des IMDG-Codes enthält die allgemeinen Vorschriften zur**   (2)
(LQ)   **Beförderung gefährlicher Güter in begrenzten Mengen?**

1023   **In welchem Kapitel des IMDG-Codes sind die allgemeinen Bedingungen für**   (1)
(LQ)   **die Beförderung gefährlicher Güter bestimmter Gefahrenklassen in begrenz-**
ten Mengen enthalten?

   A   Kapitel 1.2   ☐

   B   Kapitel 2.0   ☐

   C   Kapitel 3.4   ☒

   D   Kapitel 5.1   ☐

   E   Kapitel 6.5   ☐

   F   Kapitel 4.1   ☐

1024   **Wie groß darf die Gesamtbruttomasse eines Versandstücks, in dem gefähr-**   (2)
(LQ)   **liche Güter in begrenzten Mengen gemäß Kapitel 3.4 des IMDG-Codes beför-**
dert werden, maximal sein?   30 kg

1025   **Wie groß darf die Gesamtbruttomasse eines Versandstücks, in dem gefähr-**   (1)
(LQ)   **liche Güter in begrenzten Mengen gemäß Kapitel 3.4 des IMDG-Codes beför-**
dert werden, maximal sein, wenn mit Schrumpf- oder Stretchfolie umhüllte
Paletten („Trays") als Außenverpackung verwendet werden?

   A   10 kg   ☐

   B   20 kg   ☒

   C   30 kg   ☐

   D   40 kg   ☐

   E   50 kg   ☐

See

1026   In welchem Kapitel des IMDG-Codes sind die spezifischen Aussagen zu den   (1)
(LQ)   einzelnen Stoffen für die Beförderung in begrenzten Mengen aufgeführt?

        A   Kapitel 1.2   ☐
        B   Kapitel 2.0   ☐
        C   Kapitel 3.2   ☒
        D   Kapitel 5.1   ☐

1027   In welchem Kapitel des IMDG-Codes sind die spezifischen Aussagen zu den   (2)
(LQ)   einzelnen Stoffen für die Beförderung in begrenzten Mengen aufgeführt?   3.2

1028   Wie groß darf die Gesamtbruttomasse eines Versandstücks, in dem gefähr-   (2)
(LQ)   liche Güter in begrenzten Mengen gemäß Kapitel 3.4 des IMDG-Codes beför-
        dert werden, maximal sein, wenn mit Schrumpf- oder Stretchfolie umhüllte
        Paletten („Trays") als Außenverpackung verwendet werden?   20 kg

1029   Welche Trennvorschriften des IMDG-Codes gelten für gefährliche Güter, die   (2)
(LQ)   nach Kapitel 3.4 „in begrenzten Mengen" befördert werden?

1030   Welches Kapitel des IMDG-Codes enthält die generellen Vorschriften zur Be-   (2)
(LQ)   förderung gefährlicher Güter, die in begrenzten Mengen verpackt sind?

1031   Welcher Staukategorie sind in begrenzten Mengen verpackte gefährliche Gü-   (1)
(LQ)   ter im Seeverkehr zugeordnet?

1032   Unter welchen Voraussetzungen dürfen verschiedene gefährliche Güter in   (3)
(Z)   einem Container zusammengeladen werden? Nennen Sie auch die Kapitel
        des IMDG-Codes, die für die Beurteilung herangezogen werden müssen!

1033   Unter welchen Voraussetzungen dürfen verschiedene gefährliche Güter   (2)
(Z)   gemäß GGVSee in einem Versandstück zusammengepackt werden?

1034   In der Klasse 1 gibt es Verträglichkeitsgruppen. Welche Bedeutung haben   (2)
(Z)   diese Verträglichkeitsgruppen für den Seetransport?

1035   Dürfen Stoffe der Unterklassen 1.1B und 1.1D zusammen in einer Güterbeför-   (2)
(Z)   derungseinheit geladen werden? Welcher Unterabschnitt des IMDG-Codes
        regelt dies?

1036   Dürfen Stoffe der Klassen 1.1B und 1.1D gemäß Kapitel 7.2 des IMDG-Codes   (1)
(Z)   zusammen in einer Güterbeförderungseinheit geladen werden?

        A   Nur mit Sondergenehmigung der Hafenbehörde   ☐
        B   Nein   ☒
        C   Nur wenn das Schiff dafür ausgestattet ist   ☐
        D   Nur wenn der Kapitän damit einverstanden ist   ☐
        E   Ja   ☐

1037   Welcher Personenkreis an Bord eines Seeschiffes ist vom Kapitän über das   (1)
(NM)   Vorhandensein gefährlicher Güter an Bord zu informieren?

        A   Nur sein Stellvertreter   ☐
        B   Alle mit Notfallmaßnahmen befassten Besatzungsmitglieder   ☒
        C   Alle Besatzungsmitglieder   ☐
        D   Alle an Bord befindlichen Personen   ☐
        E   Es müssen keine Personen informiert werden.   ☐

1038   Welcher Personenkreis an Bord eines Seeschiffes ist vom Kapitän über das   (2)
(NM)   Vorhandensein gefährlicher Güter an Bord zu informieren?

1039 Welche Trennbegriffe werden im IMDG-Code verwendet? Nennen Sie zwei! (2)
(Z)   *7.2.2.2*

1040 In welchem Kapitel des IMDG-Codes sind die allgemeinen Trennvorschriften (2)
(Z)   geregelt?   *7.2 (1)*

1041 Wie viele Trennbegriffe werden im IMDG-Code verwendet und in welchem (2)
(Z)   Unterabschnitt des IMDG-Codes sind die Trennbegriffe aufgeführt? *2.2.2.2*

1042 In welchem Abschnitt des IMDG-Codes ist die Trennung von Versandstücken (2)
(Z)   in Containern geregelt?

1043 In welchem Abschnitt des IMDG-Codes erfolgt die Zuordnung der UN-Num- (2)
(Z)   mern zu den Trenngruppen?

1044 Wie viele Trenngruppen gibt es gemäß IMDG-Code? (2)
(Z)

1045 UN 1736 BENZOYLCHLORID gehört gemäß IMDG-Code in die Trenngruppe (1)
(Z)
A	Säuren	☑
B	Chlorite	☐
C	Chlorate	☐
D	Bromate	☐
E	Hypochlorite	☐
F	Perchlorate	☐
G	Azide	☐
H	Ammoniumverbindungen	☐
I	Cyanide	☐

3.1.4.4

1046 Kann UN 1808 PHOSPHORTRIBROMID, Klasse 8 auf einem Seeschiff unter (2)
(ST) Deck gestaut werden? Nennen Sie auch die Staukategorie!

1047 Wie viele Staukategorien für gefährliche Güter (außer für Güter der Klasse 1) (1)
(ST) gibt es laut IMDG-Code?
A	Fünf: A bis E	☑
B	Vier: A bis D	☐
C	Acht: A bis H	☐
D	Neun: A bis I	☐

7.1.3.2

1048 Wie viele Staukategorien für gefährliche Güter (außer für Güter der Klasse 1) (2)
(ST) gibt es laut IMDG-Code?

1049 Wie viele Staukategorien gibt es für die Klasse 1 gemäß IMDG-Code? (2)
(ST)

1050 Wenn in einem Frachtcontainer für den Seeverkehr nur ein Teil der Ladung (1)
(CV) aus Versandstücken mit gefährlichen Gütern besteht, wie sollten diese dann
      im Container gestaut werden?
A	An der Stirnwand	☐
B	Von der Tür aus zugänglich	☑
C	In der Mitte des Containers, rundum geschützt durch die andere Ladung	☐
D	Dies bleibt dem Verlader selber überlassen.	☐

7.3.3.10

1051 (CV)	Wenn in einem Frachtcontainer für den Seeverkehr nur ein Teil der Ladung aus Versandstücken mit gefährlichen Gütern besteht, wo sollten diese dann im Container gestaut werden? Welcher Unterabschnitt des IMDG-Codes regelt den Sachverhalt?	(2)
1052 (CV)	Auf welche Art und Weise dürfen Container, die gefährliche Güter beinhalten, für den Seetransport verschlossen bzw. verriegelt werden?	(2)
1053 (CV)	Welche besonderen sicherheitstechnischen Vorschriften müssen generell für die Beförderung gefährlicher Güter mit Containern gemäß Abschnitt 7.3.2 des IMDG-Codes beachtet werden?	(2)
1054 (EQ)	400 g UN 2242 CYCLOHEPTENE werden nach den Vorschriften des Kapitels 3.5 IMDG-Code als „in freigestellten Mengen verpackte gefährliche Güter" im Seeverkehr verladen. Welcher Staukategorie ist die Sendung zuzuordnen?	(2)
1055 (EQ)	Welche Trennvorschriften in Bezug auf Kapitel 7.2 IMDG-Code gelten für Güter, die nach Kapitel 3.5 IMDG-Code als „in freigestellten Mengen verpackte gefährliche Güter" transportiert werden?	(2)
1056 (VS)	Schiffe, die bestrahlte Kernbrennstoffe im Seeverkehr befördern, müssen erhöhten sicherheitstechnischen Anforderungen genügen. In welchem internationalen Regelwerk finden Sie diese Anforderungen?	(1)
1057 (VS)	Welcher internationale Code regelt die Beförderung gefährlicher Güter in Massengutschiffen im Seeverkehr?	(1)
1058 (VS)	Welcher internationale Code regelt die Beförderung gefährlicher Güter in Chemikalientankschiffen im Seeverkehr?	(1)
1059 (VS)	Welcher internationale Code regelt die Beförderung gefährlicher Güter in Gastankschiffen im Seeverkehr?	(1)

1060 Wo werden die Anforderungen an die Laderäume für gefährliche Güter auf   (1)
(VS) See-Containerschiffen beschrieben?

    A   In den CTU-Packrichtlinien   ☐
    B   Im IMDG-Code   ☐
    C   Im IMSBC-Code   ☐
    D   In SOLAS Kapitel II-2   ☐

1061 Wo finden Sie die Anforderungen an die Reinigung von Ladetanks auf Chemi- (1)
(VS) kalientankschiffen sowie die Entsorgung der dabei anfallenden Rückstände
     im Seeverkehr?

    A   Im IGC-Code   ☐
    B   Im IMDG-Code   ☐
    C   Im INF-Code   ☐
    D   In MARPOL Anlage II   ☐

1062 UN 1350 SULPHUR soll in flexiblen Schüttgut-Containern im Seeverkehr ver- (3)
(LS) laden werden.

    1. Ist dies zulässig? Begründen Sie Ihre Antwort.
    2. Die flexiblen Schüttgut-Container sollen in eine Güterbeförderungseinheit
        für den Versand im Containerverkehr gestaut werden. Ist dies zulässig?
        Begründen Sie Ihre Antwort.

See

1063 (CV)	Was ist im Hinblick auf Zündquellen zu beachten, wenn ein Container mit einer entzündbaren Flüssigkeit (Flammpunkt unter 23 °C) an Deck eines Containerschiffs gestaut wird?	(1)
1064 (CV)	Dürfen gefährliche Güter der Klasse 6.1 (Verpackungsgruppe II) im Seeverkehr zusammen mit Lebensmitteln in einen Container geladen werden? Nennen Sie auch die Fundstelle für Ihre Antwort.	(2)
1065 (ST)	Welcher Mindestabstand ist in Querrichtung zu beachten, wenn zwei geschlossene Frachtcontainer, die „getrennt voneinander" (Trennbegriff 2) gestaut werden müssen, an Deck eines Containerschiffs verladen werden?	(1)
1066 (ST)	Erläutern Sie die Bedeutung des Staucodes „SW3" nach IMDG-Code.	(1)
1067 (ST)	Erläutern Sie die Bedeutung des Staucodes „SW1" nach IMDG-Code.	(1)
1068 (Z)	Erläutern Sie die Bedeutung des Trenncodes „SG8" nach IMDG-Code.	(1)
1069 (Z)	Erläutern Sie die Bedeutung des Trenncodes „SG46" nach IMDG-Code.	(1)
1070 (Z)	Erläutern Sie die Bedeutung des Trenncodes „SG18" nach IMDG-Code.	(1)
1071 (ST)	Erläutern Sie die Bedeutung des Handhabungscodes „H1" nach IMDG-Code.	(1)
1072 (ST)	Erläutern Sie die Bedeutung des Handhabungscodes „H3" nach IMDG-Code.	(1)
1073 (ST) (Z)	Erläutern Sie die Vorgaben für Stauung und Handhabung sowie Trennung für CHLORACETONITRIL (CHLOROACETONITRILE) gemäß IMDG-Code.	(3)
1074 (ST) (Z)	Erläutern Sie die Vorgaben für Stauung und Handhabung sowie Trennung für ALKALIMETALLAMID (ALKALI METAL AMIDE) gemäß IMDG-Code.	(3)
1075 (Z)	Dürfen UN 1588 und UN 1830 zusammen in einen Container für den Seeverkehr geladen werden?	(3)
1076 (CV)	In welcher Vorschrift finden Sie Hinweise, wie eine schwere Maschine mit gefährlichen Gütern (UN 3528) für den Seeverkehr in einen Container geladen werden muss, um eine punktuelle Überlastung des Containerbodens zu vermeiden?	(2)
1077 (D)	Ist für einen Tankcontainer im Seeverkehr ein Containerpackzertifikat erforderlich?	(1)
1078 (D)	Ist für einen Tankcontainer im Seeverkehr ein Containerpackzertifikat erforderlich? In welchem Unterabschnitt des IMDG-Codes ist dies geregelt?	(2)
1079 (D)	Ist für einen ortsbeweglichen Tank im Seeverkehr ein Containerpackzertifikat erforderlich?	(1)
1080 (D)	Welche Ladungsdokumente sind beim Transport verpackter gefährlicher Güter in einem Container erforderlich? Nennen Sie zwei!	(2)

See

1081   Zusätzlich zum Beförderungsdokument sind gemäß IMDG-Code für den   (2)
(D)   Transport gefährlicher Güter gegebenenfalls weitere Bescheinigungen erfor-
       derlich. Nennen Sie zwei dieser Bescheinigungen!

1082   In welcher Unterlage wird gemäß IMDG-Code das ordnungsgemäße Packen   (1)
(D)   und Sichern von gefährlichen Gütern in Containern bescheinigt?

1083   Wer hat das Containerpackzertifikat für den Seeverkehr auszustellen?   (1)
(D)
       A   Der Aussteller des Beförderungsdokuments   ☐
       B   Der Hersteller und/oder der Vertreiber bzw. deren Bevollmächtigter ☐
       C   Der Anlieferer des Containers am Schiff/Umschlagbetrieb   ☐
       D   Der für die Beladung des Containers Verantwortliche   ☒

7.3.3.17
SSvSee
§ 18 Nr. 3

1084   Ist es erlaubt, im Seeverkehr das Beförderungsdokument und das Container- (1)
(D)   packzertifikat in einem Dokument zusammenzufassen?
       A   Nein, da dadurch die Klarheit der Informationen beeinträchtigt wird. ☐
       B   Ja, die Zusammenfassung der Informationen in einem Dokument ist erlaubt. ☒
5.4.2.2
       C   Nur solange der Platz ausreicht   ☐
       D   Wenn dies vom Schiffsführer akzeptiert wird   ☐

1085   Wer hat das Containerpackzertifikat für den Seeverkehr auszustellen?   (2)
(D)   siehe   1083

§6(1) Nr.1
1086   Welche Angaben muss das Beförderungsdokument zusätzlich zu den nach   (2)
(D)   IMDG-Code, Abschnitt 5.4.1 geforderten Angaben gemäß GGVSee enthalten?

1087   Dürfen verschiedene gefährliche Güter einer oder mehrerer Klassen zusam- (1)
(D)   men in einem Beförderungsdokument für den Seeverkehr aufgeführt wer-
       den?
       A   Nein, die Güter müssen auf jeden Fall auf getrennten Beförderungsdoku- ☐
             menten aufgeführt werden.
       B   Alle gefährlichen Güter können auf einem Beförderungsdokument aufgeführt ☐
             werden.
       C   Ja, aber nur wenn es sich um Güter in begrenzten Mengen handelt.   ☐
       D   Ja, wenn für die gefährlichen Güter das Stauen in einem Laderaum oder ☒
             einer Güterbeförderungseinheit zugelassen ist.

1088   Unter welchen Voraussetzungen dürfen verschiedene gefährliche Güter einer (2)
(D)   oder mehrerer Klassen gemäß GGVSee zusammen in einem Beförderungs-
       dokument für den Seeverkehr aufgeführt werden?

1089   Wer muss gemäß GGVSee das Beförderungsdokument erstellen?   (2)
(PF)

1090   Wer muss gemäß GGVSee das Beförderungsdokument erstellen?   (1)
(PF)
       A   Der Spediteur, der das Gut zur Beförderung übernimmt   ☐
       B   Der Versender (Hersteller oder Vertreiber) des Gutes   ☐
       C   Die Hafenbehörde des Verschiffungshafens   ☐
       D   Derjenige, der die Güter in einem Container staut   ☐

1091
(D)
Ist es erlaubt, das Beförderungsdokument im Seeverkehr mit EDV zu erstellen und zu übermitteln? (1)

    A   Grundsätzlich nein, das Dokument muss als Hardcopy mit Originalunterschrift des Ausstellers zur Abfertigung des Gutes präsentiert werden. ☐

    B   Das richtet sich nach der Gefährlichkeit des Stoffes, es kommt auf die in den einzelnen Stoffseiten enthaltenen Anweisungen an. ☐

    C   Ja ☐

    D   Das entscheiden die Transportbeteiligten durch vertragliche Absprache. ☐

1092
(D)
Das „Container-/Fahrzeugpackzertifikat" ist gemäß IMDG-Code im Ro/Ro-Verkehr erforderlich (1)

    A   nur für mit gefährlichen Gütern beladene Frachtcontainer. ☐

    B   nur für mit gefährlichen Gütern beladene unbegleitete Sattelauflieger. ☐

    C   nur für mit gefährlichen Gütern beladene Fahrzeuge, die nach ADR kennzeichnungspflichtig sind. ☐

    D   für alle mit gefährlichen Gütern beladenen Beförderungseinheiten (ausgenommen ortsbewegliche Tanks). ☐

1093
(K)
(R)
Ein radioaktiver Stoff UN 2910, Klasse 7, soll transportiert werden. Geben Sie hierfür den richtigen technischen Namen gemäß IMDG-Code an! (2)

1094
(K)
Ein Stoff mit der UN-Nummer 2418 soll transportiert werden. Geben Sie hierfür den richtigen technischen Namen gemäß IMDG-Code an. Mit welchen Gefahrzetteln sind die Versandstücke zu versehen? (2)

1095
(K)
(R)
Ein radioaktiver Stoff, UN 3330, soll transportiert werden. Geben Sie hierfür den richtigen technischen Namen gemäß IMDG-Code an. (2)

UN 3078 muß mit dem, proper shipping na—

1096
(MK)
Ein Stoff mit der UN-Nummer 1079 soll transportiert werden. Geben Sie hierfür den richtigen technischen Namen gemäß IMDG-Code an. Mit welchen Gefahrzetteln müssen die Versandstücke versehen werden? (2)

1097
(MK)
Ein Stoff mit der UN-Nummer 1244 soll transportiert werden. Geben Sie hierfür den richtigen technischen Namen gemäß IMDG-Code an. Mit welchen Gefahrzetteln müssen die Versandstücke versehen werden? (2)

1098
(MK)
Ein Stoff mit der UN-Nummer 1380 soll transportiert werden. Geben Sie hierfür den richtigen technischen Namen gemäß IMDG-Code an. Mit welchen Gefahrzetteln müssen die Versandstücke versehen werden? (2)

1099
(D)
Gibt es im IMDG-Code ein vorgeschriebenes Formular für die multimodale Beförderung? (1)

1100
(PF)
Welche Pflichten nach GGVSee treffen zum einen den Versender und zum anderen den Beförderer hinsichtlich der Aufbewahrung der Unterlagen für die Beförderung? (2)

1101
(POT)
Ein Container, der mit mehr als 4 000 kg gefährlicher Güter der UN-Nummer 1145 als einzigem Gefahrgut beladen ist und im Seeverkehr befördert werden soll, muss mit vier Placards gekennzeichnet sein. Welche Angabe wird zusätzlich auf dem Container gefordert, an welchen Stellen muss diese angebracht werden und in welchem Unterabschnitt des IMDG-Codes ist dies geregelt? (3)

1102 An welchen Stellen muss ein Container mit einer Teilladung eines gefähr- (2)
(POT) lichen Gutes der Klasse 3 gemäß IMDG-Code plakatiert werden?

1103 Ein Frachtcontainer für den Seeverkehr, der mit Möbeln und drei Fässern mit (2)
(POT) Farbe (insgesamt 600 l) der Klasse 3 beladen ist, soll gekennzeichnet werden.
Geben Sie die Art der Placards und die erforderliche Anzahl der Placards an!

1104 Mit welchen Placards und an welchen Stellen muss ein Container mit einer (2)
(POT) Teilladung eines gefährlichen Gutes der Klasse 3 gemäß IMDG-Code plakatiert werden?

1105 An welchen Stellen eines Containers ist gemäß IMDG-Code die Kennzeich- (2)
(POT) nung „Marine Pollutant" anzubringen?

1106 Wie wird die Zusatzgefahr an der Güterbeförderungseinheit gemäß IMDG- (1)
(POT) Code kenntlich gemacht?

    A   Durch Placards ohne Ziffer in der unteren Ecke ☐

    B   Durch Placards mit Ziffer in der unteren Ecke ☐

    C   Durch Überkleben der Ziffer des Placards mit dem Placard der Hauptgefahr ☐

    D   Nur durch ein Placard an der Türseite ☐

    E   Die Zusatzgefahr braucht nicht kenntlich gemacht werden. ☐

1107 Wer ist für das Anbringen der vorgeschriebenen Gefahrzettel beim Seetrans- (1)
(PF) port auf den Versandstücken verantwortlich?

    A   Der Beförderer ☐

    B   Der Versender und der Beauftragte des Versenders ☐

    C   Der Schiffsführer ☐

    D   Der Anlieferer am Umschlagbetrieb ☐

1108 Wer ist für das Anbringen der vorgeschriebenen Gefahrzettel beim Seetrans- (2)
(PF) port auf den Versandstücken verantwortlich?

1109 Ein Versandstück mit **AMMONIUM SULPHIDE, SOLUTION**, Klasse 8, UN 2683, (3)
(MK) Flammpunkt +59 °C, soll für den Seetransport gekennzeichnet werden. Ge-
ben Sie die vorgeschriebene Kennzeichnung und Bezettelung gemäß IMDG-
Code an!

1110 Ein Fass (250 kg) mit **LEAD PERCHLORATE, SOLID**, UN 1470, Klasse 5.1, soll (3)
(MK) für den Seetransport gekennzeichnet werden. Geben Sie die vorgeschriebene Kennzeichnung und Bezettelung gemäß IMDG-Code an!

1111 In welchen Fällen muss gemäß IMDG-Code eine Güterbeförderungseinheit (1)
(POT) mit Stoffen der Klasse 1 mit der UN-Nummer versehen werden?

    A   Immer ☐

    B   Ab 4 000 kg Nettoexplosivmasse ☐

    C   Wenn die Transportgenehmigung dies vorschreibt ☐

    D   In keinem Fall ☐

1112 Eine Güterbeförderungseinheit, die gefährliche Güter in begrenzten Mengen (2)
(LQ) der Gefahrenklassen 3, 4.1 und 8 enthält, ist an den Außenseiten mit einem
vergrößerten (250 × 250 mm) Kennzeichen für „begrenzte Mengen" gekennzeichnet. Nach welchem Unterabschnitt des IMDG-Codes ist das zulässig?

1113 Wie müssen Versandstücke mit begrenzten Mengen, die nach den Vorschrif- (2)
(LQ) ten des Kapitels 3.4 des IMDG-Codes befördert werden sollen, mindestens
gekennzeichnet werden?

1114
(LQ)
Ein Container, der nur mit gefährlichen Gütern in begrenzten Mengen der Ge- (2)
fahrklassen 3, 5.1, 6.1 und 8 beladen ist, ist außen mindestens mit welcher
Plakatierung oder Kennzeichnung zu versehen?
In welchem Unterabschnitt des IMDG-Codes ist dies geregelt?

1115
(POT)
Einem Container mit Lebensmitteln wird zu Kühlungszwecken im Seeverkehr (3)
Trockeneis (UN 1845) beigefügt.

1. Wie und wo ist der Container zu kennzeichnen?
2. Ist eine Unterweisung der mit der Handhabung dieses Containers befassten Personen vorgeschrieben? Nennen Sie hierzu ggf. auch den entsprechenden Absatz!

1116
(POT)
Wie muss ein ausschließlich mit Möbeln beladener, begaster Container (2)
(UN 3359) im Seeverkehr gekennzeichnet werden und welche Voraussetzun-
gen müssen erfüllt werden, bevor diese Kennzeichnung wieder entfernt wer-
den darf?

1117
(MK)
Wie groß muss die Buchstabenhöhe des Kennzeichens „Umverpackung/ (1)
Overpack" im Seeverkehr sein?

1118
(CV)
Anhand welcher Kennzeichnung können Sie vor der Verwendung überprüfen, (2)
ob ein Container für den vorgesehenen Zweck geeignet bzw. geprüft ist?
Welchem Unterabschnitt des IMDG-Codes können Sie Einzelheiten zu dieser
Kennzeichnung entnehmen?

1119
(VS)
Welche Informationen sind dem Index des IMDG-Codes anhand eines gege- (2)
benen Stoffes oder Gegenstandes zu entnehmen?

1120
(VS)
In welchen Abschnitten des IMDG-Codes befinden sich die Erläuterungen zur (2)
Gefahrgutliste?

1121
(VS)
Welches Kapitel des IMDG-Codes enthält Festlegungen zu Beförderungs- (2)
dokumenten?

1122
(VS)
Welches Kapitel des IMDG-Codes enthält die Vorschriften für das Plakatieren (2)
von Güterbeförderungseinheiten im Seeverkehr?

1123
(VS)
Welches Kapitel des IMDG-Codes enthält die Begriffsbestimmung von (2)
Meeresschadstoffen?

1124
(VS)
Welcher Abschnitt des IMDG-Codes enthält die Festlegungen zur Beför- (2)
derung von Abfällen?

1125
(VS)
In welchem Abschnitt des IMDG-Codes ist die Stauung von Straßenfahrzeu- (2)
gen mit verpackten gefährlichen Gütern in Ro/Ro-Laderäumen geregelt?

1126
(VS)
In welchem Abschnitt des IMDG-Codes ist die Stauung von Güterbeför- (1)
derungseinheiten in Ro/Ro-Laderäumen geregelt?

A	Abschnitt 5.4.3	☐
B	Abschnitt 4.1.1	☐
C	Abschnitt 7.5.2	☐
D	Abschnitt 1.2.1	☐

1127
(VS)
Welches Kapitel des IMDG-Codes enthält Festlegungen zur Verwendung von (1)
Schüttgut-Containern für die Beförderung fester Stoffe?

A	Kapitel 2.0	☐
B	Kapitel 4.3	☐

See

C	Kapitel 5.1	☐
D	Kapitel 6.1	☐

1128 In welchem Kapitel des IMDG-Codes ist die Verwendung von ortsbeweg- (2)
(VS) lichen Tanks für den Transport flüssiger gefährlicher Güter geregelt?

1129 Welches Kapitel des IMDG-Codes enthält die Vorschriften für die Stauung (2)
(VS) und Trennung von Containern auf Containerschiffen?

1130 In welchem Abschnitt des IMDG-Codes ist die Trennung von Beförderungs- (2)
(VS) einheiten mit verpackten gefährlichen Gütern auf Ro/Ro-Schiffen geregelt?

1131 Welches Kapitel des IMDG-Codes enthält die Vorschriften für das Packen (2)
(VS) von Containern?

1132 In welchem Unterabschnitt des IMDG-Codes ist geregelt, welche Trennvor- (2)
(VS) schriften für gefährliche Güter der Klasse 1 untereinander angewandt werden
müssen?

1133 Wenn in Spalte 4 der Gefahrgutliste (3.2) des IMDG-Codes kein „P" angege- (2)
(K) ben ist, bedeutet dies immer, dass es sich bei dem Stoff um keinen Meeres-
schadstoff handelt?
Begründen Sie Ihre Antwort.

1134 Welche Personen des Schiffspersonals müssen gemäß GGVSee für die Beför- (2)
(Sch) derung gefährlicher Güter auf Seeschiffen besonders unterwiesen sein?

1135 Welche maximale Gültigkeitsdauer haben die Unterweisungsbescheinigun- (2)
(Sch) gen für die Schiffsführer und die für die Ladung verantwortlichen Offiziere bei
Beförderung gefährlicher Güter auf Seeschiffen, die auf Verlangen der Behör-
den gemäß GGVSee vorgelegt werden müssen?

1136 Welche maximale Gültigkeitsdauer haben die Unterweisungsbescheinigun- (1)
(Sch) gen für die Schiffsführer und die für die Ladung verantwortlichen Offiziere bei
der Beförderung gefährlicher Güter auf Seeschiffen, die auf Verlangen der
Behörden gemäß GGVSee vorgelegt werden müssen?

A	3 Jahre	☐
B	5 Jahre	☐
C	Die Gültigkeit ist unbegrenzt.	☐
D	Das hängt von der ausstellenden Stelle ab.	☐

1137 In welchen Vorschriften für den Seetransport ist geregelt, dass nicht alle ge- (1)
(VS) fährlichen Güter zusammen gestaut werden dürfen?

A	In den Unfallverhütungsvorschriften der See-Berufsgenossenschaft	☐
B	In der GGVSee und im IMDG-Code	☐
C	In den durch die UN standardisierten Hafensicherheitsvorschriften	☐
D	In den Hafensicherheitsvorschriften der deutschen Seehäfen	☐
E	Nur in der GGVSee	☐
F	Nur im IMDG-Code	☐

1138 In welcher Vorschrift sind die Ordnungswidrigkeitentatbestände beim Trans- (2)
(PF) port gefährlicher Güter mit Seeschiffen geregelt? Nennen Sie auch die ge-
(VS) naue Fundstelle in der Vorschrift!

1139 Dürfen alle gefährlichen Güter in fester Form auch in loser Schüttung in   (3)
(TV) Schüttgut-Containern und ortsbeweglichen Tanks mit Seeschiffen befördert
werden?
Welche Kapitel des IMDG-Codes enthalten hierzu Angaben zu
1) Schüttgut-Containern und
2) ortsbeweglichen Tanks?

1140 Dürfen Straßentankfahrzeuge, die nicht den Vorschriften des Kapitels 6.7   (2)
(TV) IMDG-Code entsprechen, auf langen internationalen Seereisen für die Be-
förderung gefährlicher Flüssigkeiten verwendet werden?
Nennen Sie den Abschnitt des IMDG-Codes, der dies regelt.

1141 Besteht für Landpersonal, das Container mit gefährlichen Gütern nach IMDG-   (2)
(Sch) Code belädt, eine Unterweisungsverpflichtung?
Nennen Sie auch den entsprechenden Abschnitt des IMDG-Codes.

1142 Gibt es für Landpersonal, das Aufgaben nach 1.3.1.2 IMDG-Code ausführt, in   (2)
(Sch) Deutschland verbindliche Vorgaben für die Unterweisungen?
Begründen Sie Ihre Antwort.

1143 Wie ist im Seeverkehr der Versender definiert?   (1)
(PF)

1144 Sie wollen für den Seetransport gefährliche Güter der Klasse 6.1, UN-Nr. 1590,   (10)
und der Klasse 3, UN-Nr. 2219, in Kanistern zu je 60 l in einem Container zusammenladen lassen.
1. Geben Sie den richtigen technischen Namen der beiden Güter an.
2. Dürfen die Güter in einem Container zusammengeladen werden?
3. Wer ist gemäß GGVSee für die Beachtung der Trennvorschriften bei der
Beladung des Containers verantwortlich?
4. Geben Sie die Staukategorie für den Container an!
5. An welchen Stellen und mit welchen Placards und Kennzeichen ist der
Container zu versehen?

1145 Gefährliche Güter dürfen nach den Bestimmungen des Kapitels 3.4 des   (10)
IMDG-Codes als begrenzte Mengen befördert werden, wenn die dort genannten Bedingungen eingehalten werden.
1. Dürfen die folgenden gefährlichen Güter als begrenzte Mengen befördert
werden?
    1.) PARFÜMERIEERZEUGNISSE, 3   Ja (X) Nein ( )
    2.) PHOSPHOR, GELB, UNTER WASSER, 4.2   Ja ( ) Nein (X)
    3.) TRICHLORETHYLEN, 6.1   Ja (X) Nein ( )
2. Müssen die Verpackungen für den Versand in begrenzten Mengen bauartgeprüft sein? Geben Sie auch den zutreffenden Unterabschnitt des IMDG-
Codes an!
3. Wie müssen die Verpackungen für begrenzte Mengen gefährlicher Güter
mindestens gekennzeichnet werden?

1146 Sie wollen 10 Fässer aus Stahl mit CYCLOHEXYLAMINE, Klasse 8,   (10)
UN-Nr. 2357, zusammen mit ACETONE, Klasse 3, UN-Nr. 1090, in Glasflaschen in 3 Kisten, in einem Container für den Seeverkehr laden.
1. Geben Sie den Stoff an, für den mehrere Kennzeichen vorgeschrieben sind!
2. Gibt es generelle Trennvorschriften für die genannten Klassen?
3. Welche Bedeutung hat die Zusatzgefahr (das Zusatzkennzeichen) für die
Trennung?

    4.   Gibt es gemäß IMDG-Code besondere Trennvorschriften für die beiden Güter?

    5.   Welche Bescheinigung ist von der für die Beladung des Containers verantwortlichen Person auszustellen?

    6.   Mit welchen Placards und wo ist der Container zu kennzeichnen?

1147   Folgende **zwei Partien** Gefahrgüter sollen **(nach GGVSee)** in einem **20'-Con-**   **(10)**
tainer gepackt und mit einem Fährschiff mit „unbegrenzter" Fahrgastzahl nach Großbritannien befördert werden:

–   **80 plastic jerricans** SULPHURIC ACID, **60** %, mit **je 60 l** Inhalt, Bruttogewicht **5800 kg insgesamt**

–   **10 plastic jerricans** DIALLYL ETHER, mit **je 60 l** Inhalt, Bruttogewicht **700 kg insgesamt**

    1.   Welche Papiere müssen nach GGVSee und IMDG-Code für die Beförderung ausgefertigt werden?

 >4500 kg

    2.   Welchen UN-Nummern sind die Stoffe zugeordnet?

    3.   Dürfen die Partien in einem Container zusammengeladen werden?

    4.   Welche Placards sind an welchen Stellen des Containers anzubringen?

    5.   Welche Staukategorie ist für diesen Container zutreffend und darf der Container auf diesem Schiff befördert werden?

1148   **Sie wollen**   **(10)**
1) METHANOL zusammen mit
2) GIFTIGER ORGANISCHER FESTER STOFF, ENTZÜNDBAR, N.A.G.
auf einem Lkw von Deutschland auf dem Seeweg nach England befördern und wissen, dass Sie zusätzlich zum ADR den IMDG-Code für diesen Transport anzuwenden haben.

    1.   Welchen UN-Nummern sind die Stoffe 1) und 2) zugeordnet?

    2.   Zu welchen Klassen gehören die Stoffe 1) und 2)? Welche Zusatzgefahren haben sie?

    3.   Dürfen die beiden Stoffe unter Berücksichtigung ihrer Hauptklassen zusammengeladen werden?

    4.   Dürfen die beiden Stoffe unter Berücksichtigung ihrer zusätzlichen Kennzeichen (Gefahren) zusammengeladen werden?

    5.   Welche Placards sind auf dem Lkw anzubringen?

    6.   An welchen Stellen sind die erforderlichen Placards auf dem Lkw anzubringen?

1149   Gefährliche Güter der **Klassen 3 und 8** in Innenverpackungen **(je 1 l)** sollen für   **(10)**
den Seetransport in begrenzten Mengen **zusammen in eine Außenverpackung** (= Versandstück) gepackt werden. Dieses **Versandstück** soll zusammen mit einem anderen Versandstück, in dem sich gefährliche Güter der **Klasse 5.1** in begrenzten Mengen befinden, in einen Container geladen werden.

    1.   Dürfen die Güter der Klassen 3 und 8 in begrenzten Mengen in eine Außenverpackung zusammengepackt werden?

    2.   Ist für die Außenverpackung eine Baumusterzulassung erforderlich?

    3.   Wie ist das Versandstück mit den Gütern der Klassen 3 und 8 zu kennzeichnen?

    4.   Darf das Versandstück mit den Klassen 3 und 8 zusammen mit dem Versandstück mit der Klasse 5.1 in einen Container geladen werden?

    5.   Wie ist der Container zu kennzeichnen?

1150   Ein Unternehmen lässt einen ortsbeweglichen Tank (Nennvolumen 5000 l),   (10) gefüllt mit **UN 2383 DIPROPYLAMIN**, von Deutschland nach England beför- dern. Der Tank wird per Lkw über eine Fähre nach England gebracht.

1.   Welcher Mindestprüfdruck ist für den Tank vorgeschrieben?
2.   Welche Plakatierung ist nach IMDG-Code für den ortsbeweglichen Tank vor- geschrieben und an welchen Stellen sind die Placards anzubringen?
3.   Welche zusätzlichen Kennzeichnungen sind für den Seeverkehr erforderlich und an welchen Stellen sind diese am ortsbeweglichen Tank anzubringen?
4.   Welcher Staukategorie ist das Gut zugeordnet und wo ist die Beförderungs- einheit auf der Fähre (Länge 180 m, 300 Fahrgäste) zu stauen?

1151   **Folgende drei Gefahrgüter sollen für den Seetransport in einen Container**   (10) **gepackt werden:**

UN 1717
UN 1814
UN 1889

1.   Benennen Sie jeweils die Haupt- und Nebengefahren.
2.   Welches Gefahrgut darf nach den Trennvorschriften des IMDG-Codes nicht mit den beiden anderen Gefahrgütern zusammen in einen Container gepackt werden?
3.   Wie und wo ist der Container mit den zwei verbleibenden Gefahrgütern zu plakatieren und zu kennzeichnen?
4.   Welche Staukategorien sind den beiden in den Container gepackten Gefahr- gütern zugeordnet?
5.   Darf der Container im Laderaum (unter Deck) eines Frachtschiffes befördert werden?
6.   Welches Dokument hat die für das Packen des Containers verantwortliche Person auszustellen?
7.   In welcher Vorschrift findet die für das Packen des Containers verantwort- liche Person konkrete Hinweise zur Lastverteilung und Ladungssicherung?

See

2 Antworten zu den Gb-Prüfungsfragen

2.1 Antworten zu nationalen Rechtsvorschriften

Hinweis: *Die Zahl in Klammern gibt die erreichbare Punktzahl an.*

1   Nach § 3 Absatz 1 Gefahrgutbeförderungsgesetz wurden zahlreiche Verordnungen   **(2)**
        verkündet, z. B. GGVSEB, GGVSee, GbV, GGAV, GGKontrollV.
        Es sind für die richtige Antwort zwei der o.g. Verordnungen auszuwählen.

2   **A**   Er hat das Betreten der Räume seiner Speditionsabteilung zu dulden.   **(1)**
        B   Er muss grundsätzlich die zur Erfüllung der Aufgaben der Überwachungs-
               behörden erforderlichen Auskünfte unverzüglich erteilen.
        C   Er hat den Bediensteten der Überwachungsbehörden auf Verlangen Ver-
               packungsmuster für eine amtliche Untersuchung zu übergeben.
        Die Antworten ergeben sich aus § 9 (2) GGBefG. Danach sind/ist:
        – *Auskünfte unverzüglich zu erteilen*
        – *das Betreten der Räume zu dulden*
        – *Muster von Verpackungen zu übergeben*
        Fundstelle: § 9 GGBefG

3   Ein Bußgeldrahmen von höchstens 50 000 € ist möglich.   **(1)**
        Fundstelle: § 10 GbV in Verbindung mit § 10 Absatz 2 GGBefG

4   – Atomgesetz (AtG)   **(2)**
        – Strahlenschutzverordnung (StrlSchV)
        – Wasserhaushaltsgesetz (WHG)
        – Kriegswaffenkontrollgesetz
        – Straßenverkehrsgesetz (StVG)
        – Straßenverkehrsordnung (StVO)
        – Chemikaliengesetz (ChemG)
        – Bundes-Immissionsschutzgesetz (BImSchG)
        – Sprengstoffgesetz (SprengG)
        – Kreislaufwirtschaftsgesetz (KrWG)
        – Betriebssicherheitsverordnung (BetrSichV)

5   **A**   Das Sprengstoffgesetz   **(1)**
        B   Das Chemikaliengesetz
        C   Das Kreislaufwirtschaftsgesetz
        D   Das Atomgesetz
        E   Das Wasserhaushaltsgesetz
        Zahlreiche Gesetze und Verordnungen mit anderen Schutzzielen sind beim Trans-
        port von gefährlichen Gütern zu beachten, z. B.
        – *Atomgesetz (AtG),*
        – *Strahlenschutzverordnung (StrlSchV),*
        – *Wasserhaushaltsgesetz (WHG),*
        – *Kriegswaffenkontrollgesetz,*
        – *Straßenverkehrsgesetz (StVG) (nicht in Aufzählung aufgenommen),*
        – *Chemikaliengesetz (ChemG),*
        – *Bundes-Immissionsschutzgesetz (BImSchG) (nicht in Aufzählung aufgenommen),*
        – *Sprengstoffgesetz (SprengG).*

2.1 Nationale Rechtsvorschriften

6   **A**   Das Sprengstoffgesetz   (1)

      B   Das Chemikaliengesetz

      C   Das Kreislaufwirtschaftsgesetz

      D   Das Atomgesetz

      E   Das Wasserhaushaltsgesetz

Zahlreiche Gesetze und Verordnungen mit anderen Schutzzielen sind beim Transport von gefährlichen Gütern zu beachten, z. B.

- *Atomgesetz (AtG),*
- *Strahlenschutzverordnung (StrlSchV),*
- *Wasserhaushaltsgesetz (WHG),*
- *Kriegswaffenkontrollgesetz,*
- *Chemikaliengesetz (ChemG),*
- *Sprengstoffgesetz (SprengG).*

Hinweis: Beim Seetransport gibt es in der Regel einen Vor- und/oder Nachlauf über „Land".

7   **A**   Unternehmen gefährliche Güter von nicht mehr als 50 Tonnen netto je Kalenderjahr für den Eigenbedarf in Erfüllung betrieblicher Aufgaben befördern, wobei dies bei radioaktiven Stoffen nur für solche der UN-Nummern 2908 bis 2911 gilt   (1)

      I   sich die Tätigkeit der Unternehmen auf die Beförderung gefährlicher Güter erstreckt, die nach den Bedingungen des Kapitels 3.4 und 3.5 ADR/RID/ADN/IMDG-Code freigestellt sind.

      J   den Unternehmen ausschließlich Pflichten als Entlader zugewiesen und sie an der Beförderung gefährlicher Güter von nicht mehr als 50 Tonnen netto pro Kalenderjahr beteiligt sind.

      K   wenn Gefahrgutbeförderungen ausschließlich im Luftverkehr durchgeführt werden.

      L   sich die Tätigkeit der Unternehmen auf die Beförderung gefährlicher Güter erstreckt, die von den Vorschriften des ADR/RID/ADN/IMDG-Code freigestellt sind.

      M   den Unternehmen ausschließlich Pflichten als Fahrzeugführer, Schiffsführer, Empfänger, Reisender, Hersteller und Rekonditionierer von Verpackungen und als Stelle für Inspektionen und Prüfungen von Großpackmitteln (IBC) zugewiesen sind.

      N   den Unternehmen ausschließlich Pflichten als Auftraggeber des Absenders zugewiesen sind und sie an der Beförderung gefährlicher Güter von nicht mehr als 50 Tonnen netto je Kalenderjahr beteiligt sind, ausgenommen radioaktive Stoffe der Klasse 7 und gefährliche Güter der Beförderungskategorie 0 nach Absatz 1.1.3.6.3 ADR.

      O   sich die Tätigkeit der Unternehmen auf die Beförderung gefährlicher Güter im Straßen-, Eisenbahn-, Binnenschiffs- oder Seeverkehr erstreckt, deren Mengen die in Unterabschnitt 1.1.3.6 ADR festgelegten höchstzulässigen Mengen nicht überschreiten.

Fundstelle: § 1 GbV, § 2 Absatz 1 Nummern 1 bis 7 GbV

8   Nach § 2 GbV sind Unternehmen von der Bestellung eines Gefahrgutbeauftragten befreit,   (2)

      1.   denen ausschließlich Pflichten als Fahrzeugführer, Schiffsführer, Empfänger, Reisender, Hersteller und Rekonditionierer von Verpackungen und als Stelle für Inspektionen und Prüfungen von Großpackmitteln (IBC) zugewiesen sind,

2. denen ausschließlich Pflichten als Auftraggeber des Absenders zugewiesen sind und die an der Beförderung gefährlicher Güter von nicht mehr als 50 Tonnen netto je Kalenderjahr beteiligt sind, ausgenommen radioaktive Stoffe der Klasse 7 und gefährliche Güter der Beförderungskategorie 0 nach Absatz 1.1.3.6.3 ADR,

3. denen ausschließlich Pflichten als Entlader zugewiesen sind und die an der Beförderung gefährlicher Güter von nicht mehr als 50 Tonnen netto je Kalenderjahr beteiligt sind,

4. deren Tätigkeit sich auf die Beförderung gefährlicher Güter erstreckt, die von den Vorschriften des ADR/RID/ADN/IMDG-Code freigestellt sind,

5. deren Tätigkeit sich auf die Beförderung gefährlicher Güter im Straßen-, Eisenbahn-, Binnenschiffs- oder Seeverkehr erstreckt, deren Mengen die in Unterabschnitt 1.1.3.6 ADR festgelegten höchstzulässigen Mengen nicht überschreiten,

6. deren Tätigkeit sich auf die Beförderung gefährlicher Güter erstreckt, die nach den Bedingungen des Kapitels 3.4 und 3.5 ADR/RID/ADN/IMDG-Code freigestellt sind, und

7. die gefährliche Güter von nicht mehr als 50 Tonnen netto je Kalenderjahr für den Eigenbedarf in Erfüllung betrieblicher Aufgaben befördern, wobei dies bei radioaktiven Stoffen nur für solche der UN-Nummern 2908 bis 2911 gilt.

Für die Lösung müssen zwei Antworten ausgewählt werden.
Fundstelle: § 2 GbV

9 **A** Durch Bestehen einer Verlängerungsprüfung (1)
Fundstelle: 1.8.3.16.1 ADR/RID/ADN und § 4 GbV

10 Er muss innerhalb von zwölf Monaten vor Ablauf der Geltungsdauer eine Prüfung (1) nach § 6 Absatz 4 GbV bestehen.
Fundstelle: § 4 GbV in Verbindung mit § 6 Absatz 4 GbV und 1.8.3.16.1 ADR/RID/ADN

11 **A** von fünf Jahren. (1)
Aus § 4 GbV ergibt sich, dass nach einer Grundschulung mit Prüfung (die immer erforderlich ist) die Schulungsbescheinigung für fünf Jahre ausgestellt wird.
Fundstelle: § 4 GbV

12 5 Jahre (1)
Fundstelle: § 4 GbV

13 **A** Der externe Gefahrgutbeauftragte muss Inhaber eines gültigen Schulungs- (1) nachweises sein.
Aus § 3 Absatz 2 und 3 GbV ergibt sich, dass jedes Unternehmen einen externen Gefahrgutbeauftragten bestellen kann. Voraussetzung ist, dass er eine Schulungsbescheinigung nachweist.
Gleichwohl sollte der Unternehmer sich aber auch über die „Leistungsfähigkeit" eines externen Gefahrgutbeauftragten informieren.
Fundstelle: § 3 Absatz 2 und 3 GbV

14 Der Gefahrgutbeauftragte muss im Besitz eines gültigen Schulungsnachweises für (1) den betroffenen Verkehrsträger sein, für den er bestellt wurde.
Fundstelle: § 3 GbV

15 **A** Überwachung der Einhaltung der Vorschriften für die Beförderung gefähr- **(1)**
              licher Güter

       B Beratung des Unternehmers bei den Tätigkeiten im Zusammenhang mit der
              Beförderung gefährlicher Güter

       C Erstellen eines Jahresberichts

*Die Aufgaben des Gefahrgutbeauftragten ergeben sich aus 1.8.3.3 ADR/RID/ADN
in Verbindung mit § 8 GbV. Einzelheiten dort nachlesen. Richtig wären demnach
die ersten drei Antworten.*
Fundstelle: § 8 GbV

16 Antwortmöglichkeiten: **(2)**

– Überwachung der Einhaltung der Vorschriften für die Beförderung gefährlicher
  Güter
– Aufzeichnungen über seine Überwachungstätigkeit erstellen und mindestens
  5 Jahre nach deren Erstellung aufbewahren und ggf. Vorlage der Aufzeichnun-
  gen bei der zuständigen Überwachungsbehörde
– Anzeige von Mängeln, die die Sicherheit beim Transport gefährlicher Güter be-
  einträchtigen, an den Unternehmer
– Beratung des Unternehmers im Zusammenhang mit allen Fragen der Gefahr-
  gutbeförderung
– Erstellen eines Jahresberichts
– Sorge zu tragen, dass ein Unfallbericht erstellt wird
– Prüfung von Vorgehen und Verfahren im Unternehmen, die Gefahrgut betreffen

*Die Aufgaben des Gefahrgutbeauftragten ergeben sich aus 1.8.3.3 ADR/RID/ADN
in Verbindung mit § 8 GbV. Einzelheiten dort nachlesen. Für die Antwort würden
die ersten drei Antworten der Frage 13 ausreichen.*
Fundstelle: § 8 GbV

17 **A** Der Gefahrgutbeauftragte hat dafür zu sorgen, dass der Unfallbericht nach **(1)**
              Eingang aller sachdienlichen Auskünfte erstellt wird.

*Die richtige Antwort ergibt sich aus § 8 Absatz 4 GbV in Verbindung mit 1.8.3.6
ADR/RID/ADN. Danach hat der Gefahrgutbeauftragte dafür zu sorgen, dass der
Unfallbericht nach Eingang aller sachdienlichen Auskünfte erstellt wird. Dieser muss
spätestens 1 Monat nach dem Ereignis bei der zuständigen Behörde vorliegen.*
Fundstelle: § 8 Absatz 4 GbV in Verbindung mit 1.8.3.6 ADR/RID/ADN

18 **A** Der Gefahrgutbeauftragte ist dafür verantwortlich, dass der Unfallbericht **(1)**
              nach Eingang aller sachdienlichen Auskünfte erstellt wird.

*In § 8 Absatz 4 GbV in Verbindung mit 1.8.3.6 ADR/RID/ADN wird vorgeschrieben,
dass bei Unfällen, bei denen Personen, Tiere, ... zu Schaden kommen, ein Unfallbericht zu erstellen ist.*
Fundstelle: § 8 Absatz 4 GbV in Verbindung mit 1.8.3.6 ADR/RID/ADN

19 Bei einem Unfall, der sich während einer von dem jeweiligen Unternehmen durch- **(2)**
       geführten Beförderung oder während des von dem Unternehmen vorgenommenen
       Verpackens, Befüllens, Be- oder Entladens ereignet und bei dem Personen, Sachen
       oder die Umwelt zu Schaden gekommen sind.

Fundstelle: 1.8.3.6 ADR/RID/ADN in Verbindung mit § 8 Absatz 4 GbV

20 **C** In der Straßenverkehrsordnung **(1)**

Fahrverbot für kennzeichnungspflichtige Fahrzeuge (§§ 39, 41 StVO)
*Oftmals findet man das Zeichen 261 – Verbot für kennzeichnungspflichtige Kraft-
fahrzeuge mit gefährlichen Gütern. Die Kennzeichnung von Fahrzeugen mit gefähr-*

lichen Gütern ist in Kapitel 5.3 ADR in Verbindung mit 1.1.3.6 ADR geregelt. Das bedeutet praktisch, dass alle mit orangefarbenen Tafeln versehenen Fahrzeuge, sofern sie der Kennzeichnungspflicht unterliegen, hier nicht fahren dürfen. Erforderliche Umleitungsstrecken sind manchmal gekennzeichnet.

Fundstelle: § 41 StVO in Verbindung mit Anlage 2 StVO

21	In der Straßenverkehrsordnung (StVO)	**(1)**

Fundstelle: § 41 StVO in Verbindung mit Anlage 2 StVO

22 **A** Er hat ein Vortragsrecht gegenüber der entscheidenden Stelle im Unternehmen. **(1)**

 F Er muss alle zur Wahrnehmung seiner Tätigkeit erforderlichen sachdienlichen Auskünfte und Unterlagen erhalten.

 G Er muss die notwendigen Mittel zur Aufgabenwahrnehmung erhalten.

 H Er muss zu vorgesehenen Vorschlägen auf Änderung oder Anträgen auf Abweichung von den Vorschriften über die Beförderung gefährlicher Güter Stellung nehmen können.

Die Antwort ergibt sich aus § 9 Absatz 2 GbV. Danach darf der Gefahrgutbeauftragte wegen Erfüllung der ihm übertragenen Aufgaben nicht benachteiligt werden; er hat gegenüber den entscheidenden Stellen immer ein Vortragsrecht.

Fundstelle: § 9 Absatz 2 Nummer 2 bis 5 GbV

23 – Er hat ein Vortragsrecht gegenüber der entscheidenden Stelle im Unternehmen. **(2)**

 – Er muss alle zur Wahrnehmung seiner Tätigkeit erforderlichen sachdienlichen Auskünfte und Unterlagen erhalten.

 – Er muss die notwendigen Mittel zur Aufgabenwahrnehmung erhalten.

 – Er muss zu vorgesehenen Vorschlägen auf Änderung oder Anträgen auf Abweichung von den Vorschriften über die Beförderung gefährlicher Güter Stellung nehmen können.

Für die richtige Antwort sind zwei der oben aufgeführten Antworten auszuwählen.

Fundstelle: § 9 Absatz 2 Nummer 2 bis 5 GbV

24 Nach § 9 Absatz 3 GbV ist der Jahresbericht durch den Unternehmer fünf Jahre nach der Vorlage durch den Gefahrgutbeauftragten aufzubewahren. **(1)**

25 **A** fünf Jahre **(1)**

Fundstelle: § 9 Absatz 3 GbV

26 **A** spätestens sechs Monate nach Ablauf des Geschäftsjahres. **(1)**

Der Jahresbericht ist nach § 8 Absatz 5 GbV innerhalb eines halben Jahres nach Ablauf des Geschäftsjahres zu erstellen.

Fundstelle: § 8 Absatz 5 GbV

27 Der Jahresbericht ist nach § 8 Absatz 5 GbV innerhalb eines halben Jahres nach Ablauf des Geschäftsjahres zu erstellen. **(1)**

28 § 37 GGVSEB **(1)**

29 § 27 Ordnungswidrigkeiten GGVSee **(1)**

2.1 Nationale Rechtsvorschriften

30 **A** Von Deutschland nach Frankreich (1)

   B Innerhalb Deutschlands

   C Von Deutschland in die Schweiz

Bei internationalen Beförderungen und Beladungen in Deutschland ist neben dem ADR/RID/ADN auch die GGVSEB anzuwenden.

Fundstelle: § 1 Absatz 1 GGVSEB

31 **D** In der Anlage 2 zur GGVSEB (1)

32 **D** In der Anlage 2 zur GGVSEB (1)

Anlage 2 Einschränkungen aus Gründen der Sicherheit der Beförderung gefähr-licher Güter zu den Teilen 1 bis 9 des ADR und zu den Teilen 1 bis 7 des RID für in-nerstaatliche Beförderungen sowie zu den Teilen 1 bis 9 des ADN für innerstaatli-che und grenzüberschreitende Beförderungen

33 Verlader ist das Unternehmen, das (2)

   a) verpackte gefährliche Güter, Kleincontainer oder ortsbewegliche Tanks in oder auf ein Fahrzeug (ADR), einen Wagen (RID), ein Beförderungsmittel (ADN) oder einen Container verlädt oder

   b) einen Container, Schüttgut-Container, MEGC, Tankcontainer oder ortsbeweg-lichen Tank auf ein Fahrzeug (ADR), einen Wagen (RID), ein Beförderungsmit-tel (ADN) verlädt oder

   c) ein Fahrzeug oder einen Wagen in oder auf ein Schiff verlädt (ADN).

Verlader ist auch das Unternehmen, das als unmittelbarer Besitzer das gefährliche Gut dem Beförderer zur Beförderung übergibt oder selbst befördert.

Fundstelle: § 2 Nummer 3 GGVSEB

34 **B** Das Unternehmen, das selbst gefährliche Güter versendet. (1)

Fundstelle: § 2 Nummer 1 GGVSEB

35 Auftraggeber des Absenders ist das Unternehmen, das einen Absender beauf-tragt, als solcher aufzutreten und Gefahrgut selbst oder durch einen Dritten zu ver-senden. (2)

Fundstelle: § 2 Nummer 10 GGVSEB

36 Verpacker ist das Unternehmen, das die gefährlichen Güter in Verpackungen ein-schließlich Großverpackungen und IBC einfüllt oder die Versandstücke zur Beför-derung vorbereitet. (2)

Verpacker ist auch das Unternehmen, das gefährliche Güter verpacken lässt oder das Versandstücke oder deren Kennzeichnung oder Bezettelung ändert oder än-dern lässt.

Fundstelle: § 2 Nummer 4 GGVSEB

37 Nach § 10 Nummer 3 GbV ist bußgeldbewehrt, wer als Gefahrgutbeauftragter (2)

   – einen Jahresbericht nicht, nicht richtig, nicht vollständig oder nicht rechtzeitig erstellt,

   – Aufzeichnungen über Überwachungen nicht, nicht richtig oder nicht vollständig führt,

   – nicht dafür sorgt, dass ein Unfallbericht erstellt wird,

   – seine Aufzeichnungen nicht oder nicht mindestens 5 Jahre aufbewahrt oder nicht oder nicht rechtzeitig vorlegt,

   – seinen Schulungsnachweis nicht oder nicht rechtzeitig vorlegt.

Fundstelle: § 10 Nummer 3 GbV

164

38   **A**   In Deutschland (innerstaatliche Beförderung)   (1)

         B   Auf der Teilstrecke in Deutschland (grenzüberschreitende Beförderung)

*Nach § 6 GGBefG gilt die GGAV nur für innerstaatliche Beförderungen. In § 3
GGAV wird ausdrücklich darauf hingewiesen, dass die Ausnahmen (soweit nicht
anders vermerkt ist) auch für grenzüberschreitende Beförderungen in Deutschland
gelten.*

Fundstelle: § 6 GGBefG, § 3 GGAV

39   **A**   Unbegrenzt, wenn nicht die Geltungsdauer ausdrücklich bestimmt ist.   (1)

*§ 6 GGBefG enthält keine Einschränkungen. Die Geltungsdauer einer Ausnahme
wird ggf. in der entsprechenden Ausnahme vermerkt. Ausnahmen Nr. 8, 9, 13, 14,
19, 22, 32 und 33 sind unbefristet. Ausnahmen Nr. 18, 20, 21, 24, 28 und 31 enthalten eine Geltungsdauer.*

Fundstelle: § 6 GGBefG, GGAV

40   **F**   Geltungsbereich Binnenschifffahrt   (1)

In § 1 (2) GGAV werden die Abkürzungen wie folgt festgelegt:

B   – Binnenschifffahrt

S   – Straße

M   – See (M wie „maritime")

E   – Eisenbahn

Fundstelle: § 1 (2) GGAV

41   **A**   Geltungsbereich Seeschifffahrt   (1)

In § 1 (2) GGAV werden die Abkürzungen wie folgt festgelegt:

B   – Binnenschifffahrt

S   – Straße

M   – See (M wie „maritime")

E   – Eisenbahn

Fundstelle: § 1 (2) GGAV

42   **A**   Geltungsbereich Eisenbahn   (1)

In § 1 (2) GGAV werden die Abkürzungen wie folgt festgelegt:

B   – Binnenschifffahrt

S   – Straße

M   – See (M wie „maritime")

E   – Eisenbahn

Fundstelle: § 1 (2) GGAV

43   **F**   Geltungsbereich Straßenverkehr   (1)

In § 1 (2) GGAV werden die Abkürzungen wie folgt festgelegt:

B   – Binnenschifffahrt

S   – Straße

M   – See (M wie „maritime")

E   – Eisenbahn

Fundstelle: § 1 (2) GGAV

44   Entspricht dem Verkehrsträger Binnenschifffahrt, also dem Geltungsbereich der   (1)
         GGVSEB (aber nur innerhalb Deutschlands)

Fundstelle: § 1 (2) GGAV

45 Entspricht dem Verkehrsträger See, also dem Geltungsbereich der GGVSee (aber nur innerhalb Deutschlands) **(1)**

Fundstelle: § 1 (2) GGAV

46 Entspricht dem Verkehrsträger Straßenverkehr, also dem Geltungsbereich der GGVSEB (aber nur innerhalb Deutschlands) **(1)**

Fundstelle: § 1 (2) GGAV

47 Entspricht dem Verkehrsträger Eisenbahn, also dem Geltungsbereich der GGVSEB (aber nur innerhalb Deutschlands) **(1)**

Fundstelle: § 1 (2) GGAV

48 Nein, nach § 9 Absatz 2 Nummer 1 und § 3 Absatz 3 GbV darf nur derjenige für den jeweiligen Verkehrsträger tätig werden, der eine entsprechende Schulungsbescheinigung vorweisen kann. Eine Befreiungsregelung nach § 2 GbV kann aufgrund der Menge, die über der in 1.1.3.6 ADR (VG I, Beförderungskategorie 1) höchstzulässigen Menge liegt, nicht in Anspruch genommen werden. **(2)**

Fundstelle: § 9 Absatz 2 Nummer 1 und § 3 Absatz 3 in Verbindung mit § 2 Absatz 1 GbV

49 Nein, nach § 9 Absatz 2 Nummer 1 und § 3 Absatz 3 GbV darf nur derjenige für den jeweiligen Verkehrsträger tätig werden, der eine entsprechende Schulungsbescheinigung vorweisen kann. Eine Befreiungsregelung nach § 2 GbV kann aufgrund der Menge nicht in Anspruch genommen werden. **(2)**

Fundstelle: § 9 Absatz 2 Nummer 1 und § 3 Absatz 3 in Verbindung mit § 2 Absatz 1 GbV

50 Nein, nach § 9 Absatz 2 Nummer 1 und § 3 Absatz 3 GbV darf nur derjenige für den jeweiligen Verkehrsträger tätig werden, der eine entsprechende Schulungsbescheinigung vorweisen kann. Eine Befreiungsregelung nach § 2 GbV kann aufgrund der Menge nicht in Anspruch genommen werden. **(2)**

Fundstelle: § 9 Absatz 2 Nummer 1 und § 3 Absatz 3 in Verbindung mit § 2 Absatz 1 GbV

51 Nein, nach § 9 Absatz 2 Nummer 1 und § 3 Absatz 3 GbV darf nur derjenige für den jeweiligen Verkehrsträger tätig werden, der eine entsprechende Schulungsbescheinigung vorweisen kann. Eine Befreiungsregelung nach § 2 GbV kann aufgrund der Menge nicht in Anspruch genommen werden. **(2)**

Fundstelle: § 9 Absatz 2 Nummer 1 und § 3 Absatz 3 in Verbindung mit § 2 Absatz 1 GbV

52 Fünf Jahre nach deren Erstellung **(1)**

Die richtige Antwort ergibt sich aus § 8 Absatz 3 GbV (Pflichten des Gefahrgutbeauftragten). Hier wird ausgeführt, dass die Aufzeichnungen mindestens fünf Jahre nach deren Erstellung aufzubewahren sind.

Fundstelle: § 8 Absatz 3 GbV

53 **(2)**

- Art der gefährlichen Güter unterteilt nach Klassen
- Gesamtmenge der gefährlichen Güter
- Zahl und Art der Unfälle, über die ein Unfallbericht erstellt worden ist
- sonstige Angaben, die nach Auffassung des Gefahrgutbeauftragten zur Beurteilung der Sicherheitslage wichtig sind
- Angaben, ob das Unternehmen an der Beförderung gefährlicher Güter nach 1.10.3 ADR/RID/ADN oder 1.4.3 IMDG-Code beteiligt gewesen ist

Für die richtige Antwort sind zwei Punkte auszuwählen.

Anforderungen an den Jahresbericht ergeben sich aus § 8 Absatz 5 GbV (Pflichten des Gefahrgutbeauftragten).

Fundstelle: § 8 Absatz 5 GbV

54   **A**   In der Straßenverkehrsordnung gibt es bestimmte Verhaltensregeln, von de-   **(1)**
nen nur die Fahrer von Gefahrguttransporten betroffen sind.

      B   Die Straßenverkehrsordnung kennt Sonderverkehrszeichen, die nur von Ge-
fahrgutfahrern zu beachten sind.

Die StVO regelt auch den Verkehr mit Gefahrgutfahrzeugen. Wenn zu befürchten ist, dass durch gefährliche Güter infolge eines Unfalls oder Zwischenfalls ein Bau-werk so beschädigt werden kann, dass eine zusätzliche Gefahrenlage entsteht, so werden zusätzliche Verkehrszeichen aufgestellt (z.B. im Hamburger Elbtunnel). Seit dem schweren Unglück in Herborn (1987) werden Verbotsschilder für kennzeich-nungspflichtige Gefahrgutfahrzeuge häufig auch vor geschlossenen Wohngebieten aufgestellt. Näheres regelt die Straßenverkehrsordnung (StVO).

Fahrverbot für kennzeichnungspflichtige Fahrzeuge (§§ 39, 41 StVO)

Oftmals findet man das Zeichen 261 – Verbot für kennzeichnungspflichtige Kraft-fahrzeuge mit gefährlichen Gütern. Die Kennzeichnung von Fahrzeugen mit gefähr-lichen Gütern ist in Kapitel 5.3 ADR in Verbindung mit 1.1.3.6 ADR geregelt. Das bedeutet praktisch, dass alle mit orangefarbenen Tafeln versehenen Fahrzeuge, so-fern sie der Kennzeichnungspflicht unterliegen, hier nicht fahren dürfen. Erforderli-che Umleitungsstrecken sind manchmal gekennzeichnet.

Wasserschutzgebiet – Besonders vorsichtig fahren (§ 42 StVO)

Wassergefährdende Stoffe verunreinigen das Grundwasser, wenn sie in das Erd-reich eindringen. Das Erdreich muss in diesen Fällen mit einem hohen Kostenauf-wand ausgebaggert werden. Deshalb in Wasserschutzgebieten besonders vorsich-tig fahren! Das Zeichen 354 weist auf Wasserschutzgebiete hin.

Durchfahrverbot für Fahrzeuge mit wassergefährdenden Stoffen (§ 41 StVO)

Für wassergefährdende Stoffe besteht oftmals im Talsperrenbereich oder in Trink-wassergewinnungsgebieten absolutes Durchfahrverbot. Nach einer Auslegung des BMVBS dürfen auch leere, nicht gereinigte Tankfahrzeuge nicht durchfahren, wenn das Verkehrszeichen 269 aufgestellt ist.

Fahrverbot bei Nebel, Schneeglätte (§ 2 Absatz 3a StVO)

Beträgt die Sichtweite durch Nebel, Schneefall oder Regen weniger als 50 m, müs-sen sich die Fahrer kennzeichnungspflichtiger Kraftfahrzeuge mit gefährlichen Gü-tern so verhalten, dass eine Gefährdung anderer ausgeschlossen ist; wenn nötig, ist der nächste geeignete Platz zum Parken aufzusuchen. Gleiches gilt bei Schnee-glätte (nicht Schneematsch) oder Glatteis.
Auf Rundfunkansagen achten!

Durchfahrverbot durch Tunnelanlagen

Seit 2007 (mit Übergangsregelungen) werden Tunnelanlagen mit dem Verkehrszei-chen 261 und Zusatzschild, das einen Buchstaben (z.B. E, B, ...) enthält, gekenn-zeichnet.

55   **B**   Im Bundesgesetzblatt Teil II   **(1)**

Beim RID handelt es sich um ein internationales Regelwerk, das im Bundesgesetz-blatt (BGBl.) Teil II verkündet wird.

Hinweis: Im BGBl. I werden nationale Vorschriften verkündet.

56   **A**   Im Bundesgesetzblatt Teil II   **(1)**

Beim ADR handelt es sich um ein internationales Regelwerk, das im Bundes-gesetzblatt (BGBl.) Teil II verkündet wird.

Hinweis: Im BGBl. I werden nationale Vorschriften verkündet.

57   **A**   Im Bundesgesetzblatt Teil I   (1)

*Bei der GGVSee handelt es sich um eine nationale Vorschrift, die im Bundes-
gesetzblatt (BGBl.) Teil I verkündet wird.*

58   **F**   Im Bundesgesetzblatt Teil I   (1)

*Bei der GGVSEB handelt es sich um eine nationale Vorschrift, die im Bundes-
gesetzblatt (BGBl.) Teil I verkündet wird.*

59   **C**   Im Bundesgesetzblatt Teil II   (1)

*Beim ADN handelt es sich um ein internationales Regelwerk, das im Bundes-
gesetzblatt (BGBl.) Teil II verkündet wird.*

60   **B**   Im Bundesgesetzblatt Teil I   (1)

*Bei der GGAV handelt es sich um eine nationale Vorschrift, die im Bundesgesetz-
blatt (BGBl.) Teil I verkündet wird.*

61   – Aufbewahrung des Jahresberichtes für 5 Jahre und ihn ggf. der zuständigen   (3)
        Behörde zur Verfügung stellen
      – Bekanntgabe des Namens des Gefahrgutbeauftragten gegenüber der zustän-
        digen Behörde
      – der zuständigen Behörde die Unfallberichte auf Verlangen zur Verfügung stellen
      – keine Benachteiligung des Gefahrgutbeauftragten
      – Der Unternehmer hat dafür zu sorgen, dass der Gefahrgutbeauftragte:
        • vor der Bestellung einen gültigen Schulungsnachweis besitzt,
        • alle nötigen Unterlagen und Auskünfte erhält,
        • die notwendigen Mittel zur Aufgabenwahrnehmung erhält,
        • jederzeit seine Vorschläge und Bedenken der entscheidenden Stelle vor-
          tragen kann,
        • bei Änderungsanträgen Stellung nehmen kann,
        • die ihm übertragenen Aufgaben ordnungsgemäß erfüllen kann.
      Für die richtige Antwort müssen drei der o.g. Pflichten angegeben werden.
      Fundstelle: § 9 GbV

62   Der Gefahrgutbeauftragte ist verpflichtet: (3)
      – einen Jahresbericht zu erstellen,
      – Aufzeichnungen über seine Überwachungstätigkeit zu führen,
      – dafür zu sorgen, dass der Unfallbericht erstellt wird,
      – seine Aufzeichnungen mindestens 5 Jahre aufzubewahren,
      – seinen Schulungsnachweis der Überwachungsbehörde auf Verlangen vorzu-
        legen und rechtzeitig zu verlängern.
      *Fundstelle: § 8 GbV und 1.8.3.3 ADR/RID/ADN (Hier sind weitere Aufgaben des
      Gefahrgutbeauftragten enthalten.)*

2.2 Antworten zum verkehrsträgerübergreifenden Teil

Hinweis: *Die Zahl in Klammern gibt die erreichbare Punktzahl an.*

63   **A**   Es handelt sich um die Nummer zur Kennzeichnung der Gefahr. **(1)**

Die Nummer zur Kennzeichnung der Gefahr (Gefahrnummer) wird in 5.3.2.3 ADR/ RID/ADN erläutert. Sie dient insbesondere den Unfallhilfsdiensten als zusätzliche Information zum Gefahrzettel.

Fundstelle: 5.3.2.3 in Verbindung mit 5.3.2.2.3 ADR/RID/ADN

64   **A**   Es handelt sich um die Nummer zur Kennzeichnung des Stoffes oder Gegenstandes gemäß den UN-Modellvorschriften. **(1)**

Allgemeine Vorschriften für die orangefarbenen Tafeln werden in 5.3.2.1 ADR/RID/ ADN erläutert. Danach handelt es sich bei der unteren Nummer um diejenige, die einen bestimmten Stoff kennzeichnet, auch UN-Nummer genannt.

Fundstelle: 5.3.2.2 ADR/RID/ADN

65   Vierstellige Zahl als Nummer zur Kennzeichnung von Stoffen oder Gegenständen gemäß UN-Modellvorschriften. **(2)**

Fundstelle: 1.2.1 ADR/RID/ADN

66   **B**   Eine Nummer zur Kennzeichnung von Stoffen oder Gegenständen gemäß UN-Modellvorschriften. **(1)**

Jedem Gefahrgut wird von der Expertengruppe der Vereinten Nationen (United Nations – UN) eine vierstellige Nummer zugeteilt, die UN-Nummer. Sie dient als Kennzeichnung des Stoffes. Die Gefahrgutvorschriften enthalten jeweils im Teil 3 (ADR/ RID/ADN) ein Verzeichnis der gefährlichen Güter (Tabelle A), geordnet aufsteigend nach UN-Nummern.

Fundstelle: 1.2.1 und Kapitel 3.2 Tabelle A Spalte 1 ADR/RID/ADN

67   Entzündbarer flüssiger Stoff, der mit Wasser reagiert und entzündbare Gase bildet **(2)**

Fundstelle: 5.3.2.3 ADR/RID/ADN

68   **A**   664 **(1)**

Die richtige Antwort entnehmen wir aus den Erläuterungen in 5.3.2.3 ADR/RID/ ADN.

Fundstelle: 5.3.2.3 ADR/RID/ADN

69   In Kapitel 3.2 Tabelle A Spalte 1 (UN-Nummer) und Spalte 20 (Nummer zur Kennzeichnung der Gefahr) **(1)**

Für jeden Stoff enthält Kapitel 3.2 Tabelle A ADR/RID/ADN alle besonderen anzuwendenden Vorschriften, u. a. auch die Gefahrnummer und die UN-Nummer.

70   46 = entzündbarer oder selbsterhitzungsfähiger fester Stoff, giftig **(3)**

2926 = UN-Nummer für entzündbarer, organischer, fester Stoff, giftig, n.a.g.

Die richtige Antwort finden wir in 5.3.2.3 (Nummer zur Kennzeichnung der Gefahr) und in Kapitel 3.2 Tabelle A Spalten 1 und 2 ADR/RID/ADN.

Fundstelle: 5.3.2 und Kapitel 3.2 Tabelle A ADR/RID/ADN

71   Gefahrzettel Nr. 8, Nr. 3 und Nr. 6.1 **(1)**

Die richtige Antwort finden wir in Tabelle A Spalte 5 ADR/RID/ADN bzw. in der Gefahrgutliste Spalten 3 und 4 IMDG-Code.

Fundstelle: Kapitel 3.2 Tabelle A ADR/RID/ADN bzw. Kapitel 3.2 Gefahrgutliste IMDG-Code

72   Großzettel Nr. 5.1   (1)

*Über Kapitel 3.2 Tabelle A finden wir heraus, dass es sich bei dem Stoff UN 1499
um Natriumnitrat und Kaliumnitrat, Mischung der Klasse 5.1, handelt. Der Container ist entsprechend Kapitel 3.2 Tabelle A Spalte 5 ADR/RID/ADN mit dem Großzettel 5.1 zu kennzeichnen. Im IMDG-Code sind die entsprechenden Placards in
den Spalten 3 und 4 in Kapitel 3.2 Gefahrgutliste zu finden.*

73   Nein, da Bleisulfat mit höchstens 3 % freier Säure nicht den Vorschriften unter-   (3)
liegt.

*Fundstelle: Sondervorschrift 591 in Kapitel 3.3 in Verbindung mit Kapitel 3.2 Tabel-
le A ADR/RID/ADN. Im IMDG-Code ist Bleisulfat mit 2 % freier Säure nicht in der
numerischen Liste aufgeführt, darum unterliegt es nicht der Vorschrift. Die Bezeichnung in Spalte 2 hat den Zusatz „mit mehr als 3 % freier Säure".*

74   UN 1700 Tear gas candles   (1)
(Richtiger technischer Name in Englisch)

*Die Vorgaben für die Anbringung sind in 5.2.1 IMDG-Code (UN-Nummer, Proper
Shipping Name) enthalten.*

75   UN 1333   (1)

Das Kennzeichen mit der UN-Nummer wird in 5.2.1.1 ADR/RID/ADN beschrieben.

76   –   Kennzeichen UN 1805   (2)

–   Ausrichtungspfeile auf zwei gegenüberliegenden Seiten

*Das Versandstück ist gemäß 5.2.1.1 ADR/RID/ADN mit der UN-Nummer zu kenn-
zeichnen. Da es sich um eine zusammengesetzte Verpackung mit flüssigem Stoff
handelt, sind zusätzlich die Ausrichtungspfeile anzubringen.*

Fundstelle: Kapitel 3.2 Tabelle A, 5.2.1.1 und 5.2.1.10.1 ADR/RID/ADN

77   –   UN 1805 Phosphoric acid solution   (3)
(Richtiger technischer Name in Englisch)

–   Ausrichtungspfeile auf zwei gegenüberliegenden Seiten

*Das Versandstück ist gemäß 5.2.1.1 IMDG-Code mit der UN-Nummer und dem
richtigen technischen Namen zu kennzeichnen. Da es sich um eine zusammengesetzte Verpackung mit flüssigem Stoff handelt, sind zusätzlich die Ausrichtungspfeile gemäß 5.2.1.7 IMDG-Code anzubringen.*

Fundstelle: Kapitel 3.2 Tabelle A, 5.2.1.1 und 5.2.1.7 IMDG-Code

78   ADR/RID/ADN: (3)
Aufschrift „UN 1950 AEROSOLE"

Es gelten gemäß Spalte 6 die Sondervorschriften 190, 327, 344 und 625.

–   *Aus der Sondervorschrift 190 entnehmen wir, dass Druckgaspackungen mit
    200 ml Fassungsraum nicht freigestellt sind.*

–   *Sondervorschrift 327 gilt für Abfall-Druckgaspackungen.*

–   *Sondervorschrift 344 verlangt, dass die Bauvorschriften gemäß Abschnitt 6.2.6
    eingehalten werden müssen.*

–   *Aus der Sondervorschrift 625 entnehmen wir, dass das Versandstück mit der
    Aufschrift „UN 1950 AEROSOLE" zu kennzeichnen ist.*

*Fundstelle: Kapitel 3.2 Tabelle A ADR/RID/ADN, Sondervorschrift 625 in 3.3.1
ADR/RID/ADN*

IMDG-Code:
Aufschrift „UN 1950 AEROSOLS"

*Die Vorgaben für die Anbringung sind in 5.2.1 IMDG-Code (UN-Nummer, Proper
Shipping Name, Ausrichtungspfeile) enthalten.*

Für die Antwort ist nur die Kennzeichnung und Beschriftung relevant. Die Angabe des Gefahrzettels Nr. 2.1 ist aufgrund der Fragestellung für die Antwort nicht erforderlich.

Fundstelle: Kapitel 3.2 Gefahrgutliste, 5.2.1 IMDG-Code

Ausrichtungspfeile sind nach 5.2.1.7.1 e) nicht erforderlich.

79 Mit dem „Kennzeichen für Lithiumbatterien"   **(2)**

Lithiumbatterien, die nach der SV 188 transportiert werden, müssen mit dem Kennzeichen nach 5.2.1.9 ADR/RID/ADN oder 5.2.1.10 IMDG-Code versehen werden.

Fundstellen: SV 188 f) in Verbindung mit 5.2.1.9 ADR/RID/ADN, SV 188 Nr. 6 i.V.m. 5.2.1.10 IMDG-Code

80 **A** Auf der Folie und auf den Versandstücken   **(1)**
Fundstelle: 5.1.2.1 ADR/RID/ADN/IMDG-Code

81 **E** Angabe zur Identifikation des Absenders und/oder Empfängers   **(1)**
Fundstelle: 5.2.1.7.2 in Verbindung mit 5.1.5.4.1 ADR/RID/ADN

82 **A** Kritikalitätssicherheitskennzahl (CSI)   **(1)**
        B Critical Safety Index (CSI)
Fundstelle: 5.2.2.1.11.3 ADR/RID/ADN und 5.2.2.1.12.3 IMDG-Code

83 Quadrat auf der Spitze, mindestens 100 × 100 mm   **(2)**
Fundstelle: 5.2.2.2 ADR/RID/ADN/IMDG-Code

84 **A** An zwei gegenüberliegenden Seiten   **(1)**
Die Antwort finden wir in den besonderen Vorschriften für die Bezettelung radioaktiver Stoffe.
Fundstelle: 5.2.2.1.11.1 ADR/RID/ADN, 5.2.2.1.12.1 IMDG-Code

85 **A** Mehr als 50 kg   **(1)**
Fundstelle: 5.2.1.7.3 ADR/RID/ADN, 5.2.1.5.3 IMDG-Code

86 Transportkennzahl und Oberflächendosisleistung   **(2)**
Die Zuordnung zu den Kategorien erfolgt aufgrund der Oberflächendosisleistung: je höher die Oberflächendosisleistung, desto höher die Kategorie.
Fundstelle: 5.1.5.3.4 ADR/RID/ADN/IMDG-Code (Die Transportkennzahl ist in 1.2.1 ADR/RID/ADN/IMDG-Code definiert.)

87 Gefahrzettel Nr. 7C – III Gelb   **(2)**
Aus der Tabelle zur Bestimmung der Kategorie entnehmen wir, dass die Kategorie III-GELB zutreffend ist. Für III-GELB wird der Gefahrzettel Nr. 7C benutzt.
Fundstelle: 5.1.5.3.4 und 5.2.2.2.2 ADR/RID/ADN/IMDG-Code

88 Absatz 5.2.2.2.2 ADR/RID/ADN/IMDG-Code   **(2)**

89 Unterabschnitt 5.3.2.3 ADR/RID/ADN   **(2)**

90 Ja, Absatz 5.2.2.2.1.2 ADR/RID/ADN/IMDG-Code   **(2)**

91 Ja, Absatz 5.2.2.2.1.2 ADR/RID/ADN/IMDG-Code   **(2)**

Übergreifend

Übergreifend

92   Nein, Nickel-Metallhydridbatterien der UN 3496 unterliegen nach Tabelle A keinen   **(3)**
      weiteren Vorschriften des ADR/RID/ADN.
      Nickel-Metallhydridbatterien in Ausrüstungen unterliegen nach SV 963 (3.2 Gefahr-
      gutliste Spalte 6) keinen weiteren Vorschriften des IMDG-Codes.
      Hinweis: Im IMDG-Code ist die Aussage „in Ausrüstung" für die Freistellung von
      Bedeutung.
      Fundstelle: Alphabetische Stoffliste (Tabelle B) (3.2.2 ADR/ADN, 3.2.1 RID), Kapitel
      3.2 Tabelle A ADR/RID/ADN bzw. Index, Kapitel 3.2 Gefahrgutliste und Kapitel 3.3
      IMDG-Code

93   Ja, nach Spalte 7a in der Tabelle A bzw. in der Gefahrgutliste und 3.4.2 ADR/RID/   **(3)**
      ADN/IMDG-Code darf das Versandstück 30 kg Bruttomasse haben, wobei die In-
      nenverpackung. 1 l enthalten darf.
      Abschnitte 3.2.1 und 3.4.2 ADR/RID/ADN/IMDG-Code
      Über die alphabetische Stoffliste (Tabelle B) (3.2.2 ADR/ADN, 3.2.1 RID) bzw. den
      Index im IMDG-Code erhalten wir die UN-Nr. 1090. In Kapitel 3.2 Tabelle A ADR/
      RID/ADN bzw. in Kapitel 3.2 Gefahrgutliste IMDG-Code finden wir in Spalte 7a den
      Hinweis auf 1 l je Innenverpackung. Aus 3.4.2 ADR/RID/ADN/IMDG-Code entneh-
      men wir die Menge je Versandstück, welches max. 30 kg Bruttomasse haben darf.

94   UN 1814   **(4)**
      Kaliumhydroxidlösung/Potassium hydroxide solution
      An zwei gegenüberliegenden Seiten
      Fundstelle: 5.2.1.4 und 5.2.1.1 IMDG-Code

95   UN 1814   **(3)**
      An zwei gegenüberliegenden Seiten
      Fundstelle: 5.2.1.4 ADR/RID/ADN

96   – Aufschrift „UMVERPACKUNG"   **(3)**
      – Alle UN-Nummern mit vorangestellten Buchstaben „UN"
      Fundstelle: 5.1.2.1 ADR/RID/ADN

97   – Aufschrift „OVERPACK"   **(4)**
      – Alle UN-Nummern mit vorangestellten Buchstaben „UN"
      – Richtiger technischer Name
      Fundstelle: 5.1.2.1 IMDG-Code

98   – Aufschrift „BERGUNG"   **(3)**
      – Alle UN-Nummern mit vorangestellten Buchstaben „UN"
      Fundstelle: Die Kennzeichnung von Bergungsverpackungen finden wir in 5.2.1.3
      ADR/RID/ADN, die Kennzeichnung mit den UN-Nummern in 5.2.1.1 ADR/RID/ADN.

99   – Aufschrift „SALVAGE"   **(4)**
      – Alle UN-Nummern mit vorangestellten Buchstaben „UN"
      – Richtiger technischer Name
      Fundstelle: Die Kennzeichnung von Bergungsverpackungen finden wir in 5.2.1.3
      IMDG-Code, die Kennzeichnung mit den UN-Nummern und richtigen technischen
      Namen in 5.2.1.1 IMDG-Code.

100   **A**   Auf einer Seite   **(1)**
      Fundstelle: 5.2.2.1.1 ADR/RID/ADN, 5.2.2.1.2 IMDG-Code
      Hinweis: Aufgepasst! Ein IBC ist auch ein Versandstück und hier hat nach 5.2.2.1.7
      ADR/RID/ADN/IMDG-Code der Fassungsraum eine Bedeutung.

101   Auf zwei gegenüberliegenden Seiten   (2)

Fundstelle: Die Vorschrift, dass Großpackmittel mit einem Fassungsraum von > 450 l an zwei gegenüberliegenden Seiten zu kennzeichnen sind, ergibt sich aus 5.2.2.1.7 ADR/RID/ADN/IMDG-Code.

102   Auf zwei gegenüberliegenden Seiten   (2)

Fundstelle: 5.2.1.4 ADR/RID/ADN/IMDG-Code

103   Sondervorschrift 188   (2)

Fundstelle: Alphabetische Stoffliste (Tabelle B) (3.2.2 ADR/ADN, 3.2.1 RID), Kapitel 3.2 Tabelle A und Kapitel 3.3 ADR/RID/ADN oder Index, Kapitel 3.2 Gefahrgutliste und Kapitel 3.3 IMDG-Code

104   Unterabschnitt 5.2.1.8 ADR/RID/ADN bzw. 5.2.1.6 IMDG-Code   (2)

105   UN 3077 Environmentally hazardous substance, solid, n.o.s. (technischer Name) und Kennzeichen für Meeresschadstoffe   (4)

Fundstelle: Index, Kapitel 3.2 Gefahrgutliste, 5.2.1.1 und 5.2.1.6.3 IMDG-Code

106   UN 3082, Ausrichtungspfeile auf zwei gegenüberliegenden Seiten und Kennzeichen für umweltgefährdende Stoffe   (4)

Fundstelle: Alphabetische Stoffliste (Tabelle B) (3.2.2 ADR/ADN, 3.2.1 RID), Kapitel 3.2 Tabelle A, 5.2.1.1, 5.2.1.8 und 5.2.1.10 ADR/RID/ADN

107   **A**   3.5.4   (1)

Die Anforderungen für den Versand von freigestellten Mengen sind in Kapitel 3.5 zu finden. Die Kennzeichnung ist in 3.5.4 ADR/RID/ADN/IMDG-Code geregelt.

Fundstelle: 3.5.4 ADR/RID/ADN/IMDG-Code

108   **F**   3.4.7 *ADR/RID/ADN*   (1)
                G   3.4.5.1 *IMDG-Code*

Fundstelle: Die Anforderungen für den Versand von begrenzten Mengen sind in Kapitel 3.4 zu finden. Die Kennzeichnung ist in 3.4.7 ADR/RID/ADN bzw. 3.4.5.1 IMDG-Code geregelt.

109   IBC dürfen nicht gestapelt werden. Mindestabmessung 100 × 100 mm.   (2)

Diese Kennzeichnung steht im Zusammenhang mit der Bauartzulassung, daher sind die Einzelheiten im Kapitel 6.5 zu finden.

Fundstelle: 6.5.2.2.2 ADR/RID/IMDG-Code, ADN verweist auf ADR

110   Mindesthöhe von 6 mm   (2)

Fundstelle: 5.2.1.1 ADR/RID/ADN

111   Abschnitt 5.5.3   (2)

Fundstelle: 5.5.3 ADR/RID/ADN

112   Ausgenommen von der Kennzeichnungspflicht sind Einzelverpackungen und zusammengesetzte Verpackungen, sofern diese Einzelverpackungen oder die Innenverpackungen dieser zusammengesetzten Verpackungen   (2)

–   für flüssige Stoffe eine Menge von höchstens 5 l haben oder

–   für feste Stoffe eine Nettomasse von höchstens 5 kg haben.

Fundstelle: 5.2.1.8.1 ADR/RID/ADN und 2.10.2.7 IMDG-Code

113   Klasse 6.1 – Giftige Stoffe   (2)

Fundstelle: 5.2.2.2.2 ADR/RID/ADN/IMDG-Code

Übergreifend

Übergreifend

114   Innenverpackung max. 1 l, Außenverpackung max. 30 kg brutto   **(2)**

Fundstelle: Kapitel 3.2 Tabelle A Spalte 7a, 3.4.2 und 3.4.7 ADR/RID/ADN oder Kapitel 3.2 Gefahrgutliste Spalte 7a , 3.4.2 und 3.4.5 IMDG-Code

115   **A**   Bei Außenverpackungen, die Druckgefäße mit Ausnahme von Kryo-Behältern enthalten   **(1)**

        B   Bei Außenverpackungen, die gefährliche Güter in Innenverpackungen enthalten, wobei jede einzelne Innenverpackung nicht mehr als 120 ml enthält, mit einer für die Aufnahme des gesamten flüssigen Inhalts ausreichenden Menge saugfähigen Materials zwischen den Innen- und Außenverpackungen

        C   Bei Außenverpackungen, die ansteckungsgefährliche Stoffe der Klasse 6.2 in Primärgefäßen enthalten, wobei jedes einzelne Primärgefäß nicht mehr als 50 ml enthält

        D   Bei Typ IP-2-, Typ IP-3-, Typ A-, Typ B(U)-, Typ B(M)- oder Typ C-Versandstücken, die radioaktive Stoffe der Klasse 7 enthalten

        E   Bei Außenverpackungen, die Gegenstände enthalten, die unabhängig von ihrer Ausrichtung dicht sind

        F   Bei Außenverpackungen, die gefährliche Güter in dicht verschlossenen Innenverpackungen enthalten, wobei jede einzelne Innenverpackung nicht mehr als 500 ml enthält

        G   Bei Typ IP-2-Versandstücken, die radioaktive Stoffe der Klasse 7 enthalten

        H   Bei Typ B(U)-Versandstücken, die radioaktive Stoffe der Klasse 7 enthalten

Fundstelle: 5.2.1.10.2 ADR/RID/ADN und 5.2.1.7.2 IMDG-Code

116   – Bei Außenverpackungen, die Druckgefäße mit Ausnahme von Kryo-Behältern enthalten   **(2)**

        – Bei Außenverpackungen, die gefährliche Güter in Innenverpackungen enthalten, wobei jede einzelne Innenverpackung nicht mehr als 120 ml enthält, mit einer für die Aufnahme des gesamten flüssigen Inhalts ausreichenden Menge saugfähigen Materials zwischen den Innen- und Außenverpackungen

        – Bei Außenverpackungen, die ansteckungsgefährliche Stoffe der Klasse 6.2 in Primärgefäßen enthalten, wobei jedes einzelne Primärgefäß nicht mehr als 50 ml enthält

        – Bei Typ IP-2-, Typ IP-3-, Typ A-, Typ B(U)-, Typ B(M)- oder Typ-C-Versandstücken, die radioaktive Stoffe der Klasse 7 enthalten

        – Bei Außenverpackungen, die Gegenstände enthalten, die unabhängig von ihrer Ausrichtung dicht sind

        – Bei Außenverpackungen, die gefährliche Güter in dicht verschlossenen Innenverpackungen enthalten, wobei jede einzelne Innenverpackung nicht mehr als 500 ml enthält

Fundstelle: 5.2.1.10.2 ADR/RID/ADN und 5.2.1.7.2 IMDG-Code

117   UN 2211 und „Von Zündquellen fernhalten"   **(2)**

Fundstelle: Kapitel 3.2 Tabelle A, Sondervorschrift 633 in Kapitel 3.3 und 5.2.1.1 ADR/RID/ADN

118   Das Kennzeichen muss in einer Amtssprache des Ursprungslandes und, wenn diese Sprache nicht Deutsch, Englisch oder Französisch ist, außerdem in Deutsch, Englisch oder Französisch angegeben sein, sofern Vereinbarungen zwischen den von der Beförderung berührten Staaten nichts anderes vorschreiben.   **(2)**

Fundstelle: 5.1.2.1 a) und i) ADR/RID/ADN

119   Ja.   (3)

Fundstelle: 5.1.2.1 (b) in Verbindung mit 5.2.1.10 ADR/RID/ADN, 5.1.2.3 IMDG-Code

120   Mindestens 12 mm   (1)

Fundstelle: 5.1.2.1 ADR/RID/ADN

121   Ja; 3.5.4.3 ADR/RID/ADN   (2)

Fundstelle: 3.5.4.3 ADR/RID/ADN (Verwendung von Umverpackungen)

122   **A**   Die niedrigste Temperatur eines flüssigen Stoffes, bei der seine Dämpfe mit Luft ein entzündbares Gemisch bilden   (1)

Unter Flammpunkt versteht man die niedrigste Temperatur eines flüssigen Stoffes, bei der seine Dämpfe mit der Luft ein entzündbares Gemisch bilden.

Die Flammpunktbestimmung erfolgt nach verschiedenen Methoden, bei allen Methoden wird aber die Temperatur der Flüssigkeit in Grad Celsius (°C) gemessen.

Fundstelle: 1.2.1 ADR/RID/ADN/IMDG-Code

123   Stoffe, die Radionuklide enthalten, bei denen sowohl die Aktivitätskonzentration als auch die Gesamtaktivität je Sendung die aufgeführten Grenzwerte übersteigt   (2)

Fundstelle: 2.2.7.1.1 ADR/RID/ADN bzw. 2.7.1.1 IMDG-Code

124   Die höchste Dosisleistung in Millisievert pro Stunde (mSv/h) in einem Abstand von 1 m von den Außenflächen des Versandstücks zu ermitteln. Der ermittelte Wert ist mit 100 zu multiplizieren; diese Zahl ist die Transportkennzahl.   (2)

Fundstelle: 5.1.5.3.1 ADR/RID/ADN/IMDG-Code

125   Sie ist eine Zahl, anhand derer die Ansammlung von Versandstücken, Umverpackungen oder Containern mit spaltbaren Stoffen überwacht wird.   (2)

Hinweis: Würde man zu viele spaltbare Stoffe zusammen befördern, könnte es zu einer Kettenreaktion kommen.

Fundstelle: 1.2.1 ADR/RID/ADN/IMDG-Code

126 A_1 ist der in der Tabelle 2.2.7.2.2.1 ADR/RID/ADN bzw. 2.7.2.2.1 IMDG-Code aufgeführte oder der nach 2.2.7.2.2.2 ADR/RID/ADN bzw. 2.7.2.2.2 IMDG-Code abgeleitete Aktivitätswert von radioaktiven Stoffen in besonderer Form, der für die Bestimmungen der Aktivitätsgrenzwerte für die Vorschriften des ADR/RID/ADN bzw. des IMDG-Codes verwendet wird.   (2)

Radioaktive Stoffe sind grundsätzlich in unfallsicheren Verpackungen (sog. Typ B-Verpackungen) zu befördern. Andernfalls ist der radioaktive Inhalt zu minimieren, so dass bei einem eventuellen Freiwerden keine Schäden für die Betroffenen entstehen können. Zum Minimieren des radioaktiven Inhalts bedient man sich sog. A_1- bzw. A_2-Werte. Diese legen fest, welcher radioaktive Inhalt in einem Typ A-Versandstück (nicht unfallsicher) vorhanden sein darf. Die A_1- bzw. A_2-Werte sind in einer Tabelle in 2.2.7.2.2.1 ADR/RID/ADN bzw. 2.7.2.2.1 IMDG-Code aufgeführt und von Nuklid zu Nuklid unterschiedlich. A_1-Werte beziehen sich hierbei auf Stoffe, die in besonderer Form vorliegen (also nicht verstreut werden können). A_2-Werte beziehen sich auf Stoffe, die nicht in besonderer Form vorliegen.

Fundstelle: 2.2.7.1.3 ADR/RID/ADN, 2.7.1.3 IMDG-Code

127   10 mSv/h   (2)

Die höchste Dosisleistung darf an keinem Punkt der Außenfläche eines unter ausschließlicher Verwendung beförderten Versandstücks oder einer unter ausschließlicher Verwendung beförderten Umverpackung 10 mSv/h überschreiten.

Fundstelle: 4.1.9.1.12 ADR/RID/ADN/IMDG-Code

Übergreifend

Übergreifend

128   5 µSv/h   **(2)**

      Fundstelle: 2.2.7.2.4.1.2 ADR/RID/ADN, 2.7.2.4.1.2 IMDG-Code

129   **J**   0,5 mSv/h   **(1)**

      Die maximal zulässigen Dosisleistungen der Kategorien I-WEISS, II-GELB und III-GELB finden wir in der Tabelle zu Kategorien der Versandstücke und Umverpackungen.

      Fundstelle: Tabelle in 5.1.5.3.4 ADR/RID/ADN/IMDG-Code

130   UN 2912   **(1)**

      Die richtige Antwort finden wir über die alphabetische Stoffliste (Tabelle B) (3.2.2 ADR/ADN, 3.2.1 RID) bzw. den Index im IMDG-Code; hier wird den o. g. radioaktiven Stoffen die UN-Nummer 2912 zugeordnet.

131   1.1: Stoffe und Gegenstände, die massenexplosionsfähig sind   **(2)**
      A: Zündstoff

      Die richtige Antwort entnehmen wir aus den Kriterien der Klasse 1.

      Fundstelle: 2.2.1.1.5 und 2.2.1.1.6 ADR/RID/ADN, 2.1.1.4 und 2.1.2.2 IMDG-Code

132   Klassifizierungscode: 1.1G; Aufschrift: UN 0049 Patronen, Blitzlicht: Gefahrzettel   **(3)**
      Nr. 1 mit Unterklasse und Verträglichkeitsgruppe

      Fundstelle: Kapitel 3.2 Tabelle A Spalten 3b und 5 ADR/RID/ADN bzw. Kapitel 3.2 Gefahrgutliste Spalten 3 und 4 IMDG-Code und Kennzeichnung/Bezettelung in 5.2.1.5, 5.2.1.1 und 5.2.2.1 ADR/RID/ADN, 5.2.1.1 und 5.2.2.1 IMDG-Code

133   Unterklassen 1.1 und 1.5   **(1)**

      Fundstelle: 2.2.1.1.5 ADR/RID/ADN, 2.1.1.4 IMDG-Code

134   Verpackungsgruppe II   **(1)**

      Fundstelle: Kapitel 3.2 Tabelle A Spalte 4 ADR/RID/ADN bzw. Kapitel 3.2 Gefahrgutliste Spalte 5 IMDG-Code

135   Eine Gruppe, der gewisse Stoffe auf Grund ihres Gefahrengrades während der Beförderung für Verpackungszwecke zugeordnet sind.   **(2)**

      Fundstelle: 1.2.1 ADR/RID/ADN und 2.0.1.3 IMDG-Code

      Hinweis: Im IMDG-Code gibt es keine Definition der Verpackungsgruppe in 1.2.1 IMDG-Code. Es gibt einen Hinweis in 2.0.1.3 IMDG-Code.

136   **L**   Zur Klasse 3   **(1)**

      Die Antwort entnehmen wir aus den allgemeinen Kriterien des Teils 2 sowie aus den Kriterien der Klasse 3.

      Fundstelle: 2.1.1.1 und 2.2.3.1.1 ADR/RID/ADN, 2.0.1.1, 2.3.1 IMDG-Code

137   Klasse 3   **(1)**

      Fundstelle: 2.2.3.1.1 ADR/RID/ADN, 2.0.1.1, 2.3.1 IMDG-Code

138   Klasse 3   **(2)**

      Aufgrund der Angabe „Pestizid" findet man in der alphabetischen Stoffliste bzw. im Index den Eintrag UN 3021 PESTIZID mit den Eigenschaften „FLÜSSIG, ENTZÜNDBAR, GIFTIG, N.A.G." und „Flammpunkt unter 23 °C". Kapitel 3.2 Tabelle A Spalte 3a ADR/RID/ADN bzw. Kapitel 3.2 Gefahrgutliste Spalte 3a IMDG-Code oder Anhang A IMDG-Code enhält die Angabe für die Klasse.

      Ein Hinweis findet sich auch in der Klasse 3 unter den allgemeinen Klassifizierungskriterien: in der Bemerkung 4 zu 2.2.3.1.1 ADR/RID/ADN und der Bezug zu dem Flammpunkt unter 23 °C.

Fundstelle: Alphabetische Stoffliste (Tabelle B) (3.2.2 ADR/ADN, 3.2.1 RID) bzw. Index im IMDG-Code, Kapitel 3.2 Tabelle A ADR/ADN/RID bzw. Kapitel 3.2 Gefahrgutliste IMDG-Code, 2.2.3.1.3, 2.1.3.10 und 2.2.3.3 ADR/RID/ADN, 2.3.2.6, 2.0.3.6, Anhang A und Index im IMDG-Code

139   **A**   Unter 23 °C   (1)

Je niedriger der Flammpunkt, desto gefährlicher der Stoff!

Fundstelle: 2.2.3.1.3 ADR/RID/ADN, 2.3.2.6 IMDG-Code

140   **A**   Gase   (1)

Die Antwort finden wir in den allgemeinen Kriterien in Teil 2 bzw. Teil 3 ADR/RID/ADN/IMDG-Code.

Fundstelle: 2.2.2.1 ADR/RID/ADN, 2.2.1.1 IMDG-Code

141   Stoffe, die in Berührung mit Wasser entzündbare Gase entwickeln   (1)

Fundstelle: 2.2.43.1 ADR/RID/ADN, 2.4.4 IMDG-Code

142   **D**   Es muss sich um einen entzündbaren festen Stoff handeln.   (1)

   J   Es muss sich um einen desensibilisierenden explosiven festen Stoff handeln.

   K   Es muss sich um einen selbstzersetzlichen Stoff handeln.

   L   Es muss sich um einen polymerisierenden Stoff handeln.

Fundstelle: 2.2.41.1 ADR/RID/ADN, 2.4.2 IMDG-Code

143   Ätzend und giftig   (2)

Die richtige Antwort finden wir in den Ausführungen zur Unterteilung, hier 2.2.3.1.2 ADR/RID/ADN. Dort werden die Klassifizierungscodes aufgezählt, hier FC und FT. Der Buchstabe C steht für ätzend, der Buchstabe T für giftig.

Fundstelle: 2.2.3.1.2 ADR/RID/ADN, Spalte 4 der Gefahrgutliste in Kapitel 3.2 in Verbindung mit 2.0.1 IMDG-Code

144   *Die Stoffe und Gegenstände (ausgenommen Druckgaspackungen und Chemikalien*   (2)
unter Druck) der Klasse 2 werden ihren gefährlichen Eigenschaften entsprechend einer der folgenden Gruppen zugeordnet:

   A   Erstickend

   O   Oxidierend

   F   Entzündbar

   T   Giftig

   C   Ätzend

   TF   Giftig, entzündbar

   TC   Giftig, ätzend

   TO   Giftig, oxidierend

   TFC   Giftig, entzündbar, ätzend

   TOC   Giftig, oxidierend, ätzend

Für die Beantwortung sind zwei Gruppen auszuwählen.

Fundstelle: 2.2.2.1.3 ADR/RID/ADN

145   **A**   Erstickend   (1)

Fundstelle: 2.2.2.1.3 ADR/RID/ADN

146   z. B. A = erstickend, T = giftig, F = entzündbar, O = oxidierend, TC = giftig, ätzend   (2)

Fundstelle: 2.2.2.1.3 ADR/RID/ADN

Übergreifend

147   **B**   Sie geben den Grad der Gefährlichkeit an.   (1)

   J   Sie geben den Gefahrengrad an.

   Hinweis: Die Verpackungsgruppen geben den Grad der Gefährlichkeit an und bestimmen, wie leistungsfähig eine Verpackung sein muss (je gefährlicher das Gut – desto sicherer muss die Verpackung sein).

   Fundstelle: 2.1.1.3 und 2.2.3.1.3 ADR/RID/ADN, 2.0.1.3 und 2.3.2.6 IMDG-Code

148   **D**   Stoffe mit geringer Gefahr   (1)

   I   Schwach giftige Stoffe oder Stoffe und Zubereitungen mit geringer Vergiftungsgefahr

   K   Schwach giftige Stoffe

   W   Stoffe und Zubereitungen mit geringer Vergiftungsgefahr

   Mit der Angabe der Verpackungsgruppe wird der Grad der Gefährlichkeit angegeben. Bei Klasse 6.1:

   I   = sehr giftig (hohe Gefahr)

   II   = giftig (mittlere Gefahr)

   III   = schwach giftig (geringe Gefahr)

   Die Antwortmöglichkeit D kommt nur dann in Frage, wenn keine der anderen Antwortmöglichkeiten genannt ist. Gemäß 2.1.1.3 ADR/RID/ADN und 2.0.1.3 IMDG-Code gilt dies für Verpackungsgruppe III.

   Fundstelle: 2.2.61.1.4 ADR/RID/ADN, 2.6.2.2.1 IMDG-Code

149   Chlor   (1)

   Die Antwort finden wir über Tabelle A ADR/RID/ADN bzw. die Gefahrgutliste IMDG-Code. Hier wird in Spalte 2 der Stoffname „Chlor" angegeben.

   Fundstelle: Kapitel 3.2 Tabelle A ADR/RID/ADN bzw. Kapitel 3.2 Gefahrgutliste IMDG-Code

150   Klasse 9, Verpackungsgruppe III   (1)

   Fundstelle: Kapitel 3.2 Tabelle A Spalten 3a und 4 ADR/RID/ADN oder Kapitel 3.2 Gefahrgutliste Spalten 3 und 4 IMDG-Code

151   Klasse 4.2   (1)

   Fundstelle: Alphabetische Stoffliste (Tabelle B) (3.2.2 ADR/ADN, 3.2.1 RID) bzw. Index im IMDG-Code – UN 3174

152   UN 3497, Klasse 4.2, Verpackungsgruppen II und III   (2)

   Fundstelle: Alphabetische Stoffliste (Tabelle B) (3.2.2 ADR/ADN, 3.2.1 RID) oder Index im IMDG-Code, Kapitel 3.2 Tabelle A Spalten 3a und 4 ADR/RID/ADN oder Kapitel 3.2 Gefahrgutliste Spalten 3 und 5 IMDG-Code

153   Unter Sondervereinbarung versteht man solche Vorschriften, die von der zuständigen Behörde genehmigt sind und nach denen Sendungen, die nicht alle für radioaktive Stoffe geltenden Vorschriften des ADR/RID/ADN/IMDG-Code erfüllen, befördert werden dürfen.   (2)

   Fundstelle: 2.2.7.2.5 und 1.7.4.1 ADR/RID/ADN bzw. 2.7.2.5 und 1.5.4.1 IMDG-Code

154   Mehr als 300 kPa (3 bar)   (2)

   In der Beschreibung der Klasse 2 (Gase) wird als Kriterium angegeben: „... Stoffe, die bei 50 °C einen Dampfdruck von mehr als 300 kPa (3 bar) haben."

   Fundstelle: 2.2.2.1.1 ADR/RID/ADN, 2.2.1.1 IMDG-Code

155   7 Typen   (2)
Fundstelle: 2.2.52.1.6 ADR/RID/ADN, 2.5.3.2.2 IMDG-Code

156   Ferrosilicium unterliegt nach der Sondervorschrift 39 ADR/RID/ADN/IMDG-Code   (3)
nicht den gefahrgutrechtlichen Vorschriften.

*Nur Ferrosilicium mit mindestens 30 Masse-% oder höchstens 90 Masse-% Silicium
ist Gefahrgut nach ADR/RID/ADN/IMDG-Code.*

*Wir schauen in die alphabetische Stoffliste (Tabelle B) bzw. im Index. Hier finden
wir folgende Stoffbezeichnung: Ferrosilicium mit mindestens 30 Masse-%, aber
weniger als 90 Masse-% Silicium. 24 % sind weniger als 30 %. In der Tabelle A
Spalte 6 bzw. in der Gefahrgutliste Spalte 6 finden wird die Sondervorschrift 39,
welche definiert, dass es sich nicht um ein Gefahrgut nach ADR/RID/ADN/IMDG-
Code handelt.*

*Fundstelle: Alphabetische Stoffliste (Tabelle B) (3.2.2 ADR/ADN, 3.2.1 RID) oder
Index im IMDG-Code, Kapitel 3.2 Tabelle A ADR/RID/ADN oder Kapitel 3.2 Gefahrgutliste IMDG-Code*

157   **D**   2.1.3.10 ADR/RID/ADN   (1)
          G   2.0.3.6 IMDG-Code
Fundstelle: 2.1.3.10 ADR/RID/ADN, 2.0.3.6 IMDG-Code

158   Unterabschnitt 2.1.3.10 ADR/RID/ADN   (2)
          Unterabschnitt 2.0.3.6 IMDG-Code

159   Nicht anderweitig genannt   (1)
*Fundstelle: Kapitel 1.2 Begriffsbestimmungen ADR/RID/ADN, 1.2.3 und 3.1.1.1
IMDG-Code*

160   Unterabschnitt 2.2.1.3 ADR/RID/ADN   (2)

161   Unterabschnitt 2.2.3.2 ADR/RID/ADN   (2)
*In jeder Klasse gibt es die Vorgaben für „Nicht zur Beförderung zugelassene Stoffe"
als Überschrift. Im Inhaltsverzeichnis ist dieser Unterabschnitt auch aufgeführt.*

162   2, 2TC   (1)
Fundstelle: Kapitel 3.2 Tabelle A ADR/RID/ADN

163   **A**   Korrosionsrate auf Aluminiumoberflächen   (1)
          B   Korrosionsrate auf Stahloberflächen
          C   Einwirkung auf die Haut
Fundstelle: 2.2.8.1 und 2.2.8.1.6 ADR/RID/ADN, 2.8.1 IMDG-Code

164   Klasse 8   (1)
Fundstelle: 2.2.8.1 ADR/RID/ADN, 2.8.1 IMDG-Code

165   Maximal 3 Minuten (von 3 Minuten oder weniger)   (2)
Fundstelle: 2.2.8.1.6 ADR/RID/ADN, 2.8.2.5 IMDG-Code

166   Klasse 8, Verpackungsgruppe III   (2)
Fundstelle: Tabelle in Absatz 2.2.8.1.6 ADR/RID/ADN und 2.8.2.5 IMDG-Code

167   Entzündbare flüssige Stoffe mit einem Flammpunkt von höchstens 60 °C   (2)
Fundstelle: 2.2.3.1.2 ADR/RID/ADN

168   Klasse 3, Verpackungsgruppe II   (2)
Fundstelle: 2.2.3.1.3 ADR/RID/ADN, 2.3.2.6 IMDG-Code

Übergreifend

2.2 Verkehrsträgerübergreifender Teil

Übergreifend

169   Ein Gas, das im für die Beförderung verpackten Zustand an einem festen porösen   (2)
      Werkstoff adsorbiert ist, was zu einem Gefäßinnendruck bei 20 °C von weniger als
      101,3 kPa und bei 50 °C von weniger als 300 kPa führt.
      Fundstelle: 2.2.2.1.2 ADR/RID/ADN, 2.2.1.2.5 IMDG-Code

170   Abschnitt 2.2.43 ADR/RID/ADN, Abschnitt 2.4.4 IMDG-Code   (1)

171   Abschnitt 2.3.4 ADR/RID/ADN   (2)

172   Stoffe und Gegenstände, deren Beförderung gemäß ADR/RID/ADN verboten oder   (2)
      nur unter bestimmten Bedingungen gestattet ist
      *Fundstelle: 1.2.1 ADR/RID/ADN (Eine von ADR/RID/ADN abweichende Definition
      siehe § 2 Nr. 7 GGVSEB.)*

173   Klasse 6.1   (2)
      *In der alphabetischen Stoffliste (3.2.2 ADR/ADN, 3.2.1 RID) ist der Eintrag „PESTI-
      ZID" mit der UN 2903 und den zusätzlichen Angaben „FLÜSSIG, ENTZÜNDBAR,
      GIFTIG, N.A.G." und „Flammpunkt von 23 °C oder darüber" zu finden. Kapitel 3.2
      Tabelle A ADR/RID/ADN bzw. Kapitel 3.2 Gefahrgutliste Spalte 3a IMDG-Code gibt
      Auskunft über die Klasse.*
      Weitere Fundstellen: 2.2.3.1.3, 2.1.3.10 und 2.2.61.3 ADR/RID/ADN

174   Klasse 9   (1)
      *Über die alphabetische Stoffliste (Tabelle B) (3.2.2 ADR/ADN, 3.2.1 RID) oder den
      Index im IMDG-Code finden wir heraus, dass „ERWÄRMTER FLÜSSIGER STOFF,
      N.A.G." der UN-Nummer 3257 zuzuordnen ist. Aus Kapitel 3.2 Tabelle A Spalte 3a
      ADR/RID/ADN oder Kapitel 3.2 Gefahrgutliste Spalte 3 IMDG-Code entnehmen wir
      die Klasse 9.*
      Weitere Fundstellen: 2.2.9.1.13 ADR/RID/ADN, 2.9.2.2 IMDG-Code

175   Verpackungsgruppe III   (2)
      *Die Antwort finden wir über die Klassifizierungskriterien im Teil 2 (Klassifizierung),
      hier Tabelle in 2.2.61.1.7 ADR/RID/ADN bzw. 2.6.2.2.4.1 IMDG-Code. Dort wird für
      flüssige giftige Stoffe in der unteren Spalte „Giftigkeit bei Einnahme" ein Wert > 50
      und ≤ 300 angegeben. 230 liegt in diesem Bereich. Links daneben finden wir die
      Verpackungsgruppe III.*
      Fundstelle: 2.2.61.1.7 ADR/RID/ADN bzw. 2.6.2.2.4.1 IMDG-Code

176   *Klassifizierungscodes:*   (2)
      I1   Ansteckungsgefährliche Stoffe, gefährlich für Menschen
      I2   Ansteckungsgefährliche Stoffe, gefährlich nur für Tiere
      I3   Klinische Abfälle
      I4   Biologische Stoffe
      *Die Klassifizierungscodes gehören zur Klassifizierung, die sich für die Klasse 6.2 in
      2.2.62 befindet. In 2.2.62.1.2 sind diese konkret aufgeführt. Für die Beantwortung
      der Frage wählen Sie zwei Klassifizierungscodes aus.*
      Fundstelle: 2.2.62.1.2 ADR/RID/ADN

177   Nein. Genetisch veränderte Mikroorganismen und Organismen, die nicht anste-   (3)
      ckungsgefährlich sind, sind in Klasse 9 einzustufen.
      *In der Klasse 6.2 sind die Anforderungen für die Einstufung zu finden, hier gibt es
      einen Hinweis für die Einstufung von genetisch veränderten Mikroorganismen.*
      Fundstelle: 2.2.62.1.10 ADR/RID/ADN

178   Nein, nach Absatz 2.2.8.2.2 ADR/RID/ADN ist die Beförderung von UN 1798 ver-   **(2)**
boten.

Die Lösung lässt sich auch über die alphabetische Stoffliste (Tabelle B) (3.2.2 ADR/
ADN, 3.2.1 RID) finden, in welcher das Gemisch namentlich als UN 1798 genannt
ist. In Kapitel 3.2 Tabelle A ADR ist bei der UN-Nummer der Hinweis zu finden,
dass die Beförderung verboten ist.

Fundstelle: 2.2.8.2.2 ADR/RID/ADN

179   Nein, der Peroxidgehalt ist zu hoch. – Absatz 2.2.3.2.1 ADR/RID/ADN   **(2)**

Fundstelle: 2.2.3.2.1 ADR/RID/ADN

180   UN 2814   **(2)**

Die Viren gehören zur Klasse 6.2. Im Teil 2 sind bei der Klasse 6.2 die Viren mit
ihren UN-Nummern aufgeführt.

Fundstelle: 2.2.62.1.4.1 ADR/RID/ADN und 2.6.3.2.2.1 IMDG-Code

181   3; II   **(2)**

In der Gefahrenvorrangtabelle findet sich an der Schnittstelle die überwiegende
Gefahr. Beim Vergleich von 3, II und 6.1, II findet man an der Schnittstelle 3, II.

Fundstelle: 2.1.3.10 ADR/RID/ADN, 2.0.3.6 IMDG-Code

182   Nein – Sondervorschrift 663 in Kapitel 3.3 ADR/RID/ADN. Nein – Sondervor-   **(2)**
schrift 968 in Kapitel 3.3 IMDG-Code.

Fundstelle: Kapitel 3.2 Tabelle A und Sondervorschrift 663 ADR/RID/ADN sowie
Kapitel 3.2 Gefahrgutliste, Sondervorschrift 968 IMDG-Code

183   Nein. Es handelt sich um ein Gefahrgut der Klasse 2.3 und somit um einen Stoff   **(2)**
der Klasse 2, der gemäß Sondervorschrift 663 nicht zur Beförderung als UN 3509
zulässig ist.

Fundstelle: Kapitel 3.2 Tabelle A und Sondervorschrift 663 in Kapitel 3.3 ADR/RID/
ADN

184   6HD2   **(2)**

Fundstelle: 6.1.2.7 ADR/RID/IMDG-Code, ADN verweist auf ADR

185   **A**   Jahr der Herstellung   **(1)**

In 6.1.3.1 ADR/RID wird die Kennzeichnung beschrieben. Unter Buchstabe e fin-
den wir: „… aus den letzten beiden Ziffern des Jahres der Herstellung. Bei Ver-
packungen der Verpackungsarten 1H und 3H zusätzlich aus dem Monat der Her-
stellung; dieser Teil der Kennzeichnung darf auch an anderer Stelle als die übrigen
Angaben angebracht sein. …"

Fundstelle: 6.1.3.1 Buchstabe e ADR/RID/IMDG-Code, ADN verweist auf ADR

186   Fass aus Aluminium mit nicht abnehmbarem Deckel   **(2)**

Nach 6.1.2.5 und 6.1.2.6 ADR/RID bedeutet 1 = Fass, B = Aluminium, 1B1 = nicht
abnehmbarer Deckel; es handelt sich hier also um ein Fass aus Aluminium mit nicht
abnehmbarem Deckel.

Fundstelle: 6.1.2.5, 6.1.2.6 und 6.1.2.7 ADR/RID/IMDG-Code, ADN verweist auf
ADR

187   abnehmbarer Deckel   **(1)**

Fundstelle: 6.1.2.7 ADR/RID/IMDG-Code (Tabelle), ADN verweist auf ADR

Übergreifend

2.2 Verkehrsträgerübergreifender Teil

Übergreifend

188   50 kg   (2)

Nach 6.1.3.1 Buchstabe c) ii) ADR/RID gibt die Zahl „50" die höchstzulässige Brutto-
masse/das maximale Bruttogewicht für das Versandstück in kg an.
Fundstelle: 6.1.3.1 ADR/RID/IMDG-Code, ADN verweist auf ADR

189   Verpackungsgruppen I, II und III   (2)

In 6.1.3.1 c) ii) ADR/RID wird die Codierung der Verpackung beschrieben:
„… aus einem Buchstaben, welcher die Verpackungsgruppe(n) angibt, für welche
die Bauart erfolgreich geprüft worden ist.
X für die Verpackungsgruppen I, II und III
Y für die Verpackungsgruppen II und III
Z nur für die Verpackungsgruppe III."
Fundstelle: 6.1.3.1 ADR/RID/IMDG-Code, ADN verweist auf ADR

190   **A**   X, Y, Z   (1)
          E   Y, Z, X
          H   Z, Y, X

Fundstelle: 6.1.3.1 ADR/RID/IMDG-Code, ADN verweist auf ADR

191   **B**   Verpackungsgruppen II, III   (1)
          F   Verpackungsgruppe II
          G   Verpackungsgruppe III

Die Bedeutung der Buchstaben X, Y und Z wird in 6.1.3.1 ADR/RID erklärt: Bessere
Verpackungen, hier Y, schließen Verpackungen mit niedrigeren Anforderungen, hier
Z, mit ein.
X für die Verpackungsgruppen I, II und III
Y für die Verpackungsgruppen II und III
Z für die Verpackungsgruppe III
Fundstelle: 6.1.3.1 ADR/RID/IMDG-Code, ADN verweist auf ADR

192   Y = für Verpackungsgruppen II und III erfolgreich geprüft   (4)

25S = Bruttohöchstmasse 25 kg, S = Verpackung für feste Stoffe oder Innenverpackungen
0117 = Monat und Jahr der Herstellung, 01 = Januar, 17 = 2017
D = zugelassen in Deutschland
Fundstelle: 6.1.3.1 ADR/RID/IMDG-Code, ADN verweist auf ADR

193   3 m^3 (2)

Fundstelle: 1.2.1 ADR/RID/ADN/IMDG-Code

194   Bis einschließlich Januar 2019   (2)

Aus Kapitel 3.2 Tabelle A ADR/RID/ADN bzw. Kapitel 3.2 Gefahrgutliste IMDG-
Code entnehmen wir die Sondervorschrift PP81. Unter PP81 ist eine Verwen-
dungsdauer von 2 Jahren ab Datum der Herstellung vorgeschrieben, also Juli 2017
bis Juli 2019.
Fundstelle: PP81 in P001 in 4.1.4.1 ADR/RID/IMDG-Code, ADN verweist auf ADR

195   5 Jahre   (2)

„3H1" bedeutet laut 6.1.2 ADR/RID/IMDG-Code, ADN verweist auf ADR, „Kanister
aus Kunststoff mit nicht abnehmbarem Deckel". Die Verwendungsdauer von
Kunststoffkanistern beträgt max. 5 Jahre.
Fundstelle: 4.1.1.15 ADR/RID/IMDG-Code, ADN verweist auf ADR

196   Bis Januar 2020   (2)

Hinweis: Für die richtige Beantwortung der Frage ist hier das Herstellungsdatum in der Verpackungscodierung maßgebend, da die Verwendungsfrist für Kunststoff-IBC auf 5 Jahre begrenzt ist (es sei denn, wegen der Art des zu befördernden Stoffes ist eine kürzere Verwendungsdauer vorgeschrieben). Für UN 1173 ist keine kürzere Verwendungsdauer vorgeschrieben. Die Dichtheitsprüfung ist alle zweieinhalb Jahre durchzuführen. Deshalb kann der IBC jetzt noch zweieinhalb Jahre genutzt werden.

Fundstelle: 4.1.1.15 ADR/RID/IMDG-Code, ADN verweist auf ADR

197   10 Jahre   (2)

Aus Kapitel 3.2 Tabelle A ADR/RID bzw. Kapitel 3.2 Gefahrgutliste IMDG-Code entnehmen wir die Verpackungsvorschrift P200, die in 4.1.4 ADR/RID/IMDG-Code (ADN verweist auf ADR) steht.

ADR/RID, ADN verweist auf ADR: Da UN 2036 Xenon den Klassifizierungscode 2A hat, gilt für wiederkehrende Prüfungen Absatz 9 Buchstabe c und Tabelle 2 P200: 10 Jahre.

IMDG-Code: Da UN 2036 Xenon ein verflüssigtes Gas ist (Spalte 17 aus Kapitel 3.2 Gefahrgutliste), gilt für die wiederkehrende Prüfung Tabelle 2 P200: 10 Jahre.

198   Eine Kombination von Verpackungen für Beförderungszwecke, bestehend aus   (2)
           einer oder mehreren Innenverpackungen, die nach Abschnitt 4.1.1.5 in eine
           Außenverpackung eingesetzt sein müssen

Fundstelle: 1.2.1 ADR/RID/ADN/IMDG-Code und 4.1.3.3 ADR/RID/IMDG-Code, ADN verweist auf ADR

199   P135 ADR/RID/IMDG-Code, ADN verweist auf ADR   (1)

Über Kapitel 3.2 Tabelle A Spalte 8 ADR/RID/ADN bzw. Kapitel 3.2 Gefahrgutliste Spalte 8 IMDG-Code finden wir einen Hinweis auf die Verpackungsvorschrift P135 in 4.1.4 (ADR/RID/IMDG-Code), ADN verweist auf ADR. Dort finden wir weitere Infos.

200   P650   (2)

- Primärgefäß
- Sekundärgefäß
- Außenverpackung

In der Tabelle A ADR/RID/ADN bzw. in der Gefahrgutliste IMDG-Code ist in der Spalte 8 die Verpackungsanweisung „P650" genannt. In der Verpackungsanweisung P650 Absatz 2 (4.1.4.1) sind die Bestandteile beschrieben.

Fundstelle: Kapitel 3.2 Tabelle A ADR/RID/ADN bzw. Kapitel 3.2 Gefahrgutliste IMDG-Code und 4.1.4.1 ADR/RID/IMDG-Code, ADN verweist auf ADR

201   IBC08   (1)

Fundstelle: Kapitel 3.2 Tabelle A Spalte 8 in Verbindung mit 4.1.4 ADR/RID/ADN bzw. Spalte 10 in der Gefahrgutliste in Kapitel 3.2 in Verbindung mit 4.1.4 IMDG-Code

202   Sondervorschriften MP8 und MP17   (2)

Fundstelle: Kapitel 3.2 Tabelle A Spalte 9b ADR/RID/ADN

203   Ja, in Kapitel 3.2, Verpackungsanweisung P001 und Sondervorschrift PP2 in 4.1.4.1   (2)

Über die Tabelle A Spalten 8 und 9a ADR/RID/ADN oder die Gefahrgutliste IMDG-Code in der Spalten 8 und 9 finden wir einen Hinweis auf die Verpackungsvorschrift.

Fundstelle: Kapitel 3.2 Tabelle A ADR/RID/ADN bzw. Kapitel 3.2 Gefahrgutliste IMDG-Code, 4.1.4 ADR/RID/ADN/IMDG-Code

Übergreifend

Übergreifend

204   Nein; Verpackungsvorschrift P905 in 4.1.4.1 ADR/RID/IMDG-Code, ADN verweist   **(2)**
      auf ADR.
      Fundstelle: Kapitel 3.2 Tabelle A ADR/RID/ADN bzw. Kapitel 3.2 Gefahrgutliste
      IMDG-Code in Verbindung mit 4.1.4.1 ADR/RID/IMDG-Code, ADN verweist auf
      ADR. P905 enthält einen Hinweis, dass Teil 6 nicht anzuwenden ist.

205   B   Typ IP-1   **(1)**
      G   Typ IP-2
      H   Typ IP-3
      L   Typ A
      M   Typ B(U)
      N   Typ B(M)
      O   Typ C
      Q   Industrieversandstück des Typs 1
      Fundstelle: 4.1.9.1.1 ADR/RID/IMDG-Code, ADN verweist auf ADR

206   *Die erfassten Typen von Versandstücken für radioaktive Stoffe sind:*   **(2)**
      Industrieversandstück des Typs 1 (Typ IP-1)
      Industrieversandstück des Typs 2 (Typ IP-2)
      Industrieversandstück des Typs 3 (Typ IP-3)
      Typ A-Versandstück
      Typ B(U)-Versandstück
      Typ B(M)-Versandstück
      Typ C-Versandstück
      Hieraus sind dann zwei Versandstücktypen für die richtige Antwort zu übernehmen.
      Fundstelle: 4.1.9.1.1 ADR/RID/IMDG-Code, ADN verweist auf ADR

207   Dichtheitsprüfung alle 2,5 Jahre und Inspektion alle 2,5 bzw. 5 Jahre   **(2)**
      Fundstelle: 6.5.4.4.1 und 6.5.4.4.2 ADR/RID/IMDG-Code, ADN verweist auf ADR

208   Das Versandstück aus Pappe darf die Nettomasse von 55 kg nicht überschreiten. **(2)**
      Verpackungsanweisung P207 Buchstabe b) in Unterabschnitt 4.1.4.1.
      Über die Tabelle A Spalte 8 ADR/RID (ADN verweist auf ADR) oder die Gefahrgut-
      liste Spalte 8 IMDG-Code kommen wir zur Verpackungsanweisung P207. Wir lesen
      in b) nach und kommen zum Wert → max. 55 kg.
      Fundstelle: Kapitel 3.2 Tabelle A ADR/RID bzw. Kapitel 3.2 Gefahrgutliste IMDG-
      Code, P207 in 4.1.4 ADR/RID/IMDG-Code, ADN verweist auf ADR

209   Kapitel 6.5 ADR/RID/IMDG-Code, ADN verweist auf ADR   **(1)**

210   60 Liter   **(2)**
      Fundstelle: 6.1.4.4.5 ADR/RID/IMDG-Code, ADN verweist auf ADR

211   Fass aus Pappe (1G)   **(2)**
      Über Kapitel 3.2 Tabelle A ADR/RID/ADN bzw. Kapitel 3.2 Gefahrgutliste IMDG-
      Code finden wir in Spalte 8 die Verpackungsanweisung P409. In 4.1.4.1 ADR/RID/
      ADN/IMDG-Code unter P409 finden wir die zulässige Einzelverpackung.

212   Salpetersäure   **(2)**
      Fundstelle: Tabelle 4.1.1.21.6 ADR/RID, ADN verweist auf ADR (UN 1906 ist Abfall-
      schwefelsäure.)

213   Kunststoffe   (2)

Fundstelle: 4.1.1.21 ADR/RID, ADN verweist auf ADR

214   Unterabschnitt 4.1.1.21 ADR/RID, ADN verweist auf ADR   (1)

215   – Primärgefäß   (2)

– Sekundärverpackung

– Außenverpackung

Über Kapitel 3.2 Tabelle A ADR/RID/ADN bzw. Kapitel 3.2 Gefahrgutliste IMDG-Code finden wir in Spalte 8 die Verpackungsanweisung P650. In 4.1.4.1 ADR/RID/ADN/IMDG-Code unter P650 Absatz 2 wird die Verpackung beschrieben.

216   Nein; Verpackungsanweisung P406, Sondervorschrift PP25 ADR/RID/IMDG-Code,   (3)
ADN verweist auf ADR

Über Kapitel 3.2 Tabelle A ADR/RID/ADN bzw. Kapitel 3.2 Gefahrgutliste IMDG-Code finden wir in Spalte 8 die Verpackungsanweisung P406. In 4.1.4.1 ADR/RID/ADN/IMDG-Code unter P406 in der Sondervorschrift PP25 befindet sich der Hinweis, dass für die UN-Nr. 1347 die Stoffmenge auf 15 kg begrenzt ist.

217   a. Innenverpackung: 5 L, Gesamtbruttomasse des Versandstücks: 30 kg   (3)

    Fundstelle: Kapitel 3.2 Tabelle A Spalte 7a und 3.4.2 ADR/RID/ADN

b. 3.4.7 und 3.4.11 ADR/RID/ADN

218   Nein.   (2)

Nach der Verpackungsanweisung P500, die für UN 3356 anzuwenden ist, müssen die Verpackungen den Prüfanforderungen für die Verpackungsgruppe II (Y) entsprechen.

Fundstelle: In Kapitel 3.2 Tabelle A ADR/RID/ADN oder Kapitel 3.2 Gefahrgutliste IMDG-Code finden wir in Spalte 8 die Verpackungsanweisung P500. In 4.1.4.1 ADR/RID/ADN/IMDG-Code unter P500 befindet sich der Hinweis auf die Prüfanforderungen für die Verpackungen.

219   Abschnitt 3.5.2   (3)

– Innenverpackung

– Zwischenverpackung mit Polstermaterial

– Außenverpackung

In Kapitel 3.5 sind die Anforderungen für den Versand von freigestellten Mengen zu finden, in 3.5.2 ADR/RID/ADN/IMDG-Code sind die einzelnen Verpackungsanforderungen dargestellt.

Fundstelle 3.5.2 ADR/RID/ADN/IMDG-Code

220   Der Code lautet E2.   (2)

Fundstelle: Alphabetische Stoffliste (Tabelle B) (3.2.2 ADR/ADN, 3.2.1 RID) bzw. Index im IMDG-Code, Kapitel 3.2 Tabelle A Spalte 7b ADR/RID/ADN bzw. Kapitel 3.2 Gefahrgutliste Spalte 7b IMDG-Code

221   30 kg   (2)

Fundstelle: 3.4.2 ADR/RID/ADN, 3.4.2.1 IMDG-Code

222   Ortsbewegliches wärmeisoliertes Druckgefäß für die Beförderung tiefgekühlt ver-   (2)
flüssigter *Gase* mit einem Fassungsraum von höchstens 1 000 l

Fundstelle: 1.2.1 ADR/RID/ADN/IMDG-Code

2.2 Verkehrsträgerübergreifender Teil

223   Nein; Sondervorschrift für die Verpackung PP14 in P002 in 4.1.4.1   **(2)**

Fundstelle: Kapitel 3.2 Tabelle A Spalten 8 und 9a, Sondervorschrift PP14 in P002 in 4.1.4.1 ADR/RID/ADN bzw. Kapitel 3.2 Gefahrgutliste Spalten 8 und 9, Sondervorschrift PP14 in P002 in 4.1.4.1 IMDG-Code

224   Nein, es ist eine Freistellung von den Vorschriften gem. Sondervorschrift 375 möglich.   **(3)**

Fundstelle: Alphabetische Stoffliste (Tabelle B) (3.2.2 ADR/ADN, 3.2.1 RID), Kapitel 3.2 Tabelle A, Kapitel 3.3 Sondervorschrift 375 ADR/RID/ADN bzw. Index, Kapitel 3.2 Gefahrgutliste, 2.10.2.7 IMDG-Code

225   Nein; Sondervorschrift für die Verpackung RR9 in P003 in 4.1.4.1   **(2)**

Fundstelle: Kapitel 3.2 Tabelle A Spalte 8, Verpackungsanweisung P003 und Sondervorschrift RR9 in 4.1.4.1 ADR/RID/ADN

226   Bei Altverpackungen handelt es sich um leere ungereinigte Verpackungen, Großverpackungen oder Großpackmittel (IBC) oder Teile davon, die zur Entsorgung, zum Recycling oder zur Wiederverwendung ihrer Werkstoffe, nicht aber zur Rekonditionierung, Reparatur, regelmäßigen Wartung, Wiederaufarbeitung oder Wiederverwendung befördert werden.   **(2)**

Sie dürfen der UN-Nummer 3509 zugeordnet werden, wenn sie den Vorschriften für diese Eintragung entsprechen.

Fundstelle: 2.1.5 ADR/RID/ADN (siehe auch SV 663 in Kapitel 3.3)

227   P208   **(2)**

Fundstelle: Alphabetische Stoffliste (Tabelle B) (3.2.2 ADR/ADN, 3.2.1 RID) bzw. Index im IMDG-Code, Kapitel 3.2 Tabelle A Spalte 8 ADR/RID/ADN bzw. Kapitel 3.2 Gefahrgutliste Spalte 8 IMDG-Code

228   P908 und LP904   **(2)**

Fundstelle: Alphabetische Stoffliste (Tabelle B) (3.2.2 ADR/ADN, 3.2.1 RID) bzw. Index im IMDG-Code, Kapitel 3.2 Tabelle A ADR/RID/ADN bzw. Kapitel 3.2 Gefahrgutliste IMDG-Code, Kapitel 3.3 Sondervorschrift 376 und 4.1.4.1 ADR/RID/ADN/IMDG-Code

Hinweis: Eine Beförderung wäre auch über SV 636 b) und P909 möglich. Dies ist aber nicht Bestandteil der Frage.

2.3 Antworten zum Teil Straße

Hinweis: *Die Zahl in Klammern gibt die erreichbare Punktzahl an.*

229   **C**   Das ADR   (1)

Das ADR regelt die grenzüberschreitende Beförderung gefährlicher Güter auf der Straße. Es gilt derzeit (letzter Beitritt im September 2016) in 49 Staaten Europas, Nordafrikas und Asiens.

230   ADR   (1)

Das ADR-Übereinkommen regelt die grenzüberschreitende Beförderung gefährlicher Güter auf der Straße. Voller Wortlaut „Europäisches Übereinkommen vom 30. September 1957 über die internationale Beförderung gefährlicher Güter auf der Straße (ADR)".

231   **A**   Bei Beförderung von im ADR nicht näher bezeichneten Geräten, die in ihrem   (1)
inneren Aufbau gefährliche Güter enthalten, vorausgesetzt, es werden Maßnahmen getroffen, die unter normalen Beförderungsbedingungen ein Freiwerden des Inhalts verhindern

Die Lösung finden wir in 1.1.3.1 Buchstabe b ADR. Hiernach gelten die Vorschriften nicht für Beförderungen von Maschinen oder Geräten, die im ADR nicht näher bezeichnet sind und in ihrem inneren Aufbau oder ihren Funktionselementen gefährliche Güter enthalten.

Fundstelle: 1.1.3.1 Buchstabe b ADR

232   **C**   Die GGVSEB definiert den Begriff Fahrzeuge im innerstaatlichen und inner-   (1)
gemeinschaftlichen Verkehr, abweichend vom ADR.

Fundstelle: § 2 Nummer 6 GGVSEB

233   1.6.3 ADR   (1)

Fundstelle: die Übergangsvorschriften in Kapitel 1.6 ADR

234   2 Notfallfluchtmasken   (1)

Fundstelle: Laut Kapitel 3.2 Tabelle A ist für UN 1017 (Chlor) nach Spalte 5 neben den Gefahrzetteln Nr. 5.1 und Nr. 8 auch ein Gefahrzettel Nr. 2.3 notwendig. Außerdem ist für dieses Gas zusätzliche Ausrüstung gemäß 8.1.5.3 ADR erforderlich. Somit muss für jedes Mitglied der Fahrzeugbesatzung eine Notfallfluchtmaske für den Gefahrzettel 2.3 mitgeführt werden. Da Sie mitfahren, müssen sich 2 Notfallfluchtmasken auf dem Fahrzeug befinden.

Laut Bemerkung 4) ist die weitere Ausrüstung für den Gefahrzettel 8 (eine Schaufel, eine Kanalabdeckung und ein Auffangbehälter aus Kunststoff) nur bei festen und flüssigen Stoffen vorgeschrieben. Bei Chlor handelt es sich aber um ein Gas.

Hinweis: Der in der Fragestellung verwendete Plural lässt mehrere zusätzliche Ausrüstungsgegenstände vermuten. Dies ist aber nicht der Fall.

235   Unterabschnitt 8.1.5.3 ADR   (1)

Fundstelle: In 8.1.5 ADR wird die sonstige Ausrüstung und die persönliche Schutzausrüstung vorgeschrieben. In 8.1.5.3 ADR ist die zusätzliche Ausrüstung, die für bestimmte Klassen gefordert wird, aufgeführt. Hier wird als Fußnote die Anforderung an die Notfallfluchtmaske genannt. In der Fußnote 3) werden Beispiele für die Notfallfluchtmaske aufgeführt.

236   Kapitel 8.1 ADR   (1)

Die Lösung finden wir über das Inhaltsverzeichnis. Dort wird Kapitel 8.1 ADR angegeben.

237   Ja.   (2)

Begründung: Weil die Regelungen für UN 1202 für die Anwendung in Kapitel 8.4 ADR in Verbindung mit Kapitel 8.5 ADR nicht zutreffen. Es fehlt der entsprechende Eintrag S20 in Spalte 19.

Die Regelungen in der Anlage 2 zur GGVSEB zu Kapitel 8.4 ADR gelten nur für in Deutschland zugelassene Fahrzeuge.

Hinweis: Die allgemeinen Regelungen nach Kapitel 1.10 ADR (Sicherung) sind zu berücksichtigen.

238   50 m   (2)

Die richtige Antwort finden wir über Kapitel 3.2 Tabelle A Spalte 19 bei UN 0362 mit der Sondervorschrift S1, die in Kapitel 8.5 ADR erläutert wird. Danach muss nach der Sondervorschrift S1 Absatz 5 ADR der Abstand zwischen den Beförderungseinheiten mindestens 50 m betragen.

Fundstelle: Kapitel 8.5 und Kapitel 3.2 Tabelle A Spalte 19 ADR

239   Nach 1.1.3.6.3 ADR in Verbindung mit 8.1.4.2 ADR reicht ein Feuerlöschgerät mit   (2)
        einem Mindestfassungsvermögen von 2 kg aus.

Die Vorschriften über Feuerlöschmittel gelten im internationalen Verkehr grundsätzlich. Die besonderen Vorschriften in 8.1.4 ADR, hier 8.1.4.1 (Tabelle) ADR, treffen nicht zu, weil nach 1.1.3.6.2 ADR in Verbindung mit der Tabelle nach 1.1.3.6.3 ADR die höchstzulässige Gesamtmasse je Beförderungseinheit von 1 000 l (es sind nur 900 l Terpentin [UN 1299 Beförderungskategorie 3 nach Spalte 15] auf dem Lkw) unterschritten wird.

240   Wegen der Beförderung in Versandstücken unterhalb der zulässigen Mengengren-   (2)
        zen für Benzin kann 1.1.3.6 ADR angewendet werden.

1 Feuerlöscher mit mindestens 2 kg Mindestfassungsvermögen

Benzin UN 1203 ist laut Kapitel 3.2 Tabelle A der Klasse 3 VG II, Beförderungskategorie 2 zugeordnet. Die Antwort finden wir in 8.1.4.2 ADR, über 1.1.3.6.2 ADR in Verbindung mit der Tabelle 1.1.3.6.3 ADR, wonach für UN 1203 Benzin die höchstzulässige Gesamtmenge je Beförderungseinheit 333 l beträgt, die hier nicht überschritten wird.

241   D   Trichlorsilan ist in der Tabelle nach Unterabschnitt 1.1.3.6 ADR der Beför- (1)
              derungskategorie 0 zugeordnet.

Die Lösung finden wir über die Tabelle 1.1.3.6.3 ADR. Danach ist der Stoff der Klasse 4.3, UN 1295 in der Beförderungskategorie 0 aufgeführt.
Die Lösung ist auch möglich über Kapitel 3.2 Tabelle A Spalte 15.

242   C   Die Gesamtmenge je Beförderungseinheit ist für diese ungereinigten leeren   (1)
              Gefäße „unbegrenzt".

In der Beförderungskategorie 4 finden wir einen Satz „sowie ungereinigte leere Verpackungen, die gefährliche Stoffe mit Ausnahme solcher enthalten, die unter die Beförderungskategorie 0 fallen", hierfür ist die höchstzulässige Gesamtmenge unbegrenzt. Ammoniak ist der UN-Nummer 1005 zugeordnet und hat in Kapitel 3.2 Tabelle A Spalte 15 die Beförderungskategorie 1. Die Fußnote a) gilt nur bei gefüllten Gasflaschen (ortsbewegliche Druckgeräte).

243   EX/III-Fahrzeuge   (2)

Die Lösung finden wir über die Tabelle in 9.2.1 ADR. Danach gilt die Vorschrift bei der Beförderung von Explosivstoffen für EX/III-Fahrzeuge. (FL gilt nicht für Explosivstoffe.)

Fundstelle: 9.2.1 ADR (Tabelle)

244   Abschnitt 8.1.5 ADR   **(1)**

Die Lösung finden wir u. a. über das Inhaltsverzeichnis. Dort wird im Teil 8 u. a. die Ausrüstung der Fahrzeuge genannt; bei sonstigen Ausrüstungen 8.1.5 ADR.

245   1 000 kg   **(2)**

Bei UN 1017 handelt es sich um Chlor, Klasse 2, also um besonders gefährliche Güter für die nach §§ 35, 35a und 35b GGVSEB besondere Vorschriften gelten. Die Tabelle in § 35b gibt den Hinweis, dass die §§ 35 und 35a ab jeweils 1 000 kg Nettomasse in Tanks gelten.

246   Nein.   **(2)**

Bei UN 1553 handelt es sich um Arsensäure flüssig, Klasse 6.1.
§§ 35, 35a und 35b GGVSEB gelten nur bei der Beförderung in Tanks.

247   Nettomenge ab 3 000 l   **(1)**

Über die alphabetische Stoffliste (Tabelle B) (3.2.2 ADR) wird die UN-Nr. 1553 und die Klasse 6.1 ermittelt. Nun kann über die Tabelle in § 35b GGVSEB ermittelt werden, dass diese Klasse dort genannt ist.

248   5 kg je Innenverpackung und 30 kg brutto je Versandstück   **(2)**

Über Kapitel 3.2 Tabelle A ADR werden die für die UN-Nr. 3453 zutreffenden Vorschriften ermittelt, hier Phosphorsäure, fest, Klasse 8, Verpackungsgruppe III. In Kapitel 3.2 Tabelle A Spalte 7a sind 5 kg höchstzulässiger Inhalt je Innenverpackung und das Versandstück mit 30 kg höchstzulässiger Bruttomasse (3.4.2 ADR) festgelegt.

249   Ja; Unterabschnitt 4.3.2.4 ADR (genau: 4.3.2.4.4 ADR)   **(2)**

Die Vorschriften über die Verwendung von Aufsetztanks befinden sich im Teil 4 ADR. Mithilfe des Inhaltsverzeichnisses finden wir dann heraus, dass in 4.3.2.4 ADR ungereinigte Tanks angesprochen werden. Eine weitere Auffindung wäre über Kapitel 3.2 Tabelle A ADR möglich. In den Spalten 12 und 13 wird jeweils auf Teil 4 ADR hingewiesen.

250   Ja; Unterabschnitt 4.3.2.4 ADR (genau: 4.3.2.4.4 ADR)   **(2)**

Die Vorschriften über die Verwendung von Tankcontainern befinden sich im Teil 4 ADR. Mithilfe des Inhaltsverzeichnisses finden wir dann heraus, dass in 4.3.2.4 ADR ungereinigte Tanks angesprochen werden. Eine weitere Auffindung wäre über Kapitel 3.2 Tabelle A ADR möglich. In den Spalten 12 und 13 wird jeweils auf Teil 4 ADR hingewiesen.

251   20 kg   **(2)**

Die Antwort finden wir in der Tabelle in 1.1.3.6.3 ADR. Vorerst müssen aber über die UN-Nr. in Kapitel 3.2 Tabelle A ADR der Klassifizierungscode und die Beförderungskategorie ermittelt werden, die für die Auswertung der Tabelle 1.1.3.6.3 ADR erforderlich sind. Der Stoff UN 0027 hat die Beförderungskategorie 1 und den Klassifizierungscode 1.1D. Anhand dieser Angaben wird per Tabelle 1.1.3.6.3 ADR ermittelt, dass die höchstzulässige Gesamtmenge „20" beträgt.

252   333 kg   **(2)**

Die Antwort finden wir in der Tabelle in 1.1.3.6.3 ADR. Vorerst müssen aber über die UN-Nr. in Kapitel 3.2 Tabelle A ADR der Klassifizierungscode und die Beförderungskategorie ermittelt werden, die für die Auswertung der Tabelle 1.1.3.6.3 ADR erforderlich sind. Der Stoff UN 0276 hat die Beförderungskategorie 2 und den Klassifizierungscode 1.4C. Anhand dieser Angaben wird per Tabelle 1.1.3.6.3 ADR ermittelt, dass die höchstzulässige Gesamtmenge „333" beträgt.

253   Nein.   **(2)**
UN 1950 5 TF dürfen 120 ml je Innenverpackung haben und nach 3.4.2 ADR sind jedoch nur 30 kg als Versandstückgewicht erlaubt. Damit ist die Menge je Außenverpackung zu groß.

254   Nein, da ein Versandstück 5 kg je Innenverpackung und nur maximal eine Brutto-   **(2)**
masse von 30 kg haben darf.
Da nur der Stoffname bekannt ist, wird über 3.2.2 Alphabetische Stoffliste (Tabelle B) ADR die UN-Nr. ermittelt, die lautet: 1944. Anhand Kapitel 3.2 Tabelle A ADR wird nun in der Spalte 7a die Menge von 5 kg je Innenverpackung ermittelt. Die Außenverpackung darf nur 30 kg Bruttomasse haben (3.4.2 ADR).

255   Nein, weil keine zusammengesetzte Verpackung verwendet wird.   **(3)**
Hier werden zwar alle erforderlichen Angaben vorgegeben, jedoch verlangt Kapitel 3.4 ADR eine zusammengesetzte Verpackung, die aus Innen- und Außenverpackung besteht (Erläuterung zur zusammengesetzten Verpackung siehe 1.2.1 ADR).

256   Der Versand als begrenzte Menge ist nicht zulässig, da in Kapitel 3.2 Tabelle A   **(2)**
Spalte 7a die Menge 0 genannt ist.
Über Kapitel 3.2 Tabelle A ADR finden wir heraus, dass es sich bei dem Stoff mit der UN-Nr. 1155 um Diethylether (Ethylether) der Klasse 3 Verpackungsgruppe II handelt. Über Kapitel 3.2 Tabelle A ADR wird in der Spalte 7a die Menge 0 ermittelt. Nach 3.4.1 ADR darf bei 0 kein Versand als begrenzte Menge erfolgen.

257   Alle 6 Jahre eine wiederkehrende Prüfung und alle 3 Jahre eine Zwischenprüfung   **(4)**
(Dichtheits- und Funktionsprüfung)
Diese Vorschriften befinden sich im Teil 6 ADR, da es sich um Bau- und Prüfvorschriften handelt. Anhand des Inhaltsverzeichnisses finden wir dann in Kapitel 6.8 ADR, wo unter 6.8.2.4 ADR die Prüfungen behandelt werden. In diesem Unterabschnitt entnehmen wir dann die Daten der Prüfungsabstände, die sich für Tankfahrzeuge links vom senkrechten Trennungsstrich befinden.
Fundstelle: 6.8.2.4.2 und 6.8.2.4.3 ADR

258   Alle 5 Jahre die wiederkehrende Prüfung und alle 2,5 Jahre die Zwischenprüfung   **(4)**
(Dichtheits- und Funktionsprüfung)
Diese Vorschriften befinden sich im Teil 6 ADR, da es sich um Bau- und Prüfvorschriften handelt. Anhand des Inhaltsverzeichnisses finden wir dann in Kapitel 6.8 ADR, wo unter 6.8.2.4 ADR die Prüfungen behandelt werden. In diesem Unterabschnitt entnehmen wir dann die Daten der Prüfungsabstände, die sich für Tankcontainer rechts vom senkrechten Trennungsstrich befinden.

259   a)   bei mehr als 1 000 l   **(4)**
       b)   immer
       a)   *Über UN-Nr. 1223 erfahren wir unter Zuhilfenahme von Kapitel 3.2 Tabelle A ADR, dass es sich bei dem Stoff mit der UN-Nr. 1223 um Kerosin der Klasse 3 Verpackungsgruppe III handelt. Stoffe mit VG III sind in der Regel mit der Beförderungskategorie 3 in Kapitel 3.2 Tabelle A ADR in Verbindung mit 1.1.3.6.3 ADR aufgeführt. Hier beträgt für die sonstige Ausrüstung nach 8.1.5 ADR für Stückguttransporte die höchstzulässige Gesamtmenge 1 000 kg bzw. l, bei der man von Teil 8 ADR befreit ist.*
       b)   *Für Tanktransporte ist die sonstige Ausrüstung nach 8.1.5 ADR grundsätzlich anzuwenden, da die Vorschriften über die Erleichterungen nach 1.1.3.6 ADR nur für Versandstücke gelten.*

260   Ja, gemäß 7.2.4 ADR   (3)

Unter Zuhilfenahme von Kapitel 3.2 Tabelle A finden wir in der Spalte 16 den Code V2 für die UN-Nr. 0094, der gemäß der Spalte 16 in 7.2.4 ADR erläutert wird. Nach dem Code V2, Absatz 2 dürfen danach auch Zugfahrzeuge eingesetzt werden, die nicht die EX/II- bzw. EX/III-Zulassung haben.

261   Ja, da die höchstzulässige Gesamtmenge von 333 l gemäß Tabelle 1.1.3.6.3 ADR   (2)
nicht überschritten und somit das Fahrzeug nicht kennzeichnungspflichtig ist.

Zuerst ist zu klären, ob das Fahrzeug mit der beförderten Menge Gefahrgut nach 5.3.2 ADR der Kennzeichnungspflicht mit orangefarbenen Tafeln unterliegt. Die Lösung holen wir uns über 3.2.2 Alphabetische Stoffliste (Tabelle B) ADR in Verbindung mit Kapitel 3.2 Tabelle A ADR. Benzin hat die UN-Nr. 1203. Laut Kapitel 3.2 Tabelle A ADR ist das ein Stoff der Klasse 3 mit der Verpackungsgruppe II. In Kapitel 3.2 Tabelle A Spalte 15 ADR ist die Beförderungskategorie 2 genannt, die eine Höchstgrenze von 333 gemäß Tabelle 1.1.3.6.3 ADR vorgibt.
Da die Höchstgrenze von 333 l nicht überschritten ist, darf dieses Gebiet befahren werden.

262   Unterabschnitt 7.5.2.1 ADR   (2)

Die Lösung finden wir in Kapitel 7.5 ADR, da sich dort u. a. die Vorschriften über das Be- und Entladen und die Handhabung befinden (auch über das Inhaltsverzeichnis schnell auffindbar). In der Tabelle in 7.5.2.1 ADR kann ermittelt werden, welche Stoffe mit welchem Gefahrzettel auf einer Ladefläche zusammen verladen werden dürfen bzw. wo ein Zusammenladeverbot besteht. In der ersten senkrechten Spalte dieser Tabelle sucht man die Gefahrzettel Nr. 7A, 7B und 7C. Bei der Fundstelle geht man nun in der Zeile nach rechts und überall, wo kein „X" vorhanden ist, gilt ein Zusammenladeverbot. Durch die Anmerkung „a" in der Spalte des Gefahrzettels Nr. 1.4 wird über die Fußnotenerläuterung jedoch ein Zusammenladen mit dem Stoff der Klasse 1, Verträglichkeitsgruppe 1.4S, erlaubt.

263   Unterabschnitt 4.1.9.1 ADR   (2)

Da es sich hier um Umverpackungen und Container handelt, ist für die Stoffe der Klasse 7 die Lösung in 4.1.9.1 ADR zu finden. In 4.1.9.1.4 ADR gibt es eine Grenzwertangabe für „nicht festhaftende Kontamination an den Außenseiten eines Versandstückes"; hier wird aber nicht von einer festhaftenden Oberflächenkontamination gesprochen. Die konkrete Fundstelle ist in 4.1.9.1.4 ADR in Verbindung mit 4.1.9.1.2 ADR.

264   **D**   offensichtlich beschädigt ist.   (1)

Kapitel 3.2 Tabelle A Spalte 18 ADR (im Bezug der Be- und Entladung, Handhabung). Für radioaktive Stoffe finden wir jeweils den Code CV33. Dieser Code wird in 7.5.11 ADR entschlüsselt. Im Absatz (5) wird in (5.1) und (5.2) festgelegt, dass offensichtlich beschädigte Versandstücke nicht befördert werden dürfen.

265   **D**   Anzahl, Zustand und Kennzeichnung der Versandstücke anhand der Begleitpapiere   (1)

Bei jeder Sendung sind Anzahl, Zustand und Kennzeichnung anhand der Begleitpapiere zu überprüfen, damit gewährleistet ist, dass die Summe der Transportkennzahlen im Fahrzeug den zulässigen Wert nicht überschreitet. Grundlage ist der Eintrag im Beförderungspapier nach 5.4.1.2.5.1 Buchstabe h ADR.
Fundstelle: 7.5.11 (CV33, Absatz 3.3) ADR

266   **A**   Bei der Beförderung von Druckgaspackungen muss diese Vorschrift nicht beachtet werden.   (1)

Über 3.2.2 Alphabetische Stoffliste (Tabelle B) ADR können wir die UN-Nr. der Druckgaspackungen ermitteln. Mit dieser UN-Nr., hier 1950, gehen wir in Kapitel

3.2 Tabelle A ADR, wo wir über die Spalte 18 nach einer Sondervorschrift für die-
sen Stoff suchen. Wir stellen fest, dass bei einigen Stoffen der Klasse 2 in der Spal-
te 18 ein Code „CV36" erscheint, der entsprechend in 7.5.11 ADR erläutert wird.
Da für UN-Nr. 1950 ein solcher Code nicht vorhanden ist, ist auch keine besondere
Belüftung vorgeschrieben.

Fundstelle: Kapitel 3.2 Tabelle A Spalte 18, 7.5.11 CV36 ADR

267   Unterabschnitt 7.5.2.1 ADR   (1)

Die Lösung finden wir in Kapitel 7.5 ADR, da sich dort u. a. die Vorschriften über
das Be- und Entladen und die Handhabung befinden (auch über das Inhaltsver-
zeichnis schnell auffindbar). In 7.5.2 ADR in Verbindung mit der Tabelle in 7.5.2.1
ADR kann ermittelt werden, welche Stoffe mit welchem Gefahrzettel auf einer Lade-
fläche zusammen verladen werden dürfen bzw. wo ein Zusammenladeverbot be-
steht. In der ersten senkrechten Spalte dieser Tabelle sucht man die Gefahrzettel,
mit der die Gasflaschen gekennzeichnet sind. Bei der Fundstelle geht man nun in
der Zeile nach rechts und überall, wo kein „X" vorhanden ist, gilt ein Zusammen-
ladeverbot. Durch die Anmerkung „a" in der Spalte des Gefahrzettels Nr. 1.4 wird
über die Fußnotenerläuterung jedoch ein Zusammenladen mit dem Stoff der Klas-
se 1, Verträglichkeitsgruppe 1.4S, erlaubt.

268   Ja, die Zusammenladeverbote sind grundsätzlich anzuwenden.   (2)

Über die Tabelle in 7.5.2.1 ADR ist zuerst zu überprüfen, ob ein Zusammenladever-
bot besteht, was mit „Ja" zu beantworten ist. Über 1.1.3.6 ADR muss nun festge-
stellt werden, ob eine Freistellung vom Zusammenladeverbot besteht, wenn die in
der Tabelle 1.1.3.6.3 ADR genannten Höchstmengen (oder auch 1000 Punkte)
nicht überschritten werden. In 1.1.3.6.2 ADR werden die Vorschriften angespro-
chen, die freigestellt werden; das Zusammenladeverbot nach 7.5.2 ADR ist dabei
nicht aufgeführt und gilt somit immer.

Fundstelle: 7.5.2.1 und 1.1.3.6 ADR

269   Nein.   (2)

Unabhängig davon, ob nach der Tabelle in 7.5.2.1 ADR ein Zusammenladeverbot
besteht, wird diese Vorschrift über 1.1.3.1 ADR in Verbindung mit Anlage 2 zur
GGVSEB von den Vorschriften des ADR freigestellt.

Fundstelle: 1.1.3.1 ADR in Verbindung mit Anlage 2 Nummer 2.1 GGVSEB

270   **B**   Wenn die Sicherheit gefährdet ist   (1)

Die Lösung finden wir im Teil 7 ADR, da dort in Kapitel 7.5 u. a. die Vorschriften
über das Entladen enthalten sind. Nach 7.5.1.3 ADR darf die Entladung nicht erfol-
gen, wenn die vorgenannten Kontrollen Verstöße aufzeigen, die eine sichere Ent-
ladung in Frage stellen können, also die Sicherheit gefährdet ist.

Fundstelle: 7.5.1.3 ADR

271   Abschnitt 7.5.8 ADR   (1)

Die Lösung finden wir im Teil 7 ADR, da dort in 7.5.8 ADR die Vorschriften über die
Reinigung nach dem Entladen enthalten sind. Nach 7.5.8.1 ADR darf die Beladung
nicht erfolgen, wenn die Kontrollen aufzeigen, dass gefährliche Güter ausgetreten
sind. Bevor neu verladen werden darf, ist die Ladefläche zu reinigen.

272   **B**   Innerhalb von Containern   (1)

Die Lösung befindet sich in 7.5.2.1 ADR, wonach auch die Vorschriften über das
Zusammenladen innerhalb eines Containers gelten.

Fundstelle: 7.5.2.1 ADR

273 **C** Zusammenladeverbote gelten für das Zusammenladen auf einem Fahrzeug. **(1)**

Die Lösung befindet sich in 7.5.2.1 ADR, wonach die Vorschriften über das Zusammenladen „in einem Fahrzeug" gelten.

Fundstelle: 7.5.2.1 ADR

274 Abschnitt 7.5.2 ADR **(1)**

Die Lösung befindet sich in 7.5.2 ADR (7.5.2.1 ADR), wonach die Vorschriften über das Zusammenladen „in einem Fahrzeug" gelten.

275 **C** Abschnitt 7.5.2 **(1)**

Lösungsweg über das Inhaltsverzeichnis, hier Teil 7 (Be- und Entladung, Handhabung) ADR

276 **A** Ja, wenn eine Trennung auf dem Fahrzeug erfolgt. **(1)**

Vorschriften über das Zusammenladen von Nahrungs- und Genussmitteln finden wir in 7.5.4 ADR. Danach darf eine Verladung auf einem Fahrzeug nur erfolgen, wenn entsprechende Trennvorschriften eingehalten werden.

Fundstelle: 7.5.4 ADR

277 Versandstücke mit Zetteln 6.1 oder 6.2 oder 9 (UN-Nr. 2212, 2315, 2590, 3151, 3152 oder 3245) **(2)**

– vollwandige Trennwände

– Abstand von mindestens 0,8 m

Vorsichtsmaßnahmen für Nahrungs-, Genuss- und Futtermittel finden wir in 7.5.4 ADR. Hier sind Versandstücke mit Zetteln nach Muster 6.1 oder 6.2 oder solche mit Zetteln nach Muster 9 (bestimmte UN-Nr.) aufgeführt, für die bestimmte Trennvorschriften gelten.

278 – vollwandige Trennwände **(2)**

– andere Versandstücke, die nicht mit den Gefahrzetteln 6.1, 6.2 oder 9 mit den UN-Nr. 2212, 2315, 2590, 3151, 3152 oder 3245 versehen sind

– Abstand von mindestens 0,8 m

– zusätzliche Verpackungen (z. B. Folie, Stülpkarton), um das Versandstück mit Stoffen mit Gefahrzetteln 6.1, 6.2 und 9 zu verpacken und abzudecken

Die Trennvorschriften finden wir in 7.5.4 ADR.

Fundstelle: 7.5.4 ADR

279 **C** Wenn der Fahrzeugführer die vorgeschriebene Ausrüstung nach ADR nicht vorweisen kann **(1)**

E Wenn eine Sichtprüfung des Fahrzeugs zeigt, dass es nicht den Rechtsvorschriften genügt

Nach 7.5.1.2 ADR darf die Beladung nicht erfolgen, wenn eine Kontrolle der Dokumente oder eine Sichtprüfung des Fahrzeugs und seiner Ausrüstung zeigt, dass das Fahrzeug oder der Fahrzeugführer den Rechtsvorschriften nicht genügen. Es ist also verboten, ein Fahrzeug zu beladen, wo beispielsweise die Ausrüstung nach ADR nicht vorhanden ist. In der Regel wird diese Vorschrift vom Verlader vor der Beladung bzw. vom Befüller vor der Befüllung überprüft. Nach 7.5.1.1 und 7.5.1.2 ADR ist die Sichtprüfung eines Fahrzeugs die Voraussetzung für die Beladung.

Fundstelle: 7.5.1.1 und 7.5.1.2 ADR

280 Ein Zusammenladen in einem Container ist erlaubt; 7.5.2.1 ADR. **(2)**

Um diese Frage beantworten zu können, muss vorerst die Bezettelung und damit die Einstufung der beiden Güter ermittelt werden. Die Gefahrgutklasse finden wir in Kapitel 3.2 Tabelle A ADR in der Spalte 5. UN 0366 Detonatoren mit dem Klassifi-

Straße

*zierungscode 1.4S (aus der Spalte 3b) hat den Gefahrzettel Nr. 1.4 und UN 1203
Benzin hat den Gefahrzettel Nr. 3. Anhand der Tabelle in 7.5.2.1 ADR kann nun ermittelt werden, dass Güter mit dem Gefahrzettel Nr. 1.4 mit Gütern mit dem Gefahrzettel Nr. 3 gemäß 7.5.2.1 ADR nicht in einem Container verladen werden dürfen. Durch die Fußnote a) wird jedoch ein Zusammenladen erlaubt, wenn das Gut
der Klasse 1 der Verträglichkeitsgruppe 1.4S (entspricht dem Klassifizierungscode
aus Kapitel 3.2 Tabelle A Spalte 3b ADR) zugeordnet ist, was hier der Fall ist.*

281   Ja; Unterabschnitt 7.5.2.1 Fußnote b) ADR   (2)
*Da die Unterklasse 1.1D grundsätzlich mit dem Gefahrzettel Nr. 1 bezettelt ist (sie-
he Kapitel 3.2 Tabelle A ADR), gilt bis auf die Besonderheit mit der Klasse 9 (Fußnote b = Rettungsmittel mit den UN-Nrn. 2990, 3072 und 3268 – Zusammenladung
zugelassen) ein Zusammenladeverbot mit anderen gefährlichen Gütern.*

282   Nein.   (1)
*UN 0012 gehört gemäß Kapitel 3.2 Tabelle A Spalte 3b ADR zur Klasse 1.4S. In
7.5.2.1 Fußnote a) ADR zur Tabelle gelten die Zusammenladeverbote nicht für
Klasse 1.4S.*

283   **B**   Nach der Kennzeichnung der Versandstücke mit Gefahrzetteln   (1)
*In 7.5.2.1 ADR wird ausdrücklich vermerkt, dass sich die Zusammenladeverbote
nach den für die jeweiligen Klassen anzubringenden Gefahrzetteln in 5.2.2.2.2 ADR
richten.*
Fundstelle: 7.5.2.1 und 5.2.2.2.2 ADR

284   Abschnitt 7.5.7 ADR   (1)
*Die Lösung finden wir im Teil 7 ADR, da sich dort die Vorschriften für die Beför-
derung, die Be- und Entladung und die Handhabung befinden. Über den Check
des Inhaltsverzeichnisses können wir dann schnell feststellen, dass sich die Vorschriften über Handhabung und Verstauung in 7.5.7 ADR befinden.*

285   **A**   Gefäße sind so zu verladen, dass sie nicht umkippen oder herabfallen   (1)
           können.
Fundstelle: 7.5.11 CV9 ADR
*In der Frage geht es um die Ladungssicherung, die in 7.5 ADR behandelt wird. In
7.5.11 ADR sind zusätzliche Vorschriften für bestimmte Klassen oder Güter enthal-
ten. Diese zusätzlichen Vorschriften sind nur über die Spalte 18 erkennbar.
Bei Gefäßen der Klasse 2 erhält man anhand einer beispielhaften UN-Nummer für
Gase, z. B. UN 1965, über Kapitel 3.2 Tabelle A Spalte 18 ADR die Sondervor-
schrift CV9, die die Antwort enthält.*

286   Ja; Unterabschnitt 5.1.2.4 ADR   (2)
*Die Lösung suchen wir im Teil 5 ADR, da sich dort die Vorschriften über Umver-
packungen befinden. In 5.1.2.4 ADR ist die Lösung enthalten.*

287   **A**   Eine Kennzeichnung nach einer anerkannten Norm und dem ADR ist erfor-   (1)
           derlich.
*Vorschriften über Feuerlöscher finden wir in 8.1.4 ADR. In 8.1.4.4 ADR sind dann
die Anforderungen über die Kennzeichnung zu finden.*
Fundstelle: 8.1.4 und 8.1.4.4 ADR

288   Im Abschnitt 4.3.5 ADR   (1)
*Über das Inhaltsverzeichnis oder über Kapitel 3.2 Spalte 13 Tabelle A ADR, kom-
men wir zu den Sondervorschriften für die Klassen 3 bis 9 ADR. Aus Kapitel 3.2
Tabelle A Spalte 13 ADR kann für festverbundene Tanks (ADR-Tanks) der Code für*

Sondervorschriften entnommen werden, der über 4.3.5 und 6.8.4 ADR entschlüsselt werden kann. Für die Verwendung gilt dann die stoffbezogene TU xx in 4.3.5 ADR.

289   z. B. wiederkehrende Prüfung und Zwischenprüfung   (2)

Die Lösung finden wir in Kapitel 6.8 ADR, da dort die Vorschriften über Bau und Prüfung zu finden sind. In 6.8.2.4 ADR finden wir dann die Vorschriften über Prüfungen von Tanks. Dort werden u. a. unter der wiederkehrenden Prüfung die Wasserdruckprüfung, Dichtheitsprüfung, Prüfungen vor erstmaliger Inbetriebnahme, innere und äußere Prüfung usw. genannt. Bei der Zwischenprüfung sind auch die Dichtheitsprüfung und Funktionsprüfung enthalten.

290   Alle 6 Jahre   (2)

Die Lösung finden wir in Kapitel 6.8 ADR, da dort die Vorschriften über Bau und Prüfung zu finden sind. In 6.8.2.4 ADR finden wir dann die Vorschriften über Prüfungen von Tanks. In 6.8.2.4.2 ADR finden wir dann links vom senkrechten Trennungsstrich die Fristen der wiederkehrenden Prüfung für festverbundene Tanks, die max. 6 Jahre nicht überschreiten dürfen.

291   Alle 3 Jahre   (2)

Die Lösung finden wir in Kapitel 6.8 ADR, da dort die Vorschriften über Bau und Prüfung zu finden sind. In 6.8.2.4 ADR finden wir dann die Vorschriften über Prüfungen von Tanks. In 6.8.2.4.3 ADR finden wir dann links vom senkrechten Trennungsstrich die Fristen der Zwischenprüfung für festverbundene Tanks, die alle 3 Jahre durchzuführen sind.

Fundstelle: 6.8.2.4.3 ADR

292   Wenn die Sicherheit nach einem Unfall, einer Ausbesserung oder nach Umbau beeinträchtigt sein könnte.   (2)

Die Lösung finden wir in Kapitel 6.8 ADR, da dort die Vorschriften über Bau und Prüfung zu finden sind. In 6.8.2.4.4 ADR finden wir dann die Vorschriften über eine außerordentliche Prüfung von Tanks oder ihren Ausrüstungen, wenn durch Umbau oder Ausbesserung oder Unfall die Sicherheit beeinträchtigt wird.

Fundstelle: 6.8.2.4.4 ADR

293   Unterabschnitt 1.1.4.2 ADR   (1)

294   Ja. Nach Kapitel 3.2 Tabelle A Spalte 19 ist nach der Sondervorschrift S20 (Kapitel 8.5 ADR) zu verfahren, die bei Beförderungen von mehr als 3 000 l in Tanks anzuwenden ist. Dort wird auf das Kapitel 8.4 (Überwachung) verwiesen, welches beinhaltet, dass der Fahrer den Beauftragten für den Parkplatz über die Art und Gefährlichkeit der Ladung und den Aufenthaltsort des Fahrers informieren muss.   (2)

Hinweis: Falls der Transport in Deutschland mit einem in Deutschland zugelassenen Fahrzeug stattfindet, gilt Anlage 2 Nummer 3.3 zur GGVSEB.

Fundstelle: Kapitel 3.2 Tabelle A Spalte 19, Kapitel 8.4 Sondervorschrift S20 und Kapitel 8.5 ADR

295   **B**   Die Regelungen der Anlage 2 Nummer 3.3 GGVSEB gelten nur für innerstaatliche Beförderungen mit in Deutschland zugelassenen Fahrzeugen.   (1)

Die Lösung finden wir in Anlage 2 Nummer 3.3 zur GGVSEB.

296   Nein.   (3)
Weil für UN 1134 die Regelungen in Kapitel 8.4 ADR nicht zutreffen. Es fehlt hierzu der entsprechende Eintrag in Kapitel 3.2 Tabelle A Spalte 19 ADR. Der Eintrag S2 behandelt nicht Kapitel 8.4 ADR. Es handelt sich außerdem **nicht** um eine rein innerstaatliche Beförderung, somit sind die Regelungen der Anlage 2 der GGVSEB

auch nicht anzuwenden, nach denen alle kennzeichnungspflichtigen Fahrzeuge zu überwachen wären.
Allerdings sind die allgemeinen Regelungen nach Kapitel 1.10 (Sicherung) ADR zu beachten.

297 Ja. (1)
Sowohl nach Kapitel 8.4 ADR als auch nach Anlage 2 Nummer 3.3 GGVSEB ist dies zulässig.

298 Kapitel 3.2 Tabelle A Spalte 16 ADR (1)
Die Sondervorschriften aus Kapitel 3.2 Tabelle A sind dann mit der Codierung V ... in Kapitel 7.2 ADR genannt.

299 Zusätzliche Prüfung des inneren Zustandes (2)
festverbundene Tanks oder Aufsetztanks alle drei Jahre
Fundstelle: 6.10.4 ADR

300 **C** Der Eigentümer oder der Betreiber des Tanks (1)
Fundstelle: 4.3.2.1.7 ADR

301 **C** 15 Monate (1)
Fundstelle: 4.3.2.1.7 ADR

302 **A** Alle technisch relevanten Informationen eines Tanks, wie die in den Unter- (1)
abschnitten 6.8.2.3, 6.8.2.4 und 6.8.3.4 genannten Bescheinigungen
Fundstelle: 1.2.1, 4.3.2.1.7, 6.8.2.3.1, 6.8.2.4.5, 6.8.3.4.16 ADR

303 Die Tankakte ist dem Käufer zu übergeben. Sie verbleibt beim Eigentümer oder (1)
Betreiber des Tanks während der gesamten Lebensdauer.
Fundstelle: 4.3.2.1.7 ADR, weil die Tankakte während der gesamten Lebensdauer geführt werden muss. Im ADR unterscheidet man nur nach Betreiber und Eigentümer.
Beförderer für Tankfahrzeuge (§ 19 Absatz 2 Nummer 8), Betreiber für Tankcontainer (§ 24 Nummer 7 GGVSEB).

304 Nach 6.8.2.4.5 ADR ist eine Kopie der Bescheinigung zur Tankakte zu nehmen. (2)

305 **A** Die zuletzt durchgeführte Prüfung war eine Prüfung nach 6.8.2.4.1 oder (1)
6.8.2.4.2 ADR.
Fundstelle: 6.8.2.5.1 – 9. Spiegelstrich ADR

306 Angabe von Monat und Jahr, gefolgt durch den Buchstaben „P". (1)
Fundstelle: 6.8.2.5.1 – 9. Spiegelstrich ADR

307 „Monat, Jahr", gefolgt von dem Buchstaben „P", wenn es sich bei dieser Prüfung (2)
um die erstmalige Prüfung oder um eine wiederkehrende Prüfung gemäß den Absätzen 6.8.2.4.1 und 6.8.2.4.2 ADR handelt.
Fundstelle: 6.8.2.5.1 – 9. Spiegelstrich ADR
Hinweis: „Monat, Jahr", gefolgt von dem Buchstaben „L", wenn es sich bei dieser Prüfung um eine zwischendurch stattfindende Dichtheitsprüfung gemäß 6.8.2.4.3 ADR handelt.

308 Auf dem Tankschild nach 6.8.2.5.1 ADR (1)
Fundstelle: 6.8.2.5.1 – 9. Spiegelstrich ADR

309   Die Beförderung kann unter den Erleichterungen in der Freistellung nach 1.1.3.1 f)   **(3)**
          ADR erfolgen, weil es sich um einen Lagerbehälter handelt, der zuletzt brennbare
          Gase der Klasse 2 (UN 1965) enthalten hat. Die Bedingungen in 1.1.3.1 f) ADR sind
          jedoch einzuhalten.

          Fundstelle: 1.1.3.1 f) ADR und Erläuterung in der RSEB zu Teil 1

310   Die Beförderung darf nicht unter der Freistellungsregelung nach 1.1.3.1 f) ADR er-   **(3)**
          folgen, weil alle Öffnungen mit Ausnahme der Druckentlastungseinrichtungen (so-
          fern angebracht) luftdicht verschlossen sein und Maßnahmen getroffen werden
          müssten, um unter normalen Beförderungsbedingungen ein Austreten des Inhalts
          zu verhindern.

          Fundstelle: 1.1.3.1 f) ADR

311   **A**   Ja, die Beförderung ist unter Einhaltung der Bedingungen nach 1.1.3.1 f)   **(1)**
                  ADR freigestellt möglich.

          Fundstelle: 1.1.3.1 f) ADR

312   Nein, bei UN 1005 handelt es sich um Ammoniak, wasserfrei, Gruppe TC. Die Frei-   **(3)**
          stellung in Unterabschnitt 1.1.3.1 f) gilt nicht für Gase der Klasse 2 Gruppe TC.

          Fundstelle: 1.1.3.1 f) ADR

313   Durchfahrt verboten durch Tunnel der Kategorien B, C, D und E.   **(1)**

          *Hinweis: Die Beschränkungen für die Beförderung bestimmter gefährlicher Güter
          durch Tunnel basieren auf dem in Kapitel 3.2 Tabelle A Spalte 15 angegebenen
          Tunnelbeschränkungscode dieser Güter. Die Tunnelbeschränkungscodes sind in
          Klammern im unteren Teil der Zeile angegeben.*

          Fundstelle: 8.6.4 ADR

314   Nein – 1.9.5.3.6 und 8.6.3.3 ADR   **(2)**

          *Nach 1.9.5.3.6 und 8.6.3.3 ADR unterliegen gefährliche Güter, die in Übereinstim-
          mung mit 1.1.3 ADR befördert werden, nicht den Tunnelbeschränkungen und sind
          bei der Bestimmung des der gesamten Ladung einer Beförderungseinheit zuzuord-
          nenden Tunnelbeschränkungscodes nicht zu berücksichtigen. Damit ist auch
          1.1.3.6 ADR eingeschlossen.*

315   **A**   Durchfahrt verboten durch Tunnel der Kategorie B, C, D und E, wenn die   **(1)**
                  Nettoexplosivstoffmasse je Beförderungseinheit mehr als 1 000 kg beträgt

          *Fundstelle: Tabelle 8.6.4 ADR (Beschränkungen für die Durchfahrt von Beför-
          derungseinheiten mit gefährlichen Gütern durch Tunnel)*

316   Nein. Die Durchfahrt ist durch einen Tunnel der Kategorie D und E verboten, weil   **(3)**
          Dinitrosobenzen dem Tunnelbeschränkungscode C5000D zugeordnet ist und mit
          diesem Gefahrgut nicht durch Tunnel der Kategorie E fahren darf.

          *Zur Feststellung der Tunnelkategorie ist über 3.2.2 Alphabetische Stoffliste (Tabelle
          B) ADR die UN-Nummer 0406 für Dinitrosobenzen zu ermitteln. Für UN 0406 ist
          der Tunnelbeschränkungscode laut Kapitel 3.2 Tabelle A Spalte 15 C5000D. Für
          C5000D wäre die Durchfahrt verboten durch Tunnel der Kategorien C, D und E,
          wenn die gesamte Nettoexplosivstoffmasse je Beförderungseinheit größer als
          5 000 kg ist. Weil es sich jedoch nur um 600 kg Nettoexplosivstoffmasse handelt,
          ist die Durchfahrt verboten durch Tunnel der Kategorien D und E.*

          Fundstelle: 8.6.3 und 8.6.4 ADR

317   Tunnelbeschränkungscode E   **(2)**

          *Die Ermittlung des Tunnelbeschränkungscodes geht über die UN-Nummern:
          UN 1202 für Diesel – Tunnelbeschränkungscode nach Kapitel 3.2 Tabelle A Spal-
          te 15 ADR ist D/E*

UN 1203 für Benzin – Tunnelbeschränkungscode nach Kapitel 3.2 Tabelle A Spalte 15 ADR ist D/E

Weil auch UN 1202 und 1203 in Fässern befördert wird, ist nach der Tabelle 8.6.4 ADR auch hier die Durchfahrt verboten durch Tunnel der Kategorie E.

Ansonsten gilt bei mehreren Gefahrgütern die Regelung nach 8.6.3.2 ADR, nach der, wenn eine Beförderungseinheit gefährliche Güter enthält, denen unterschiedliche Tunnelbeschränkungscodes zugeordnet wurden, der gesamten Ladung der restriktivste dieser Tunnelbeschränkungscodes zuzuordnen ist.

318   Ein Feuerlöscher mit 2 kg Mindestfassungsvermögen, weil die Sondervorschrift S3 **(3)** die Mitführung weiterer Feuerlöscher freistellt. Es wird nur ein Feuerlöscher für einen Motorbrand gefordert.

Grundsätzlich ist für alle Beförderungen die Regelung nach 8.1.4.2 ADR anzuwenden, wonach jede Beförderungseinheit mit mindestens einem tragbaren Feuerlöschgerät ... mit mindestens 2 kg Pulver zum Löschen eines Motor- oder Fahrerhausbrandes ausgerüstet sein muss, wenn gefährliche Güter nach 1.1.3.6 ADR befördert werden.

UN 3291 unterliegt der Verpackungsgruppe II und kann nur unterhalb von 333 kg unter der Regelung in 8.1.4.2 ADR befördert werden. Weil jedoch 1 500 kg in einem Fahrzeug unter 7,5 t befördert werden, greift zunächst die Regelung nach 8.1.4.1 ADR.

Diese wiederum wird jedoch durch die Sondervorschrift für den Betrieb „S3" (Kapitel 3.2 Tabelle A UN 3291 Spalte 19) aufgehoben.

Fundstelle: Kapitel 3.2 Tabelle A Spalte 19 in Verbindung mit Kapitel 8.5 und 8.1.4.1 Buchstabe a ADR

319   Die Geschwindigkeit darf 90 km/h nicht überschreiten. **(1)**

Fundstelle: 9.2.5 ADR

320   **A**   Mehr als 3,5 t **(1)**

Fundstelle: 9.2.5 ADR

321   Abschnitt 9.2.5 ADR **(1)**

322   Abschnitt 9.2.1 ADR **(2)**

323   5 l **(1)**

Fundstelle: Kapitel 3.2 Tabelle A UN 1104 Spalte 7a ADR

324   Sondervorschrift: 188, 230, 310, 348, 376, 377 und 636 **(1)**

Lithium-Ionen-Batterien sind in der alphabetischen Stoffliste (3.2.2 ADR) der UN 3480 zugeordnet. In Kapitel 3.2 Tabelle A ADR sind in der Spalte 6 die Sondervorschriften aufgeführt, die bei dieser UN-Nummer möglich sind.

325   Sondervorschrift 654 **(1)**

Feuerzeuge sind in der alphabetischen Stoffliste (3.2.2 ADR) der UN 1057 zugeordnet. In Kapitel 3.2 Tabelle A ADR sind in der Spalte 6 die Sondervorschriften 201 und 654 aufgeführt. In Kapitel 3.3 ADR sind die Inhalte der einzelnen Sondervorschriften aufgeführt, damit regelt die Sondervorschrift 654 die Abfall-Feuerzeuge.

326   Tankkörper ist durch Schwallwände in Abschnitte von höchstens 7 500 l Fassungs- **(1)** raum unterteilt.

In 6.8.2.5.1 ADR sind die Angaben, die auf dem Tankschild vorhanden sind, erläutert. Bei dem Fassungsraum ist der Buchstabe S erklärt. Siehe auch 4.3.2.2.4 ADR.

327   **B**   Der Anhänger ist durch Verwendung mindestens eines Unterlegkeils zu   **(1)**
sichern.

In Kapitel 8.3 ADR sind die verschiedenen Vorschriften aufgeführt, die von der Fahrzeugbesatzung zu beachten sind. In 8.3.7 ADR sind die Anforderungen für die Verwendung der Feststellbremse und von Unterlegkeilen geregelt.

328   Beförderung in bedeckten Schüttgut-Containern ist zugelassen.   **(1)**

Dieser Code ist in Kapitel 3.2 Tabelle A ADR in Spalte 10 aufgeführt. In Spalte 10 erfolgt der Hinweis auf 7.3.2 ADR. In 7.3.2.1 ADR werden die Codes BK1, BK2 und BK3 beschrieben.

329   **B**   Mobile Einheit zur Herstellung von explosiven Stoffen oder Gegenständen   **(1)**
mit Explosivstoff

In 1.2.1 ADR sind die Begriffsbestimmungen aufgeführt, hier ist auch der Begriff MEMU genannt.

330   Nein; Bemerkung zur Begriffsbestimmung „MEMU" in 1.2.1 ADR   **(2)**

Durch die Bemerkung zur Begriffsbestimmung wird die Möglichkeit wieder einge-schränkt.

Der Wortlaut der Bemerkung: „Obwohl die Begriffsbestimmung für MEMU den Ausdruck ‚zur Herstellung und zum Laden von explosiven Stoffen oder Gegenstän-den mit Explosivstoff' enthält, gelten die Vorschriften für MEMU nur für die Beför-derung und nicht für die Herstellung und das Laden von explosiven Stoffen oder Gegenständen mit Explosivstoff."

331   – Stoffe, die in 2.1.3.5.3 ADR genannt sind   **(1)**

     – Stoffe der Klasse 4.3

     – Stoffe des in 2.1.3.7 ADR genannten Falls

     – Stoffe, die gemäß Unterabschnitt 2.2.x.2 nicht zur Beförderung zugelassen sind

In 2.1.3.5.5 ADR werden direkt die Stoffe aufgeführt, für die das Verfahren für die Klassifizierung von Abfällen unbekannter Zusammensetzung nicht angewendet werden darf.

332   Zum Beispiel: **(2)**

     – radioaktive Stoffe, die integraler Bestandteil der Beförderungsmittel sind;

     – radioaktive Stoffe in Konsumgütern, die eine vorschriftsmäßige Genehmigung erhalten haben; …

Fundstelle: In 1.7.1.4 Buchstabe a bis Buchstabe g ADR sind alle Beispiele auf-geführt.

333   Durchfahrt durch Tunnel der Tunnelkategorie D ist zulässig; 8.6.4 ADR   **(2)**

In 8.6 ADR sind die Regelungen für die Durchfahrt von Fahrzeugen zu finden. In 8.6.3.2 ADR wird verlangt, dass der restriktivste Code für die gesamte Ladung an-zuwenden ist, damit gibt der Code D/E den Ausschlag. In 8.6.4 ADR ist in der Tabelle bei diesem Code für sonstige Beförderungen nur die Durchfahrt durch Tunnel der Tunnelkategorie E verboten, weil es sich um die Beförderung in Versandstücken handelt.

334   Durchfahrt durch Tunnel der Kategorien D und E verboten.   **(2)**

In Kapitel 8.6 ADR sind die Regelungen für die Durchfahrt von Fahrzeugen zu fin-den. In 8.6.4 ADR ist in der Tabelle bei diesem Code D/E für Tankbeförderungen die Durchfahrt durch Tunnel der Tunnelkategorien D und E verboten.

335   Die zusätzliche klassenspezifische Ausrüstung sind Notfallfluchtmaske für jedes   (2)
Mitglied der Fahrzeugbesatzung, die Schaufel, die Kanalabdeckung und der Auffangbehälter.

*Für UN 1230 wird in Kapitel 3.2 Tabelle A ADR ein Gefahrzettel Nr. 3 und 6.1 als
Nebengefahr vorgeschrieben. In 8.1.5 ADR ist die sonstige Ausrüstung und persönliche Schutzausrüstung zu finden. In 8.1.5.3 ADR wird für den Gefahrzettel Nr. 3
die Schaufel, die Kanalabdeckung und der Auffangbehälter aus Kunststoff und für
den Gefahrzettel Nr. 6.1 die Notfallfluchtmaske verlangt. Die andere Ausrüstung ist
natürlich auch mitzuführen.*

336   Nein.   (2)

Das Gas ist dem Klassifizierungscode 2A zugeordnet, wie Kapitel 3.2 Tabelle A
Spalte 3b ADR zu entnehmen ist.

*Die Ziffer 2 steht – nach 2.2.2.1.2 ADR – für verflüssigtes Gas. Damit ist der Buch-
stabe A für die Freistellungsregelung nach 1.1.3.2 c) ADR nicht mehr von Bedeutung, weil die Freistellung u. a. nicht für verflüssigtes Gas gilt.*

337   Nein; S1 in Kapitel 8.5 ADR   (3)

*UN 0009 hat die Sondervorschrift S1 in Kapitel 3.2 Tabelle A Spalte 19. In S1 in
Kapitel 8.5 wird in (3) ein grundsätzliches Rauchverbot festgelegt. Obwohl die
Mengengrenzen von 1.1.3.6 ADR nicht überschritten werden, muss S1 (3) grundsätzlich angewendet werden, weil diese Vorschrift von einer Befreiung ausgeschlossen ist.*

*Hinweis: Die Fragestellung „Rauchen im Fahrzeug" ist nach Auffassung der Auto-
ren durch die Formulierung in S1 Absatz 3 „Rauchen sowie die Verwendung von
Feuer und offenem Licht ist auf Fahrzeugen, …" mit eingeschlossen und deshalb
ist das Rauchen im Fahrzeug verboten. Die Fragestellung ist nicht ganz eindeutig.*

338   Ja, da für Geräte, die im ADR und somit in Kapitel 3.2 Tabelle A ADR, hier UN 2857   (3)
für Kältemaschinen, näher bezeichnet sind, in diesem Fall die Gesamtmenge der
darin enthaltenen gefährlichen Güter zur Beurteilung herangezogen wird.

*UN 3159 ist Kapitel 3.2 Tabelle A ADR in Spalte 15 der Beförderungskategorie 3
zugeordnet. Gemäß 1.1.3.6.3 ADR beträgt für die Beförderungskategorie 3 die
Mengengrenze 1000, somit hätte die Kältemaschine die Mengengrenze überschritten. Jedoch ist in den Erläuterungen zu der höchstzulässigen Gesamtmenge hinter
der Tabelle für Geräte die Gesamtmenge der darin enthaltenen gefährlichen Güter,
in diesem Fall 20 kg, für die Beurteilung heranzuziehen. Somit ist die höchstzulässige Gesamtmenge nicht überschritten.*

*Da es sich um eine Kältemaschine mit einem nicht entzündbaren und nicht giftigen
Gas handelt, ist über 3.2.2 Alphabetische Stoffliste (Tabelle B) ADR die UN 2857
zutreffend.*

339   Unterabschnitt 1.1.3.10 ADR   (1)

340   Beförderung mit Abschleppfahrzeugen, die von den für Notfallmaßnahmen zustän-   (2)
digen Behörden oder unter deren Überwachung durchgeführt werden

Fundstelle: 1.1.3.1 Buchstabe d ADR

341   **A**   Kapitel 3.2 Tabelle A Spalte 7a   (1)

Fundstelle: 3.4.1 ADR

342   Tunnelbeschränkungscode E – der Tunnel darf durchfahren werden.   (2)

*Bei UN 2821 gilt der Tunnelbeschränkungscode (D/E), es ist aber nur E anzuwen-
den, da gemäß Tabelle 8.6.4 ADR bei verpackter Ware nur der Tunnelbeschränkungscode E gilt. Bei E ist nur die Durchfahrt durch Tunnel mit dem Buchstaben E*

verboten. Außerdem ist nach 8.6.3.2 ADR immer der restriktivste Tunnelbeschränkungscode anzuwenden.
Fundstelle: 8.6.4 ADR

343   – zwei Feuerlöscher à 6 kg   (3)
       – ein Unterlegkeil je Fahrzeug
       – zwei selbststehende Warnzeichen
       – Augenspülflüssigkeit pro Mitglied der Fahrzeugbesatzung
       – Warnweste pro Mitglied der Fahrzeugbesatzung
       – tragbares Beleuchtungsgerät
       – ein Paar Schutzhandschuhe pro Mitglied der Fahrzeugbesatzung
       – Augenschutz pro Mitglied der Fahrzeugbesatzung
       – Schaufel
       – Kanalabdeckung
       – Auffangbehälter
       Fundstelle: 8.1.4 und 8.1.5 ADR

344   Ja, Unterabschnitt 1.1.3.6 ADR ist nutzbar.   (4)
       Es müssen mitgeführt werden:
       – ein Feuerlöscher (2 kg)
       – ein Beförderungspapier mit der Angabe der Menge nach Unterabschnitt 1.1.3.6
         ADR
       Der Fahrer darf einen Tunnel der Kategorie D durchfahren.
       „UN 1013 Kohlendioxid" ist Beförderungskategorie 3 nach Kapitel 3.2 Tabelle A
       Spalte 15 ADR zugeordnet.
       Mit 45 kg liegt man unter den möglichen 1 000 kg, damit kann 1.1.3.6 ADR zur An-
       wendung kommen. Mitzuführen sind nach 8.1.2.1 ADR ein Beförderungspapier
       und nach 8.1.4.2 ADR ein 2-kg-Feuerlöscher. Nach Absatz 1.9.5.3.6 und 8.6.3.3
       ADR ist man von den Tunnelbeschränkungen befreit.

345   Nein; Unterabschnitt 1.1.3.3 ADR   (2)
       Fundstelle: 1.1.3.3 a) Bemerkung 1 ADR. Brennstoff, der zum Antrieb der Einrich-
       tung dient, ist freigestellt. Dies gilt auch für Container, die mit dem Fahrzeug ver-
       bunden sind.

346   Ja; Unterabschnitt 9.2.4.4 ADR   (2)
       Lediglich beim EX/II- und EX/III-Fahrzeug gibt es Einschränkungen, ansonsten
       müssen nur die ECE-Regelungen erfüllt werden.

347   Z = Verpackungsgruppe III   (2)
       40 000 = Prüflast der Stapeldruckprüfung in kg
       Fundstelle: 6.11.5.5.1 c) und g) ADR

348   Nein; Sondervorschrift 363 b) ADR   (2)
       Über 3.2.2 Alphabetische Stoffliste (Tabelle B) ADR kommen wir zur UN 3528. In
       Kapitel 3.2 Tabelle A Spalte 6 sind die Sondervorschriften 363, 667 und 669 ge-
       nannt.

349   Nein.   (2)
       Nach 5.4.1.1.1 Buchstabe e ADR sind Anzahl und Beschreibung erforderlich. Der
       UN-Verpackungscode darf nur als Ergänzung angegeben werden.

Straße

Straße

350   **B**   Trägerfahrzeug für Aufsetztanks mit einem Fassungsraum von mehr als 1 m^3 **(1)**

      E   Fahrzeug zur Beförderung eines Tankcontainers mit einem Fassungsraum von 6 m^3

      I   Tankfahrzeug mit einem Fassungsraum von mehr als 1 m^3

      J   Fahrzeug zur Beförderung von 100 kg Nettoexplosivstoffmasse der UN-Nr. 0027

Die Lösung finden wir im Teil 9 ADR, dort sind unter 9.1.1.2 ADR die Beförderungseinheiten aufgeführt, die eine Zulassungsbescheinigung benötigen.

Fundstelle: 9.1.1.2 und Tabelle 1.1.3.6.3 (für UN 0027) ADR

351   EX/II- und EX/III-Fahrzeuge   **(2)**

Die Lösung finden wir im Teil 9 ADR, da dort in 9.1.1.2 ADR die Beförderungseinheiten aufgeführt sind, die eine Zulassungsbescheinigung benötigen. Für EX/II- und EX/III-Fahrzeuge müssen wir dann in den Teil 1, 1.1.3.6 ADR gehen, da sich hier u. a. die Freistellung vom Teil 9 ADR befindet. Werden die in der Tabelle in 1.1.3.6.3 ADR festgelegten Mengen (1000 Punkte) überschritten, benötigen die EX/II- und EX/III-Fahrzeuge eine Zulassungsbescheinigung.

Fundstelle: 9.1.1.2 in Verbindung mit 1.1.3.6.3 ADR

352   **D**   Bedecktes Fahrzeug mit gefährlichen Gütern in loser Schüttung   **(1)**

      F   Offenes Fahrzeug mit gefährlichen Gütern in Großpackmitteln (IBC)

      G   Gedecktes Fahrzeug mit gefährlichen Gütern der Klasse 7 in Typ A-Versandstücken

Fundstelle: 9.1.1.2 ADR (Auflistung der Fahrzeuge, die eine Zulassungsbescheinigung benötigen)

353   UN-Nummer, die Benennung des Kühl- oder Konditionierungsmittels und der Ausdruck „als Kühlmittel" oder „als Konditionierungsmittel"   **(2)**

      UN 1845 Kohlendioxid, fest, als Kühlmittel

Fundstelle: 5.5.3.7.1 ADR

354   Leer, ungereinigt, UN 1906 Abfallschwefelsäure, 8, II   **(3)**

      UN 1906 Abfallschwefelsäure, 8, II, Rückstände des zuletzt enthaltenen Stoffes

      Leeres Tankfahrzeug, letztes Ladegut: UN 1906 Abfallschwefelsäure, 8, II

      UN 1906 Abfallschwefelsäure, 8, II, Leere, ungereinigte Rücksendung

Hinweis: Bei letztgenannter Alternative wird das Beförderungspapier des Lastlaufs verwendet. Deshalb muss die Mengenangabe gestrichen und die Angabe „leere ungereinigte Rücksendung" ergänzt werden.

Nach Kapitel 3.2 Tabelle A ADR ist Abfallschwefelsäure nach UN 1906 in Klasse 8 eingestuft. In 5.4.1 ADR finden wir dann die Vorschriften über den Inhalt des Beförderungspapiers. Für leere ungereinigte Tankfahrzeuge sind die erforderlichen Eintragungen unter 5.4.1.1.6.1 oder 5.4.1.1.6.2.2 oder 5.4.1.1.6.2.3 ADR zu finden. Damit gibt es mehrere Alternativen.

Die Vorgaben nach 5.4.1.1.3 ADR wegen des Begriffs „Abfall" finden insoweit keine Anwendung, weil der Begriff „Abfall" Bestandteil der Benennung ist.

355   Nein.   **(1)**

Die Lösung befindet sich in Teil 4 und Teil 9 ADR. In 9.1.3.4 ADR finden wir den Gültigkeitszeitraum, nämlich 1 Jahr, der, wenn die Zeit abgelaufen ist, eine Beförderung gefährlicher Güter nicht mehr erlaubt. Nach 4.3.2.3.7 ADR dürfen festverbundene Tanks nach Ablauf der Frist für die wiederkehrende Prüfung nicht mehr befüllt werden.

356   **B**   UN 2917 Radioaktive Stoffe, Typ B(M)-Versandstück, 7, (E)   **(1)**
Fundstelle: 5.4.1.1.1 und 5.4.1.2.5.3 ADR

357   **B**   Kennzeichen des Zulassungszeugnisses   **(1)**
Für Stoffe der Klasse 7 sind noch zusätzliche Angaben erforderlich, die in 5.4.1.2.5.1 ADR aufgeführt sind. Gemäß Buchstabe g ist im Beförderungspapier das „Kennzeichen jedes Zulassungs-/Genehmigungszeugnisses …" mit aufzunehmen.
Hinweis: In der Frage müsste der Zusatz „in besonderer Form" hinzugefügt werden, weil sonst die Frage keinen Sinn macht und keine der vorgegebenen Antworten richtig gewesen wäre.

358   **C**   UN 1006 Argon, verdichtet, 2.2, (E)   **(1)**
Wir schauen in der alphabetischen Stoffliste und finden Argon, verdichtet, mit der UN-Nr. 1006. Nach 5.4.1.1.1 ADR ist die Bezeichnung des Gutes im Beförderungspapier einzutragen, wie sie in Kapitel 3.2 Tabelle A durch Großbuchstaben hervorgehoben ist, und dann mit dem Tunnelbeschränkungscode zu ergänzen (falls Tunnel durchfahren werden, wovon hier ausgegangen wurde).

359   Nein.   **(2)**
Ergänzung mit der Verpackungsgruppe II (UN 1114 Benzen, 3, II, (D/E)).
Hinweis: Es könnte noch eine Ergänzung mit den Buchstaben „VG" (Verpackungsgruppe) nach 5.4.1.1.1 Buchstabe d ADR erfolgen.
Fundstelle: Kapitel 3.2 Tabelle A, Erläuterung 3.1.2 und 5.4.1.1.1 Buchstabe d ADR

360   BEFÖRDERUNG GEMÄSS UNTERABSCHNITT 4.1.6.10   **(2)**
Im Beförderungspapier ist gemäß 5.4.1.2.2 Buchstabe b) ADR der dort genannte Eintrag erforderlich. Nach 4.1.6.10 ADR dürfen Gefäße auch nach Ablauf der Prüffrist zur Prüfung vorgeführt werden.

361   – Beförderungspapier   **(2)**
– ADR-Zulassungsbescheinigung
– ADR-Schulungsbescheinigung
– schriftliche Weisungen
– für jedes Mitglied der Fahrzeugbesatzung Lichtbildausweis
Welche Begleitpapiere mitzuführen sind, richtet sich nach 8.1.2 ADR.

362   – Beförderungspapier   **(3)**
– ggf. Container-/Fahrzeugpackzertifikat
– ggf. Zulassungsbescheinigung
– ADR-Schulungsbescheinigung (sog. Gefahrgut-Führerschein)
– schriftliche Weisungen
– ggf. Beförderungsgenehmigung (für bestimmte radioaktive Stoffe)
– für jedes Mitglied der Fahrzeugbesatzung Lichtbildausweis
Angaben über mitzuführende Begleitpapiere finden wir in 8.1.2 ADR.

363   Es sind folgende Begleitpapiere erforderlich: **(2)**
– Beförderungspapier
– Schulungsbescheinigung für den Fahrzeugführer
– schriftliche Weisungen
– Lichtbildausweis für jedes Mitglied der Fahrzeugbesatzung
Fundstelle: 8.1.2 ADR

Straße

Straße

364   Es sind folgende Begleitpapiere erforderlich: (2)
       – Beförderungspapier
       – ADR-Schulungsbescheinigung (sog. Gefahrgut-Führerschein)
       – schriftliche Weisungen
       – Lichtbildausweis
       Fundstelle: 8.1.2 ADR

365   **C**   Angabe der gesamten Nettomasse in kg der enthaltenen Explosivstoffe für   (1)
               den beförderten Stoff
       Die Lösung ist aus 5.4.1.2.1 ADR der zusätzlichen Angaben für bestimmte Klassen
       zu entnehmen.
       Fundstelle: 5.4.1.2.1 a) ADR

366   **D**   Klassifizierung von Feuerwerkskörpern durch die zuständige Behörde von   (1)
               … mit der Referenz für Feuerwerkskörper … bestätigt
       Die Lösung ist aus 5.4.1.2.1 g) ADR (zusätzliche Angaben für bestimmte UN-Num-
       mern) zu entnehmen. Wenn man die UN-Nummer kennt, ergibt sich über Kapitel
       3.2 Tabelle A Spalte 6 ADR der Eintrag SV 645 und dort der Hinweis auf
       5.4.1.2.1 g) ADR.

367   **B**   Kapitel 9.1 ADR   (1)
       Fundstelle: 9.1.3 ADR

368   1 Jahr; 9.1.3.4 ADR   (2)
       Die Lösung finden wir im Teil 9 ADR. In 9.1.2.3 ADR wird geregelt, wie lange eine
       Zulassungsbescheinigung gültig ist; hier in 9.1.2.3.4 ADR.

369   Zulassungsbescheinigung   (1)
       In 8.1.2 ADR sind die Begleitpapiere aufgeführt, die in einer Beförderungseinheit
       mitzuführen sind. Danach ist nach 8.1.2.2 Buchstabe a ADR die in 9.1.3 ADR ge-
       nannte Zulassungsbescheinigung mitzuführen, aus der zu entnehmen ist, welche
       Stoffe im Tank befördert werden dürfen. In der Zulassungsbescheinigung ist im Ab-
       schnitt 9.5 die Tankcodierung aufgeführt.

370   Unterabschnitt 8.1.2.2 ADR   (1)
       Angaben über mitzuführende Begleitpapiere finden wir in 8.1.2 ADR. Danach ist
       laut 8.1.2.2 ADR die Zulassungsbescheinigung erforderlich.

371   Ja; Unterabschnitt 9.1.1.2 ADR   (2)
       Ob für Tankcontainer eine Zulassungsbescheinigung erforderlich ist, können wir
       aus 9.1.1.2 ADR in Verbindung mit der Erläuterung der „Fahrzeuge FL" und „Fahr-
       zeuge AT" entnehmen.

372   Nein; Abschnitt 9.1.1 ADR   (2)
       Ob für Batterie-Fahrzeuge eine Zulassungsbescheinigung erforderlich ist, können
       wir aus 9.1.1.2 ADR entnehmen. Danach ist bei Übereinstimmung der Fahrzeuge
       EX/II, EX/III, FL, OX und AT mit den Vorschriften des Teils 9 ADR für jedes Fahr-
       zeug mit befriedigendem Untersuchungsergebnis durch die zuständigen Behörden
       dieses durch eine „Zulassungsbescheinigung" zu bestätigen. Für Batterie-Fahrzeu-
       ge gilt dies ab einem Fassungsraum von mehr als 1 m^3 (1 000 l).

373   Ja; Unterabschnitt 9.1.3.4 ADR   (2)
       Die Lösung finden wir im Teil 9 ADR. Nach 9.1.3.4 ADR darf noch innerhalb von
       1 Monat nach Ablauf die technische Untersuchung durchgeführt werden.

374   Zulassungsbescheinigung   (1)

Angaben über mitzuführende Begleitpapiere finden wir in 8.1.2 ADR. Danach ist in 8.1.2.2 ADR in Verbindung mit 9.1.3.5 ADR die Zulassungsbescheinigung erforderlich.

375   Unterabschnitt 8.1.2.2 a) ADR   (1)

Fundstelle: 8.1.2.2 a) ADR – Hier ist unter den sonstigen in einer Beförderungseinheit mitzuführenden Begleitpapieren auch die Zulassungsbescheinigung genannt.

376   **A**   Ggf. der Ausdruck „Abfall" vor der offiziellen Benennung   (1)

      C   UN-Nummer

      F   Abkürzung „UN" vor der UN-Nummer

      G   Nummer des Gefahrzettelmusters

      H   Ggf. die dem Stoff zugeordnete Verpackungsgruppe

      I   Die offizielle Benennung für die Beförderung

      L   Anzahl und Beschreibung der Versandstücke

      N   Ggf. der Tunnelbeschränkungscode

      R   Bei Klasse 7 die Versandstückkategorie

      U   Ggf. der zusätzliche Ausdruck „umweltgefährdend"

Fundstelle: 5.4.1.1.1 und 5.4.1.1.3, 5.4.1.1.18 ADR

377   **B**   Ja, wenn sich ein Container im Zulauf zum Seetransport befindet.   (1)

Gemäß 8.1.2.1 ADR in Verbindung mit 5.4.2 ADR ist das Container-/Fahrzeugpackzertifikat mitzuführen.

378   Container-/Fahrzeugpackzertifikat nach Abschnitt 5.4.2 ADR   (2)

Die Lösung finden wir im Teil 8, 8.1.2.1 Buchstabe a ADR in Verbindung mit 5.4.2 ADR.

379   **B**   Fahrwegbestimmung   (1)

      H   Bescheinigung des Eisenbahn-Bundesamtes

Fundstelle: §§ 35 und 35a GGVSEB

380   **B**   § 5 GGVSEB   (1)

Fundstelle: § 5 GGVSEB

381   2 Beförderungspapiere   (1)

Die Antwort finden wir in 5.4.1.4.2 ADR. Danach sind zunächst mehrere Beförderungspapiere erforderlich, wenn für eine „Sendung" mehrere Beförderungseinheiten verwendet werden. Ferner sind getrennte Beförderungspapiere erforderlich, wenn gemäß 7.5.2 ADR für verschiedene Güter ein Zusammenladeverbot besteht und sie deshalb auf mehrere Fahrzeuge (z. B. Lkw und Anhänger) verladen werden müssen (das gilt auch, wenn die Fahrzeuge eine Beförderungseinheit bilden). Es sind damit 2 Beförderungspapiere erforderlich.

Fundstelle: 5.4.1.4.2 ADR

382   Nein.   (2)

Um diese Frage beantworten zu können, muss über 3.2.2 Alphabetische Stoffliste (Tabelle B) ADR die UN-Nummer ermittelt werden, die 1944 lautet. Mit dieser UN-Nr. 1944 wird jetzt über Kapitel 3.2 Tabelle A Spalte 15 ADR die Beförderungskategorie ermittelt. Man kann auch direkt in der Tabelle 1.1.3.6.3 ADR nach der UN-Nummer 1944 suchen. Da diese in der Klasse 4.1 explizit genannt ist, nämlich unter Beförderungskategorie 4, wird die Beförderungskategorie für diesen Stoff nicht über die Verpackungsgruppe festgelegt. Beförderungskategorie 4 bedeutet: Die

Menge, für die die Freistellungen nach 1.1.3.6.3 ADR angewendet werden darf, ist unbegrenzt.
In 1.1.3.6.2 ADR finden wir den Hinweis auf die „Befreiungsmöglichkeiten", darunter 5.4.3 ADR (Schriftliche Weisungen).

383   **B**   Spätestens bis 31.01.2019   (1)
Nach 9.1.3.4 ADR gilt die Zulassungsbescheinigung ein Jahr. Die technische Untersuchung darf aber noch innerhalb eines Monats nach Ablauf des Gültigkeitszeitraumes durchgeführt werden, aber die Dauer der Gültigkeit von 12 Monaten verlängert sich nicht. In dem Monat nach Ablauf darf das Fahrzeug aber nicht für die Beförderung gefährlicher Güter eingesetzt werden.
Fundstelle: 9.1.3.4 ADR

384   Nein.   (2)
Der Stoff „UN 1745 Brompentafluorid" ist ein Gefahrgut der Klasse 5.1. Diese UN-Nummer finden wir in der Tabelle in § 35b GGVSEB. Allerdings gilt diese Regelung nur bei Beförderung in Tanks. Das Gut ist in Fässern verpackt und unterliegt damit als Beförderung in Versandstücken nicht den Regelungen für die Fahrwegbestimmung.
Fundstelle: § 35b in Verbindung mit § 35a zur GGVSEB

385   In den schriftlichen Weisungen   (1)
Fundstelle: 5.4.3 ADR

386   UN 1950 Druckgaspackungen, 2.1, (D)   (2)
Fundstelle: 2.2.2.1.6 Buchstabe c ADR (Zuordnung von Druckgaspackungen) und Kapitel 3.2 Tabelle A in Verbindung mit 5.4.1.1.1 ADR. Trotz der Beförderungskategorie 2 ist nach 1.1.3.6 ADR ein Beförderungspapier erforderlich.

387   UN 2800 Batterien (Akkumulatoren), nass, auslaufsicher, 8, (E)   (2)
Die Lösung finden wir über Kapitel 3.2 Tabelle A in Verbindung mit dem Absatz 5.4.1.1.1 ADR. Der Tunnelbeschränkungscode gehört zu den stoffspezifischen Angaben.

388   UN 1134 Chlorbenzen, 3, III, (D/E), umweltgefährdend   (2)
Die Lösung finden wir über 3.2.2 Alphabetische Stoffliste (Tabelle B) ADR, wo mit der dort gefundenen UN-Nr. 1134 in Kapitel 3.2 Tabelle A ADR in Verbindung mit 5.4.1.1.1 ADR und 5.4.1.1.18 ADR (umweltgefährdend wegen dem Hinweis auf 2.2.9.1.10 ADR) die erforderlichen Einträge für das Beförderungspapier zusammengestellt werden können. Der Tunnelbeschränkungscode gehört zu den stoffspezifischen Angaben.

389   UN 1794 Bleisulfat, 8, VG II, (E)   (2)
(Angabe „VG" freiwillig)
Die Lösung finden wir über Kapitel 3.2 Tabelle A ADR in Verbindung mit 5.4.1.1.1 ADR. Der Tunnelbeschränkungscode gehört zu den stoffspezifischen Angaben.

390   Schriftliche Weisungen erforderlich, wenn mehr als 333 kg befördert werden. (2)
Mithilfe von Kapitel 3.2 Tabelle A ADR finden wir heraus, dass es sich bei dem Stoff mit der UN-Nr. 3175 um „Feste Stoffe, die entzündbare flüssige Stoffe enthalten, n.a.g., Klasse 4.1, VG II" handelt. Nach Tabelle in 1.1.3.6.3 ADR sind diese Stoffe der Beförderungskategorie 2 zuzuordnen, hier beträgt die höchstzulässige Gesamtmenge „333".

391   **C**   Bescheinigung über die Tankprüfung   (1)
        Fundstelle: 6.8.2.4.5 ADR

392   **B**   Klasse 1   (1)
        Fundstelle: 5.4.1.1.1 Buchstabe c ADR in Verbindung mit Kapitel 3.2 Tabelle A
        Spalte 3b ADR
        Hinweis: Der Klassifizierungscode entspricht der Verträglichkeitsgruppe.

393   **C**   Datum und Zeitpunkt der Begasung   (1)
        F   Typ und Menge des verwendeten Begasungsmittels
        Fundstelle: 5.5.2.4.1 ADR

394   **D**   Leere Gefäße, 2   (1)
        Fundstelle: 5.4.1.1.6.2.1 ADR, letzten Satz beachten!

395   Die Mengenangaben sind zu entfernen und durch die Angabe „Leere, ungereinigte   (2)
        Rücksendung" zu ersetzen.
        Fundstelle: 5.4.1.1.6.2.3 ADR

396   Das Beförderungspapier für den vorherigen befüllten Zustand darf bei der Klasse 7   (2)
        nach 5.4.1.1.6.2.3 ADR für die Rücksendung nicht verwendet werden.

397   UN 3170 Nebenprodukte der Aluminiumumschmelzung, 4.3, VG III, (E)   (2)
        Es müssen die Buchstaben „UN" vor der UN-Nummer ergänzt werden und 4.2
        (Gefahrzettel) ist falsch – es muss 4.3 heißen.
        Fundstelle: Kapitel 3.2 Tabelle A ADR in Verbindung mit der alphabetischen Stoff-
        liste (UN-Nr. 3170) und 5.4.1.1.1 ADR (Angaben im Beförderungspapier)

398   UN 1219 Isopropylalkohol, 3, II, (D/E), 10 Kanister, 100 Liter (Beförderungskatego-   (3)
        rie 2: 300)
        Es fehlen die Buchstaben „UN" vor der UN-Nummer, die Verpackungsgruppe III
        muss auf II korrigiert werden und bei der Beförderungskategorie 2 beträgt der
        Multiplikationsfaktor 3, damit ist die Menge 300.
        Fundstelle: Kapitel 3.2 Tabelle A Spalte 4 ADR (Verpackungsgruppe), 5.4.1.1.1
        ADR und besonders hier die Bemerkung 1 zu 5.4.1.1.1 Buchstabe f ADR (Angaben
        im Beförderungspapier), Tabelle 1.1.3.6.3 ADR (Ermittlung der Beförderungskate-
        gorie)

399   ADR-Schulungsbescheinigung nach 8.1.2.2 Buchstabe b ADR (Basiskurs und Auf-   (3)
        baukurs Tank); Lichtbildausweis nach 8.1.2.1 Buchstabe d ADR
        Fundstelle: 8.1.2 ADR

400   „Beförderung nach Absatz 4.3.2.4.3"   (2)
        Fundstelle: 5.4.1.1.6.3 Buchstabe a ADR, weil es sich um ein Tankfahrzeug handelt

401   Leer ungereinigt, UN 1202 Heizöl, leicht, 3, III, umweltgefährdend   (3)
        UN 1202 Heizöl, leicht, 3, III, umweltgefährdend, Rückstände des zuletzt enthalte-
        nen Stoffes
        Leerer Aufsetztank, letztes Ladegut: UN 1202 Heizöl, leicht, 3, III, umweltgefähr-
        dend
        Hinweis: Die korrekte Angabe der Sondervorschrift 640 ist aufgrund fehlender phy-
        sikalischer Angaben nicht möglich.
        Fundstelle: 5.4.1.1.6.1, 5.4.1.1.6.2.2, 5.4.1.1.1, 5.4.1.1.18 und Kapitel 3.2 Tabelle A
        ADR

402   5.2 (8)   **(2)**

In der Stoffliste der Klasse 5.2 ist Cumylhydroperoxid in 2.2.52.4 ADR namentlich genannt. Bei der Eintragung mit UN 3107 ist die Bemerkung 13) aufgeführt: Danach wird der Gefahrzettel Nr. 8 verlangt.

Fundstelle: 2.2.52.4 Bemerkung 13) und Kapitel 3.2 Tabelle A ADR

403   **B**   Einen Lichtbildausweis   **(1)**

Fundstelle: 1.10.1.4 und 8.1.2.1 Buchstabe d ADR

404   **D**   Leeres Tankfahrzeug, letztes Ladegut: UN 1203 Benzin, 3, II, (D/E), umwelt-   **(1)**
             gefährdend
      F   Leer, ungereinigt, UN 1203 Benzin, 3, II, (D/E), umweltgefährdend
      G   Rückstände des zuletzt enthaltenen Stoffes, UN 1203 Benzin, 3, II, (D/E),
             umweltgefährdend

Fundstelle: 5.4.1.1.6.1 ADR

405   Leerer Tankcontainer, letztes Ladegut: UN 1073 Sauerstoff, tiefgekühlt, flüssig, 2.2   **(2)**
      (5.1), (C/E)

Fundstelle: 5.4.1.1.6.2.2 ADR

406   Leeres Großpackmittel (IBC), 3 (8)   **(2)**

Fundstelle: 5.4.1.1.6.2.1 ADR

      Alternativ:

      Leer, ungereinigt, UN 1235 Methylamin, wässerige Lösung, 3 (8), II

      Rückstände des zuletzt enthaltenen Stoffes, UN 1235 Methylamin, wässerige Lösung, 3 (8), II

      UN 1235 Methylamin, wässerige Lösung, 3 (8), II, leer, ungereinigt

      UN 1235 Methylamin, wässerige Lösung, 3 (8), II, Rückstände des zuletzt enthaltenen Stoffes

      Leere Verpackung mit Rückständen von 3, 8

Fundstelle: 5.4.1.1.6.1 und 5.4.1.1.6.2.1 ADR

Über UN 1235 die erforderlichen Angaben in Kapitel 3.2 Tabelle A Spalte 5 ADR ermitteln.

407   Beförderung nach 1.1.4.2.1 ADR   **(2)**

Fundstelle: 1.1.4.2 und 5.4.1.1.7 ADR

408   Ja; Unterabschnitt 1.1.4.2 ADR   **(2)**

Fundstelle: 1.1.4.2 ADR

409   **B**   Es handelt sich um eine Gefahrgutlieferung für mehrere Empfänger, die am   **(1)**
             Anfang der Beförderung unbekannt sind.

Fundstelle: 5.4.1.1.1 Buchstabe h ADR

410   **D**   Für alle Gefahrgüter gibt es einheitliche schriftliche Weisungen.   **(1)**
      H   In den schriftlichen Weisungen wird die mitzuführende Ausrüstung auf-
             geführt.

Die schriftlichen Weisungen sind in 5.4.3 ADR mit ihren Anforderungen aufgeführt.

411   **D**   Beförderungspapier   **(1)**

Im Beförderungspapier (5.4.1.1.1 ADR) sind die Gefahrzettelmuster anzugeben. In 8.1.5.3 ADR werden die zusätzlichen Ausrüstungsgegenstände genannt, die aufgrund der Gefahrzettel mitzuführen sind.

412   UN 3480 Lithium-Ionen-Batterien, 9, (E)   **(1)**

In der alphabetischen Stoffliste ist für Lithium-Ionen-Batterien die UN-Nr. 3480 ge-
nannt. In Kapitel 3.2 Tabelle A ADR können alle relevanten Angaben, die gemäß
5.4.1.1.1 ADR gefordert werden, gefunden werden. Bei Gegenständen gibt es kei-
nen Eintrag der Verpackungsgruppe. Gemäß 5.4.1.1.1 Buchstabe c) wird statt des
Gefahrzettels die Klasse angegeben.

413   Nein; 5.4.1.1.1 k) ADR   **(2)**

Bei den Angaben für das Beförderungspapier (5.4.1.1.1 ADR) ist der Tunnelbe-
schränkungscode aufgeführt, dieser muss nur bei Tunneldurchfahrten mit Be-
schränkung im Beförderungspapier angegeben werden.

414   Nein; 5.4.1.1.1 k) ADR   **(2)**

Bei den Angaben für das Beförderungspapier (5.4.1.1.1 ADR) ist der Tunnelbe-
schränkungscode aufgeführt, dieser muss immer in Großbuchstaben angegeben
werden. Siehe 5.4.1.1.1 k) ADR.

415   Beförderung nach Absatz 4.3.2.4.4   **(2)**

Fundstelle: 5.4.1.1.6.4 ADR

416   UN 1057 Abfall, Feuerzeuge, 2.1, (D)   **(2)**

Bei Anwendung der Sondervorschrift 654 handelt es sich um Abfallfeuerzeuge, da-
mit handelt es sich um Abfall. Daher muss zusätzlich das Wort „Abfall" gemäß
5.4.1.1.3 ADR neben den normalen Angaben für das Beförderungspapier gemäß
5.4.1.1.1 ADR genannt werden.

417   UN 1993 Entzündbarer flüssiger Stoff, n.a.g., 3, II, (D/E), Abfall nach Absatz   **(3)**
2.1.3.5.5

Bei Anwendung der Vorschriften 2.1.3.5.5 ADR handelt es sich um Abfall. Daher
muss zusätzlich die Ergänzung „Abfall" nach 2.1.3.5.5 ADR gemäß 5.4.1.1.3 ADR
nach der offiziellen Benennung angefügt werden, eine technische Benennung
braucht nicht hinzugefügt zu werden. Die normalen Angaben für das Beförderungs-
papier gemäß 5.4.1.1.1 ADR müssen genannt werden.

418   Schriftliche Weisungen   **(1)**

Fundstelle: 8.1.2 ADR (Begleitpapiere) und 5.4.3 ADR

419   **A**   Buchstaben „UN", UN-Nummer, Name und Anschrift des Absenders und   **(1)**
Empfängers

Fundstelle: 5.1.5.4.2 ADR

420   Bei Beförderungen in einer Transportkette, die eine Seebeförderung einschließt   **(2)**

Fundstelle: 5.4.1.1.18 ADR

421   SV 363   **(2)**
Beförderung nach Sondervorschrift 363

Es muss zunächst die UN-Nummer 3528 über 3.2.2 Alphabetische Stoffliste (Tabel-
le B) ADR ausgewählt werden, da es sich bei einem Generator mit Verbrennungs-
motor um einen Verbrennungsmotor mit Antrieb durch entzündbare Flüssigkeit
handelt. Es sind die Sondervorschriften 363, 667 und 669 in Kapitel 3.2 Tabelle A
Spalte 6 ADR genannt.

Fundstelle: Mit UN-Nummer über Kapitel 3.2 Tabelle A Spalte 6 SV 363 ADR

422   **C**   Ende der Haltezeit: .... (TT/MM/JJJJ)   **(1)**

Fundstelle: 5.4.1.2.2 d) ADR

423 Beförderung gemäß Absatz 2.2.52.1.9 (1)
Fundstelle: 5.4.1.2.3.4 ADR

424 **A** UN 3114 (1)
Fundstelle: Kapitel 3.2 Tabelle A ADR. Der Eintrag hat den Zusatz „temperatur-
kontrolliert".

425 Beförderung nach Absatz 1.1.4.2.1 (1)
Fundstelle: 5.4.1.1.7 ADR

426 **B** Orangefarbene Tafeln mit Nummern zur Kennzeichnung der Gefahr und (1)
UN-Nummern 33/1203
Die Lösung finden wir über 5.3.2.1.3 ADR, wonach die orangefarbenen Tafeln vorn
und hinten mit der Kennzeichnung 33/1203 ausgestattet werden dürfen (hier für
den Stoff mit dem niedrigsten Flammpunkt).

427 Ja. (3)

Stoffe	Menge	Beförderungskategorie	Multiplikator	Summe
Benzin	200	2	3	= 600
Diesel	500	3	1	= 500
				$1000 < 1100$

Wir beantworten die Frage anhand der Tabelle in 1.1.3.6.3 ADR. Zunächst finden wir
über 3.2.2 Alphabetische Stoffliste (Tabelle B) ADR in Verbindung mit Kapitel 3.2 Ta-
belle A ADR die richtige Klassifizierung heraus. Würden wir den Stoff jeweils einzeln
transportieren, so sind die Grenzen bei Benzin 333 l, Diesel 1000 l. Wir müssen nun
1.1.3.6.4 ADR zu Hilfe nehmen und die Menge von Benzin (Beförderungskategorie 2)
mit 3 multiplizieren. Das Ergebnis ist 600. Die Kategorie 3 enthält keinen Multiplika-
tionsfaktor, hier finden die 500 l direkt Anwendung. Wir addieren 600 + 500 und kom-
men auf eine Zahl von über 1000, somit ist das Fahrzeug kennzeichnungspflichtig.
Fundstelle: 1.1.3.6.3 und 1.1.3.6.4 ADR

428 Nein. (3)

Stoffe	Menge	Beförderungskategorie	Multiplikator	Summe
Acetylen	50	2	3	= 150
Sauerstoff	250	3	1	= 250
				$1000 > 400$

Über Kapitel 3.2 Tabelle A ADR finden wir die Klassifizierung heraus. UN 1072 Sau-
erstoff und UN 1001 Acetylen sind Stoffe der Klasse 2. Wir benutzen sodann die Ta-
belle in 1.1.3.6.3 ADR und finden folgende Grenzmengen heraus: Sauerstoff – 1000,
Acetylen – 333. Wir liegen also jeweils darunter und müssen deshalb 1.1.3.6.4 ADR zu
Hilfe nehmen. Acetylen wird der Beförderungskategorie 2 zugeordnet, hier beträgt
der Multiplikationsfaktor 3. 3 × 50 = 150; Sauerstoff wird der Beförderungskategorie 3
zugeordnet, hier gibt es keinen Multiplikationsfaktor. Die Addition von 150 und 250 er-
gibt 400; dieser Wert liegt unter 1000, somit besteht keine Kennzeichnungspflicht.

429 An beiden Längsseiten und hinten am Fahrzeug die Großzettel Nr. 7D (2)
Die Lösung finden wir über 5.3.1.5.2 ADR in Verbindung mit 5.3.1.7.2 ADR.

430 Es sind keine Großzettel erforderlich. (2)
Über Kapitel 3.2 Tabelle A ADR Spalte 15 finden wir bei den UN-Nummern 0012
und 0014 die Beförderungskategorie 4, d.h. laut Tabelle 1.1.3.6.3 ADR dürfen diese
Stoffe „unbegrenzt" befördert werden. Dies bedeutet, dass die Kennzeichnungs-
vorschriften durch die Freistellung nach 1.1.3.6.2 ADR zweiter Spiegelstrich „Kapi-
tel 5.3" nicht anzuwenden sind.

431   Nummer zur Kennzeichnung der Gefahr = 80   (2)

UN-Nummer = 1794

Anbringung an beiden Längsseiten der Container

Über 3.2.2 Alphabetische Stoffliste (Tabelle B) ADR die UN-Nr. 1794 ermitteln. In Kapitel 3.2 Tabelle A Spalten 1 und 20 ADR die erforderliche Kennzeichnung heraussuchen. Anbringung der orangefarbenen Tafeln nach 5.3.2.1.4 ADR.

432   Nummer zur Kennzeichnung der Gefahr = 336   (2)

UN-Nummer = 2762

Anbringung an beiden Seiten der Tankcontainer nach 5.3.2.1.2

Über 3.2.2 Alphabetische Stoffliste (Tabelle B) ADR die UN-Nr. 2762 ermitteln. In Kapitel 3.2 Tabelle A Spalten 1 und 20 ADR die erforderliche Kennzeichnung heraussuchen. Anbringung der orangefarbenen Tafeln nach 5.3.2.1.2 ADR.

433   Höchstzulässige Gesamtmenge 20 kg (Nettomasse der Explosivstoffe)   (2)

Die Lösung finden wir durch Kapitel 3.2 Tabelle A ADR in Verbindung mit der Tabelle in 1.1.3.6.3 ADR. Laut Tabelle A hat der Stoff UN 0305 den Klassifizierungscode 1.3G (Spalte 3b) und die Beförderungskategorie 1 (Spalte 15). Laut Tabelle 1.1.3.6.3 haben Stoffe der Klasse 1, Klassifizierungscode 1.3G, Beförderungskategorie 1 eine Freigrenze von „20".

434   Nummer zur Kennzeichnung der Gefahr = 33   (2)

UN-Nummer = 1203

Die Großzettel sind an beiden Längsseiten und hinten anzubringen.

Über 3.2.2 Alphabetische Stoffliste (Tabelle B) ADR wird die UN-Nr. 1203 ermittelt. Aus Kapitel 3.2 Tabelle A ADR werden in den Spalten 1 und 20 die entsprechenden Kennzeichnungen entnommen.

In 5.3.1.4.1 ADR ist die Anbringung der Großzettel vorgeschrieben.

435   Nummer zur Kennzeichnung der Gefahr = 80   (2)

UN-Nummer = 1824

Anbringung der Großzettel an beiden Längsseiten und hinten am Fahrzeug

Fundstelle: 5.3.1.4.1 ADR und Kapitel 3.2 Tabelle A Spalten 1 und 20 ADR

436   Nummer zur Kennzeichnung der Gefahr = 60   (2)

UN-Nummer = 1897

Die Großzettel Nr. 6.1 müssen an vier Seiten (zwei Längsseiten und an jedem Ende des Tankcontainers) angebracht werden.

Fundstelle: Über 3.2.2 Alphabetische Stoffliste (Tabelle B) ADR die UN-Nummer 1897 und mit Kapitel 3.2 Tabelle A Spalte 20 die Nummer zur Kennzeichnung der Gefahr ermitteln.
Die Anbringung der Großzettel ist in 5.3.1.2 ADR geregelt.

437   An beiden Längsseiten des Containers   (1)

Fundstelle: Die Anbringung der orangefarbenen Tafeln ist in 5.3.2.1.4 ADR geregelt.

438   An beiden Längsseiten und hinten am Fahrzeug mit den Großzetteln Nr. 4.1   (2)

Fundstelle: 5.3.1.4 ADR in Verbindung mit Kapitel 3.2 Tabelle A ADR

439   **A**   Ja, nach Unterabschnitt 5.2.2.2 sind Angaben, die auf die Art der Gefahr hinweisen, erlaubt.   (1)

Fundstelle: 5.2.2.2.1, 5.2.2.2.1.3 und 5.2.2.2.1.5 ADR. Falls ein Hinweis im Gefahrzettel angegeben wird, muss die tatsächliche Gefahr wiedergegeben werden.

Straße

440   UN 1133   (4)
Gefahrzettel Nr. 3
Ausrichtungspfeile auf zwei gegenüberliegenden Seiten sowie das Wort „Umver-
packung"
Zunächst ist über 3.2.2 Alphabetische Stoffliste (Tabelle B) ADR die UN-Nummer
für Klebstoffe zu ermitteln. Mit der Tabelle A und Kapitel 5.1 und 5.2 ADR ermittelt
man die Kennzeichnung und die Gefahrzettel.
Fundstelle: 5.1.2.1 und 5.1.2.2 in Verbindung mit 5.2.1.1, 5.2.2.1.1, 5.2.1.10.1
ADR.
Somit müssen die Gefahrzettel und Kennzeichnung, wenn sie in einer Umverpackung
nicht sichtbar sind, auf der Umverpackung wiederholt werden. Zusätzlich sind bei
Verpackungen mit flüssigen Stoffen, wenn der Verschluss nicht sichtbar ist, Ausrich-
tungspfeile an zwei gegenüberliegenden Seiten anzubringen. Außerdem ist das Wort
„Umverpackung" anzubringen.

441   Am Container sind die Großzettel an allen vier Seiten und am Fahrzeug sind die   (4)
orangefarbenen Tafeln ohne Kennzeichnungsnummern vorn und hinten anzubrin-
gen.
Fundstelle: 5.3.1.2 und in 5.3.2.1.1 ADR
Hinweis: Eine generelle Freistellung von Asbest wäre nach SV 168 möglich. Dies
wird aber durch die Fragestellung nicht angesprochen.

442   – Je Innenverpackung maximal 1 l   (4)
– Höchstzulässige Bruttomasse je Versandstück 30 kg
– Kennzeichnung mit einer rautenförmigen Fläche, oben und unten schwarz und
   in der Mitte weiß, mit einer Seitenlänge von mindestens 100 mm
– Kennzeichnung mit Ausrichtungspfeilen (an zwei gegenüberliegenden Seiten)
Über Kapitel 3.2 Tabelle A ADR bei UN 1208 Hexane prüfen, ob der Stoff als be-
grenzte Menge (Spalte 7a) nach 3.4 ADR befördert werden darf. In der Spalte 7a
steht 1 L. Somit ist zunächst die Möglichkeit gegeben. In Kapitel 3.4 wird in 3.4.2
ADR das Bruttogewicht auf 30 kg limitiert. Die Kennzeichnung ist in 3.4.7 ADR ge-
regelt.
Die Kennzeichnung mit Ausrichtungspfeilen ergibt sich aus 3.4.1 Buchstabe e
ADR. Es handelt sich um einen flüssigen Stoff (5.2.1.10.1 ADR).
Fundstelle: Kapitel 3.2 Tabelle A, 3.4.1.2, 3.4.2.1 und 3.4.7 ADR

443   Nein.   (2)
Es muss noch mit dem Wort „UMVERPACKUNG" gekennzeichnet werden.
Fundstelle: 5.1.2.1 ADR

444   **C**   Der Container darf bereits für den Straßentransport entsprechend dem   (1)
            IMDG-Code gekennzeichnet werden. Ggf. ist aber ein zusätzlicher Eintrag
            im Beförderungspapier erforderlich.
Fundstelle: 1.1.4.2 ADR

445   Die orangefarbenen Tafeln mit den Kennzeichnungsnummern der Tankcontainer   (2)
sind an beiden Längsseiten des Trägerfahrzeugs (Lkw mit Plane) jeweils einmal
anzubringen, weil es sich um denselben Stoff handelt.
Fundstelle: 5.3.2.1.5 ADR

446   Die orangefarbenen Tafeln mit den Kennzeichnungsnummern der Tankcontainer   (2)
sind an beiden Längsseiten des offenen Trägerfahrzeugs nach 5.3.2.1.5 ADR
anzubringen, weil die orangefarbenen Tafeln nicht mehr deutlich sichtbar sind.

447 **A** Nein, es sind an den Längsseiten des Fahrzeugs dieselben orangefarbenen **(1)**
Tafeln wie auf dem Tankcontainer anzubringen.
Fundstelle: 5.3.2.1.5 ADR (Überschreitung der Mengengrenze von 3 000 l je Tank)

448 Wenn die Großzettel der Tankcontainer nicht mehr sichtbar sind, sind dieselben **(2)**
Großzettel an beiden Längsseiten und hinten am Fahrzeug anzubringen.
Fundstelle: 5.3.1.3 ADR. Die Anbringung von orangefarbenen Tafeln wäre nur bei
Tankcontainern mit mehr als 3 000 l vorgeschrieben (5.3.2.1.5 ADR).

449 Die orangefarbenen Tafeln mit der Gefahrnummer 336 und der UN-Nummer 1230 **(2)**
müssen an beiden Längsseiten des Fahrzeugs angebracht werden.
Fundstelle: 5.3.2.1.5 ADR

450 Die Kennzeichnung erfolgt nach der P650 mit einer Raute mit der UN-Nummer **(2)**
3373 und der Aufschrift „BIOLOGISCHER STOFF, KATEGORIE B".
Fundstelle: Kapitel 3.2 Tabelle A ADR und P650 in 4.1.4.1 ADR
Hinweis: Die Beförderung als freigestellte medizinische Probe ist wegen des Ver-
dachts auf ansteckungsgefährliche Stoffe nicht mehr möglich. Beförderung unter
Beachtung der P650 ist erforderlich.

451 Kennzeichnung mit Ausrichtungspfeilen ist erforderlich bei: **(2)**
– zusammengesetzten Verpackungen mit Innenverpackungen, die flüssige Stoffe
enthalten,
– Einzelverpackungen, die mit Lüftungseinrichtungen ausgerüstet sind, und
– Kryo-Behältern zur Beförderung tiefgekühlt verflüssigter Gase.
Fundstelle: 5.2.1.10.1 ADR. Die Nennung eines Falles wäre ausreichend.

452 **B** Wenn die auf den enthaltenen Versandstücken vorgeschriebenen Ausrich- **(1)**
tungspfeile nicht sichtbar sind
D Wenn Versandstücke mit in begrenzten Mengen verpackten flüssigen Stoffen, deren Verschlüsse nicht sichtbar sind, enthalten sind und die Bedingungen des Abschnitts 5.2.1.10 erfüllt sind
Fundstelle: 5.1.2.1 Buchstabe b, 5.2.1.10 und 3.4.11, 3.4.1 Buchstabe e ADR

453 Die Kennzeichnung mit Ausrichtungspfeilen ist nach Absatz 5.2.1.10.2 Buchsta- **(2)**
be b ADR nicht erforderlich.

454 **A** An freigestellten Versandstücken und Typ IP-1-Versandstücken **(1)**
Fundstelle: 5.2.1.10.1 und 5.2.1.10.2 ADR, weil freigestellte Versandstücke und
Typ-IP-1-Versandstücke nicht durch 5.2.1.10.2 Buchstabe d ADR befreit sind.

455 Die Seitenlänge muss mindestens 100 mm betragen. **(1)**
Fundstelle: 3.4.7 ADR

456 Kennzeichnung mit UN 1950 AEROSOLE an zwei gegenüberliegenden Seiten. **(2)**
Fundstelle: Über die UN 1950 TF Sondervorschrift 625 erhält man den Grundsatz
für die Kennzeichnung von Versandstücken mit Druckgaspackungen, und in 5.2.1.4
ADR ist der allgemeine Grundsatz für die Kennzeichnung von Großverpackungen
enthalten.
Es wird nicht nach der Bezettelung (Gefahrzettel) gefragt. Hier müssten dann noch
Gefahrzettel Nr. 2.1 und Nr. 6.1 angebracht werden (ebenfalls an zwei gegenüber-
liegenden Seiten).

Straße

457   **C**   Zusätzlich zu den neutralen orangefarbenen Tafeln vorn und hinten sind   **(1)**
an beiden Längsseiten der Beförderungseinheit orangefarbene Tafeln
(30 × 40 cm) mit den Nummern (70/2915) anzubringen.

Fundstelle: 5.3.2.1.4 ADR schreibt bei Beförderungen unter ausschließlicher Ver-
wendung die Kennzeichnung an beiden Längsseiten mit orangefarbenen Tafeln mit
Gefahr- und UN-Nummer vor.

458   **A**   Das Kennzeichen für umweltgefährdende Stoffe (Symbol – Fisch und Baum).   **(1)**

Fundstelle: 5.2.1.8 ADR schreibt die Kennzeichnung für alle Stoffe vor, die den Kri-
terien von 2.2.9.1.10 ADR entsprechen.

459   Die Beförderungseinheit muss mit dem Kennzeichen für begrenzte Mengen (auf die   **(2)**
Spitze gestelltes Quadrat, das oben und unten schwarz ist und in der Mitte eine weiße Fläche hat) in der Größe 25 × 25 cm vorn und hinten gekennzeichnet sein.

In 3.4.13 ADR werden die Anforderungen für die Kennzeichnung von Beför-
derungseinheiten bei der Beförderung von begrenzten Mengen vorgegeben. Die
Regelung für den Verzicht auf die Kennzeichnung in 3.4.14 ADR kann nicht ange-
wendet werden. Somit muss die Kennzeichnung gemäß 3.4.15 ADR ausgeführt
werden.

460   **A**   Beförderung von gefährlichen Gütern in begrenzten Mengen nach 3.4 ADR   **(1)**
Fundstelle: 3.4.7 ADR

461   5.1.5.4.1 ADR   **(1)**

462   **D**   UN, UN-Nummer, Absender und/oder Empfänger   **(1)**
Fundstelle: 5.1.5.4.1 ADR

463   UN 1866, Gefahrzettel Nr. 3 und Kennzeichen für umweltgefährdende Stoffe   **(2)**
Fundstelle: Kapitel 3.2 Tabelle A Spalte 1, Spalte 5, 5.2.1.1, 5.2.1.8 und 5.2.2.1.1
ADR

464   Wenn mehr als 8 t Bruttogesamtmasse in begrenzten Mengen verpackte gefähr-   **(2)**
liche Güter gemäß 3.4 ADR befördert werden
Fundstelle: 3.4.13 und 3.4.14 ADR

465   An allen Zugängen, die eine Person öffnen und an denen sie den Lkw betreten   **(2)**
kann.
Das Zeichen muss mind. 150 mm breit und 250 mm hoch sein.
Fundstelle: 5.5.3.6.1 (Anbringung), 5.5.3.6.2 (Größe) ADR

466   Anwendung der SV 363 und Kennzeichnung mit Gefahrzettel Nr. 3 an zwei gegen-   **(2)**
überliegenden Seiten des Generators

Der Generator mit dieselgetriebenem Verbrennungsmotor ist laut der alphabeti-
schen Stoffliste der UN 3528 zuzuordnen. Mit der UN-Nummer finden wir in Kapitel
3.2 Tabelle A Spalte 6 ADR die SV 363. In der Sondervorschrift 363 g) (iv) (Kapitel
3.3 ADR) sind die Vorgaben zur Kennzeichnung zu finden.

467   Die Beförderungseinheit muss mit dem Kennzeichen für begrenzte Mengen (auf   **(2)**
die Spitze gestelltes Quadrat, das oben und unten schwarz ist und in der Mitte eine weiße Fläche hat) in der Größe 25 × 25 cm vorn und hinten gekennzeichnet
sein, weil die zulässige Gesamtmasse über 12 t ist.

In 3.4.13 ADR werden die Anforderungen für die Kennzeichnung von Beförderungs-
einheiten bei der Beförderung von begrenzten Mengen vorgegeben. Die Regelung
für den Verzicht auf die Kennzeichnung in 3.4.14 ADR kann nicht angewendet wer-
den. Somit muss die Kennzeichnung gemäß 3.4.15 ADR ausgeführt werden.

468   Nein. Die Verkleinerungsmöglichkeit besteht nur für Flaschen, aber nicht für Fla-   **(2)**
schenbündel.

Fundstelle: 5.2.2.2.1.2 und 1.2.1 (Begriffsbestimmung für Flaschenbündel) ADR

469   Gefahrzettel Nr. 2.2 und 5.1. Einmal.   **(2)**

*Hinweis: Lediglich 5.2.2.1.7 ADR enthält für IBC größer als 450 l und Großver-
packungen die Anforderung, dass die Gefahrzettel auf zwei gegenüberliegenden
Seiten anzubringen sind.*

Fundstelle: 5.2.2.1 ADR

470   Nein; 5.5.3.6.1 ADR   **(2)**

*Hinweis: Lediglich nicht gut belüftete Fahrzeuge und Container müssen gekenn-
zeichnet werden.*

471   Großzettel Nr. 9 an allen vier Seiten.   **(3)**

5.3.1.1.4 und 5.3.1.2 ADR

*3.2.2 Alphabetische Stoffliste (Tabelle B) ADR führt zu UN 3090. Unter dieser UN-
Nummer ist in Kapitel 3.2 Tabelle A ADR die Sondervorschrift 188 in Spalte 6 zu
finden. Die Sondervorschrift 188 (Kapitel 3.3 ADR) lässt keine Freistellung zu, da
der Lithiumgehalt größer als 2 g ist. Damit handelt es sich um reguläres Gefahrgut.*

Hinweis: Der Gefahrzettel 9A kommt nur auf Versandstücke.

472   Ja; Kapitel 3.2 Tabelle A Spalte 12 ADR in Verbindung mit 4.3.2.1.1 ADR   **(2)**

*Fundstelle: Die Lösung befindet sich in Kapitel 3.2 Tabelle A ADR in Spalte 12 mit
Code L4BN in Verbindung mit Absatz 4.3.2.1.1. Bei der UN-Nr. 1789 handelt es
sich um Chlorwasserstoffsäure der Klasse 8 mit VG II und III ADR.*

473   **D**   Unterabschnitt 4.3.3.2   **(1)**

Fundstelle: Kapitel 4.3 ADR (Vorschriften für die Verwendung von ... und Tanks)

474   **C**   Die Beförderung von gefährlichen Gütern in loser Schüttung ist nur zulässig,   **(1)**
wenn diese Beförderungsart ausdrücklich zugelassen ist.

*Die Grundaussage über die Beförderung in loser Schüttung finden wir über Kapitel
3.2 Tabelle A Spalte 17 ADR. Danach ist eine Beförderung in loser Schüttung nur
zulässig, wenn diese Beförderung ausdrücklich zugelassen ist, was über eine entsprechende Codierung VCx in der Spalte 17 angezeigt wird.*

Fundstelle: 7.3.1 ADR in Verbindung mit Kapitel 3.2 Tabelle A ADR

*Für bestimmte Stoffe gibt es für die lose Schüttung auch die Beförderung nach
BK1, BK2 und BK3 nach Kapitel 3.2 Tabelle A Spalte 10 ADR.*

475   7.3.1 ADR in Verbindung mit Kapitel 3.2 Tabelle A Spalten 10 und 17 ADR   **(2)**

*Die Grundaussage über die Beförderung in loser Schüttung finden wir über Kapitel
3.2 Tabelle A Spalte 17 ADR in Verbindung mit 7.3.1 ADR. Danach ist eine Beförderung in loser Schüttung nur zulässig, wenn diese Beförderung ausdrücklich zugelassen ist, was über eine entsprechende Codierung VCx in der Spalte 17 angezeigt wird. Für bestimmte Stoffe gibt es auch die Beförderung nach BK1, BK2 und
BK 3 für lose Schüttung nach Spalte 10.*

476   **D**   Ein bedecktes Fahrzeug mit angemessener Belüftung   **(1)**

*Für UN 2211 steht in Kapitel 3.2 Tabelle A Spalte 17 ADR die Sondervorschrift VC1
und VC2 mit AP2, die in 7.3.3 ADR erläutert wird. Danach ist eine Beförderung in
bedeckten oder gedeckten Fahrzeugen mit angemessener Belüftung zugelassen.*

477   **C**   Ein bedecktes Fahrzeug mit angemessener Belüftung   (1)

*Über Kapitel 3.2 Tabelle A ADR finden wir heraus, dass es sich bei Stoffen der
UN 3175 um feste Stoffe, die entzündbare flüssige Stoffe enthalten, n.a.g., der
Klasse 4.1, VG II, handelt. In Spalte 17 finden wir die Sondervorschriften VC1 und
VC2 mit AP2, die in 7.3.3 ADR erläutert wird. Danach ist die Beförderung in be-
deckten Fahrzeugen mit angemessener Belüftung zugelassen.*

478   Ja, gemäß Sondervorschrift VC1 und AP2 ADR   (2)

*Über Kapitel 3.2 Tabelle A ADR finden wir heraus, dass es sich bei Stoffen der
UN 3175 um feste Stoffe, die entzündbare flüssige Stoffe enthalten, n.a.g., der
Klasse 4.1, VG II, handelt. In Spalte 17 finden wir die Sondervorschriften VC1 und
VC2 mit AP2, die in 7.3.3 ADR erläutert wird. Danach ist die Beförderung in be-
deckten Fahrzeugen (VC1) mit angemessener Belüftung zugelassen.*

479   **D**   Die Umverpackung muss mit dem Gefahrzettel Nr. 3 versehen sein.   (1)
          F   Die Umverpackung muss mit dem Kennzeichen „UN 1294" versehen sein.
          H   Die Umverpackung muss mit dem Ausdruck „UMVERPACKUNG" gekenn-
                  zeichnet sein.

Fundstelle: Unterabschnitt 5.1.2.1

*Über Kapitel 3.2 Tabelle A ADR die UN 1294 prüfen, welche Verpackung und wel-
che Kennzeichen und Gefahrzettel nach 5.2 ADR erforderlich sind.
Der Gefahrzettel Nr. 3, UN 1294 und das Wort „UMVERPACKUNG" sind anzubringen.*

480   **C**   Die Umverpackung ist mit dem Kennzeichen „UN 1057" zu versehen.   (1)
          E   Die Umverpackung ist mit dem Gefahrzettel Nr. 2.1 zu versehen.
          G   Die Umverpackung muss mit dem Ausdruck „UMVERPACKUNG" gekenn-
                  zeichnet sein.

*Über Kapitel 3.2 Tabelle A ADR prüfen, zu welchem Stoff oder Gegenstand
UN 1057 (Feuerzeuge) gehört. Mit der Tabelle A und Kapitel 5.1 und 5.2 ADR er-
mittelt man die Kennzeichen und die Gefahrzettel.
Es ist aus der Aufgabe bekannt, dass es sich um einen festen Gegenstand handelt;
5.1.2.1 ADR in Verbindung mit 5.2.1.1, 5.2.2.1.1 ADR.
Somit müssen die Gefahrzettel und Kennzeichnung, wenn sie in einer Umverpackung
nicht sichtbar sind, auf der Umverpackung wiederholt werden. Außerdem ist das
Wort „UMVERPACKUNG" anzubringen.*

Fundstelle: 5.1.2.1 ADR in Verbindung mit 5.2.1.1, 5.2.2.1.1 ADR.

481   Beförderung von unverpackten festen Stoffen oder Gegenständen in Fahrzeugen   (1)
          oder Containern.

Die Antwort entnehmen wir der Begriffsbestimmung aus 1.2.1 ADR.

Fundstelle: 1.2.1 (Begriffsbestimmungen) ADR

482   Abschnitt 7.1.4 ADR   (1)

483   Abschnitt 1.2.1 ADR   (1)

484   Nein; Kapitel 3.2 Tabelle A Spalten 8 und 9a ADR in Verbindung mit der Erläute-   (3)
          rung in 3.2.1 ADR

*Die Lösung erfolgt über 3.2.2 Alphabetische Stoffliste, (Tabelle B) ADR um die UN-
Nr. zu ermitteln. Mit der UN-Nr. 2426 gehen wir in Kapitel 3.2 Tabelle A ADR. Dort
befinden sich in den Spalten 8 und 9a keine Angaben von Verpackungen. Somit
darf dieser Stoff auch nicht in Versandstücken befördert werden (vgl. dazu die Erläuterungen in 3.2.1 ADR zu den beiden Spalten).*

485 Abschnitt 1.2.1 ADR (1)

Die Lösung finden wir in den Begriffsbestimmungen unter 1.2.1 ADR.

486 Umverpackung (1)

Die Lösung befindet sich in 1.2.1 ADR – Begriffsbestimmungen „Umverpackung".

487 LGBF; L1,5BN; L4BN; L4BH; L4DH usw. (2)

Der Lösungsweg geht über 3.2.2 Alphabetische Stoffliste (Tabelle B) ADR, dann mit der gefundenen UN-Nr. 1294 in Kapitel 3.2 Tabelle A ADR. Hier stellen wir fest, dass es sich um einen Stoff der Klasse 3 handelt und in der Spalte 12 der Code LGBF genannt wird. Weitere Tanks sind dann aus der Tankhierarchie in 4.3.4.1.2 ADR zu ermitteln.

488 **C** Tankfahrzeug – Tankcodierung LGBF (1)

Über Kapitel 3.2 Tabelle A ADR erfahren wir, dass es sich hier um den Stoff Toluen handelt, der die UN-Nr. 1294 hat. In der Spalte 12 wird der Code LGBF genannt. Mit diesem Code gehen wir in 4.3.4.1.2 ADR (Tankhierarchie). Hieraus kann auch der Tank LGBF ermittelt werden. Ein höherwertiger Tank ist auch möglich. Dies ist aber nicht Gegenstand der möglichen Antwortvorgaben.

489 **A** Der Transport ist in bedeckten Fahrzeugen mit angemessener Belüftung zu- (1)
lässig.

Über 3.2.2 Alphabetische Stoffliste (Tabelle B) ADR suchen wir die UN-Nr. für diesen Stoff. Mit der UN 3314 gehen wir in Kapitel 3.2 Tabelle A ADR und finden in Spalte 17 die Sondervorschriften VC1 und VC2 mit AP2. In 7.3.3 werden die Kriterien genannt, die eine Beförderung in loser Schüttung zulassen: Ein bedecktes Fahrzeug (VC1) mit angemessener Belüftung ist zulässig.

490 Nein; es ist der Code LGBF erforderlich. (3)

Über 3.2.2 Alphabetische Stoffliste (Tabelle B) ADR suchen wir die UN-Nummer für diesen Stoff. Mit der gefundenen UN 1202 gehen wir in Kapitel 3.2 Tabelle A ADR in die Spalte 12. Dort wird der Code LGBF für UN 1202 in Verbindung mit 640K genannt. Mit diesem Code gehen wir in 4.3.4.1.2 ADR (Tankhierarchie). Hiernach wird ermittelt, dass der Tank nur höherwertig sein darf.

491 Nein. In Kapitel 3.2 Tabelle A ADR ist in Spalte 12 nur ein RxBN-Tank für UN 1073 (2)
zugelassen. Über die Tankcodierung und die Tankhierarchie in 4.3.3.1 ADR ist dann auch eindeutig festzustellen, dass ein C22BN-Tank für UN 1073 tiefgekühlt flüssig nicht zulässig ist.

Über 3.2.2 Alphabetische Stoffliste (Tabelle B) ADR erhält man die UN 1073 für Sauerstoff, tiefgekühlt, flüssig. In Kapitel 3.2 Tabelle A ADR ist in der Spalte 12 nur ein RxBN-Tank für UN 1073 zugelassen. Über die Tankcodierung und Tankhierarchie in 4.3.3.1 ADR ist auch dann eindeutig festzustellen, dass ein C22BN Tank für UN 1073 tiefgekühlt flüssig nicht zulässig ist.

492 Nein, da nur mit ge- oder bedeckten Fahrzeugen erlaubt (Sondervorschriften VC1 (2)
und VC2 ADR).

Lösung über Kapitel 3.2 Tabelle A ADR. Bei UN 2717 handelt es sich um einen festen Stoff der Klasse 4.1. In der Spalte 17 wird der Code VC1 und VC2 genannt, der entsprechend 7.3.3 ADR kein offenes Fahrzeug für die Beförderung in loser Schüttung zulässt.

Fundstelle: Kapitel 3.2 Tabelle A Spalte 17, Sondervorschrift VC1 und VC2 in Verbindung mit 7.3.3 ADR

493   Sondervorschrift VC1 und VC2 mit AP7. Es muss sich um bedeckte oder ge-   **(1)**
schlossene Container handeln und die Beförderung darf nur als geschlossene
Ladung durchgeführt werden.

*Lösung über Kapitel 3.2 Tabelle A ADR. Bei UN 2834 handelt es sich um einen
Stoff der Klasse 8. Über den Klassifizierungscode C2 in der Spalte 3b können wir
in 2.2.8.1.1 ADR feststellen, dass es sich um einen anorganischen festen Stoff handelt. In der Spalte 17 wird der Code VC1 und VC2 mit AP7 genannt, der entsprechend 7.3.3 ADR eine Beförderung in loser Schüttung zulässt, wenn der Transport
als geschlossene Ladung zur Beförderung übergeben wird.*

*Fundstelle: Kapitel 3.2 Tabelle A Spalte 17, Code VC1 und VC2 mit AP7, 7.3.3
ADR*

494   Gedeckte oder bedeckte Fahrzeuge   **(2)**

*Über Kapitel 3.2 Tabelle A Spalte 8 ADR wird u. a. der Code IBC08 gefordert. In
Spalte 16 wird die Sondervorschrift für Versandstücke genannt (Code V11). Danach darf die Beförderung nur mit gedeckten oder bedeckten Fahrzeugen durchgeführt werden.*

*Fundstelle: Kapitel 3.2 Tabelle A Spalte 8 (Code IBC08), Spalte 16 (Code V11),
7.2.4 ADR*

495   Abschnitt 1.2.1 ADR   **(1)**

Die Lösung bekommen wir aus 1.2.1 ADR in den dortigen Begriffsbestimmungen.

496   UN 1748, Gefahrzettel Nr. 5.1 und Aufschrift „Umverpackung"   **(3)**

*Die Lösung holen wir uns aus 5.1.2 ADR. Danach müssen an Umverpackungen alle
Kennzeichen und Gefahrzettel, die von außen nicht sichtbar sind, wiederholt werden.
Über 3.2.2 Alphabetische Stoffliste (Tabelle B) ADR wird die UN-Nr. 1748 ermittelt.
Über Kapitel 3.2 Tabelle A ADR können wir dann noch den erforderlichen Gefahrzet-
tel ermitteln. Nach 5.1.2.1 ADR ist auch die Aufschrift „Umverpackung" anzubringen.*

497   **A**   Keine   **(1)**

Fundstelle: 4.1.1.15 ADR

Da Kunststoffkisten nicht genannt sind, gibt es keine maximale Verwendungsdauer.

498   Abschnitt 5.5.2 ADR   **(1)**

*Die Lösung suchen wir über das Inhaltsverzeichnis hinsichtlich Vorschriften für den
Versand. Danach befinden sich solche Sondervorschriften im Teil 5 ADR.*

499   In 2.2.62.1.12 ADR   **(1)**

500   **C**   Tabelle A Spalte 12   **(1)**

Über Kapitel 3.2 Tabelle A ADR ist die Antwort zu entnehmen.

501   **B**   Tabelle A Spalte 17   **(1)**
        E   Tabelle A Spalte 10

Fundstelle: Kapitel 7.3 ADR, Erläuterungen für die Tabelle A in 3.2.1 ADR

502   **D**   Tabelle A Spalte 10   **(1)**

Über Kapitel 3.2 Tabelle A ADR ist die Antwort zu entnehmen.

503   1 000 kg Nettoexplosivstoffmasse   **(2)**

*Über Kapitel 3.2 Tabelle A ADR bei UN 0027 in Spalte 3b den Klassifizierungscode
1.1D feststellen. Unter Sondervorschriften für Versandstücke in Spalte 16 steht V2
und V3. In V2 wird auf 7.5.5.2 ADR hingewiesen. Hier ist die Grundlage für die
Mengen, die befördert werden dürfen. In der Tabelle 7.5.5.2.1 ADR ist für 1.1D
1 000 kg Nettoexplosivstoffmasse in EX/II-Fahrzeugen zulässig.*

504   **D**   Ein Behältnissystem, das für die Beförderung fester Stoffe in direktem Kon-   **(1)**
takt mit dem Behältnissystem vorgesehen ist. Verpackungen, Großpackmit-
tel (IBC), Großverpackungen und Tanks sind nicht eingeschlossen.
Fundstelle: Begriffsbestimmung in 1.2.1 ADR

505   Ja.   **(2)**
In Kapitel 3.2 Tabelle A ADR in Spalte 10 ist der Tankcode T1 für ortsbewegliche
Tanks und in Spalte 12 der Tankcode S2,65AN(+) aufgeführt. Außerdem wird in den
Verwendungsvorschriften in 4.2.1 und 4.3.4 ADR auf die Klasse 1 hingewiesen.
Fundstelle: Kapitel 3.2 Tabelle A Spalten 10 und 12, 4.2.1 und 4.3.4 ADR

506   Wenn in der Spalte 10 der Code BK1, BK2 oder BK3 oder in Spalte 17 eine Codie-   **(2)**
rung VC aufgeführt ist.
Fundstelle: Erläuterungen in 3.2.1 zu den Spalten 10 und 17 und in 7.3.1.1 ADR

507   **D**   SV 190   **(1)**
      E   SV 625
Über Kapitel 3.2 Tabelle A ADR die Spalten für UN 1950 Druckgaspackungen, ent-
zündbar, 2.1, prüfen. Weil es sich nicht ausdrücklich um Abfalldruckgaspackungen
handelt, kann die SV 327 nicht angewendet werden. Bei der SV 344 handelt es
sich nur um einen Hinweis auf 6.2.6 ADR. Sollten jedoch die SV 327 oder die SV
344 als einzige mögliche Sondervorschrift in den Antwortmöglichkeiten vorgege-
ben sein, dann wären diese entsprechend als richtige Antwort auszuwählen.

508   Im Kapitel 3.3   **(1)**
Lösungsweg über das Inhaltsverzeichnis des ADR

509   Nein; Sondervorschrift 145   **(2)**
Über 3.2.2 Alphabetische Stoffliste (Tabelle B) ADR die UN-Nummer für alkoholi-
sche Getränke feststellen: UN 3065.
In Kapitel 3.2 Tabelle A Spalte 6 ADR zunächst die Sondervorschriften 144, 145 und
247 (Kapitel 3.3 ADR) auf mögliche Antworten überprüfen. In der Sondervorschrift 145
ist die Möglichkeit für die Befreiung bis höchstens 250 l Fassungsraum enthalten.

510   Im Abschnitt 7.2.2 ADR ist diese Regelung enthalten.   **(1)**

511   **C**   Nein, erst nach Reinigung der Ladefläche   **(1)**
Die Vorgaben für das Be- und Entladen findet man in Kapitel 7.5 ADR. Für das Rei-
nigen nach dem Entladen sind die Regelungen in 7.5.8 und 7.5.8.1 ADR enthalten.

512   Das Fahrzeug ist sobald wie möglich, auf jeden Fall aber vor dem erneuten Bela-   **(2)**
den, zu reinigen; 7.5.8 ADR.

513   Das Fahrzeug ist sobald wie möglich, auf jeden Fall aber vor dem erneuten Bela-   **(2)**
den, zu reinigen; 7.5.8 ADR.

514   **A**   V5   **(1)**
Über Kapitel 3.2 Tabelle A ADR die Spalten für UN 1977 Stickstoff, tiefgekühlt flüs-
sig, 2.2, prüfen. In Spalte 16 wird auf Kapitel 7.2 ADR verwiesen.

515   Nein.   **(2)**
Über Kapitel 3.2 Tabelle A ADR wird bei UN 3141 in der Spalte 16 für die Beförderung in Versandstücken die Sondervorschrift V12 genannt.
In Kapitel 7.2 ADR steht in der Sondervorschrift V12, dass UN 3141 in Großpackmitteln des Typs 31HZ2 (31HA2, 31HB2, 31HN2, 31HD2 und 31HH2) nur in gedeckten Fahrzeugen oder geschlossenen Containern befördert werden darf. Es
handelt sich aber um ein bedecktes Fahrzeug.

516   6.10 ADR   (1)

517   **C**   Ein gedecktes Fahrzeug   (1)
          F   Ein bedecktes Fahrzeug

Fundstelle: Die Anforderungen für die Beförderung sind in Teil 7 ADR dargestellt. Für die Beförderung von Versandstücken sind die Vorschriften in Kapitel 7.2 ADR enthalten. Allgemeine Vorschriften für nässeempfindliche Güter sind in 7.2.2 ADR zu finden.

518   Das Fahrzeug ist sobald wie möglich, auf jeden Fall aber vor dem erneuten Bela-   (2)
          den, zu reinigen.

Fundstelle: Die Vorgaben für das Be- und Entladen findet man in Kapitel 7.5 ADR. Für das Reinigen nach dem Entladen sind die Regelungen in 7.5.8 und 7.5.8.1 ADR enthalten.

519   **D**   Ggf. gründliche Reinigung vor Wiederverwendung des Fahrzeugs erforder-   (1)
          lich

Über die Spalte 18 in Kapitel 3.2 Tabelle A ADR ist zu erkennen, dass die Sondervorschrift CV13 in 7.5.11 ADR aufgeführt ist.

520   Das Fahrzeug ist vor der erneuten Beladung nach den Vorgaben der Sondervor-   (2)
          schrift CV24 (7.5.11 ADR) zu reinigen.

Über die UN-Nummer 2067 können die Sondervorschriften in Kapitel 3.2 Tabelle A ADR erkannt werden. Für UN 2067 gibt es die CV24 in Spalte 18 mit den Vorgaben in 7.5.11, die nach Auffassung der Autoren Vorrang vor der allgemeinen Regelung in 7.5.8.2 haben.

521   Mögliche Antworten: (1)
          Unterabschnitte 4.1.1.1, 4.1.1.2, 4.1.1.4, 4.1.1.5, 4.1.1.6, 4.1.1.7, 4.1.1.8 ADR
          Fundstelle: 3.4.1 Buchstabe d ADR

522   Die Bruttomasse beträgt 30 kg.   (1)
          Fundstelle: 3.4.2 ADR

523   Für Druckgaspackungen mit giftigem Inhalt (UN 1950 5T) beträgt die höchstzuläs-   (4)
          sige Menge je Innenverpackung 120 ml.
          Für Druckgaspackungen mit ätzendem Inhalt (UN 1950 5C) beträgt die höchst-
          zulässige Menge je Innenverpackung 1 l.
          Die höchstzulässige Menge für die Außenverpackung beträgt 30 kg Bruttomasse.

Über 3.2.2 Alphabetische Stoffliste (Tabelle B) ADR findet man die UN 1950 Druckgaspackungen mit dem Klassifizierungscode 5T und 5C. In Kapitel 3.2 Tabelle A ADR sind die dazugehörigen Mengen je Innenverpackung aus der Spalte 7a erkennbar.

UN 1950, 5T   Innenverpackung 120 ml
UN 1950, 5C   Innenverpackung 1 l

Die Bruttomasse für die Außenverpackung ergibt sich aus 3.4.2 ADR.

524   **A**   Nein, da Unterabschnitt 4.1.1.3 ADR nicht berücksichtigt werden muss.   (1)
          Fundstelle: 3.4.1 ADR.

525   Abfall-Druckgaspackungen dürfen nur in belüfteten oder offenen Fahrzeugen oder   (2)
          Containern befördert werden.

Über 3.2.2 Alphabetische Stoffliste (Tabelle B) ADR ist UN 1950 für Druckgaspackungen 5FC zu finden. In Kapitel 3.2 Tabelle A ADR ist in der Spalte 16 die Sondervorschrift V14 für die Beförderung nach Sondervorschrift 327 vorgeschrieben: „Druckgaspackungen, die gemäß Kapitel 3.3 ADR Sondervorschrift 327 für Wiederaufarbeitungs- oder Entsorgungszwecke befördert werden, dürfen nur in belüfteten oder offenen Fahrzeugen oder Containern befördert werden."

526 Für die Beförderung undichter oder stark verformter Druckgaspackungen (Abfall- **(2)**
Druckgaspackungen) sind Bergungsverpackungen nach der Sondervorschrift 327
zu verwenden.
Über 3.2.2 Alphabetische Stoffliste (Tabelle B) ADR ist die UN 1950 für Druckgas-
packungen 5F zu finden. In Kapitel 3.2 Tabelle A ADR ist bei diesem Eintrag in der
Spalte 6 die Sondervorschrift 327 angegeben.

527 **A** SV 327 **(1)**

F V14

Fundstelle: Die Sondervorschriften sind über die UN-Nummer 1950 in den Spalten
6 und 16 in Kapitel 3.2 Tabelle A ADR aufgeführt.

528 Die Beförderung ist nach den Verpackungsvorschriften P207 in Verbindung mit **(2)**
PP87 oder nach LP200 in Verbindung mit L2 möglich.
Fundstelle: Für die UN 1950 ist in der Spalte 6 in Kapitel 3.2 Tabelle A ADR die
Sondervorschrift 327 aufgeführt. UN 1950 (Abfall-Druckgaspackungen größer 50 ml),
Klassifizierungscode 5F, ohne Schutzkappen gegen unbeabsichtigtes Entleeren,
sind nach den Verpackungsvorschriften dieser Sondervorschrift zu befördern.

529 **A** Vorschriften für die Unterweisung **(1)**

B Klassifizierungsverfahren und Kriterien für die Verpackungsgruppen

C Bestimmte allgemeine Verpackungsvorschriften

D Mengengrenzen für Innen- und Außenverpackung

Fundstelle: Die Anforderungen für den Versand von freigestellten Mengen sind in
Kapitel 3.5 ADR zu finden. In 3.5.1.1 ADR sind die Regelungen aufgeführt, die zu-
sätzlich anzuwenden sind und in 3.5.1.2 ADR sind die höchstzulässigen Brutto-
massen zu finden.

530 **C** 500 ml **(1)**

Fundstelle: In Kapitel 3.2 Tabelle A ADR sind in Spalte 7b die Codes für die jeweili-
gen UN-Nummern zu finden. UN 1133 hat den Code E1 und UN 1230 hat den
Code E2. Gemäß 3.5.1.3 ADR ist der restriktivste Code anzuwenden, somit gilt E2;
und die Mengengrenze für die Außenverpackung ist gemäß 3.5.1.2 ADR auf 500 ml
begrenzt.

531 Nein, da Quecksilber den Code E0 hat. **(2)**

In der alphabetischen Stoffliste ist Quecksilber die UN-Nummer 2809 zugeordnet.
In Kapitel 3.2 Tabelle A ADR ist in Spalte 7b der Code für die UN-Nummer zu fin-
den. UN 2809 hat den Code E0. Gemäß 3.5.1.3 ADR ist für E0 eine Beförderung
als freigestellte Menge nicht zugelassen.

532 Ja, da keine Zusammenpackverbote zwischen freigestellten Mengen und anderen **(2)**
Gütern bestehen, die nicht unter die Gefahrgutvorschriften fallen. Dies wird durch
3.5.2 Buchstabe f ADR geregelt.

533 4.3.2.2.1 ADR **(1)**

In Kapitel 4.3 ADR sind die Vorschriften für die Verwendung von festverbundenen
Tanks und Tankcontainern geregelt. In 4.3.2.2 ADR sind die Formeln für die Fül-
lungsgrade aufgeführt.

534 **C** 7 500 l **(1)**

Fundstelle: 4.3.2.2.4 ADR

535 Füllungsgrade von mindestens 80 % oder zu höchstens 20 % nach 4.3.2.2.4 ADR **(2)**
Fundstelle: 4.3.2.2.4 ADR

Straße

536 A   Ausschließlich zugelassene Schüttgut-Container des Typs BK2 (1)

In Kapitel 6.12 ADR sind die Vorschriften für den Bau und die Ausrüstung von MEMU zu finden. In 6.12.2.2 ADR sind die Regelungen für Schüttgut-Container aufgeführt.

537 BK1, BK2 und BK3 (1)

Fundstelle: Umweltgefährdende feste Stoffe sind gemäß alphabetischer Stoffliste der UN 3077 zugeordnet. In Spalte 10 in Kapitel 3.2 Tabelle A ADR sind die Containertypen genannt.

538 Ja; Kapitel 3.2 Tabelle A Spalte 10 ADR in Verbindung mit 7.3.3.1 ADR (2)

Fundstelle: Umweltgefährdende feste Stoffe sind gemäß alphabetischer Stoffliste der UN 3077 zugeordnet. In Spalte 10 in Kapitel 3.2 Tabelle A ADR sind die Containertypen genannt. Gemäß 7.3.1.1 ADR müssen die Containertypen in Spalte 10 aufgeführt sein.

539 Fassungsraum von höchstens 450 l – 2.2.3.1.5 ADR (2)

Fundstelle: In den Klassifizierungskriterien für die Klasse 3 (2.2.3 ADR) sind in 2.2.3.1.5 ADR die Erleichterungen aufgeführt.

540 Nein, die höchstzulässige Bruttomasse von 30 kg würde überschritten werden. Nach 3.4.2 ADR dürfen die Höchstgrenzen nicht überschritten werden. (2)

Fundstelle: In Kapitel 3.2 Tabelle A ADR sind für die jeweiligen UN-Nummern in der Spalte 7a die Codes für die Ermittlung der Mengengrenzen angegeben. Bei UN 1133 sind 5 l und bei UN 1950 ist 1 l genannt. Allerdings wird beim Zusammenpacken die Mengengrenze für die Außenverpackung von 30 kg brutto überschritten, somit ist ein Versand als begrenzte Menge nicht möglich.

541 Nein; Sondervorschrift 375 (2)

Fundstelle: Ein umweltgefährdender flüssiger Stoff wird der UN 3082 zugeordnet (3.2.2 Alphabetische Stoffliste (Tabelle B) ADR und Kapitel 3.2 Tabelle A ADR). In Spalte 6 ist die Sondervorschrift 375 genannt, die die Bedingungen für die Freistellung festlegt. Damit unterliegen Einzelverpackungen bis einschließlich 5 l Nettomenge nicht dem ADR.

542 Feuerlöscher, die mit einem Schutz gegen unbeabsichtigte Betätigung und in einer starken Außenverpackung versehen sind. (2)

Fundstelle: In Kapitel 3.2 Tabelle A ADR sind bei UN 1044 die Sondervorschriften (Spalte 6) 225 und 594 aufgeführt. Sondervorschrift 594 (Kapitel 3.3 ADR) enthält die Freistellungsregelung.

543 Nein, da Behälter bis 250 l nicht dem ADR unterliegen. (2)

Fundstelle: In Kapitel 3.2 Tabelle A ADR sind bei UN 3065, III, die Sondervorschriften (Spalte 6) 144, 145 und 247 aufgeführt. Sondervorschrift 145 nach Kapitel 3.3 ADR enthält die Befreiung für Verpackungen bis 250 l.

544 Nein, die Menge, die in einer Beförderungseinheit transportiert werden darf, ist auf 20 000 kg begrenzt; 7.5.5.3 ADR. (3)

Fundstelle: In der alphabetischen Stoffliste ist diese Bezeichnung der UN 3104 zugeordnet. In Kapitel 3.2 Tabelle A ADR ist in Spalte 18 die Sondervorschrift CV15 (7.5.11 ADR) genannt, die auf 7.5.5.3 ADR verweist. Hier ist die Gesamtmenge auf 20 000 kg begrenzt.

545 Nein; 4.7.1.2 in Verbindung mit 7.5.5.2.3 Buchstabe b ADR (3)

Fundstelle: In Kapitel 3.2 Tabelle A ADR kann in der Spalte 3b die Verträglichkeitsgruppe anhand des Klassifizierungscodes ermittelt werden. In der Spalte 18 sind

Straße

die Sondervorschriften für das Be- und Entladen und die Handhabung genannt.
Für UN 0331 gilt Verträglichkeitsgruppe 1.5D und für UN 0409 gilt Verträglichkeits-
gruppe 1.2D. Es trifft die Sondervorschrift CV3 zu. Nach 7.5.5.2.3 ADR darf die
Gesamtmenge von Zündereinheiten 400 nicht überschreiten. Dies ist hier für
UN 0409 der Fall.

546 In Kapitel 3.2 Tabelle A Spalte 6 und Kapitel 3.3 ADR; Regelung in der Sondervor- **(2)**
schrift 290

547 **A**   UN 1789 **(1)**
Fundstelle: Kapitel 3.3 Sondervorschrift 290 Buchstabe b und Kapitel 3.2 Tabelle A
Spalte 6 ADR

548 Ja, dies ist zulässig, wenn die Innenverpackung nach 3.5.1.4 ADR auf 1 ml be- **(2)**
schränkt ist und die Außenverpackung nicht mehr als 100 ml hat.
Nach Kapitel 3.2 Tabelle A ADR hat UN 1133, VG III, in der Spalte 7b den Eintrag E1.
Deshalb dürfen nach 3.5.1.4 ADR bei einer Begrenzung von 1 ml je Innenverpackung
die 80 ml in einer Außenverpackung befördert werden, wenn die Vorgaben nach 3.5.2
und 3.5.3 ADR beachtet werden.

549 Nein. **(3)**
Das Fass aus Kunststoff 1H2 darf zwar auf einem offenen Lkw befördert werden,
aber das Fass aus Pappe 1G nicht.
Fundstelle: 7.2.2 ADR
Hinweis: Da es sich bei einem Fass aus Pappe um eine nässeempfindliche Ver-
packung handelt, ist eine Beförderung auf einem offenen Lkw nicht zulässig.

550 Die lose Schüttung darf in einem bedeckten Großcontainer mit angemessener Be- **(2)**
lüftung nach der Sondervorschrift VC1 und AP2 durchgeführt werden.
Fundstelle: Kapitel 3.2 Tabelle A Spalte 17 und 7.3.3 ADR

551 **A**   Ja, in diesem Fall ist die Beförderung innerhalb eines Zeitraums von höchs- **(1)**
tens einem Monat nach Ablauf der Prüffrist zulässig.
Fundstelle: 4.3.2.3.7 ADR

552 **A**   Fahrzeug AT **(1)**
Fundstelle: Kapitel 3.2 Tabelle A Spalte 14 ADR für UN 1977

553 Über Kapitel 3.2 Tabelle A ADR Spalte 12 in Verbindung mit Kapitel 4.3 ADR **(2)**
Fundstelle: 7.4.1 ADR

554 **A**   2 Jahre **(1)**
Fundstelle: 7.3.2.10.2 ADR

555 14 Tonnen **(1)**
Fundstelle: 7.3.2.10.4 ADR

556 Sondervorschrift 636 **(1)**
Hinweis: Es können sowohl UN 3090 und UN 3481 zutreffen. Beide Eintragungen
haben in Kapitel 3.2 Tabelle A Spalte 6 ADR die Sondervorschriften 188, 230, 310,
360, 376, 377 und 636.
Fundstelle: Kapitel 3.2 Tabelle A Spalte 6 und Kapitel 3.3 Sondervorschrift 636
ADR

Straße

557   **B**   Multilaterale Vereinbarungen gelten unmittelbar im Verkehr zwischen den   **(1)**
Unterzeichnerstaaten der jeweiligen Vereinbarung.

Fundstelle: Nach Kapitel 1.5 ADR können die zuständigen Behörden der Vertrags-parteien unmittelbar untereinander vereinbaren, bestimmte Beförderungen auf ih-rem Gebiet unter zeitweiliger Abweichung von den Vorschriften dieser Anlage (ge-meint sind die Anlagen A – Teile 1 bis 7 – und B – Teile 8 und 9 – zum ADR) zu ge-nehmigen. Diese sog. ADR-Vereinbarungen gelten also unmittelbar im Verkehr zwischen den Unterzeichnerstaaten der jeweiligen Vereinbarung.

558   **C**   Es reicht die ADR-Schulungsbescheinigung für andere Beförderungen als in   **(1)**
Tanks (Basiskurs).

Fundstelle: Die Schulung von Fahrzeugführern ergibt sich nach Kapitel 8.2 ADR, hier 8.2.1.1 in Verbindung mit 8.2.1.2 ADR. Soweit Tankcontainer einen Fassungs-raum von unter 3 000 l haben, ist die besondere Schulung für Fahrzeugführer, die Tanks befördern, nicht erforderlich (vgl. 8.2.1.3 ADR). Es reicht in diesem Fall die einfache „Stückgutfahrerschulung".

559   **D**   Beförderung von 1 200 l UN 1002 Luft, verdichtet in Gasflaschen auf einem   **(1)**
Lkw, zGM 4,5 t

     E   Beförderung eines Versandstücks mit 1 l der UN-Nummer 1613 in einem
Pkw

Die einzelnen UN-Nummern müssen anhand der Tabelle A überprüft werden, wel-cher Beförderungskategorie sie angehören und ob die Freistellungsregelungen in 1.1.3.6 ADR angewendet werden können. Zusätzlich ist bei „F" die Sondervor-schrift 188 in Kapitel 3.3 ADR zu prüfen.

Fundstelle: Kapitel 3.2 Tabelle A, 1.1.3.6.3 und Kapitel 3.3 ADR

560   Ja.   **(2)**

Weil die Beförderung in loser Schüttung erfolgt, kann die Erleichterung nach 1.1.3.6 ADR nicht zur Anwendung kommen. Laut 8.2.1.1 ADR müssen Fahrzeug-führer, die gefährliche Güter befördern, eine ADR-Schulungsbescheinigung haben.

Fundstelle: Kapitel 3.2 Tabelle A, 1.1.3.6 und 8.2.1.1 ADR

561   Bei mehr als 1 000 kg bzw. l   **(2)**

Sobald in einer Beförderungseinheit die Freimengen nach 1.1.3.6 ADR überschrit-ten werden. Hier ist in der Beförderungskategorie 3 für Stoffe und Gegenstände, die der Verpackungsgruppe III zuzuordnen sind, als höchstzulässige Gesamtmenge 1 000 l Fassungsraum (Nenninhalt) angegeben. Bei mehr als 1 000 l benötigt der Fahrer somit eine ADR-Schulungsbescheinigung.

Fundstelle: 1.1.3.6 und Kapitel 8.2 ADR

562   Ja, da die Freistellungsregelung gemäß 1.1.3.6 ADR nicht angewendet werden   **(2)**
kann, da die Mengengrenze überschritten wird.

Über Kapitel 3.2 Tabelle A ADR wird die Klasse 5.2 ermittelt und in der Spalte 15 steht die Beförderungskategorie 1. In der Tabelle 1.1.3.6.3 ADR ist außerdem die UN 3102 der Klasse 5.2 explizit in der Beförderungskategorie 1 genannt. Die dort genannte begrenzte Menge beträgt nur 20. Somit ist 1.1.3.6 ADR (Erleichterungen) nicht mehr anwendbar. Nun kommt Kapitel 8.2 ADR zum Tragen. Der Fahrer be-nötigt eine ADR-Schulungsbescheinigung.

563   Nein.   **(2)**
Es gibt eine Befreiungsmöglichkeit über die Tabelle in 1.1.3.6.3 ADR in Verbindung mit Kapitel 3.2 Tabelle A Spalte 15 ADR Beförderungskategorie 2, wonach bis 333 kg bzw. l befördert werden dürfen, ohne dass der Fahrzeugführer eine ADR-

Schulungsbescheinigung benötigt. Über 1.1.3.6 ADR ist man von der Anwendung der Regel für die Fahrzeugführerschulung befreit.

Eine Überprüfung der Tabelle 1.1.3.6.3 ADR ergibt, dass für den Stoff UN 1830 [Stoff und VG wird über Kapitel 3.2 Tabelle A ADR ermittelt], der der VG II unterliegt, die Freigrenze 333 beträgt, die somit nicht überschritten ist.

564 Ja, weil die Freistellung nach 1.1.3.6 ADR nicht angewendet werden kann, da die (2)
Mengengrenze von 20 kg überschritten wurde.

Für UN 1689 ist in Kapitel 3.2 Tabelle A Spalte 15 ADR die Beförderungskategorie 1 angegeben. Nach der Tabelle in 1.1.3.6.3 ADR bedeutet dies eine höchstzulässige Gesamtmenge von 20 kg bzw. l auf einem Fahrzeug, wenn man die Freistellungsregelungen in Anspruch nehmen will. Mit 40 kg Nettomasse wird diese Menge überschritten. Nach Unterabschnitt 8.2.1.1 und 8.2.1.2 ADR benötigt der Fahrzeugführer auch bei einem Fahrzeug mit 1,8 t zGM eine ADR-Schulungsbescheinigung, weil es keine Gewichtsgrenze für Fahrzeuge gibt.

565 **A** Ja, nur wenn sie Mitglied der Fahrzeugbesatzung ist. (1)

Fundstelle: Nach 8.3.1 ADR dürfen außer der Fahrzeugbesatzung Personen in Beförderungseinheiten, in denen gefährliche Güter befördert werden, nicht mitgenommen werden.

Fundstelle: 8.3.1 ADR und Begriffsbestimmung zum „Mitglied der Fahrzeugbesatzung" im ADR

566 Basiskurs (2)

Fundstelle: Über 8.2.1.2 und 8.2.1.3 ADR kann diese Frage gelöst werden. Demnach benötigen nur Fahrzeugführer von Fahrzeugen mit Tank einen Zusatzkurs. In diesem Fall wird die lose Schüttung nicht in Tanks befördert, somit reicht der Basiskurs.

567 **D** Der Fahrer muss durch geeignete Maßnahmen versuchen, den Schaden so (1)
gering wie möglich zu halten. Außerdem muss er die nächstgelegenen zuständigen Behörden benachrichtigen oder benachrichtigen lassen.

Fundstelle: Im § 4 GGVSEB sind allgemeine Sicherheitspflichten festgelegt: Der Fahrzeugführer muss die dem Ort des Gefahreneintritts nächstgelegene zuständige Behörde unverzüglich benachrichtigen oder benachrichtigen lassen, wenn die beförderten gefährlichen Güter eine besondere Gefahr für andere bilden, insbesondere, wenn gefährliches Gut bei Unfällen oder Unregelmäßigkeiten austritt oder austreten kann und die Gefahr nicht rasch zu beseitigen ist.

568 **B** Als Anweisung für den Fahrzeugführer für das richtige Verhalten bei Unfällen (1)
oder Notfällen, die sich während der Beförderung ereignen können

Fundstelle: 5.4.3.1 und 5.4.3.3 ADR

569 **D** Wenn er nicht dafür sorgt, dass das vorgeschriebene Beförderungspapier (1)
mitgegeben wird.

Die Lösung erfolgt über den § 18 Absatz 1 Nummer 8 GGVSEB. Mit diesem Wissen wird § 37 GGVSEB durchsucht.

Fundstelle: § 37 Absatz 1 Nummer 4 Buchstabe h GGVSEB

570 **B** Er hat dafür zu sorgen, dass nur Fahrzeugführer mit einer gültigen Bescheinigung nach Absatz 8.2.2.8.1 ADR eingesetzt werden. (1)

Fundstelle: § 19 Absatz 2 Nummer 6 GGVSEB

571   **B**   Er hat die Vorschriften über die Beförderung in Versandstücken nach Kapi-   **(1)**
             tel 7.2 ADR zu beachten.
             Fundstelle: § 29 Absatz 3 Nummer 2 (Pflichten mehrerer Beteiligter) GGVSEB

572   **B**   Der Fahrzeugführer   **(1)**
             Fundstelle: § 28 Nummer 6 GGVSEB

573   Fahrzeugführer   **(2)**
      Fundstelle: § 28 Nummer 5 GGVSEB

574   Verlader   **(2)**
      Fundstelle: § 21 Absatz 2 Nummer 3 GGVSEB

575   Verlader und Fahrzeugführer   **(2)**
      Fundstelle: § 29 Absatz 1 GGVSEB

576   **C**   Fahrzeugführer   **(1)**
             Fundstelle: § 28 Nummer 6 GGVSEB

577   **C**   Er hat dafür zu sorgen, dass die Vorschriften über die Beförderung in loser   **(1)**
             Schüttung nach Kapitel 7.3 ADR beachtet werden.
             Fundstelle: § 23 Absatz 2 Nummer 8 GGVSEB

578   **B**   Er hat dafür zu sorgen, dass eine außerordentliche Prüfung des Tankcontai-   **(1)**
             ners durchgeführt wird, wenn die Sicherheit des Tanks beeinträchtigt ist.
             Fundstelle: § 24 Nummer 3 GGVSEB

579   **A**   Er hat die Vorschriften über die Kennzeichnung zu beachten.   **(1)**
             Fundstelle: § 22 Absatz 1 Nummer 5 Buchstabe c GGVSEB

580   **D**   Er hat dafür zu sorgen, dass dem Beförderungspapier die schriftlichen Hin-   **(1)**
             weise nach Absatz 5.4.1.2.5.2 beigefügt werden.
             Fundstelle: § 18 Absatz 1 Nummer 8 oder Nummer 10 GGVSEB (Nach der Fra-
             gestellung würde die Nummer 10 als richtige Antwort in Frage kommen, weil hier
             den Begleitpapieren etwas beigefügt wird.)

581   **C**   Das Bundesamt für Güterverkehr   **(1)**
             Fundstelle: § 3 (1) GGKontrollV

582   § 22 GGVSEB   **(1)**

583   § 17 GGVSEB   **(1)**

584   §§ 21, 27, 29 GGVSEB   **(2)**
      In der GGVSEB sind Aufgaben des Verladers in drei Paragraphen beschrieben.
      Für die richtige Antwort reichen zwei Angaben aus.

585   Abschnitt 1.4.2 ADR   **(1)**

586   Absender, Beförderer, Empfänger, Verlader, Verpacker, Befüller, Betreiber eines   **(2)**
      Tankcontainers oder eines ortsbeweglichen Tanks
      Fundstelle: 1.4.2 ADR und §§ 17 bis 35, 35a GGVSEB

587   Abschnitt 1.2.1 ADR   **(1)**
      Fundstelle: Die Lösung befindet sich in 1.2.1 „Begriffsbestimmungen". Die Pflich-
      ten werden in 1.4.2.2 ADR genannt, was aber nicht gefragt ist.

588   Z. B. Verlader, Befüller, Beförderer, Empfänger   (1)
Fundstelle: § 27 Absatz 1 Nummer 1 GGVSEB

589   **A**   Produktaustritt von 1 l eines Stoffes der UN-Nr. 2814   (1)
   E   Personenschaden im Zusammenhang mit der Beförderung von Gefahrgut
       und Krankenhausaufenthalt von drei Tagen
Fundstelle: 1.8.5.3 ADR

590   Bundesamt für Güterverkehr   (1)
Fundstelle: § 14 Absatz 1 GGVSEB

591   **C**   UN 1575 Calciumcyanid, 6.1, I, (C/E), umweltgefährdend, 25 kg in einer   (1)
       zusammengesetzten Verpackung
Fundstelle: Tabelle in 1.10.3.1.2 ADR

592   a) spezifische Zuweisung der Verantwortlichkeiten im Bereich der Sicherung an   (2)
       Personen, welche über die erforderlichen Kompetenzen und Qualifikationen
       verfügen und mit den entsprechenden Befugnissen ausgestattet sind;
   b) Verzeichnis der betroffenen gefährlichen Güter oder der Arten der betroffenen
       gefährlichen Güter;
   c) Bewertung der üblichen Vorgänge und den sich daraus ergebenden Siche-
       rungsrisiken, einschließlich der transportbedingten Aufenthalte, des verkehrs-
       bedingten Verweilens der Güter in den Fahrzeugen, Tanks oder Containern vor,
       während und nach der Ortsveränderung und des zeitweiligen Abstellens ge-
       fährlicher Güter für den Wechsel der Beförderungsart oder des Beförderungs-
       mittels (Umschlag), soweit angemessen;
   d) klare Darstellung der Maßnahmen, die für die Verringerung der Sicherungsrisi-
       ken entsprechend den Verantwortlichkeiten und Pflichten des Beteiligten zu
       ergreifen sind, einschließlich:
       – Unterweisung;
       – Sicherungspolitik (z. B. Maßnahmen bei erhöhter Bedrohung, Überprüfung
         bei Einstellung von Personal oder Versetzung von Personal auf bestimmte
         Stellen usw.);
       – Betriebsverfahren (z. B. Wahl und Nutzung von Strecken, sofern diese be-
         kannt sind, Zugang zu gefährlichen Gütern während des zeitweiligen Ab-
         stellens [wie in Absatz c) bestimmt], Nähe zu gefährdeten Infrastrukturein-
         richtungen usw.);
       – für die Verringerung der Sicherungsrisiken zu verwendende Ausrüstungen
         und Ressourcen;
   e) wirksame und aktualisierte Verfahren zur Meldung von und für das Verhalten
       bei Bedrohungen, Verletzungen der Sicherung oder damit zusammenhängen-
       den Zwischenfällen;
   f) Verfahren zur Bewertung und Erprobung der Sicherungspläne und Verfahren
       zur wiederkehrenden Überprüfung und Aktualisierung der Pläne;
   g) Maßnahmen zur Gewährleistung der physischen Sicherung der im Sicherungs-
       plan enthaltenen Beförderungsinformation und
   h) Maßnahmen zur Gewährleistung, dass die Verbreitung der im Sicherungsplan
       enthaltenen Information betreffend den Beförderungsvorgang auf diejenigen
       Personen begrenzt ist, die diese Informationen benötigen. Diese Maßnahmen
       dürfen die an anderen Stellen des ADR vorgeschriebene Bereitstellung von
       Informationen nicht ausschließen.
   Bem.   Beförderer, Absender und Empfänger sollten untereinander und mit
         den zuständigen Behörden zusammenarbeiten, um Hinweise über

eventuelle Bedrohungen auszutauschen, geeignete Sicherungsmaß-
nahmen zu treffen und auf Zwischenfälle, welche die Sicherung ge-
fährden, zu reagieren.

Hieraus sind dann für die Beantwortung zwei Elemente zu verwenden.

Fundstelle: 1.10.3.2.2 ADR

593   – Allgemeines Sicherheitsbewusstsein   (3)
 – Aufgabenbezogene Unterweisung
 – Sicherheitsunterweisung
Fundstelle: 1.3.2 ADR

594   **A**   30 kg Schwarzpulver, 1.1D   (1)
 E   6 000 l Propan, 2.1, in einem Tank
 H   500 kg Chlor, 2.3 (5.1, 8), umweltgefährdend, in Gasflaschen
*Fundstelle: Tabelle in 1.10.3.1.2 ADR in Verbindung mit der alphabetischen Stoff-
liste und Kapitel 3.2 Tabelle A ADR*

595   Nein.   (2)
In der Tabelle in 1.10.3.1.2 ADR ist die VG III bei Klasse 3 nicht aufgeführt.

596   **C**   Verzeichnis der betroffenen gefährlichen Güter bzw. der Art der betroffenen   (1)
        gefährlichen Güter
Fundstelle: 1.10.3.2.2 ADR

597   **C**   Maßnahmen oder Vorkehrungen, die zu treffen sind, um den Diebstahl oder   (1)
        den Missbrauch gefährlicher Güter zu minimieren
Fundstelle: Kapitel 1.10 ADR (Bemerkung)

598   Nein.   (4)
Über Kapitel 3.2 Tabelle A ADR ist feststellbar, dass UN 1005 Ammoniak ein giftiger und ätzender Stoff (Gas) ist. Damit fällt er in die Tabelle 1.10.3.1.2 ADR. Jedoch wird diese Regelung in 1.10.4 ADR eingeschränkt auf Beförderungen oberhalb der Mengengrenze nach 1.1.3.6.3 ADR und diese liegt für UN 1005 bei 50 kg
(Fußnote a zur Tabelle 1.1.3.6.3 ADR).

599   Nein.   (2)
Nach 1.10.3.1.3 ADR gelten die Vorschriften nicht für Cs-137 mit einer Aktivität
von 0,9 TBq. Der Grenzwert liegt bei 1 TBq.

600   **D**   Beförderer, Absender sowie in Abschnitt 1.4.2 und 1.4.3 ADR aufgeführte   (1)
        weitere Beteiligte
Fundstelle: 1.10.3.2.1 ADR

601   **D**   Die in Kapitel 1.3 ADR festgelegten Unterweisungen müssen auch Bestand-   (1)
        teile enthalten, die der Sensibilisierung im Bereich der Sicherung dienen.
Fundstelle: 1.10.2.1 ADR

602   Nach 1.8.5.1 ADR muss das Ereignis spätestens ein Monat nach Ereigniseintritt   (2)
gemeldet werden.
Hinweis: Im § 27 GGVSEB sind die Zuständigkeiten geregelt.

603   Nein.   (2)
Eine Beförderung in Versandstücken ist über die Mengengrenzen in 1.1.3.6.3 ADR
in Verbindung mit 1.10.4 ADR freigestellt von Kapitel 1.10 ADR.

Des Weiteren handelt es sich bei Klasse 3 Verpackungsgruppe III nicht um ein Gefahrgut mit hohem Gefahrenpotenzial.

Fundstelle: 1.1.3.6.3 ADR in Verbindung mit 1.10.4 ADR

604   **B**   Beförderer   **(1)**

Fundstelle: 5.4.3.2 ADR

605   Nein; 8.2.1.4 ADR befreit die Unterklasse 1.4 Verträglichkeitsgruppe S vom Auf-   **(2)**
baukurs der Klasse 1.

Dadurch dass die Mengengrenze nach 1.1.3.6 ADR bereits überschritten wurde, gilt für die UN 0323 1.4 S die Regelung in 8.2.1.4 ADR, die besagt, dass Unterklasse 1.4 Verträglichkeitsgruppe S vom Aufbaukurs Klasse 1 befreit ist.

606   3 Monate   **(1)**

Fundstelle: 5.4.4.1 ADR

607   **A**   5 Jahre   **(1)**

Fundstelle: § 27 Absatz 5 Nummer 2 GGVSEB

608   **A**   Arbeitnehmer müssen unterwiesen sein, bevor sie Pflichten gemäß Ab-   **(1)**
schnitt 1.3.2 ADR übernehmen.

    B   Ohne eine erforderliche Unterweisung dürfen Aufgaben nur unter der direkten Überwachung einer unterwiesenen Person wahrgenommen werden.

Fundstelle: 1.3.1 ADR

609   1.   UN 1794 Bleisulfat, 8, VG II, (E), umweltgefährdend;   **(10)**
    2.   Großzettel Nr. 8, Kennzeichen umweltgefährdend;
    3.   an beiden Längsseiten und an jedem Ende des Containers;
    4.   80/1794;
    5.   an beiden Längsseiten des Containers;
    6.   2, vorn und hinten
    7.   Fahrzeugführer

Die Angaben für das Beförderungspapier sind über Kapitel 3.2 Tabelle A ADR und 5.4.1.1.1 ADR zu finden. In 5.3.1.2 ADR sind die Stellen zu finden, an denen die Großzettel angebracht werden müssen. Die orangefarbene Tafel mit ihrem Anbringungsort ist in 5.3.2.1.4 ADR zu finden. In § 28 Nummer 7 GGVSEB ist die Pflicht des Fahrzeugführers genannt.

610   1.   Absender ist der Heizölhändler.   **(10)**
    2.   UN 1202 Heizöl, leicht, 3, VG III, (D/E), umweltgefährdend
        Hinweis: Auf die Angabe der Sondervorschrift 640 kann verzichtet werden, da der Tanktyp den höchsten Anforderungen entspricht.
    3.   Keine Beachtung des § 35a GGVSEB, da dieser Stoff bzw. die Verpackungsgruppe III nicht bei Klasse 3 in der Tabelle 4 in § 35b GGVSEB genannt ist.
    4.   Großzettel Nr. 3 und Kennzeichen „umweltgefährdend" (toter Baum und toter Fisch) an den beiden Längsseiten und hinten am Fahrzeug
    5.   2 Feuerlöscher mit einem Mindestfassungsvermögen von 12 kg, wobei
        1 Feuerlöscher mindestens ein Fassungsvermögen von 6 kg haben muss

Die Lösung finden wir über Kapitel 3.2 Tabelle A ADR, die §§ 18, 35a und 35b GGVSEB, den Teil 5 ADR (Großzettel und orangefarbene Tafeln sowie Beförderungspapier und schriftliche Weisungen) und 8.1.4 ADR (Feuerlöscher).

Hinweis: Die Ergänzung um den Tunnelbeschränkungscode (D/E) wäre bei Tunneldurchfahrt erforderlich.

611 1. Absender ist der Gasproduzent, der für die Mitgabe des Beförderungs- **(10)**
papiers zu sorgen hat.
Begriffsbestimmung für Absender in § 2 Nummer 1 GGVSEB

2. UN 1073 Sauerstoff, tiefgekühlt, flüssig, 2.2 (5.1), (C/E)
UN-Nr. des Gutes = 1073 (Sauerstoff, tiefgekühlt, flüssig) über 3.2.2 Alpha-
betische Stoffliste (Tabelle B) ADR; Kapitel 3.2 Tabelle A ADR Spalte 5 (Ge-
fahrzettel) und Spalte 15 (Tunnelbeschränkungscode)

3. Die Kryo-Behälter sind jeweils mit einem Gefahrzettel Nr. 2.2 und 5.1 zu
kennzeichnen. Außerdem mit zwei Ausrichtungspfeilen als Kennzeichen
Gefahrzettel für UN 1073 = Nr. 2.2 und Nr. 5.1, Kapitel 3.2 Tabelle A Spalte 5
ADR und Ausrichtungspfeile nach 5.2.1.10.1 ADR.

4. Nein. Die Mengengrenze von 1 000 kg netto ist überschritten.
Für die zu befördernde Masse ist anhand der Tabelle in 1.1.3.6.3 ADR zu
prüfen, ob Erleichterungen in Anspruch genommen werden können (= Gruppe O bis 1 000 kg).
Damit wird mit 1 600 kg die Freistellung überschritten und eine ADR-Schu-
lungsbescheinigung ist erforderlich.
Beförderungskategorie 3 aus Kapitel 3.2 Tabelle A Spalte 15 ADR entnehmen.

5. Je eine orangefarbene Tafel vorne und hinten am Fahrzeug. Verantwortlich
ist der Fahrzeugführer.
Kennzeichnung des Fahrzeugs mit orangefarbenen Tafeln in 5.3.2 ADR

Ein Kryo-Behälter ist nach der Definition in 1.2.1 ADR ein ortsbeweglicher Behälter
für tiefgekühlt verflüssigte Gase mit einem Fassungsraum bis 1 000 l. Beförderung
nach P203 (4.1.4.1 ADR).

Hinweis: Die Verantwortlichen sind in der GGVSEB im § 2 und die Aufgaben nach
§ 18 Absender und § 28 Fahrzeugführer zu finden.

612 1. Bei der Beförderung sind folgende Begleitpapiere mitzuführen: **(10)**
   – schriftliche Weisungen,
   – ADR-Schulungsbescheinigung,
   – Zulassungsbescheinigung,
   – Lichtbildausweis
   Begleitpapiere sind aus 8.1.2 ADR zu entnehmen.

2. Das Beförderungspapier muss folgenden Inhalt haben:
„UN 1203 Benzin, 3, II, (D/E), umweltgefährdend".
Über 3.2.2 Alphabetische Stoffliste (Tabelle B) ADR wird die UN-Nummer er-
mittelt: UN 1203 Benzin.
Ermittlung von offizieller Benennung, Verpackungsgruppe, Gefahrzettel und
Tunnelbeschränkungscode aus Kapitel 3.2 Tabelle A ADR.
Angaben im Beförderungspapier aus 5.4.1 ADR entnehmen. Ergänzung um
Tunnelbeschränkungscode (D/E), wenn Tunnelstrecke durchfahren wird
(5.4.1.1.1 k ADR).
Hinweis: umweltgefährdend, 5.4.1.1.18 ADR

3. Es sind mitzuführen:
   – 2 Feuerlöscher mit einem Mindestfassungsvermögen von 12 kg, wobei
     1 Feuerlöscher mindestens ein Fassungsvermögen von 6 kg haben muss,
   – 1 Unterlegkeil je Fahrzeug,
   – 2 selbststehende Warnzeichen,
   – Augenspülflüssigkeit,
   – geeignete Warnwesten pro Mitglied der Fahrzeugbesatzung,
   – 1 Handlampe pro Mitglied der Fahrzeugbesatzung,
   – Schutzhandschuhe pro Mitglied der Fahrzeugbesatzung,

     – Augenschutz pro Mitglied der Fahrzeugbesatzung,

     – Schaufel,

     – Kanalabdeckung,

     – Auffangbehälter.

     Ausrüstungsgegenstände aus 8.1.4 und 8.1.5 ADR entnehmen.

4. Die neutralen orangefarbenen Tafeln sind vorn und hinten an der Beförderungseinheit anzubringen.
   Anbringung der orangefarbenen Tafeln aus 5.3.2 ADR entnehmen.
   Kennzeichnung, Gefahrzettel und Großzettel aus 5.2.1, 5.2.2 und 5.3.1 ADR entnehmen.

5. Der Gefahrzettel Nr. 3, Kennzeichen „umweltgefährdend" sowie „UN 1202" sind jeweils an den einzelnen Kanistern anzubringen.

6. Die Großzettel Nr. 3 und das Kennzeichen „umweltgefährdend" sind an den beiden Längsseiten und hinten am Tankfahrzeug anzubringen.

613 *Um dieses Fallbeispiel lösen zu können, sind folgende Sachverhalte zu ermitteln:* **(10)**
Feststellung, dass es sich um einen Tanktransport handelt; somit gilt die Tabelle der begrenzten Mengen in 1.1.3.6.3 ADR nicht.

1. Auftraggeber des Absenders = M; Absender = S; Beförderer = U; Befüller = R.
   Verantwortlichen Personenkreis aus § 2 GGVSEB und 1.2.1 ADR entnehmen.

2. Ja. Gemäß 5.3.2.1 ADR in Verbindung mit 5.3.2.1.3 ADR darf eine Beförderungseinheit, die sowohl UN 1203 als auch UN 1202 geladen hat, mit der Kennzeichnung 33/1203 ausgeschildert werden.
   Anbringung der orangefarbenen Tafel an der Beförderungseinheit aus 5.3.2.1 ADR entnehmen.

3. Das Tankfahrzeug ist jeweils mit dem Großzettel Nr. 3 und dem Kennzeichen „umweltgefährdend" an den beiden Längsseiten und hinten zu kennzeichnen.
   Anbringung der Großzettel am Fahrzeug aus 5.3.1.1 ADR entnehmen. Das Kennzeichen „umweltgefährdend" ist in 5.3.6 ADR zu finden.

4. Der Sohn darf gemäß 8.3.1 ADR nicht mitgenommen werden.
   Die Personenmitnahme aus 8.3.1 ADR (Fahrgäste in Verbindung mit der Begriffsbestimmung zu „Mitglied der Fahrzeugbesatzung") entnehmen.

5. Für die erforderlichen Ausrüstungsgegenstände ist gemäß § 19 Absatz 2 Nummer 16 GGVSEB der Beförderer verantwortlich.
   Die Verpflichtung zur Mitgabe der erforderlichen Ausrüstungsgegenstände aus § 19 Absatz 2 Nummer 15 GGVSEB entnehmen.

614 *Um dieses Fallbeispiel lösen zu können, sind folgende Sachverhalte zu ermitteln:* **(10)**
Feststellung, dass es sich um einen Tanktransport handelt; somit gilt die Tabelle der begrenzten Mengen in 1.1.3.6.3 ADR nicht.

1. UN 1848 Propionsäure, 8, VG III, (E)
   Angaben im Beförderungspapier gemäß 5.4.1.1.1 a) bis e) und k) ADR.
   Über 3.2.2 Alphabetische Stoffliste (Tabelle B) ADR und Kapitel 3.2 Tabelle A Spalten 1 und 20 ADR werden die UN-Nummer und die Gefahrnummer ermittelt: Propionsäure = 1848, Gefahrnummer = 80.

2. Es sind mitzuführen:

     – schriftliche Weisungen,

     – Zulassungsbescheinigung,

     – ADR-Schulungsbescheinigung,

     – Lichtbildausweis.

     Begleitpapiere sind aus 8.1.2 ADR zu entnehmen.

3. Die Beförderungseinheit ist vorn und hinten mit Tafeln ohne Kennzeichnungsnummern zu kennzeichnen.

   Die Art der Kennzeichnung der Beförderungseinheit mit orangefarbenen Tafeln aus 5.3.2.1.1 ADR entnehmen.

4. Eine Überwachung ist gemäß Kapitel 8.4 ADR in Verbindung mit Kapitel 8.5 ADR, Sondervorschriften S14 bis S24, nicht erforderlich, weil es keinen Eintrag in Kapitel 3.2 Tabelle A Spalte 19 ADR gibt.

   Überwachungspflicht beim Parken aus Kapitel 8.4 ADR in Verbindung mit Kapitel 8.5 ADR und Kapitel 3.2 Tabelle A Spalte 19 ADR erkennbar. In Spalte 19 kein Eintrag.

5. Der Tankcontainer ist mit orangefarbenen Tafeln mit den Kennzeichnungsnummern 80/1848 und mit den Großzetteln Nr. 8 zu kennzeichnen. Die orangefarbenen Tafeln mit Kennzeichnungsnummern sind an beiden Längsseiten und der Zettel Nr. 8 an allen vier Seiten des Tankcontainers anzubringen.

   Inhalt der orangefarbenen Tafeln und Nr. der Großzettel am Tankcontainer sind aus Kapitel 3.2 Tabelle A Spalten 1, 5 und 20 ADR zu entnehmen.

   Ort der Anbringung der Großzettel und orangefarbenen Tafeln am Tankcontainer sind aus 5.3.1.2 und 5.3.2.1.2 ADR zu entnehmen.

615 *Um dieses Fallbeispiel lösen zu können, sind folgende Sachverhalte zu ermitteln:* **(10)**

Es handelt sich um einen Transport mit Versandstücken. Somit kann die Regelung in 1.1.3.6 ADR ggf. angewendet werden. Isopropanol ist gemäß der alphabetischen Stoffliste der UN 1219 zuzuordnen und laut Kapitel 3.2 Tabelle A ADR damit ein Gefahrgut der Klasse 3, VG II.

1. §§ 35/35a GGVSEB sind bei der Beförderung in Versandstücken der Klasse 3, VG II, mit UN nicht anzuwenden.

   Fundstelle: § 35b Tabelle Klasse 3 GGVSEB

2. Beförderer

   Fundstelle: § 19 Absatz 2 Nummer 15 und 16 GGVSEB

3. Ja, es sind insgesamt 360 l.

   Der Berechnungswert (Menge 12 × 30 l = 360 l) liegt über der höchstzulässigen Gesamtmenge von 333 kg bzw. l je Beförderungseinheit.

   UN 1219 hat in Kapitel 3.2 Tabelle A Spalte 15 ADR die Beförderungskategorie 2.

4. Nach 8.1.4 und 8.1.5 ADR müssen zwei Feuerlöscher, zwei selbststehende Warnzeichen, geeignete Warnweste, Handlampe, Unterlegkeil, Augenspülflüssigkeit, Schutzhandschuhe, Augenschutz, Schaufel, Kanalabdeckung und Auffangbehälter mitgeführt werden.

   Fundstelle: 8.1.4 und 8.1.5 ADR

5. – Beförderungspapier,

   – schriftliche Weisungen,

   – Lichtbildausweis für Fahrzeugführer,

   – ADR-Schulungsbescheinigung für Fahrzeugführer.

   Fundstelle: 8.1.2 ADR

6. Vorn und hinten mit orangefarbenen Tafeln

Über 3.2.2 Alphabetische Stoffliste (Tabelle B) ADR werden die UN 1219 und die weiteren Angaben, wie VG II für Isopropanol, ermittelt.

UN 1219 hat die VG II. In Kapitel 3.2 Tabelle A ADR ist in Spalte 15 die Beförderungskategorie 2 (333 kg) nach Tabelle 1.1.3.6.3 ADR eingetragen.

Für die Berechnung gilt: für flüssige Stoffe die Gesamtmenge in Litern.

616 *Um diese Fallgestaltung lösen zu können, sind folgende Sachverhalte zu ermitteln:*   **(10)**
In Kapitel 3.2 Tabelle A Spalte 15 ADR ist die Beförderungskategorie 2 genannt;
Überprüfung der Freimenge nach der Tabelle in 1.1.3.6.3 ADR: Die Gesamtmenge
beträgt 363 kg und somit ist die Menge von 333 kg überschritten.
Somit sind keine Erleichterungen nach 1.1.3.6 ADR möglich.
Fundstelle: 1.1.3.6.3, Kapitel 3.2 Tabelle A, 5.4.1, 5.4.3, 5.3.2.1.1, 8.1.2.1 und
8.1.2.2 ADR

1. Das Fahrzeug ist vorne und hinten mit neutralen orangefarbenen Tafeln zu kennzeichnen.
    Anbringung der orangefarbenen Tafeln nach 5.3.2 ADR

2. Nein, vorausgesetzt, das bedeckte Fahrzeug ist als ausreichend belüftet zu bewerten.
    Für UN 1965 ist zwar in Kapitel 3.2 Tabelle A ADR der Eintrag CV36 in Spalte 18 enthalten, jedoch gilt die Kennzeichnungspflicht nur für gedeckte Fahrzeuge. In der Aufgabenstellung geht es aber um ein bedecktes Fahrzeug.

3. Angaben über die mitzuführende persönliche Schutzausrüstung befinden sich in 8.1.5 ADR:
    – ein Unterlegkeil je Fahrzeug
    – zwei selbststehende Warnzeichen
    – Warnweste
    – Handlampe
    – ein Paar Schutzhandschuhe
    – Augenschutz
    – Augenspülflüssigkeit
    Fundstelle: Schutzausrüstung in 8.1.5 ADR ermitteln

4. Der Fahrer muss mitführen:
    – Beförderungspapier,
    – schriftliche Weisungen,
    – ADR-Schulungsbescheinigung,
    – Lichtbildausweis.
    Ermittlung der Begleitpapiere aus 8.1.2 ADR

5. 10 Jahre
    Aus Kapitel 3.2 Tabelle A ADR entnehmen wir die Verpackungsvorschrift P200, die in 4.1.4 ADR zu finden ist. Da UN 1965 Propan den Klassifizierungscode 2F hat, gilt für wiederkehrende Prüfungen Absatz 9 Buchstabe c und Tabelle 2 P200.
    Hinweis: Nach Absatz 10 Buchstabe v Absatz 2 P200 darf diese Frist für nachfüllbare geschweißte Flaschen aus Stahl für die UN-Nummern 1011, 1075, 1965, 1969 oder 1978 auf 15 Jahre ausgedehnt werden, wenn die Vorschriften des Absatzes 12 P200 angewendet werden.

6. Ja, der Wert nach Tabelle 1.1.3.6 ADR ist überschritten: 11 × 33 = 363
    Kapitel 3.2 Tabelle A ADR gibt in Spalte 15 die Beförderungskategorie 2 für UN 1965 an. Damit beträgt der Grenzwert 333. Da 11 Gasflaschen à 33 kg befördert werden, muss die Nettomasse (Gewicht) mit der Anzahl multipliziert werden. Der berechnete Wert beträgt 363 und übersteigt den Grenzwert 333 aus Tabelle 1.1.3.6 ADR. Für verflüssigte Gase gilt die Nettomasse als Berechnungsgrundlage.

617   *Über 3.2.2 Alphabetische Stoffliste (Tabelle B) ADR ermitteln wir die UN-Nummer*   **(10)**
von Benzin = UN 1203, Dieselkraftstoff = UN 1202.

Inhalt für das Beförderungspapier in Kapitel 5.4 ADR.

Aus Kapitel 3.2 Tabelle A ADR ermitteln wir

– *Klasse,*

– *Gefahrzettel (Großzettel),*

– *Klassifizierungscode,*

– *Gefahrnummer,*

– *Ergänzung um Tunnelbeschränkungscode (D/E), wenn Tunnelstrecke durchfahren wird (5.4.1.1.1 k ADR).*

1.   Während der Fahrt zur Raffinerie ist ein Beförderungspapier mit folgendem Inhalt mitzuführen: Leeres Tankfahrzeug, letztes Ladegut: UN 1202 Dieselkraftstoff, 3, III, (D/E), Sondervorschrift 640L, umweltgefährdend.
Fundstelle: 5.4.1.1.1, 5.4.1.1.6.2.2 und 5.4.1.1.18 ADR
Alternativ:
Leer, ungereinigt, UN 1202 Dieselkraftstoff, 3, III, (D/E), Sondervorschrift 640L, umweltgefährdend
Rückstände des zuletzt enthaltenen Stoffes, UN 1202 Dieselkraftstoff, 3, III, (D/E), umweltgefährdend
Sondervorschrift 640L
Auch weitere Alternativen nach 5.4.1.1.6.1 ADR sind möglich.
Hinweis: Auf die Angabe der SV 640L könnte verzichtet werden, weil der Tanktyp den höheren Anforderungen entspricht.

2.   Leerfahrt Raffinerie: 30/1202
Nach der Beladung: 33/1203
Die Kennzeichnung mit orangefarbenen Tafeln ist aus 5.3.2 ADR in Verbindung mit Kapitel 3.2 Tabelle A Spalten 1 und 20 ADR zu ermitteln.

3.   Die Ausrüstungspflicht liegt beim Beförderer nach § 19 Abs. 2 Nr. 11 GGVSEB.
Die Verantwortlichkeit ist dem § 19 GGVSEB zu entnehmen.

4.   Aus 4.3.4.1 ADR (sog. Tankhierarchie) kann entnommen werden, dass für diesen Transport auch ein Tank mit der Codierung L4BN verwendet werden kann.
Aus der Tankhierarchie in 4.3.4.1.2 ADR mögliche Tankkategorie entnehmen.

5.   Aus der Zulassungsbescheinigung gemäß 9.1.3 ADR ist zu entnehmen, ob die Beförderung von Benzin mit diesem Tank erlaubt ist.

6.   Das Tankfahrzeug ist mit Großzetteln Nr. 3 und dem Kennzeichen für umweltgefährdende Stoffe zu versehen; sie sind an beiden Längsseiten und hinten am Fahrzeug anzubringen.
Festlegung des Großzettels für das Tankfahrzeug und Örtlichkeit der Anbringung der Großzettel aus Kapitel 5.3 ADR ermitteln.

618   *Zur Lösung des Falles muss die UN-Nummer für verdichtetes Gas, oxidierend,*   **(10)**
n.a.g., über 3.2.2 Alphabetische Stoffliste (Tabelle B) ADR ermittelt werden. Hiernach handelt es sich um die UN-Nummer 3156.

1.   UN 3156 Verdichtetes Gas, oxidierend, n.a.g., (Kohlendioxid und Sauerstoff), 2.2 (5.1), (E).
Diese stoffspezifischen Angaben sind laut 5.4.1.1.1 Buchstabe a bis d ADR und Sondervorschrift 274 (Kapitel 3.3 ADR) im Beförderungspapier erforderlich. Nach 5.4.1.1.1 k) ADR ist bei Durchfahrung einer Tunnelstrecke der Tunnelbeschränkungscode aus Kapitel 3.2 Tabelle A Spalte 15 ADR in Klammern anzugeben.

2.   Es sind die Gefahrzettel Nr. 2.2 und 5.1 erforderlich.
Die Gefahrzettel werden aus Kapitel 3.2 Tabelle A Spalte 5 ADR ermittelt.
Die Anbringung ergibt sich aus 5.2 ADR.

3.   Ein Zusammenladen ist erlaubt. Grundlage ist 7.5.2.1 ADR.

4.   Die Freistellungsregelung nach 1.1.3.6 ADR kann zur Anwendung kommen und das Fahrzeug muss nicht mit orangefarbenen Tafeln nach 5.3.2 ADR gekennzeichnet werden.

     Es befinden sich auf dem Fahrzeug 12 Flaschen mit 20 l UN 3156, Beförderungskategorie 3 (Faktor 1), und 400 l UN 1202, VG III, und damit auch Beförderungskategorie 3 (Faktor 1).

     Die beiden Mengen können addiert werden. Man kommt somit auf die Summe von 640 und liegt damit unter 1000 nach der Tabelle 1.1.3.6.3 ADR.

5.   Es ist keine Notfallfluchtmaske erforderlich.

     Wenn eine Notfallfluchtmaske erforderlich wäre, müsste bei UN 3156 ein Gefahrzettel Nr. 2.3 oder 6.1 in Kapitel 3.2 Tabelle A ADR in der Spalte 5 eingetragen sein. Das ist nicht der Fall.

6.   Ja. Für das eingesetzte Fahrzeug ist keine Zulassungsbescheinigung erforderlich.

     In 9.1.1.2 ADR sind die Fahrzeuge aufgeführt, für die eine Zulassungsbescheinigung erforderlich wird.

7.   Es ist die Sondervorschrift CV36 für die Belüftung anzuwenden.

     Fundstelle: Kapitel 3.2 Tabelle A Spalte 18 ADR zur UN 3156 in Verbindung mit 7.5.11 ADR

619 *Um diese Fallgestaltung lösen zu können, sind folgende Sachverhalte zu ermitteln:* **(10)**

     Die UN-Nummer muss über 3.2.2 Alphabetische Stoffliste (Tabelle B) ADR ermittelt werden, sie lautet UN 1184.

1.   Die Angaben im Beförderungspapier lauten: UN 1184 Ethylendichlorid, 3 (6.1), II, (D/E).

     Über 3.2.2 Alphabetische Stoffliste (Tabelle B) wird die UN 1184 ermittelt.
     Aus Kapitel 3.2 Tabelle A ADR werden die Klasse, VG, Großzettel und Gefahrnummer ermittelt.

     Der erforderliche Inhalt im Beförderungspapier wird aus 5.4.1 ADR ermittelt.

2.   Es sind an Begleitpapieren mitzuführen:

     – schriftliche Weisungen,

     – ADR-Schulungsbescheinigung,

     – Lichtbildausweis und

     – Zulassungsbescheinigung für Zugmaschine und Tankanhänger.

     Die erforderlichen Begleitpapiere sind aus 8.1.2 ADR zu ermitteln.

3.   Die orangefarbenen Tafeln müssen die Nummer zur Kennzeichnung der Gefahr 336 und die UN-Nummer 1184 tragen. Es sind die Großzettel Nr. 3 und 6.1 erforderlich.

     Fundstelle: Kapitel 3.2 Tabelle A ADR in Verbindung mit Kapitel 5.3 ADR

4.   Die neutralen orangefarbenen Tafeln sind vorn und hinten an der Beförderungseinheit anzubringen. Die orangefarbenen Tafeln mit Nummern sind an beiden Längsseiten des Tankfahrzeugs anzubringen.

     Fundstelle: 5.3.2.1.1 und 5.3.2.1.2 ADR

     Es gibt eine zweite Lösungsmöglichkeit nach 5.3.2.1.6 ADR. Hiernach sind an Beförderungseinheiten, in denen nur ein gefährlicher Stoff und kein nicht gefährlicher Stoff befördert wird, die nach 5.3.2.1.2, 5.3.2.1.4 und 5.3.2.1.5 ADR vorgeschriebenen orangefarbenen Tafeln nicht erforderlich, wenn die vorn und hinten gemäß 5.3.2.1.1 ADR angebrachten Tafeln mit der nach Kapitel 3.2 Tabelle A Spalte 20 bzw. Spalte 1 ADR für diesen Stoff vorgeschriebenen Nummer zur Kennzeichnung der Gefahr und UN-Nummer versehen sind. Fundstelle: 5.3.2.1.6 ADR

5. Die zusätzliche Beschriftung ist aus 6.8.2.5 ADR zu entnehmen.
   Die zusätzlichen Angaben am Tankfahrzeug sind aus 6.8.2.5 ADR zu entnehmen.

6. Notfallfluchtmaske, Schaufel, Kanalabdeckung und Auffangbehälter
   Die zusätzlich erforderlichen Ausrüstungsgegenstände sind aus 8.1.5.3 ADR zu entnehmen.

620   *Um die Fragestellung beantworten zu können, ermitteln Sie über 3.2.2 Alphabetische Stoffliste (Tabelle B) ADR die UN-Nummer 2209.*   **(10)**

1. Es sind mitzuführen:
   - 2 Feuerlöscher mit einem Mindestfassungsvermögen von 12 kg, wobei 1 Feuerlöscher mindestens ein Fassungsvermögen von 6 kg haben muss,
   - 1 Unterlegkeil je Beförderungseinheit,
   - 2 selbststehende Warnzeichen,
   - Augenspülflüssigkeit,
   - geeignete Warnweste pro Mitglied der Fahrzeugbesatzung,
   - 1 Handlampe pro Mitglied der Fahrzeugbesatzung,
   - Schutzhandschuhe pro Mitglied der Fahrzeugbesatzung,
   - Augenschutz pro Mitglied der Fahrzeugbesatzung,
   - Schaufel,
   - Kanalabdeckung,
   - Auffangbehälter.

   Die Ausrüstungsgegenstände werden aus 8.1.4 und 8.1.5 ADR entnommen.

2. Es sind orangefarbene Tafeln mit den Kennzeichnungsnummern 80/2209 und der Großzettel Nr. 8 erforderlich.
   Fundstelle: Alphabetische Stoffliste (Tabelle B) und Kapitel 3.2 Tabelle A ADR in Verbindung mit Kapitel 5.3 ADR

3. Die Großzettel sind an beiden Längsseiten und hinten am Tankfahrzeug anzubringen.
   Die Angaben zum Anbringungsort von orangefarbenen Tafeln und Großzetteln entnehmen wir aus Kapitel 5.3 ADR.

4. Folgende Begleitpapiere sind mitzuführen:
   - schriftliche Weisungen,
   - ADR-Schulungsbescheinigung,
   - Lichtbildausweis,
   - Zulassungsbescheinigung.

   Die mitzuführenden Begleitpapiere finden sich in 8.1.2 ADR.

5. Die Angaben im Beförderungspapier lauten: Leeres Tankfahrzeug, letztes Ladegut: UN 2209 Formaldehydlösung, 8, III, (E).
   Die erforderlichen Angaben entnehmen wir aus 5.4.1 ADR und Kapitel 3.2 Tabelle A ADR.
   Fundstelle: 5.4.1.1.6.2.2 ADR
   Alternativ:
   Leer, ungereinigt, UN 2209 Formaldehydlösung, 8, III, (E)
   Rückstände des zuletzt enthaltenen Stoffes, UN 2209 Formaldehydlösung, 8, III, (E)
   Auch weitere Alternativen nach 5.4.1.1.6.1 ADR sind möglich.

6. Ja.
   Nach 9.1.3.4 ADR darf die Gültigkeit der Zulassungsbescheinigung um einen Monat überschritten werden.
   Auch gemäß 4.3.2.4.4 ADR ist die Fahrt noch zulässig.

Inwieweit aber die Fristen für die Prüfungen nach 6.8.2.4.2 und 6.8.2.4.3 ADR überschritten wurden, ist aus der Fragestellung nicht erkennbar. Deshalb sollte ein Eintrag im Beförderungspapier nach 5.4.1.1.6.4 ADR erfolgen.

7. Der Fahrer muss am Basiskurs und am Aufbaukurs Tank erfolgreich teilgenommen haben.

   Welche Schulung für den Fahrer erforderlich ist, steht in 8.2.1 ADR.

621 *Hinweis: Mit der Änderung für das ADR 2017 wurde die SV 640E bei der VG III* **(10)** *gestrichen. Die SV 640E ist aber für die Beantwortung der Frage nicht von Bedeutung.*

Um die Fallgestaltung lösen zu können, sind folgende Sachverhalte zu ermitteln:

1. Auf der Folie müssen der Gefahrzettel Nr. 3, UN 1263 und das Wort „Umverpackung" gekennzeichnet werden.

   Falls die Fässer Lüftungseinrichtungen enthalten, müssten sie mit Ausrichtungspfeilen nach 5.2.1.10.1 ADR gekennzeichnet sein, die dann auch auf der Umverpackung anzubringen wären.

   Fundstelle: 5.1.2 ADR

2. Verlader, Auftraggeber des Absenders und Verpacker sind die Lackwerke Mayer und der Absender die Sped GmbH.

   Wer die verantwortlichen Personen sind, kann aus §§ 2, 17, 18, 19, 21, 22 GGVSEB entnommen werden.

3. Es sind mitzuführen:
   - 2 Feuerlöscher mit einem Mindestfassungsvermögen von 12 kg, wobei 1 Feuerlöscher mindestens ein Fassungsvermögen von 6 kg haben muss,
   - ein Unterlegkeil je Fahrzeug,
   - zwei selbststehende Warnzeichen,
   - Augenspülflüssigkeit,
   - geeignete Warnweste pro Mitglied der Fahrzeugbesatzung,
   - eine Handlampe pro Mitglied der Fahrzeugbesatzung,
   - Schutzhandschuhe pro Mitglied der Fahrzeugbesatzung,
   - Augenschutz pro Mitglied der Fahrzeugbesatzung,
   - eine Schaufel,
   - elne Kanalabdeckung,
   - ein Auffangbehälter.

   Die Ausrüstungsvorschriften sind aus 8.1.4 und 8.1.5 ADR zu entnehmen.

4. Es sind erforderlich:
   - Beförderungspapier,
   - schriftliche Weisungen,
   - ADR-Schulungsbescheinigung,
   - Lichtbildausweis.

   Die Angaben über die Begleitpapiere entnehmen wir aus 8.1.2 ADR.

5. Es sind an der Beförderungseinheit vorne und hinten neutrale orangefarbene Tafeln anzubringen.

   Die Kennzeichnungsvorgaben für die Beförderungseinheit entnehmen wir aus 5.3.2 ADR.

6. Ja.

   Die Fässer müssen bauartzugelassen sein, da die Erleichterung „nicht UN-geprüft" nur für Verpackungen von höchstens 5 l je Verpackung gilt. Hier kommen aber 30-l-Fässer zum Versand.

   Fundstelle: PP1 in P001 in 4.1.4.1 ADR

622   *Um diese Fallgestaltung lösen zu können, sind folgende Sachverhalte zu ermitteln:*   **(10)**

1.   Es sind mitzuführen:
- 2 Feuerlöscher mit einem Mindestfassungsvermögen von 12 kg, wobei 1 Feuerlöscher mindestens ein Fassungsvermögen von 6 kg haben muss,
- 1 Unterlegkeil je Fahrzeug,
- 2 selbststehende Warnzeichen,
- Augenspülflüssigkeit,
- geeignete Warnweste pro Mitglied der Fahrzeugbesatzung,
- 1 Handlampe pro Mitglied der Fahrzeugbesatzung,
- Schutzhandschuhe pro Mitglied der Fahrzeugbesatzung,
- Augenschutz pro Mitglied der Fahrzeugbesatzung,
- Schaufel,
- Kanalabdeckung,
- Auffangbehälter.

Fundstelle: Ausrüstungsgegenstände befinden sich in 8.1.4 und 8.1.5 ADR.

2.   – schriftliche Weisungen,
- ADR-Schulungsbescheinigung,
- Lichtbildausweis,
- Zulassungsbescheinigung.

Fundstelle: Die erforderlichen Angaben über Begleitpapiere können aus 8.1.2 ADR entnommen werden.

3.   Die stoffspezifischen Angaben müssten wie folgt ergänzt werden: das Wort „leicht" hinter Heizöl und das Wort „umweltgefährdend" am Ende UN 1202 Heizöl, **leicht**, 3, III, (D/E) Sondervorschrift 640L, **umweltgefährdend**

Fundstelle: Die Angaben ergeben sich aus Kapitel 3.2 Tabelle A Spalten 1, 2, 5 und 6 in Verbindung mit 5.4.1.1.1 Buchstabe a bis d und k und 5.4.1.1.18 ADR.

4.   Nein, wenn er nicht den Fahrer ablösen soll.

Ob der Beifahrer eine ADR-Schulungsbescheinigung benötigt, ist aus 8.2 ADR zu entnehmen und davon abhängig, ob der Fahrer abgelöst werden soll.

5.   Jeweils an den beiden Längsseiten und hinten am Tankkraftfahrzeug und Tankanhänger.

Anbringung der Großzettel wird aus 5.3.1 ADR entnommen.

6.   Nein, Aufschrift muss gemäß 8.1.4.4 ADR lauten: Monat und Jahr. Der Monat ist erforderlich, da sonst der Prüftermin um 12 Monate überschritten werden kann.

Überprüfung der Aufschrift auf Feuerlöscher ist aus 8.1.4 ADR zu ermitteln. Hinweis: Die Prüffristen für in Deutschland hergestellte Feuerlöscher ergeben sich aus § 36 GGVSEB.

623   *Um diese Fallgestaltung lösen zu können, sind folgende Sachverhalte zu ermitteln:*   **(10)**
Die UN-Nr. wird der alphabetischen Stoffliste entnommen.

Aus Kapitel 3.2 Tabelle A ADR sind für die Beantwortung der Frage zu entnehmen: Benennung und Beschreibung, Klasse, Gefahrzettel, Verpackungsgruppe, Tunnelbeschränkungscode

1.   UN 1170 Ethanol, Lösung, 3, III, (D/E) 3 Fässer insgesamt 600 l;
UN 1710 Trichlorethylen, 6.1, III, (E), 2 Kisten insgesamt 40 l;
UN 2015 Wasserstoffperoxid, wässerige Lösung, stabilisiert, 5.1 (8), I, (B/E), 1 Kiste insgesamt 6 l;

*Die UN-Nummern werden der alphabetischen Stoffliste entnommen.
Über Kapitel 3.2 Tabelle A ADR sind die Stoffzuordnungen und die Angaben
zu überprüfen.
Inhalt des Beförderungspapiers ist aus 5.4.1 ADR zu ermitteln.
Nach 5.4.1.1.1 k) ADR ist bei Durchfahrung einer Tunnelstrecke der Tunnel-
beschränkungscode aus Spalte 15 in Klammern anzugeben.*

2. Ja.

	Menge	Beförderungskategorie	Multiplikator	Summe
UN 1170	600	3	1	= 600
UN 1710	40	2	3	= 120
UN 2015	6	1	50	= 300
				1 000 < 1 020

Der errechnete Wert beträgt „1020". Die in der Tabelle 1.1.3.6.3 ADR genannte Höchstmenge (Punkte) ist um „20" überschritten.
Überprüfung der Mengengrenze durch Tabelle 1.1.3.6.3 ADR.

3. Die Beförderungseinheit ist vorne und hinten mit neutralen orangefarbenen
Tafeln zu kennzeichnen.
*Kennzeichnungspflicht der Beförderungseinheit ist über Kapitel 5.3 ADR zu
prüfen.*

4. Verantwortlich für die Kennzeichnung ist der Fahrer.
*Die Verantwortlichkeit für die Kennzeichnung ist § 28 Nummer 7 GGVSEB zu
entnehmen.*

5. Absender ist die Spedition.
Der Begriff „Absender" ist aus § 2 GGVSEB zu entnehmen.

6. Nein.
*Gemäß 8.2.1.1 ADR muss jeder Führer von Fahrzeugen, mit denen gefährliche
Güter befördert werden, im Besitz einer ADR-Schulungsbescheinigung sein.*

624 1. Ein Zusammenladeverbot besteht gemäß 7.5.2.1 ADR nicht. **(10)**
Das Zusammenladeverbot in 7.5.2 ADR ist zu überprüfen.

2. Absender (S) – Beförderer (F) – Auftraggeber des Absenders (C) – Fahrzeugführer (T) – Verlader (C) – Verpacker (C)
*Die Verantwortlichkeiten sind aus den §§ 2 und 17 ff. GGVSEB zu entneh-
men.*

3. UN 1261 Nitromethan, 3, II, (E), 3 Fässer insgesamt 600 l;
UN 1824 Natriumhydroxidlösung, 8, III, (E), 8 Kanister insgesamt 240 l;
UN 1710 Trichlorethylen, 6.1, III, (E), 2 Kisten insgesamt 40 l.
*Die UN-Nr. für Nitromethan wird der alphabetischen Stoffliste entnommen.
Über Kapitel 3.2 Tabelle A ADR sind die Stoffzuordnungen und die Angaben
zu überprüfen.
Inhalt des Beförderungspapiers ist aus 5.4.1 ADR zu ermitteln.*

4. Das Beförderungspapier ist gemäß § 18 Absatz 1 Nummer 8 GGVSEB von
der Spedition S als Absender zu übergeben.
*Verantwortlichkeit für die Übergabe des Beförderungspapiers aus § 18
GGVSEB entnehmen.*

5. Der Fahrzeugführer benötigt eine ADR-Schulungsbescheinigung.
*Um diese Antwort zu ermitteln, muss die Berechnung nach 1.1.3.6.4 ADR in
Verbindung mit der Tabelle 1.1.3.6.3 ADR erfolgen:
UN 1261, VG II, Klasse 3, Beförderungskategorie 2, Faktor 3,
Menge 600 l = 1800
UN 1824, VG III, Klasse 8, Beförderungskategorie 3, Faktor 1,
Menge 240 l = 240*

239

> *UN 1710, VG III, Klasse 6.1, Beförderungskategorie 2, Faktor 3,*
> *Menge 40 l = 120*
> *Summe: 1800 + 240 + 120 = 2160*
> *Damit wird die Höchstmenge (Punkte) von 1000 überschritten, und nach*
> *1.1.3.6.2 ADR ist die Fahrerschulung erforderlich.*

625 *Um diese Fallgestaltung lösen zu können, sind folgende Sachverhalte zu ermitteln:* **(10)**

Die UN-Nr. wird der alphabetischen Stoffliste entnommen. Es handelt sich um UN 1202 mit dem Tunnelbeschränkungscode D/E (Kapitel 3.2 Tabelle A Spalte 15 ADR). In Tabelle 8.6.4 ADR ist bei dem Tunnelbeschränkungscode D/E nur die Durchfahrt durch Tunnel der Kategorie D und E verboten.

1. Ja, da für diese Gefahrgüter der Tunnelbeschränkungscode D beachtet werden muss.

2. UN 1202 Heizöl, leicht, 3, III, (D/E), Sondervorschrift 640L, umweltgefährdend

    Die UN-Nr. wird aus der alphabetischen Stoffliste entnommen.
    Über Kapitel 3.2 Tabelle A ADR sind die Stoffzuordnungen und die Angaben zu übernehmen. Die Angaben für das Beförderungspapier ergeben sich aus 5.4.1 ADR.

3. Es sind die Kennzeichnungsnummern 30/1202 erforderlich.

    Kennzeichnungspflicht der Beförderungseinheit über Kapitel 5.3 ADR ermitteln.

4. Es sind insgesamt 6 Großzettel und 6 Kennzeichen „umweltgefährdend" erforderlich, die jeweils an den beiden Längsseiten und hinten am Tankfahrzeug und Tankanhänger anzubringen sind.

    Anzahl der Großzettel ist über Kapitel 5.3 ADR zu ermitteln.

5. Es sind mitzuführen:
    -   schriftliche Weisungen,
    -   ADR-Schulungsbescheinigung,
    -   Lichtbildausweis,
    -   ADR-Zulassungsbescheinigung jeweils für beide Fahrzeuge.

    Begleitpapiere über 8.1.2 ADR ermitteln.

6. Es sind der Großzettel Nr. 3 und das Kennzeichen „umweltgefährdend" anzubringen.

    Ergibt sich aus Kapitel 3.2 Tabelle A Spalte 5 bei UN 1202 und dem Hinweis in der Fallstudie, dass es sich um einen umweltgefährdenden Stoff handelt.

7. Der Mineralölhändler M als Beförderer (Halter) ist gemäß § 19 Absatz 2 Nummer 11 GGVSEB für die Ausrüstung mit orangefarbenen Tafeln verantwortlich.

    Verantwortlichkeit für die orangefarbenen Tafeln über § 19 GGVSEB ermitteln.

626 *Zur Lösung des Falls ist die UN-Nummer über 3.2.2 Alphabetische Stoffliste (Tabel-* **(10)**
le B) ADR zu ermitteln. Dies ist UN 1230, VG II. Dann können anhand Kapitel 3.2 Tabelle A ADR z. B. die Einträge im Beförderungspapier, Kennzeichnung usw. ermittelt werden.

1. Die Angaben im Beförderungspapier lauten: UN 1230 Methanol, 3 (6.1), II, (D/E).

    Über 3.2.2 Alphabetische Stoffliste (Tabelle B) ADR wird die UN-Nr. 1230 (Methanol) ermittelt. Aus Kapitel 3.2 Tabelle A ADR werden die Klasse, VG, Großzettel und Gefahrnummer ermittelt. Der erforderliche Inhalt im Beförderungspapier wird aus Kapitel 5.4 ADR ermittelt.

2. Es sind an Begleitpapieren mitzuführen:
   – schriftliche Weisungen,
   – ADR-Schulungsbescheinigung,
   – Lichtbildausweis und
   – Zulassungsbescheinigung für Zugmaschine und Tankanhänger.
   Die erforderlichen Begleitpapiere sind aus 8.1.2 ADR zu ermitteln.

3. Nein. Da die zGM über 7,5 t liegt, muss gemäß Tabelle 8.1.4.1 ADR der zweite Feuerlöscher ein Mindestfassungsvermögen von 6 kg und das Mindestgesamtfassungsvermögen mindestens 12 kg betragen.
   Da das zulässige Gesamtgewicht des Fahrzeugs größer als 7,5 t ist und die Freistellungen nach 1.1.3.6 ADR für Tankfahrzeuge nicht angewendet werden können, muss das Fahrzeug mit zwei Feuerlöschern à 6 kg ausgestattet sein. Fundstelle: 8.1.4 und 1.1.3.6 ADR

4. Die neutralen orangefarbenen Tafeln sind vorn und hinten am Fahrzeug anzubringen. Die orangefarbenen Tafeln mit Nummern sind an beiden Längsseiten des Tankfahrzeugs anzubringen.
   Fundstelle: 5.3.2.1.1 und 5.3.2.1.2 ADR
   Es gibt eine zweite Lösungsmöglichkeit nach 5.3.2.1.6 ADR. Hiernach sind an Beförderungseinheiten, in denen nur ein gefährlicher Stoff und kein nicht gefährlicher Stoff befördert wird, die nach 5.3.2.1.2, 5.3.2.1.4 und 5.3.2.1.5 ADR vorgeschriebenen orangefarbenen Tafeln nicht erforderlich, wenn die vorn und hinten gemäß 5.3.2.1.1 ADR angebrachten Tafeln mit der nach Kapitel 3.2 Tabelle A Spalte 20 bzw. Spalte 1 ADR für diesen Stoff vorgeschriebenen Nummer zur Kennzeichnung der Gefahr und UN-Nummer versehen sind. Fundstelle: 5.3.2.1.6 ADR

5. Die zusätzliche Beschriftung ist aus 6.8.2.5 ADR zu entnehmen.
   Die zusätzlichen Angaben am Tankfahrzeug sind aus 6.8.2.5 ADR zu entnehmen.

6. Die Großzettel sind an beiden Längsseiten und hinten am Tanksattelanhänger anzubringen.
   Der Anbringungsort von Großzetteln und orangefarbenen Tafeln ist aus 5.3.1 ADR zu entnehmen.

627 1. Ja.   **(10)**
   Es ist der Tunnelbeschränkungscode E anzuwenden, da beide Gefahrgüter als verpackte Ware transportiert werden. Somit darf der Tunnel durchfahren werden.
   Fundstelle: 8.6.4 ADR

2.

	Menge	Beförderungskategorie	Multiplikator	Summe
UN 1267	600	3	1	= 600
UN 2015	12	1	50	= 600
			1000 < 1200	

   Die in der Tabelle 1.1.3.6.3 ADR genannte Höchstmenge (Punkte) ist überschritten.
   Es sind die für die Tabelle 1.1.3.6.3 ADR erforderlichen Beförderungskategorien zu ermitteln (z. B. Kapitel 3.2 Tabelle A Spalte 15 ADR).

3. Die Firma C als Auftraggeber des Absenders gemäß § 17 GGVSEB.
   Über die §§ 2 und 17 GGVSEB sind die verantwortlichen Personen zu ermitteln.

4. Schriftliche Weisungen, ADR-Schulungsbescheinigung und Lichtbildausweis
   Die Begleitpapiere sind aus 8.1.2 ADR zu ermitteln.

5. Gemäß 8.1.4 ADR sind mitzuführen: 2 Feuerlöscher mit einem Mindestfassungsvermögen von 4 kg, 2 kg + 2 kg (mindestens ein 2-kg-Feuerlöscher muss zur Bekämpfung eines Motor- oder Fahrerhausbrandes geeignet sein). *Anzahl der Feuerlöscher ist in 8.1.4.1 ADR festgelegt.*

6. Frachtführer F als Beförderer nach § 19 Absatz 2 Nummer 9 GGVSEB
    Die Verantwortlichkeit für Ausrüstung mit Feuerlöschern ist aus § 19 GGVSEB zu ermitteln.

628 1. Auftraggeber des Absenders (B) – Absender (S) – Beförderer (T) – Befüller (B)   **(10)**
    Die Verantwortlichen sind aus § 2 und den §§ 17, 18, 19, 23, 28 GGVSEB zu ermitteln.

2. UN 2794 Abfall, Batterien, nass, gefüllt mit Säure, 8, (E)
    Angaben für Beförderungspapier aus 5.4.1.1 ADR ermitteln.
    Hinweis: Gemäß 3.1.2.1 ADR kann nach der vorwiegend verwendeten offiziellen Benennung für die Beförderung eine alternative offizielle Benennung für die Beförderung in Klammern angegeben sein (z. B. BATTERIEN (AKKUMULATOREN)).
    Eine der offiziellen Benennungen darf dann ausgewählt werden.

3. Die Großzettel sind an allen vier Seiten und die orangefarbenen Tafeln ebenfalls an den beiden Längsseiten anzubringen;
    Großzettel: Nr. 8
    Orangefarbene Tafel: 80/2794
    Anbringung der Großzettel (5.3.1.4.2 und 5.3.1.4.1 ADR) und orangefarbenen Tafeln (5.3.2.1.4 ADR) am Container aus Teil 5 ADR ermitteln.

4. Beförderungspapier, schriftliche Weisungen, ADR-Schulungsbescheinigung und Lichtbildausweis
    Erforderliche Begleitpapiere aus 8.1.2 ADR ermitteln.

5. 2 Feuerlöscher mit einem Mindestfassungsvermögen von 12 kg, wobei 1 Feuerlöscher mindestens ein Fassungsvermögen von 6 kg haben muss
    Angaben für Feuerlöscher aus 8.1.4 ADR ermitteln.

629 *Um diese Fallgestaltung lösen zu können, sind folgende Sachverhalte zu ermitteln:*   **(10)**
    Mit den vorhandenen UN-Nummern aus Kapitel 3.2 Tabelle A ADR die Benennung der Stoffe, Klasse, Gefahrzettel, Tunnelkategorien und Beförderungskategorien ermitteln. Die Angaben für das Beförderungspapier sind in 5.4.1.1 ADR zu finden.

1. UN 1002 Luft, verdichtet, 2.2, (E) – 7 Flaschen, insgesamt 350 l,
    UN 2014 Wasserstoffperoxid, wässerige Lösung, 5.1 (8), II, (E) – 3 Kisten, insgesamt 12 l
    Nach 5.4.1.1.1 k) ADR ist bei Durchfahrung einer Tunnelstrecke der Tunnelbeschränkungscode aus Kapitel 3.2 Tabelle A Spalte 15 ADR in Klammern anzugeben.
    Die Angabe der Versandstücke und der Menge darf auch vor den stoffspezifischen Angaben erfolgen.

2. Die in der Tabelle 1.1.3.6.3 ADR genannte Höchstmenge 1000 (Punkte) wurde nicht überschritten.

	Menge	Beförderungskategorie	Multiplikator	Summe
UN 1002	350	3	1	= 350
UN 2014	120	2	3	= 360
				1000 > 710

Mit den ermittelten Beförderungskategorien die höchstzulässigen Mengen in der Tabelle 1.1.3.6.3 ADR überprüfen.

3. 1 × 2-kg-Feuerlöscher
   Angaben für Feuerlöscher aus 8.1.4 ADR ermitteln.

4. Frachtführer F ist als Beförderer verantwortlich, § 19 GGVSEB.
   Verantwortlichen für die Mitgabe der Feuerlöscher aus § 19 Absatz 2 Nummer 9 GGVSEB ermitteln.

5. Mitgabe des Beförderungspapiers obliegt der Spedition S als Absender, § 18 GGVSEB.
   Verantwortlichkeit für die Mitgabe des Beförderungspapiers aus § 18 Absatz 1 Nummer 8 GGVSEB ermitteln.

6. Chemiefirma C ist Auftraggeber des Absenders gemäß § 17 GGVSEB.
   Ermittlung des „Auftraggebers des Absenders" aus § 17 GGVSEB.

7. Eine ADR-Schulungsbescheinigung ist nicht erforderlich, da die 1000 Punkte der Freigrenze nach 1.1.3.6.3 ADR nicht überschritten sind.
   Prüfung, ob ADR-Schulungsbescheinigung erforderlich ist, unter 8.2.1 und 1.1.3.6 ADR.

630 1. UN 1811 ist falsch: UN 3421 ist richtig; außerdem müssen die Buchstaben **(10)** „UN" davor stehen.
   Es fehlt der Gefahrzettel 6.1.
   Die Z-Verpackung ist falsch. Es muss mindestens eine Y-Verpackung sein, weil es VG II ist.

2. Eintrag nach 5.4.1.1.1 ADR muss wie folgt lauten:
   UN 3421 Kaliumhydrogendifluorid, Lösung, 8 (6.1), II, (E)
   Die Gesamtmenge des Gefahrgutes fehlt.

Über 3.2.2 Alphabetische Stoffliste (Tabelle B) ADR die UN-Nummer ermitteln. Ergebnis: UN 3421

Beförderung nach P001 (4.1.4.1 ADR) – 3H1 zulässig

Fundstelle: Kapitel 3.2 Tabelle A, 4.1, 5.2, 5.4 und 6.1 ADR

Nach 5.4.1.1.1 k) ADR ist bei Durchfahrung einer Tunnelstrecke der Tunnelbeschränkungscode aus Kapitel 3.2 Tabelle A Spalte 15 ADR in Klammern anzugeben.

631 *Über 3.2.2 Alphabetische Stoffliste (Tabelle B) ADR werden die UN-Nummer 2310* **(10)**
und alle weiteren Daten aus Kapitel 3.2 Tabelle A ADR ermittelt, die für die Lösung erforderlich sind.

1. Es fehlen die Buchstaben UN vor der UN-Nummer und der Gefahrzettel Nr. 6.1 für die Nebengefahr.
   Hinweis: Ob die Fässer zusätzlich mit Ausrichtungspfeilen zu kennzeichnen sind, ist aus der Fragestellung nicht erkennbar, weil kein Hinweis auf Lüftungseinrichtungen erfolgt. Bei der Beantwortung der Frage sollte man darauf eingehen und dann hierauf hinweisen.
   Fundstelle: 5.2.1 und 5.2.2 ADR

2. Es fehlen die Anzahl und Art der Verpackung: 4 Fässer
   Fundstelle: 5.4.1 ADR

3. Ja.
   Über 3.2.2 Alphabetische Stoffliste (Tabelle B) ADR ist das Gefahrgut der UN 2310 zugeordnet. In Kapitel 3.2 Tabelle A Spalte 15 ist der Tunnelbeschränkungscode (D/E) aufgeführt. Für verpackte Güter gilt der Code E und damit wäre der Tunnel nicht zu durchfahren. Jedoch ist die Mengengrenze von 1.1.3.6 ADR nicht überschritten, da in Kapitel 3.2 Tabelle A Spalte 15 ADR die Beförderungskategorie 3 genannt ist und damit eine Mengengrenze von 1000 Litern gilt.
   Fundstelle: 8.6.3.3 ADR

4. Kennzeichnung der Folie mit Gefahrzetteln Nr. 3 und 6.1, UN 2310 und das Wort „Umverpackung"
Fundstelle: 5.1.2 ADR

5.

	Menge	Beförderungskategorie	Multiplikator	Summe
UN 2310	800	3	1	= 800
UN 1279	200	2	3	= 600
				1000 < 1400

Die Gesamtpunktzahl beträgt 1400 und damit müssen die orangefarbenen Tafeln geöffnet werden.
Fundstelle: Kapitel 3.2 Tabelle A Spalte 15 und 1.1.3.6 ADR

6. – Zwei Feuerlöscher mit einem Mindestfassungsvermögen von 8 kg, wobei ein Feuerlöscher mindestens ein Fassungsvermögen von 6 kg haben muss,
   – 1 Unterlegkeil je Fahrzeug,
   – 2 selbststehende Warnzeichen,
   – Augenspülflüssigkeit,
   – geeignete Warnweste pro Mitglied der Fahrzeugbesatzung,
   – 1 Handlampe pro Mitglied der Fahrzeugbesatzung,
   – Schutzhandschuhe pro Mitglied der Fahrzeugbesatzung,
   – Augenschutz pro Mitglied der Fahrzeugbesatzung,
   – Schaufel,
   – Kanalabdeckung,
   – Auffangbehälter.
   Ausrüstungsgegenstände finden sich in 8.1.4 und 8.1.5 ADR.

632 *Über Kapitel 3.2 Tabelle A ADR stellt man die für die Lösung der Frage wesent-* **(10)** *lichen Inhalte zusammen:*

UN 3332 RADIOAKTIVE STOFFE, TYP A-VERSANDSTÜCK, IN BESONDERER FORM

1. Die Buchstaben „UN" vor der Benennung müssen ergänzt werden, d.h. es muss UN 3332 lauten.
   Die Angabe der Tranportkennzahl fehlt: 0,5
   Der Gefahrzettel muss auf zwei gegenüberliegenden Seiten angebracht sein.
   Hinweis: Die Angabe des Bruttogewichts ist nicht erforderlich, ebenso wie die Angabe D/Müller Verpackungen M 123.
   Fundstellen: 5.2.1.7, 5.2.2.1.11, 5.1.5.4 ADR

2. UN 3332 RADIOAKTIVE STOFFE, TYP A-VERSANDSTÜCK, IN BESONDE-RER FORM, 7
   Cs-137, Am-241, 1776 MBq, II-GELB, Transportkennzahl 0,5, Zulassungs-kennzeichen für besondere Form GB/140/S, GB/7/S
   Keine besonderen Maßnahmen nach 5.4.1.2.5.2 a) ADR erforderlich.
   Fundstelle: 5.4.1.2.5.2 ADR

633 *Um die Fragestellung beantworten zu können, ermitteln Sie über 3.2.2 Alphabeti-* **(10)** *sche Stoffliste (Tabelle B) ADR die UN-Nummer 1077, mit der weitere Fragen be-antwortet werden können.*

1. Nein.
   Da kein Gefahrzettel Nr. 2.3 für dieses Gefahrgut erforderlich ist, muss auch keine Notfallfluchtmaske mitgeführt werden.
   Fundstelle: Kapitel 3.2 Tabelle A Spalte 5 und 8.1.5.3 ADR

2. Großzettel Nr. 2.1 an beiden Längsseiten und hinten am Fahrzeug
   Fundstelle: Kapitel 3.2 Tabelle A Spalte 5 und 5.3.1.4.1 ADR

3.   Nummer zur Kennzeichnung der Gefahr: 23, UN-Nummer: 1077
     Fundstelle: 5.3.2.1.2 ADR

4.   UN 1077 Propen, 2.1, (B/D)
     Fundstelle: 5.4.1.1 ADR

5.   Ja.
     Gemäß der Tabelle in § 35b unterliegen entzündbare Gase in Tanks ab einer
     Menge von 9000 kg den §§ 35 und 35a.
     Fundstelle: §§ 35, 35a und 35b GGVSEB

6.   Ja; 5.3.2.1 ADR.
     Fundstelle: 5.3.2.1.7 ADR

634   *Zunächst ist zu prüfen, ob UN 3170 in loser Schüttung befördert werden darf. Für* **(10)**
     UN 3170 gibt es zwei Verpackungsgruppen. Es muss nach 2.2.43.1.8 ADR über-
     prüft werden, in welche VG UN 3170 fällt. Nach der Fallstudie trifft die VG II zu. So-
     mit darf nach Kapitel 3.2 Tabelle A ADR und den Einträgen in Spalte 10 BK1, BK2,
     BK3 und in Spalte 17 VC1 und VC2 mit AP2 UN 3170 in loser Schüttung befördert
     werden.

1.   Klasse 4.3, VG II

2.   UN 3170 Nebenprodukte der Aluminiumherstellung, 4.3, VG II, (D/E)

3.   Nach der ergänzenden Vorschrift AP2 angemessene Belüftung in
     7.3.3.2.3 ADR

4   An den beiden Längsseiten und an jedem Ende des Großcontainers
     Fundstelle: 5.3.1.2

5.   Nein. In der Tabelle in 1.10.3.1.2 ADR ist der Stoff nicht erfasst.

6.   Nein. Für UN 3170 gilt der Tunnelbeschränkungscode (D/E). Nach der Tabel-
     le 8.6.4 ADR darf man in loser Schüttung nicht durch einen Tunnel der Kate-
     gorie D fahren.

Hinweis zur Frage 2: Die Angabe des Tunnelbeschränkungscodes wurde generell
aufgenommen, weil man nicht ausschließen kann, dass ein Tunnel durchfahren
wird.

Hinweis zu Frage 3: Inwieweit die CV 37 hier zur Anwendung kommt, ist aus der
Fragestellung nicht eindeutig erkennbar.

635   1.   Klasse 4.1, VG II   **(10)**
     Über 3.2.2 Alphabetische Stoffliste (Tabelle B) ADR erhält man die UN-Num-
     mer 3175 für feste Stoffe, die entzündbare flüssige Stoffe enthalten, n.a.g.
     (Kohlenwasserstoffgemische), 4.1, VG II.

2.   UN 3175 Abfall Feste Stoffe, die entzündbare flüssige Stoffe enthalten,
     n.a.g., (Kohlenwasserstoffgemische), 4.1, II, (E)
     Fundstelle: Kapitel 3.2 Tabelle A Spalten 1, 2, 4, 5, 6 in Verbindung mit
     5.4.1.1.1 und SV 274, 5.4.1.1.3 ADR

3.   Großzettel Nr. 4.1
     Fundstelle: Kapitel 3.2 Tabelle A Spalte 5 und 5.2.2.2.2 ADR für Muster

4.   An beiden Längsseiten und an jedem Ende des Containers
     Fundstelle: 5.3.1.2 ADR

5.   Nummer zur Kennzeichnung der Gefahr = 40
     UN-Nummer = 3175
     Fundstelle: Kapitel 3.2 Tabelle A Spalten 1 und 20 in Verbindung mit 5.3.2
     ADR

6.   An beiden Längsseiten des Containers und ggf. außen am Trägerfahrzeug
     an den Längsseiten, wenn die orangefarbenen Tafeln auf dem Container
     außen nicht sichtbar sind.

Straße

Die Kennzeichnung des Trägerfahrzeugs mit orangefarbenen Tafeln ohne Kennzeichnungsnummern bleibt hiervon unberührt bestehen.
Fundstelle: 5.3.2.1.4 und 5.3.2.1.5 ADR. Die Kennzeichnung nach 5.3.2.1.1 ADR bleibt unberührt bestehen.

636   1.   UN 3257 Erwärmter flüssiger Stoff, n.a.g. (Aluminiumlegierung), 9, III, (D)   **(10)**
Fundstelle: Kapitel 3.2 Tabelle A und Kapitel 5.4.1.1 ADR
Nach 5.4.1.1.1 k) ADR ist bei Durchfahrung einer Tunnelstrecke der Tunnelbeschränkungscode aus Kapitel 3.2 Tabelle A Spalte 15 ADR in Klammern anzugeben.

2.   SV 274
Fundstelle: Kapitel 3.2 Tabelle A Spalte 6, Kapitel 3.3 ADR
Hinweis: Die SV 643 kommt deshalb nicht zur Anwendung, weil es sich nicht um Gussasphalt handelt und in der Frage auf die Beförderung von Aluminium Bezug genommen wird. Die SV 668 kommt nicht zur Anwendung, weil es sich nicht um die Anbringung von Straßenmarkierungen handelt.

3.   Kennzeichen für erwärmte Stoffe, Großzettel nach Muster 9
Fundstelle: Kapitel 3.2 Tabelle A Spalten 1 und 20 und 5.3.3 ADR und 5.3.1.1.1 ADR

4.   Großzettel Nr. 9 und Kennzeichen für erwärmte Stoffe an beiden Längsseiten und hinten
Das Fahrzeug, auf dem die besonders ausgerüsteten Container befördert werden, ist an beiden Fahrzeugseiten in Längsrichtung und an der Rückseite gemäß 5.3.3 ADR mit dem Kennzeichen für Stoffe und entsprechend 5.3.1.4 ADR mit Großzetteln des Musters 9 nach Absatz 5.2.2.2.2 ADR zu kennzeichnen.
Fundstelle: 5.3.1.4 und 5.3.3 ADR, Anlage 12, Nrn. 7.2 und 7.3 RSEB (Die Vorgaben der RSEB ergeben sich aus dem Text der VC 3.)

5.   Vorne und hinten an der Beförderungseinheit
Fundstelle: 5.3.2.1.6 ADR

6.   Nein.
Fundstelle: 8.6.4 ADR

7.   Nein.
Fundstelle: 1.10.3.1.2 ADR

637   1.   Ja.   **(10)**
Sobald eine spezifische Aktivität überschritten wird (siehe 2.2.7.2.2.1 bis 2.2.7.2.2.6 ADR), erfolgt eine Beförderung als radioaktiver Stoff, auch wenn Nebengefahren vorhanden sind.
Der Aktivitätskonzentrationsgrenzwert AS (= spezifische Aktivität, in Bq/g) eines speziellen Stoffes übersteigt den Grenzwert in Spalte 4 der Tabelle 2.2.7.2.2.1 ADR und die Aktivität A für eine Sendung (in Bq) übersteigt den Aktivitätsgrenzwert (für eine freigestellte Sendung) in Spalte 5 der Tabelle 2.2.7.2.2.1 ADR.
Es gelten auch nach der SV 290 (Kapitel 3.3 ADR) die Vorschriften von 2.2.7.2.4.1 ADR, also bestimmte Vorschriften der Klasse 7.

2.   Nein.
Der Aktivitätsgrenzwert für ein freigestelltes Versandstück ist nicht überschritten: 200 MBq < 3 GBq.
Rechenweg: Tabelle 2.2.7.2.2.1 ADR legt einen A_2-Wert von 3×10^1 TBq als Grenzwert fest. Um in diesem Fall den Versand als freigestelltes Versandstück vornehmen zu können, muss der Grenzwert aus Tabelle 2.2.7.2.4.1.2 ADR unterschritten werden. Da es sich um einen Stoff

handelt, muss die letzte Spalte mit dem Eintrag „flüssige Stoffe" herangezogen werden, also $10^{-4}\ A_2$.
Es darf also der Wert $10^{-4} \times 3 \times 10^1$ TBq nicht überschritten werden. Unter Verwendung der Tabelle in 1.2.2.1 ADR handelt es sich um 0,003 TBq oder 3 GBq oder 3000 MBq.
Nach Aufgabenstellung also ist der Grenzwert „freigestellte Versandstücke" von 3000 MBq nicht überschritten.
Fundstelle: 2.2.7.2.2.1 und 2.2.7.2.4.1.2 ADR

3. Hauptgefahr: Ätzend – Klasse 8;
   Nebengefahr: Radioaktiv – Klasse 7;
   Wenn die 50 ml sich in einem Gefäß befinden, dann ist die Hauptgefahr „Ätzend".
   Fundstelle: 2.1.3.5.3 ADR und SV 290 in Kapitel 3.3 ADR

4. UN 1789 Chlorwasserstoffsäure, radioaktive Stoffe, freigestelltes Versandstück – begrenzte Stoffmenge, 8, III, (E)
   Fundstelle: SV 290 in Kapitel 3.3, 5.4.1.1.1 und 5.4.1.2.5 ADR
   Hinweis: Der Tunnelbeschränkungscode fehlt im Beispiel der SV 290 in Kapitel 3.3 ADR.

5. Nein, weil wenn nach SV 290 b) wie in diesem Beispiel klassifiziert wird, dürfen die Vorschriften nach Kapitel 3.4 ADR für die Beförderung von in begrenzten Mengen verpackten gefährlichen Gütern nach SV 290 c) nicht zur Anwendung kommen.
   Hinweis: Auch nach 3.4.1 c) ADR ist für radioaktive Stoffe generell die Anwendung von Kapitel 3.4 ADR nicht vorgesehen.

638 *Zur Lösung des Fallbeispieles ist die Klassifizierung zu ermitteln. Mit dem Hinweis* **(10)** *auf ansteckungsgefährliche Stoffe handelt es sich um Stoffe der Klasse 6.2. Durch den Hinweis auf „Humanes Immundefizienz Virus" ist in der Tabelle in 2.2.62.1.4.1 ADR Kategorie A zu suchen.*
Dort ist dieser Stoff als „Humanes Immundefizienz Virus (nur Kulturen)" aufgenommen. Weil es sich aber um keine Kultur handelt, ist es kein Stoff der Kategorie A. Weil es sich um Abfälle handelt (Beförderung zur Entsorgung), muss eine andere Zuordnung nach 2.2.62.1.2 erfolgen.

1. Zuordnung zu UN 3291 Klinischer Abfall, unspezifiziert, n.a.g.
   Fundstelle: 2.2.62.1.11.1 ADR

2. UN 3291 Klinischer Abfall, unspezifiziert, n.a.g. (Humanes Immundefizienz Virus), 6.2, II, (–)
   Fundstelle: Kapitel 3.2 Tabelle A Spalten 1, 2, 4, 5 und 15 und 5.4.1.1 ADR
   Nach 5.4.1.1.1 k) ADR ist bei Durchfahrung einer Tunnelstrecke der Tunnelbeschränkungscode aus Kapitel 3.2 Tabelle A Spalte 15 ADR in Klammern anzugeben. Hier ist keine Beschränkung vorhanden, deshalb (–).

3. Ja.
   Nach der P621 (Spalte 8 in Kapitel 3.2 Tabelle A ADR) dürfen starre dichte Verpackungen, die den Vorschriften nach 6.1 ADR entsprechen, verwendet werden. Eine Kiste aus Kunststoff mit abnehmbarem Deckel (1H2) erfüllt diese Anforderung, wenn sie zusätzlich noch mit der Verpackungsgruppe Y codiert ist (Kriterien der VG II).

4. Die Verpackung muss nach P621 (1) die Prüfanforderung der Verpackungsgruppe II erfüllen.
   Fundstelle: P621 in 4.1.4.1 ADR

5. Kennzeichen: UN 3291
   Fundstelle: 5.2.1.1 ADR

6. Gefahrzettel: Nr. 6.2
   Fundstelle: 5.2.2.1.1 ADR

2.3 Straße

639   *Um die Fragestellung beantworten zu können, ermitteln Sie über 3.2.2 Alphabeti-* **(10)**
sche Stoffliste (Tabelle B) ADR die UN-Nummer 1263.

  1. Kennzeichen für begrenzte Mengen (ein auf die Spitze gestelltes Quadrat – oben und unten schwarz, in der Mitte weiß – mit den Abmessungen 10 × 10 cm) und Ausrichtungspfeile auf zwei gegenüberliegenden Seiten
  Fundstelle: 3.4.7 und 3.4.1 ADR in Verbindung mit 5.2.1.10 ADR

  2. Verpacker; § 22 Absatz 1 Nummer 1 GGVSEB

  3. Nein, 4.1.1.3 ADR ist in 3.4.1 ADR nicht genannt. Nur bei Querverweis auf 4.1.1.3 ADR sind bauartgeprüfte Verpackungen erforderlich.
  Fundstelle: 3.4.1 ADR

  4. Ja, da die Mengengrenze von 5 l netto je Innenverpackung eingehalten wird.
  Farbe ist in der alphabetischen Stoffliste der UN 1263 zugeordnet. In Kapitel 3.2 Tabelle A ADR ist in Spalte 7a die Menge von 5 l angegeben.

  5. 3 Versandstücke – die höchstzulässige Bruttomenge je Versandstück darf maximal 30 kg betragen. Jeder Kanister wiegt 5,5 kg brutto, somit können maximal 5 Kanister in eine Außenverpackung gepackt werden, vorausgesetzt diese ist nicht schwerer als 2,5 kg. Insgesamt kommen 12 Kanister zum Versand, daraus ergeben sich 3 Versandstücke.
  Jeder Kanister wiegt 5,5 kg. Bei einer Gesamtmenge von 60 l müssen 12 Kanister verschickt werden und aufgrund des Gewichtes von 5,5 kg je Innenverpackung sind nur 5 Kanister je Versandstück möglich, weil sonst die 30 kg Bruttomasse überschritten werden.

640   1. Ja. Die Vorgaben zur Ladungssicherung aus 7.5.7 ADR gelten immer, da die **(10)**
ser in 1.1.3.6.1 ADR nicht ausgenommen wird.
  Fundstelle: 1.1.3.6.1 ADR

  2. Ja, da für den Transport von Versandstücken (Verpackungen und IBC) keine Zulassungsbescheinigung (außer bei Klasse 1 bei Überschreitung der Mengengrenzen) erforderlich ist.
  Fundstelle: 9.1.1.1 und 9.1.1.2 ADR

  3. Ja, da die Freistellungsregelung gemäß 1.1.3.6 ADR angewendet werden kann und der Punktwert 1000 nicht überschritten ist. Aus diesem Grund benötigt der Fahrzeugführer keinen ADR-Schein.
  Es sind die Beförderungskategorien für die einzelnen Gefahrgüter herauszusuchen (Spalte 15 in Kapitel 3.2 Tabelle A ADR).
  UN 3048, 1 × 10 kg, Beförderungskategorie 1, Multiplikationsfaktor 50, Summe 500
  UN 1170, II, 1 × 50 l, Beförderungskategorie 2, Multiplikationsfaktor 3, Summe 150
  UN 1002, 2 × 50 l, Beförderungskategorie 3, Multiplikationsfaktor 1, Summe 100
  UN 1104, 5 × 20 l, Beförderungskategorie 3, Multiplikationsfaktor 1, Summe 100
  Gesamtpunktwert: 500 + 150 + 100 + 100 = 850
  Fundstelle: 1.1.3.6 ADR und Kapitel 3.2 Tabelle A Spalte 15 ADR

  4. Die Gesamtmenge (Punkwert) von 850 bleibt unverändert, da begrenzte Mengen nicht in die Berechnung von 1.1.3.6 ADR einbezogen werden.
  Fundstelle: 1.1.3.6.5 und 1.1.3.4.2 ADR

  5. Beförderungskategorie 4 und damit unbegrenzte Menge für die leeren Gefäße
  Fundstelle: Tabelle 1.1.3.6.3 ADR

  6. Ja; Gesamtpunktwert 850
  Fundstelle: 1.1.3.6.4 ADR

Straße

641   *Zunächst ist zu prüfen, wie der Diesel einzustufen ist. Nach Kapitel 3.2 Tabelle A*   **(10)**
ADR ist der Diesel der UN 1202 Dieselkraftstoff, 3, III, SV 640 L, zuzuordnen.

     1.   UN 1202 Dieselkraftstoff, 3, III, Sondervorschrift 640 L, umweltgefährdend
             Fundstelle: Kapitel 3.2 Tabelle A ADR, 3.3.1 SV 640 und 5.4.1.1.1,
             5.4.1.1.18 ADR

     2.   Nein. Die Großzettel Nr. 3 und das Zeichen „umweltgefährdend" sind an beiden Längsseiten und hinten anzubringen (5.3.1.4.1 ADR). Die orangefarbenen Tafeln sind mit der Gefahrnummer 30 und der UN-Nummer 1202 zu kennzeichnen (5.3.2.1.3 ADR).

     3.   Ja. Nach der Spalte 14 ist mindestens ein AT-Fahrzeug erforderlich. Siehe auch 9.1.1.2 ADR.

     4.   –   Name des Eigentümers
             –   Angabe – Aufsetztank
             –   Eigenmasse des Tanks

             –   …
             Die weiteren Angaben sind in 6.8.2.5.2 ADR aufgeführt. Die Übergangsregelung in 1.6.3.41 ADR bleibt in der Betrachtung unberücksichtigt.

     5.   LGBF
             Fundstelle: Kapitel 3.2 Tabelle A Spalte 12 ADR

     6.   Die Prüfbescheinigung nach 6.8.2.4.5 ADR oder 6.9.5.3 ADR
             Mitgabepflicht beim Beförderer und Mitführpflicht beim Fahrzeugführer

     7.   Der Fahrzeugführer kann fahren, weil der Tank nur einen Fassungsraum von 6 500 l hat. Die Regelungen für den Füllungsgrad nach 4.3.2.2.4 ADR gelten deshalb nicht.

642   *Bei UN 2383 handelt es sich um Dipropylamin der Klasse 3 mit Zusatzgefahr der*   **(10)**
Klasse 8 in der VG II.

     1.   T7
             Fundstelle: Kapitel 3.2 Tabelle A Spalte 10 ADR

     2.   Die Großzettel müssen an beiden Längsseiten und hinten am Sattelauflieger angebracht werden.
             Fundstelle: 5.3.1.3 ADR

     3.   An beiden Längsseiten
             Fundstelle: 5.3.2.1.2 ADR

     4.   Der Befüller
             Fundstelle: § 23 Absatz 2 Nummer 3 GGVSEB

     5.   Ja.
             Fundstelle: 5.3.2.2.1 ADR

     6.   Schriftliche Weisungen, Lichtbildausweis, Zulassungsbescheinigung, Beförderungspapier
             Fundstelle: 8.1.2 ADR

     7.   Basiskurs und Aufbaukurs Tank
             Fundstelle: 8.2.1.1 und 8.2.1.3 ADR

     8.   IMDG-Code
             Bei der Beförderung nach Großbritannien muss der Ärmelkanal überquert werden. Hier gilt der IMDG-Code.

643   1.   Absender: Kunde K   **(10)**
             Beförderer: Entsorger E
             Empfänger: Sondermüllentsorgungsanlage S
             Fundstelle: § 2 GGVSEB und 1.2.1 ADR

Straße

2.   UN 1730 Abfall, Antimonpentachlorid, flüssig, 8, II, (E)
     Fundstelle: Kapitel 3.2 Tabelle A, 5.4.1.1.1 und 5.4.1.1.3 ADR

3.   Saug-Druck-Tankfahrzeuge für Abfälle
     Fundstelle: 9.1.3.3 ADR

4.   Ja, der Tank hat eine bessere Sicherheitseinrichtung als verlangt.
     Fundstelle: Kapitel 3.2 Tabelle A Spalte 12 und 4.3.4.1.2 ADR

5.   Prüfung des inneren Zustandes
     Fundstelle: 6.10.4 ADR

644   1.   UN 1049 Wasserstoff, verdichtet, 2.1, (B/D)   **(10)**
          Fundstelle: Kapitel 3.2 Tabelle A und 5.4.1.1.1 ADR

2.   Fahrzeug FL
     Fundstelle: Kapitel 3.2 Tabelle A Spalte 14 ADR

3.   Großzettel Nr. 2.1 an beiden Längsseiten und hinten
     Fundstelle: Kapitel 3.2 Tabelle A Spalte 5 und 5.3.1.4 ADR

4.   Nummer zur Kennzeichnung der Gefahr: 23
     UN-Nummer 1049
     Vorne und hinten am Fahrzeug
     Fundstelle: Kapitel 3.2 Tabelle A Spalten 1 und 20, 5.3.2.1.2 und
     5.3.2.1.6 ADR

5.   Die Beförderung unterliegt nicht den §§ 35 und 35a GGVSEB
     Fundstelle: Tabelle in § 35b GGVSEB – Beförderung von Versandstücken

6.   Nein.
     Fundstelle: 1.10.3.1.2 ADR. Da Flaschenbündel Versandstücke sind, fallen
     sie nicht unter die Regelung in 1.10.3.

7.   – Zulassungsnummer
     – Name oder Zeichen des Herstellers
     – Seriennummer des Herstellers
     – Baujahr
     – Prüfdruck
     – Berechnungstemperatur
     – Datum der erstmaligen und zuletzt durchgeführten wiederkehrenden
       Prüfung oder
     – Stempel des Sachverständigen
     Fundstelle: 6.8.3.5.10 ADR

2.4 Antworten zum Teil Eisenbahn

Hinweis: *Die Zahl in Klammern gibt die erreichbare Punktzahl an.*

645   **A**   GGVSEB/RID   **(1)**
Fundstelle: § 1 GGVSEB

646   Bei Gefahr, insbesondere wenn gefährliches Gut bei Unfällen oder Unregelmäßig-   **(2)**
keiten austritt oder austreten kann und die Gefahr nicht rasch zu beseitigen ist.
Fundstelle: § 4 Absatz 2 Satz 2 GGVSEB

647   **C**   In der GGVSEB, § 4   **(1)**
F   Im RID, Abschnitt 1.4.1

648   Nein.   **(2)**
Fundstelle: § 3 GGVSEB in Verbindung mit Kapitel 2.2 und Kapitel 3.2 Tabelle A
RID; UN 3117 über Tabelle 2.2.52.4 und 2.2.52.2 RID

649   **A**   Am Eintrag im Tankschild   **(1)**
Fundstelle: 6.8.2.5.1 RID

650   **A**   Auf dem Tankschild   **(1)**
E   Auf beiden Seiten des Tanks selbst oder beidseitig auf Tafeln
Fundstelle: 6.8.2.5.1 und 6.8.2.5.2 RID
Hinweis: Die Antwortvorgabe müsste nach der 17. RID-Änderungsverordnung lau-
ten: Auf beiden Seiten des Kesselwagens (auf dem Tank selbst oder auf Tafeln)

651   **D**   Auf beiden Seiten des Kesselwagens (auf dem Tank selbst oder auf einer   **(1)**
Tafel)
Im RID sind zwei Einträge vorgeschrieben. Verantwortlich ist der Betreiber eines
Kesselwagens nach § 24 GGVSEB.
Fundstelle: 6.8.2.5.1 und 6.8.2.5.2 in Verbindung mit 6.8.2.4.2 und 6.8.2.4.3 RID

652   **D**   Auf dem Tankcontainer selbst oder auf einer Tafel   **(1)**
Fundstelle: 6.8.2.5.2 RID

653   **A**   Von der Einfülltemperatur und der Dichte   **(1)**
Hinweis: Die verschiedenen Formeln in 4.3.2.2.1 sind immer unter Berücksichti-
gung der Einfülltemperatur (t_F) und dem kubischen Ausdehnungskoeffizienten
(Formel in Bezug auf die Dichte bei 15 °C und 50 °C) zu berechnen.
Fundstelle: 4.3.2.2.2 RID

654   Wenn die Sicherheit des Tanks oder seiner Ausrüstungen durch Ausbesserungen,   **(2)**
Umbau oder Unfall beeinträchtigt sein könnte.
Fundstelle: 6.8.2.4.4 RID

655   Unterabschnitt 5.1.5.3 RID   **(2)**

656   Unterabschnitt 5.1.5.3 RID   **(2)**

657   Tabelle 2.2.7.2.2.1 in 2.2.7.2.2 RID   **(2)**
Hinweis: Bei der Beantwortung der Frage geht man von den bekannten Radio-
nukliden aus.

Eisenbahn

658   Antwortmöglichkeiten: (2)
- erstmalige Prüfung
- wiederkehrende Prüfung spätestens nach 8 Jahren
- Zwischenprüfung spätestens nach 4 Jahren
- außerordentliche Prüfung

Fundstelle: 6.8.2.4 RID

659   Alle 8 Jahre   (2)

Fundstelle: 6.8.2.4.2 RID

660   Alle 4 Jahre   (2)

Fundstelle: 6.8.2.4.3 RID

661   Alle 2,5 Jahre   (2)

Vor Beantwortung ist unbedingt zu prüfen: Ist ein ortsbeweglicher Tank zugelassen? Ja – T4 in Spalte 10

Fundstelle: 6.7.2.19.2 RID

662   Nein; Unterabschnitt 7.5.2.1 RID   (2)

663   **A**   Gegebenenfalls Zusammenladeverbote aufgrund der Verträglichkeitsgruppen   (1)

      B   Verwendung von Wagen mit ordnungsgemäßen Funkenschutzblechen

Fundstelle: 7.5.2.2 und 7.2.4 Sondervorschrift W2 erster Absatz RID

664   Ja; Abschnitt 7.5.4 RID   (2)

Die Lösung ergibt sich aus Kapitel 3.2 Tabelle A RID. UN 1230 Methanol ist ein Stoff der Klasse 3 und mit Gefahrzetteln Nr. 3 und 6.1 zu kennzeichnen. Durch den Gefahrzettel Nr. 6.1 in Verbindung mit der Sondervorschrift CW28 wird in 7.5.11 RID auf die Anwendung 7.5.4 RID hingewiesen.

665   Richtige Antwortmöglichkeiten (mindestens zwei nennen):   (2)
- vollwandige Trennwände, so hoch wie die geladenen Versandstücke
- Trennung durch Versandstücke, die nicht mit Zetteln nach Muster 6.1, 6.2 oder 9 gekennzeichnet und keine Güter der UN-Nummern 2212, 2315, 2590, 3151, 3152 oder 3245 sind
- ein Abstand von mindestens 0,8 m
- zusätzliche Verpackung oder vollständige Abdeckung von Versandstücken

Fundstelle: 7.5.4 in Verbindung mit 7.5.11 (CW28) RID

666   **A**   Im Abschnitt 7.5.7 des RID   (1)

667   Es ist zuerst die dem Füllgut zunächst liegende Absperreinrichtung zu schließen.   (2)

Fundstelle: 4.3.2.3.4 RID

668   Richtige Antwortmöglichkeiten (mindestens zwei nennen):   (2)
- Dichtheit des Tankkörpers und Dichtheit der Ausrüstungsteile sowie ihre Funktionstüchtigkeit überprüfen
- Masse der Restladung (z. B. durch Wiegen) bestimmen
- das letzte Ladegut ermitteln (ggf. Vermischungsverbot)
- Angaben des Ladegutes auf dem Tankschild müssen mit dem zu befüllenden Gut übereinstimmen; bei Verwendung für mehrere Gase muss die richtige Klapptafel geöffnet sein.
- Lastgrenzen in Verbindung mit höchstzulässiger Masse der Füllung überprüfen

Fundstelle: 4.3.3.4.1 a) RID

669 – Tanktyp   (2)
     – Berechnungsdruck
     – Öffnungen
     – Sicherheitsventil/-einrichtung
Fundstelle: 4.3.4.1.1 RID für Klassen 3 bis 9

670 LGBF und L4BN   (3)
Über 3.2.1 Alphabetische Stoffliste (Tabelle B) RID: UN-Nummer 1294, dann Kapitel 3.2 Tabelle A RID: Toluen, Verpackungsgruppe II, Klassifizierungscode F1. Nach Spalte 12 ist LGBF zugelassen. Nach der Tankhierarchie 4.3.4.1.2 RID ist auch L4BN zugelassen sowie weitere Tanks gemäß dieser Tankhierarchie. Es können alle Tanks verwendet werden, die in der Spalte „zugelassene Stoffgruppen" den Eintrag „sowie die für die Tankcodierungen LGBF zugelassenen Stoffgruppen" haben, oder jeweils höherwertige Tanks gemäß Tankhierarchie am Ende der Tabelle in 4.3.4.1.2 RID.

671 **B** Mindestens drei voneinander unabhängige hintereinanderliegende   (1)
Aus der alphabetischen Stoffliste RID: Heizöl (leicht), UN 1202, Sondervorschrift 640L, ist dann nach Kapitel 3.2 Tabelle A Spalte 12 RID der Tankcode LGBF erforderlich.
Tankcodierung nach 4.3.4.1.1 RID, Teil 3 „Öffnungen": Hiernach ist B genannt; somit sind drei Verschlüsse erforderlich.

672 Je Innenverpackung 5 kg   (2)
     Versandstück 30 kg brutto
Fundstelle: Kapitel 3.2 Tabelle A RID: UN 3453 Phosphorsäure, fest, 8, VG III, Spalte 7a und 3.4.2 RID

673 **A** 1 l Innenverpackung, 20 kg Bruttomasse/Versandstück   (1)
Fundstelle: Kapitel 3.2 Tabelle A RID: UN 1715, Spalte 7a und 3.4.3 RID

674 Unterabschnitt 7.5.8.1 RID   (1)

675 **A** Auf jeden Fall vor erneutem Beladen   (1)
     B So bald wie möglich
Fundstelle: 7.5.8.1 RID (Regelung für die Reinigung nach dem Entladen)

676 Kapitel 6.11 RID   (1)

677 **C** Sie muss für die gesamte Lebensdauer geführt und bis 15 Monate nach   (1)
     der Außerbetriebnahme des Tanks aufbewahrt werden.
Fundstelle: 4.3.2.1.7 RID

678 **B** P   (1)
Fundstelle: 6.8.2.5.1 RID

679 **A** Die Beförderung kann noch durchgeführt werden.   (1)
Fundstelle: 4.3.2.4.4 RID (Teil 4, weil es um die Verwendung geht)

680 BK1 = Die Beförderung in bedeckten Schüttgut-Containern ist zugelassen. (1)
In Spalte 10 sind die Regelungen für Schüttgut-Container aufgeführt. Die Regelungen für die Beförderung in loser Schüttung sind in Kapitel 7.3 RID zu finden. In 7.3.2.1 RID sind die Typen erläutert.

Eisenbahn

2.4 Eisenbahn

681   **A**   öffnungsfähige Seitenwände haben, die während der Beförderung geschlos-   (1)
               sen werden können.

      B   mit Öffnungen ausgerüstet sein, die einen Austausch von Dämpfen und Ga-
               sen mit Luft ermöglichen.

      Über die Begriffsbestimmung in 1.2.1 RID ist die Lösung und in Kapitel 6.11 RID
      sind die baulichen Anforderungen an Schüttgut-Container zu finden.

682   Ein oben offener Schüttgut-Container mit starrem Boden (einschließlich trichterför-   (1)
          miger Böden), starren Seitenwänden und starren Stirnseiten und einer nicht star-
          ren Abdeckung.
          Fundstelle: 1.2.1 RID

683   Die Beförderung kann noch durchgeführt werden.   (2)
          Fundstelle: 4.3.2.4.4 RID (Teil 4, weil es um die Verwendung von Tanks geht)

684   **C**   verdichteten Gasen der Gruppe O, wenn der Druck des Gases im Gefäß bei   (1)
               einer Temperatur von 20 °C höchstens 200 kPa beträgt.
      Fundstelle: 1.1.3.2 Buchstabe c RID (Freistellungen für Gase)

685   Die Kältemaschine unterliegt nicht den Vorschriften des RID, da nur 10 kg eines   (2)
          nicht entzündbaren und nicht giftigen Gases enthalten sind. Dies wird durch Son-
          dervorschrift 119 geregelt.
          UN 2857 hat in Kapitel 3.2 Tabelle A Spalte 6 die Sondervorschrift 119 (Kapitel 3.3
          RID), hier werden Kältemaschinen freigestellt, die nur geringe Mengen an Gas ent-
          halten.

686   **A**   Sondervorschrift 598 eingehalten sind.   (1)
      UN 2800 hat in Kapitel 3.2 Tabelle A Spalte 6 die Sondervorschriften 238, 295 und
      598 (Kapitel 3.3). Die Sondervorschrift 598 in Kapitel 3.3 RID lässt eine Freistellung
      vom RID zu.

687   **E**   In Innenverpackungen, die in starken Außenverpackungen verpackt sind,   (1)
               die u. a. den Vorschriften von 4.1.1.1 entsprechen
      Lithium-Metall-Batterien sind in der alphabetischen Stoffliste des RID der UN 3090
      zugeordnet. In Kapitel 3.2 Tabelle A RID sind in Spalte 6 die Sondervorschriften
      aufgeführt. In der Sondervorschrift 188 (Kapitel 3.3 RID) sind die Bedingungen
      aufgeführt. In Sondervorschrift 188 Buchstabe d und h wird verlangt, dass die
      Außenverpackung lediglich einem Falltest aus 1,2 m standhalten muss. Hier sind
      die Lösungen über Buchstabe d zu finden.

688   Nein, die Verpackung muss lediglich einem Falltest aus 1,2 m standhalten.   (3)
          Wenn die Batterie nur eine Gesamtmenge von 2 g Lithium enthält oder eine Nenn-
          energie von höchstens 100 Wh hat, dann ist eine Freistellung nach Sondervor-
          schrift 188 möglich. Nach Sondervorschrift 188 müssen keine bauartgeprüften Ver-
          packungen verwendet werden. Die Außenverpackung muss lediglich einem Falltest
          aus 1,2 m standhalten.
          Fundstelle: Kapitel 3.2 Tabelle A über UN-Nummer 3480 Spalte 6 Sondervorschrift
          188 d) und g) in Kapitel 3.3 RID

689   **E**   müssen gemäß Verpackungsanweisung P003 verpackt sein.   (1)
      F   müssen in ausreichend belüfteten Verpackungen verpackt werden.
      Fundstelle: Über UN 1057 in Kapitel 3.2 Tabelle A RID, Sondervorschrift 654 in
      Spalte 6 (Kapitel 3.3 RID)

690   Unterabschnitt 4.3.2.2 RID   (1)

691 4.3.2.2.1 a) RID   (3)

Bei UN 1170 handelt es sich um einen entzündbaren flüssigen Stoff. Hier ist die Berechnung nach 4.3.2.2.1 a) RID durchzuführen.

692 Nein, da der Tank nur für feste Stoffe zugelassen ist und UN 1824 in Tanks, die für   (3)
flüssige Stoffe zugelassen sind, befördert werden darf. Die Tankhierarchie lässt dies nicht zu.

Fundstelle: Kapitel 3.2 Tabelle A Spalte 12 in Verbindung mit 4.3.4.1.1 und 4.3.4.1.2 RID

693 Für UN 1223 wird ein LGBF-Tank verlangt.   (2)

L Tank für flüssige Stoffe

G Mindestberechnungsdruck gemäß allgemeinen Vorschriften des Absatzes 6.8.2.1.14 RID

B Tank mit Bodenöffnungen mit 3 Verschlüssen für das Befüllen oder Entleeren

F Tank mit Lüftungseinrichtung

Fundstelle: Kapitel 3.2 Tabelle A, 3.2.1 Alphabetische Stoffliste (Tabelle B), UN 1223, und 4.3.4.1.1 RID

694 **A** 1.6.3 RID   (1)

695 Beförderung von Straßenfahrzeugen im Sinne des ADR im kombinierten Verkehr   (1)
Straße/Schiene. Dieser Begriff schließt auch die rollende Landstraße ein.

Fundstelle: 1.2.1 RID

696 Unterabschnitt 1.1.3.10   (1)

697 Ja, weil die Sperrung von öffentlichen Verkehrswegen für mehr als 3 Stunden er-   (2)
folgte.

Fundstelle: 1.8.5.3 RID

698 Ja, nach Unterabschnitt 7.5.2.4 RID   (2)

Hinweis: Es dürfen grundsätzlich keine Gefahrgüter mit einem Gefahrzettel Nr. 1 mit Gefahrgütern anderer Klassen zusammen verladen werden. Dies gilt auch für als begrenzte Mengen verpackte gefährliche Güter. Eine Ausnahme bildet allerdings die Klasse 1.4S. Bei der UN-Nummer 0174 handelt es sich um ein Gefahrgut der Klasse 1.4S, somit dürfen diese mit Gefahrgütern in begrenzten Mengen zusammengeladen werden.

Fundstelle: 7.5.2.4 RID

699 **A** UN 1154 in begrenzten Mengen und UN 0499   (1)

Fundstelle: 7.5.2.4 RID

700 **A** Kapitel 6.11   (1)

701 Keine Ausbuchtungen oder Schäden bei: (2)

– Gewebeschlaufen

– lasttragenden Gurtbändern

– Gewebe

– Teilen der Verschlusseinrichtung, einschließlich Metall- und Textilteile

– Innenauskleidungen (keine Schlitze, Risse oder andere Beschädigungen)

Für die Antwort reichen zwei Bauteile aus.

Fundstelle: 7.3.2.10.1 RID

702   **A**   Container-/Fahrzeugpackzertifikat   **(1)**
Fundstelle: 5.4.2 RID

703   **D**   Nur, wenn eine Seebeförderung folgt.   **(1)**
Fundstelle: 5.4.2 RID

704   Kein Hinweis erforderlich.   **(1)**
Hinweis: Ein Hinweis in den Beförderungspapieren ist nur dann erforderlich, wenn 4.1.2.2 b) zutrifft und die IBC noch voll sind. In diesem Fall handelt es sich um leere ungereinigte IBC und somit trifft 4.1.2.2 a) zu und es ist kein Hinweis erforderlich.
Fundstelle: 5.4.1.1.11 und 4.1.2.2 RID

705   Die Nummer der Kennzeichnung der Gefahr aus Spalte 20 „80"   **(1)**
Fundstelle: Kapitel 3.2 Tabelle A und 5.4.1.1.1 Buchstabe j) in Verbindung mit Spalte 20 und 5.3.2.1.1 RID

706   Die Nummer zur Kennzeichnung der Gefahr. Für UN 2270 die 338.   **(1)**
Fundstelle: 5.4.1.1.1 j) in Verbindung mit Spalte 20 und in Verbindung mit 5.3.2.1.1 RID

707   Ende der Haltezeit: .... (TT/MM/JJJJ)   **(2)**
Das Datum, an dem die tatsächliche Haltezeit endet, muss eingetragen werden.
Fundstelle: Absatz 5.4.1.2.2 Buchstabe d RID

708   Leer, ungereinigt, 23, UN 1077 Propen, 2.1   **(3)**
Rückstände des zuletzt enthaltenen Stoffes, 23, UN 1077 Propen, 2.1
23, UN 1077 Propen, 2.1, leer, ungereinigt
23, UN 1077 Propen, 2.1, Rückstände des zuletzt enthaltenen Stoffes
Leerer Kesselwagen, letztes Ladegut: 23, UN 1077 Propen, 2.1
Aus 3.2.1 Alphabetische Stoffliste (Tabelle B): Propen UN 1077, dann Kapitel 3.2 Tabelle A RID: Gefahrzettelnummer 2.1 (Spalte 5) und Nummer zur Kennzeichnung der Gefahr: 23 (Spalte 20)
Fundstelle: 5.4.1.1.6.1 und 5.4.1.1.6.2.2 RID

709   **C**   Aus den schriftlichen Weisungen   **(1)**
Fundstelle: 5.4.3 RID

710   UN 3332 RADIOAKTIVE STOFFE, TYP A-VERSANDSTÜCK, IN BESONDERER FORM, 7   **(4)**
Cs-137, Am-241, 1776 MBq, II-GELB, Transportkennzahl 0,5, Zulassungskennzeichen für besondere Form GB/140/S, GB/7/S
Keine besonderen Maßnahmen nach 5.4.1.2.5.2 a) RID erforderlich.
Fundstelle:
1. *Nach 5.4.1.2.5.1 b) RID ist entweder die „Beschreibung der physikalischen und chemischen Form des Stoffes" oder „die Angabe, dass es sich um einen radioaktiven Stoff in besonderer Form handelt" anzugeben. Bei UN 3332 ist diese Angabe Teil der offiziellen Benennung, kann also hier weggelassen werden (steht so ausdrücklich nur bei 10.8.3.9.2 Schritt 6, b) IATA-DGR).*
2. *Nach 5.4.1.2.5.1 c) RID ist die „maximale Aktivität des radioaktiven Inhalts" anzugeben, also die Summe von 296 MBq + 1480 MBq = 1776 MBq.*
3. *Nach 5.4.1.2.5.2 a) RID hat der Absender „zusammen mit dem Beförderungspapier" u.a. auf zusätzliche Maßnahmen bei der Verladung/Verstauung/Beför-*

derung/Handhabung/Entladung hinzuweisen oder einen Hinweis zu geben, „dass solche Maßnahmen nicht erforderlich sind".

Die Kategorie ist aus Tabelle 5.1.5.3.4 RID zuzuordnen; bzgl. der Umrechnung siehe 1.2.2 RID.

711   Beförderung nach Unterabschnitt 7.5.8.1 **(2)**
Fundstelle: 5.4.1.1.6.3 Buchstabe b RID

712   – UN-Nummer mit Buchstaben „UN" vorangestellt **(3)**
   – offizielle Benennung ggf. ergänzt mit technischer Benennung
   – Gefahrzettelmuster (klassenbezogene Besonderheiten beachten)
   – Verpackungsgruppe (klassenbezogene Besonderheiten beachten)
   – Anzahl und Beschreibung der Versandstücke
   – Gesamtmenge
   – Name und Anschrift des Absenders
   – Name und Anschrift des Empfängers
Anmerkung: Es wurde hier eine verkürzte Form der Darstellung gewählt.
Fundstelle: 5.4.1.1.1 RID

713   23, UN 1057 Feuerzeuge, 2.1 oder **(2)**
   23, UN 1057 Nachfüllpatronen für Feuerzeuge, 2.1
Gefahr-, UN-Nummer, Bezeichnung und Gefahrzettelmuster müssen angegeben werden.
Fundstelle: Angaben aus Kapitel 3.2 Tabelle A Spalte 5 und aus 5.4.1.1.1 Buchstabe j in Verbindung mit 5.3.2.1.1 und 3.1.2.2 Buchstabe a, 5.4.1.1.1 a) bis d) und j) RID

714   40, UN 1346 Silicium-Pulver, amorph, 4.1, III **(2)**
Angaben gemäß 3.2 Tabelle A in Verbindung mit 5.4.1.1.1 RID

715   30, UN 1300 Terpentinölersatz, 3, III, umweltgefährdend, Beförderung nach **(3)**
   Absatz 1.1.4.2.1
Fundstelle: Kapitel 3.2 Tabelle A, 2.2.3.1.3 (Flammpunkt), 5.4.1.1.1 und 5.4.1.1.7 (Beförderungspapier) und 1.1.4.2 (Vorlauf Seeverkehr) RID

716   Leere Verpackung, 6.1 (3) **(2)**
   Weitere Möglichkeiten:
   Leer ungereinigt, UN 2023 Epichlorhydrin, 6.1 (3), II
   Rückstände des zuletzt enthaltenen Stoffes UN 2023 Epichlorhydrin, 6.1 (3), II
   UN 2023 Epichlorhydrin, 6.1 (3), II, leer ungereinigt
   UN 2023 Epichlorhydrin, 6.1 (3), II, Rückstände des zuletzt enthaltenen Stoffes
Fundstelle: 5.4.1.1.6.1 und 5.4.1.1.6.2.1 RID

717   Leer ungereinigt 886, UN 1744 Brom, 8 (6.1), I, umweltgefährdend **(3)**
   Rückstände des zuletzt enthaltenen Stoffes 886, UN 1744 Brom, 8 (6.1), I, umweltgefährdend
   886, UN 1744 Brom, 8 (6.1), I, umweltgefährdend, leer ungereinigt
   886, UN 1744 Brom, 8 (6.1), I, umweltgefährdend, Rückstände des zuletzt enthaltenen Stoffes
   Leerer Tankcontainer, letztes Ladegut: 886, UN 1744 Brom, 8 (6.1), I, umweltgefährdend
Fundstelle: 5.4.1.1.6.1 und 5.4.1.1.6.2.2 RID

Eisenbahn

718   Leer ungereinigt 40, UN 1364 Baumwollabfälle, ölhaltig, 4.2, III   **(3)**

Rückstände des zuletzt enthaltenen Stoffes 40, UN 1364 Baumwollabfälle, ölhaltig, 4.2, III

40, UN 1364 Baumwollabfälle, ölhaltig, 4.2, III, leer ungereinigt

40, UN 1364 Baumwollabfälle, ölhaltig, 4.2, III, Rückstände des zuletzt enthaltenen Stoffes

Leerer Wagen, letztes Ladegut: 40, UN 1364 Baumwollabfälle, ölhaltig, 4.2, III

Fundstelle: 5.4.1.1.6.1 und 5.4.1.1.6.2.2 RID

719   UN 3509 Altverpackungen, leer ungereinigt (mit Rückständen von 6.1), 9   **(2)**

Fundstelle: Kapitel 3.2 Tabelle A und 5.4.1.1.19 RID

720   Sondervorschrift 640 D   **(2)**

Fundstelle: Kapitel 3.2 Tabelle A Spalte 6 Sondervorschrift 640 D, 2.2.3.1.3 (Flammpunkt) zu VG II, 5.4.1.1.1 (Beförderungspapier) und 5.4.1.1.16 RID

721   Deutsch, Englisch oder Französisch   **(1)**

Fundstelle: 5.4.1.4.1 RID

722   K   Die Gesamtmenge jeden gefährlichen Gutes   **(1)**

L   Name und Anschrift des Empfängers

M   Ggf. die Anzahl und Beschreibung der Versandstücke

N   Name und Anschrift des Absenders

O   Ggf. die Erklärung entsprechend den Vorschriften einer Sondervereinbarung

Q   Ggf. der Ausdruck „umweltgefährdend" oder „Meeresschadstoff/umweltgefährdend"

Fundstelle: 5.4.1.1.1 und 5.4.1.1.18 RID

723   E   Die Nummer zur Kennzeichnung der Gefahr   **(1)**

Fundstelle: 5.4.1.1.1 j) in Verbindung mit 5.4.1.1.9 und 1.1.4.4.5 RID

724   A   33, UN 1993, Entzündbarer flüssiger Stoff, n.a.g., 3, II, Abfall nach Absatz   **(1)**
            2.1.3.5.5

Fundstelle: 5.4.1.1.3 und 2.1.3.5.5 und 5.4.1.1.1 j) RID für die Nummer zur Kennzeichnung der Gefahr, weil in Kesselwagen befördert wird

725   33, UN 1993, Entzündbarer flüssiger Stoff, n.a.g., 3, II, Abfall nach Absatz   **(3)**
          2.1.3.5.5, umweltgefährdend

Aufgrund der Kenntnisse ist die Einstufung in VG II gemäß Tabelle in 2.2.3.1.3 möglich. Die SV 274 muss nicht zur Anwendung kommen.

Fundstelle: 5.4.1.1.3 und 2.1.3.5.5 und 5.4.1.1.1 j) RID für die Nummer zur Kennzeichnung der Gefahr, weil in Kesselwagen befördert wird; 5.4.1.1.18 RID für umweltgefährdende Eigenschaften

726   A   33, UN 1993, Entzündbarer flüssiger Stoff, n.a.g., 3, II, Abfall nach Absatz   **(1)**
            2.1.3.5.5

Aufgrund der Kenntnisse ist die Einstufung in VG II möglich. Die SV 274 muss nicht zur Anwendung kommen.

Fundstelle: 5.4.1.1.3 und 2.1.3.5.5 und 5.4.1.1.1 j) RID für die Nummer zur Kennzeichnung der Gefahr, weil in Kesselwagen befördert wird

Eisenbahn

727 „Gefährliche Güter in freigestellten Mengen" und die Ergänzung der Anzahl der Versandstücke   **(2)**

Weil ein Konnossement mitgeführt wird, muss ein Eintrag erfolgen.

Fundstelle: 3.5.6 RID

728 Beförderung nach Absatz 4.3.2.4.4   **(2)**

Fundstelle: 5.4.1.1.6.4 RID

729 – Beförderung gemäß Unterabschnitt 1.1.4.4 RID   **(3)**

– Nummer zur Kennzeichnung der Gefahr vor der UN-Nummer: 33

Fundstelle: 1.1.4.4.5 und 5.4.1.1.9 RID

730 60, UN 2078 Toluendiisocyanat, 6.1, II, umweltgefährdend   **(2)**

Fundstelle: 5.4.1.1.1 a) bis d) und j), weil Beförderung in Kesselwagen und 5.4.1.1.18 RID

731 UN 2910, Adresse des Absenders und Adresse des Empfängers   **(3)**

Fundstelle: 5.1.5.4.2 RID

Hinweis: Bei der Fragestellung wird nach den „immer" erforderlichen Angaben gefragt.

732 **A** Sie sind auf dem Führerstand an leicht zugänglicher Stelle mitzuführen.   **(1)**

    D Sie müssen in einer Sprache, die der Triebfahrzeugführer lesen und verstehen kann, bereitgestellt werden.

Fundstelle: 5.4.3.1 und 5.4.3.2 RID

733 1000 Liter Brennstoff   **(1)**

Fundstelle: Über UN 3530 in Kapitel 3.2 Tabelle A Spalte 6, Sondervorschrift 363 g) vi) RID

734 Nr. 13 „vorsichtig verschieben" und Nr. 15 „Abstoß- und Ablaufverbot"   **(2)**

Fundstelle: 5.3.4.2 RID

735 – mindestens 250 mm Seitenlänge   **(2)**

    Hinweis: An Wagen dürfen die Großzettel auch auf 150 mm Seitenlänge verkleinert werden, sofern die verfügbare Fläche für die Anbringung der Großzettel wegen der Größe und Bauweise des Wagens nicht ausreicht.

– Anbringung an beiden Längsseiten

Fundstelle: 5.3.1.7.1 und 5.3.1.7.4 sowie 5.3.1.4 RID

736 **C** Mit Großzetteln (Placards), die den Gefahrzetteln der Versandstücke entsprechen, an beiden Längsseiten   **(1)**

Fundstelle: 5.3.1.5 RID

737 Sie müssen mit den für die vorherige Ladung vorgeschriebenen Großzetteln versehen sein.   **(1)**

Fundstelle: 5.3.1.6 RID

738 **A** Ja   **(1)**

Fundstelle: 5.3.1.1.6 RID

739 **F** Wie Tankcontainer mit einem gefährlichen Gut   **(1)**

    G Wie MEGC

    K Wie ortsbewegliche Tanks mit einem gefährlichen Gut

    L An beiden Längsseiten und an jedem Ende des Großcontainers

Eisenbahn

Hinweis: Die Antworten F, G und K sind Bestandteil der Vorschrift in 5.3.1.2 RID, sind aber nach Auffassung der Verfasser nur deshalb auch richtig, weil diese Umschließungen in 5.3.1.2 aufgeführt sind. Die Antwort L trifft das Gewollte.
Fundstelle: 5.3.1.2 RID

740   An beiden Längsseiten und an jedem Ende des Großcontainers   **(2)**
Fundstelle: 5.3.1.2 RID

741   An beiden Längsseiten und an jedem Ende des Wechselbehälters   **(2)**
Ein Wechselaufbau (Wechselbehälter) ist nach 1.2.1 RID wie ein Großcontainer zu behandeln. Siehe auch Bemerkung zu 5.3.1.2 ADR.
Fundstelle: 5.3.1.2 RID

742   **A**   An beiden Längsseiten des Wagens   **(1)**
Fundstelle: 5.3.1.5 RID

743   Orangefarbener Streifen   **(2)**
Fundstelle: 5.3.5 und Sondervorschrift TM6 Spalte 13 und 6.8.4 e) RID

744   Bei der Beförderung von verflüssigten, tiefgekühlt verflüssigten oder gelösten Gasen   **(2)**
Fundstelle: 5.3.5 und Sondervorschrift TM6 Spalte 13 und 6.8.4 e) RID

745   Gefahrzettel Nr. 1 und Nr. 15. Die Anbringung erfolgt auf beiden Längsseiten.   **(2)**
Fundstelle: Kapitel 3.2 Tabelle A Spalte 5 und 5.3.1.5 und 5.3.4.1 RID

746   Großzettel Nr. 3   **(3)**
Kennzeichen für umweltgefährdende Stoffe
Orangefarbene Tafel mit Nummer zur Kennzeichnung der Gefahr: 33 und
UN-Nummer: 1203
Fundstelle: 5.3.1, 5.3.2 und 5.3.6 RID

747   Die Anbringung erfolgt an beiden Längsseiten.   **(2)**
Größe beträgt mindestens 250 mm × 250 mm
Hinweis: An Wagen dürfen die Großzettel auch auf 150 mm Seitenlänge verkleinert werden, sofern die verfügbare Fläche für die Anbringung der Großzettel wegen der Größe und Bauweise des Wagens nicht ausreicht.
Fundstelle: 5.3.1.5, 5.3.1.7.1 und 5.3.1.7.4 RID

748   Aufschrift Propen   **(4)**
Orangefarbene Tafeln an beiden Längsseiten
Nummer zur Kennzeichnung der Gefahr: 23
UN-Nummer: 1077
Großzettel Nr. 2.1
Rangierzettel 13
Rundum: Orangefarbener Streifen
Fundstelle: 3.2.1 Alphabetische Stoffliste (Tabelle B), Kapitel 3.2 Tabelle A Spalten 1, 5, 13 und 20 und SV TM6 – 6.8.4, 5.3.1.4, 5.3.2, 5.3.4.2, 5.3.5, 6.8.3.5.2 und 6.8.3.5.3 RID

749   Ja; nach Absatz 5.3.2.1.1 RID   **(2)**
Fundstelle: 5.3.2.1.1 letzter Satz RID

Eisenbahn

750 **D** Großzettel und Kennzeichen für umweltgefährdende Stoffe vorn und hinten **(1)**
und links und rechts an den befüllten Abteilen sowie orangefarbene Tafeln
links und rechts an den befüllten Abteilen des Tankcontainers

Fundstelle: 5.3.1.2 (Großzettel), 5.3.2.1.2 (orangefarbene Tafeln) und 5.3.6 (umwelt-
gefährdende Stoffe) RID

751 Mit der Kennzeichnung, die nach 5.2.1 und 5.2.2 in Verbindung mit der SV 625 RID **(4)**
vorgeschrieben ist.

Gefahrzettel Nr. 2.2
Gefahrzettel Nr. 3
Ausrichtungspfeile auf zwei gegenüberliegenden Seiten
UN 1950 AEROSOLE
UN 1915

Das Wort „Umverpackung"

Fundstelle: Kapitel 3.2 Tabelle A Spalten 5 und 6 (für UN 1950 gibt es die SV 625:
Angabe auf Versandstück „UN 1950 Aerosole"), 5.1.2.1, 5.1.2.2 und 5.1.2.3 sowie
5.2.1.1, 5.2.1.10 und 5.2.2.1 RID

Hinweis: Nach Auffassung des DIHK muss das Wort „AEROSOLE" nicht angege-
ben werden. Nach Auffassung der Verfasser ist es aber sinnvoll, weil es ggf. sonst
bei Kontrollen zur Verwirrung kommen könnte.

752 Kennzeichen für erwärmte Stoffe **(1)**

Fundstelle: 5.3.3 RID

753 Toleranz von + 10 % **(1)**

Fundstelle: 5.3.2.2.4 RID

754 Tabelle A RID: Nach Spalte 18 CW36 **(2)**
Die Ladetüren der Wagen oder Container müssen mit folgender Kennzeichnung
versehen sein, wobei die Buchstabenhöhe mindestens 25 mm betragen muss:

„ACHTUNG
KEINE BELÜFTUNG
VORSICHTIG ÖFFNEN"

Diese Angaben müssen in einer Sprache abgefasst sein, die vom Absender als geeignet angesehen wird.

Fundstelle: Kapitel 3.2 Tabelle A Spalte 18, CW36 in 7.5.11 RID

755 **A** Sie legen fest, wie das Versandstück während des Transports auszurichten **(1)**
ist, damit der Verschluss von Innenverpackungen mit Flüssigkeiten nach
oben steht.

Fundstelle: 5.2.1.10 und 5.1.2.3 RID

756 Diese Palette mit der undurchsichtigen Folie ist als Umverpackung wie folgt zu **(4)**
kennzeichnen:

– UN 1230 und UN 1219

– Gefahrzettel nach Muster 3 und 6.1

– Ausrichtungspfeile auf zwei gegenüberliegenden Seiten

– Umverpackung

Zunächst ist festzustellen, dass zusammengesetzte Verpackungen als Versandstü-
cke gelten (Begriffsbestimmung in 1.2.1 RID). Dann wird weiterhin über 1.2.1 RID
festgestellt, dass es sich um eine Umverpackung handelt. Somit gelten die Vor-
schriften des Unterabschnitts 5.1.2.1 RID. Für die UN-Nummern 1230 und 1219
werden über die Tabelle A RID die Gefahrzettel und Kennzeichnungen ermittelt.
Obwohl der Gefahrzettel 3 zweimal vorkommt, ist er nur einmal auf der Umver-

Eisenbahn

packung anzubringen. Außerdem handelt es sich um flüssige Stoffe und somit ist auch die Regelung für die Ausrichtungspfeile in 5.2.1.10 RID zu prüfen.
Fundstelle: 5.1.2 RID

757   Kennzeichnung und Bezettelung an beiden Längsseiten   **(4)**
Großzettel Nr. 4.2 und 4.3
Orangefarbene Tafel mit Gefahrnummer X333 und der UN-Nr. 3394
Fundstelle: 5.3.1.3.1, 5.3.2.1.5 in Verbindung mit Bemerkung und Kapitel 3.2 Tabelle A Spalten 1 und 20 RID

758   Ja, bei Beförderung von Tankcontainern mit einem Fassungsraum von höchstens   **(3)**
3 000 l in gedeckten Wagen muss der Wagen nicht mit orangefarbenen Tafeln gekennzeichnet werden.
Fundstelle: Bemerkung zu 5.3.2.1.5 RID

759   Orangefarbene Tafeln mit Gefahrnummer 70 und UN-Nr. 3328 sind an beiden   **(2)**
Längsseiten anzubringen.
Fundstelle: 5.3.2.1.1 RID

760   **D**   Mit einer orangefarbenen Tafel mit Nummer zur Kennzeichnung der Gefahr   **(1)**
und UN-Nummer an beiden Längsseiten
Fundstelle: 5.3.2.1.1 RID

761   Großzettel Nr. 9 an allen 4 Seiten und Kennzeichen für umweltgefährdende Stoffe   **(4)**
an allen 4 Seiten
Orangefarbene Tafel mit Gefahrnummer 90 und UN-Nr. 3082 an beiden Längsseiten
Fundstelle: Kapitel 3.2 Tabelle A Spalten 1, 5 und 20, 5.3.1.2, 5.3.2.1.2 und 5.3.6 RID

762   Nein, da in den Bedingungen nach der SV 188 keine Kennzeichnung mit Gefahr-   **(2)**
zettel 9A verlangt wird und die Lithium-Metall-Batterien von den übrigen Vorschriften des RID freigestellt sind. Es muss lediglich das Kennzeichen für Lithium-Batterien angebracht werden.
Fundstelle: Sondervorschrift 188 in Kapitel 3.3 und 5.2.1.9 RID

763   Großzettel Nr. 3 und 8 an beiden Längsseiten des Sattelanhängers   **(2)**
Alternative: orangefarbene Tafel auch an der Stirnseite des Anhängers
Fundstelle: 1.1.4.4.3 RID

764   Nein; 1.1.4.4.2 Buchstabe b RID   **(2)**

765   Großzettel an beiden Längsseiten, Größe 25 × 25 cm   **(2)**
Hinweis: An Wagen dürfen die Großzettel auch auf 150 mm Seitenlänge verkleinert werden, sofern die verfügbare Fläche für die Anbringung der Großzettel wegen der Größe und Bauweise des Wagens nicht ausreicht.
Fundstelle: 1.1.4.4.4, 5.3.1.7.1 und 5.3.1.7.4 RID

766   **B**   Am Kennzeichen „UN 2910"   **(1)**
Fundstelle: 3.2.1 Alphabetische Stoffliste (Tabelle B), Kapitel 3.2 Tabelle A und 5.1.5.4.1 RID

767   Orangefarbene Tafel mit 33/1203, Großzettel Nr. 3 und Kennzeichen umweltgefähr-   **(4)**
dend an beiden Längsseiten
Fundstelle: 5.3.1, 5.3.2 und 5.3.6 RID

768   – UN-Nummer 1971   (3)
           – Methan verdichtet
           – das Datum (Jahr) der nächsten wiederkehrenden Prüfung
           – 1000 kg Bruttomasse
           – Gefahrzettel Nr. 2.1
           Es sind drei Angaben auszuwählen.
           Bei UN 1971 handelt es sich um ein verdichtetes brennbares Gas der Klasse 2.1.
           Weil es sich um einzelne Gasflaschen handelt, ist das Flaschenbündel z. B. wie
           folgt zu kennzeichnen und zu bezetteln:
           Fundstelle: 5.2.1.6 und 5.2.2 RID
           Hinweis: Die „technische Kennzeichnung" nach Kapitel 6.2 ist in der Fragestellung
           nicht enthalten.

769   Unterabschnitt 1.1.4.2 RID   (1)

770   **A**   Dem ADR   (1)
           Fundstelle: 1.1.4.4.1 RID

771   **B**   Temperaturkontrollierte selbstzersetzliche Stoffe der Klasse 4.1 sind im   (1)
                    Huckepackverkehr nicht zugelassen.
           Fundstelle: 1.1.4.4.1 RID

772   1.1.4.4, 5.4.1.1.9 und 7.7 RID   (2)
           Hinweis: Es gibt nur 1.1.4.4 RID als Fundstelle mit diesen Bedingungen. Die wei-
           teren Fundstellen ergeben sich aus 1.1.4.4 RID.

773   Nein; Sondervorschrift TU15   (2)
           Fundstelle: Kapitel 3.2 Tabelle A Spalte 13 Sondervorschrift TU15, 4.3.5 RID

774   Abschnitt 7.5.3 RID   (1)

775   **A**   Zwischen den Puffertellern mindestens 18 m   (1)
           Fundstelle: 7.5.3 RID

776   Ja. Wagen, in denen Güter nach Kapitel 3.4 RID befördert werden, sind nicht mit   (2)
           Großzetteln gekennzeichnet und können als Schutzwagen verwendet werden.
           Fundstelle: 7.5.3 und Kapitel 3.4 RID

777   Nein; 7.5.3 RID   (2)
           Hinweis: Gefahrzettel Nr. 1.4 fällt nicht unter die Regelung in 7.5.3 RID.

778   Kapitel 4.3 RID   (1)

779   Kapitel 4.2 RID   (1)

780   Kapitel 7.3 RID   (1)

781   Ja; Unterabschnitt 4.3.2.4 RID   (2)
           Fundstelle: 4.3.2.4.4 RID

782   **C**   Tabelle A Spalte 10 bzw. Spalte 17 RID   (1)
           Hinweis: Weitere Angaben sind in Kapitel 7.3 RID enthalten.
           Fundstelle: 3.2.1 Spaltenerläuterungen RID

783   **C**   Tabelle A Spalte 12 RID   (1)
           Fundstelle: Kapitel 3.2 Tabelle A und 4.3 RID

Eisenbahn

784   **A**   Tabelle A Spalte 10 RID   (1)
Fundstelle: Kapitel 3.2 Tabelle A und 4.2 RID

785   Klasse 1   (1)
Fundstelle: 7.5.2.2 RID

786   Ein Meter   (2)
*Fundstelle: CW33 über Kapitel 3.2 Tabelle A Spalte 18, Tabelle B in CW33 in 7.5.11
RID*

787   1.   Türscharniere und Beschläge, die verklemmt, verdreht, zerbrochen, nicht   (3)
vorhanden oder in anderer Art und Weise nicht funktionsfähig sind
2.   Undichte Dichtungen und Verschlüsse
3.   Jede Beschädigung an Hebeeinrichtungen oder an den Aufnahmepunkten
für die Umschlageinrichtungen
Fundstelle: 7.3.1.13 Buchstabe a bis i RID

788   **A**   BK1   (1)
Fundstelle: 6.11.2.3 und 7.3.2.1 RID

789   In gedeckte Wagen oder Wagen mit Decken   (2)
Fundstelle: 7.2.2 RID

790   Nein.   (2)
Über Kapitel 3.2 Tabelle A Spalte 16 Sondervorschriften W5, W7 und W8
Nach der Sondervorschrift W5 in 7.2.4 RID darf UN 3222 nicht in einem Kleincon-
tainer befördert werden.

791   Unterabschnitt 1.1.3.8 RID   (1)

792   **E**   Die Beförderung im Huckepackverkehr ist bei diesem Stoff nicht zulässig.   (1)
*Fundstelle: 1.1.4.4.1 und Kapitel 3.2 Tabelle A (UN 0129) RID – generelles Verbot
der Beförderung im RID*

793   **B**   Dem ADR   (1)
Fundstelle: 1.1.4.4.1 RID

794   Beförderung unter Beachtung einer ausreichenden Sicherheit zu der nächsten ge-   (4)
eigneten Stelle. Eine ausreichende Sicherheit liegt vor, wenn geeignete Maßnahmen ergriffen wurden, die eine gleichwertige Sicherheit gewährleisten und ein un-
kontrolliertes Freiwerden der gefährlichen Güter verhindern.
Außerdem ist im Beförderungspapier zusätzlich zu vermerken:
„Beförderung nach Absatz 4.3.2.4.3"
*Es geht hierbei um die Verwendung von Tankcontainern. Somit ist die Maßnahme
in Kapitel 4.3 RID zu suchen. Für ungereinigte leere Tanks ist die Vorschrift in
4.3.2.4.3 RID enthalten. Außerdem muss ein Eintrag nach 5.4.1.1.6.3 RID im Beförderungspapier enthalten sein.*

795   Die Anzahl der Versandstücke darf 1000 nicht übersteigen.   (1)
Fundstelle: 3.5.5 RID

796   Tankanweisung T14 und Sondervorschrift TP2   (1)
*Fundstelle: 3.2.1 Alphabetische Stoffliste (Tabelle B), Kapitel 3.2 Tabelle A Spal-
ten 10 und 11 für UN 1921, weil es sich um einen ortsbeweglichen Tank handelt*

797   Nein. In der Spalte 17 ist der Code VC2 angegeben, damit ist eine Beförderung   **(2)**
nur in gedeckten Wagen zulässig.
Fundstelle: Kapitel 3.2 Tabelle A Spalte 17 mit VC2 in 7.3.3.1 RID

798   **D**   Die Umverpackung muss an zwei gegenüberliegenden Seiten mit Ausrich-   **(1)**
tungspfeilen gekennzeichnet sein.

        F   Die Umverpackung ist mit den Kennzeichen beider UN-Nummern zu ver-
sehen.

Hinweis: Die Antwortmöglichkeit D ist nur dann richtig, wenn Antwortmöglichkeit F in der Prüfung nicht vorhanden ist, da in der Fragestellung kein Hinweis auf eine zusammengesetzte Verpackung erfolgt.
Fundstelle: 5.1.2 RID

799   Tabelle A Spalte 7a   **(1)**
Fundstelle: 3.4.1 und 3.2.1 RID

800   UN 1823: 1 kg   **(4)**
UN 1931: 5 kg

Kennzeichen für begrenzte Mengen (ein auf die Spitze gestelltes Quadrat, oben und unten schwarz und in der Mitte weiß mit der Abmessung 10 × 10 cm)

4.1.10.4 RID

Fundstelle: Kapitel 3.2 Tabelle A Spalten 7a und 9 und 3.4.7 und 4.1.10 RID

801   Nein.   **(1)**

Kunststoffsäcke sind als Einzelverpackung nicht zulässig.

Fundstelle: Über Kapitel 3.2 Tabelle A Spalte 8 ist die P403 anzuwenden. Hiernach sind solche Kunststoffsäcke nicht zulässig.

802   Wenn die Verpackungsbedingungen nach 3.5.2 und 3.5.3 in Verbindung mit 3.5.1.4   **(2)**
eingehalten werden, ist die Aussage richtig.
Fundstelle: 3.5.1.4 RID

803   Die Sendung entspricht den Anforderungen der SV 296. Bei Verwendung von Ga-   **(3)**
sen des Klassifizierungscodes A bis zu einer Menge von 120 ml je Rettungsmittel zu deren Aktivierung, die in einer starren Außenverpackung bis 40 kg Gesamtbruttomasse verpackt sind, unterliegen nicht den Vorschriften. – Sondervorschrift 296
Fundstelle: Kapitel 3.2 Tabelle A Spalte 6, Kapitel 3.3 Sondervorschrift 296 RID

804   Wenn die Airbag-Module in Wagen, Schiffen oder Flugzeugen oder einbaufertigen   **(2)**
Teilen, wie Lenksäulen, Sitze usw., montiert sind. – Sondervorschrift 289 RID
Fundstelle: 3.2.1 Alphabetische Stoffliste (Tabelle B) führt zu UN 3268, Kapitel 3.2 Tabelle A und Sondervorschrift 289 in Kapitel 3.3 RID

805   **A**   Es dürfen nur zugelassene und zulässige Verpackungen verwendet werden.   **(1)**

        B   Die Zusammenpackvorschriften sind zu beachten.

        C   Die Versandstücke sind zu kennzeichnen.

Fundstelle: 1.4.3.2 RID und § 22 GGVSEB

806   **A**   Unterabschnitt 1.1.3.3 RID   **(1)**

807   Ja; 4.3.2.3.7 a) RID   **(2)**

808   Eine angenommene Umgebungstemperatur von 30 °C   **(2)**
Fundstelle: 6.8.3.4.10 d) RID

Eisenbahn

809   Nein.   **(2)**

UN 3509 gilt nur für Verpackungen, Großverpackungen oder Großpackmittel (IBC) oder Teile davon, die zur Entsorgung, zum Recycling oder zur Wiederverwertung ihrer Wertstoffe befördert werden.

Fundstelle: 2.1.5 RID in Verbindung mit SV 663 RID

810   Flexible Schüttgut-Container dürfen mit einem Volumen von höchstens 15 m³ und einem maximalen Gewicht von 14 Tonnen befüllt werden.   **(2)**

Fundstelle: 1.2.1 Schüttgut-Container (flexible Schüttgut-Container) und 7.3.2.10.4 RID

811   Absender   **(2)**
Beförderer
Empfänger
Verlader
Verpacker

…

Fundstelle: §§ 18, 19, 20, 21, 22 GGVSEB und siehe weitere Verantwortliche im Inhaltsverzeichnis GGVSEB

812   **A**   Er hat sich zu vergewissern, ob die gefährlichen Güter gemäß RID klassifiziert und nach § 3 befördert werden dürfen.   **(1)**

        B   Er hat für die Mitgabe des Beförderungspapiers zu sorgen.

Fundstelle: § 18 Absatz 1 Nummer 3 und 8 GGVSEB

813   **A**   Er hat dafür zu sorgen, dass der höchstzulässige Füllungsgrad bei Kesselwagen eingehalten wird.   **(1)**

Fundstelle: § 23 Absatz 1 Nummer 5 GGVSEB

814   **A**   Er hat dafür zu sorgen, dass die Vorschriften über die Beladung und Handhabung beachtet werden.   **(1)**

Fundstelle: § 21 Absatz 3 Nummer 4 GGVSEB

815   **A**   Er hat die Vorschriften über die Kennzeichnung von Versandstücken zu beachten.   **(1)**

Fundstelle: § 22 Absatz 1 Nummer 5 GGVSEB

816   **A**   Er hat für die schriftliche oder nachweisbar elektronische Mitteilung bestimmter Angaben über das gefährliche Gut an den Absender zu sorgen.   **(1)**

        E   Er hat sich vor Erteilung des Auftrages zu vergewissern, ob die gefährlichen Güter befördert werden dürfen.

Fundstelle: § 17 GGVSEB

817   Antwortmöglichkeiten: **(2)**

    1.   Hat sich vor dem Befüllen zu vergewissern, dass sich die „Tanks" und ihre Ausrüstungsteile in einem einwandfreien technischen Zustand befinden.

    2.   Hat dafür zu sorgen, dass „Tanks" nur mit den dafür zugelassenen gefährlichen Gütern befüllt werden.

Fundstelle: § 23 GGVSEB

818   **A**   Er hat für das Personal hinsichtlich der Besonderheiten des Schienenverkehrs nach Unterabschnitt 1.3.2.2 RID zu unterweisen.   **(1)**

        B   Er hat dafür zu sorgen, dass Begleitpapiere im Zug mitgeführt werden.

Fundstelle: zu A: § 27 Absatz 5 und zu B: § 19 Absatz 3 Nummer 4 GGVSEB

819 **A** Er hat gegebenenfalls eine außerordentliche Prüfung des Tanks durchführen **(1)**
zu lassen.
Fundstelle: § 30 Nummer 3 GGVSEB

820 Betreiber eines Kesselwagens **(2)**
Fundstelle: § 30 Nummer 3 GGVSEB

821 **C** Der Betreiber eines Kesselwagens **(1)**
Fundstelle: § 30 Nummer 3 GGVSEB

822 **C** Der Betreiber eines Tankcontainers **(1)**
Fundstelle: § 24 Nummer 3 GGVSEB

823 **B** Der Verlader **(1)**
Fundstelle: § 21 Absatz 3 Nummer 1 GGVSEB

824 Eisenbahn-Bundesamt **(2)**
Die nach Landesrecht zuständigen Behörden
Für die Instandhaltung zuständige Stelle im Eisenbahnverkehr (ECM)
Fundstelle: § 15 und § 30a GGVSEB

825 **B** Eisenbahn-Bundesamt **(1)**
Fundstelle: § 15 Absatz 1 Nummer 3 GGVSEB

826 **A** Eisenbahn-Bundesamt **(1)**
Fundstelle: § 15 Absatz 1 GGVSEB

827 Eisenbahn-Bundesamt **(1)**
Fundstelle: § 15 Absatz 1 Nummer 10 GGVSEB

828 Der Betreiber **(2)**
Fundstelle: § 30 Nummer 4 GGVSEB

829 Beförderung unter Beachtung ausreichender Sicherheit. Ausreichende Sicherheit **(2)**
liegt vor, wenn geeignete Maßnahmen ergriffen wurden, die eine den Vorschriften
des RID entsprechende gleichwertige Sicherheit gewährleisten und ein unkontrol-
liertes Freiwerden der gefährlichen Güter verhindern. Eintrag ins Beförderungspapier nach 5.4.1.1.6.3 RID:
„Beförderung nach Absatz 4.3.2.4.3"
Fundstelle: 4.3.2.4.3 RID

830 Der Beförderer, Verlader, Befüller, Empfänger **(1)**
Fundstelle: § 27 Absatz 1 GGVSEB

831 **A** Produktaustritt von 1 l eines Stoffes der UN-Nr. 2814 **(1)**
E Personenschaden im Zusammenhang mit der Beförderung von Gefahrgut
und Krankenhausaufenthalt von drei Tagen
G Jedes Austreten radioaktiver Stoffe aus Versandstücken
UN 2814 ist nach Kapitel 3.2 Tabelle A RID ein ansteckungsgefährlicher Stoff der
Klasse 6.2. Berichtspflicht ohne Mengengrenzen.
Fundstelle: 1.8.5.3 RID

832 Eisenbahn-Bundesamt spätestens einen Monat nach dem Ereignis **(2)**
Fundstelle: § 15 Absatz 1 Nummer 5 und § 27 Abs. 1 GGVSEB und 1.8.5.1 RID

Eisenbahn

833 Es gelten nur die allgemeinen Vorschriften in Kapitel 1.10 RID wie 1.10.1 und **(2)**
1.10.2 RID (Unterweisung im Bereich der Sicherung).

Ein Sicherungsplan ist nicht zu erstellen, weil nach 1.10.3.1.2 RID die Beförderung
in Versandstücken nicht berücksichtigt wird.

Fundstelle: Kapitel 3.2 Tabelle A und Kapitel 1.10 RID

834 **B** gut beleuchtet sein. **(1)**
Fundstelle: 1.10.1.3 RID

835 **G** Einführung und Anwendung von Sicherungsplänen **(1)**
Fundstelle: 1.10.3.2.1 RID

836 **D** Nur bei Überschreiten bestimmter Mindestmengen **(1)**
Fundstelle: 1.10.3.1.2 RID

837 Nein. Bei UN 1219 handelt es sich um Isopropanol, Klasse 3, Verpackungsgrup- **(3)**
pe II. Die Beförderung erfolgt in IBC, also in Versandstücken. Nach der Tabelle
1.10.3.1.2 Fußnote b) RID gelten die Vorschriften für Sicherungspläne nach 1.10.3
RID nicht.

838 Nein. Bei UN 1202 handelt es sich um Heizöl, Klasse 3, Verpackungsgruppe III. **(2)**
Nach der Tabelle 1.10.3.1.2 RID gelten die Vorschriften für Sicherungspläne für
Heizöl nach 1.10.3 RID nicht, weil es sich um die Verpackungsgruppe III handelt.

839 **F** Nur der Arbeitgeber **(1)**
Fundstelle: 1.3.3 RID

840 **D** Der Betreiber **(1)**
Fundstelle: § 30 Nummer 4 GGVSEB

841 **B** im Beförderungspapier zusätzlich die Nummer zur Kennzeichnung der Ge- **(1)**
fahr angegeben wird.
Fundstelle: 1.1.4.4.5 und 5.4.1.1.9 RID

842 Nein; 1.10.4 RID **(2)**
Fundstelle: 1.10.4 letzter Satz RID

843 Absender von in begrenzten Mengen verpackten gefährlichen Gütern müssen den **(2)**
Beförderer vor der Beförderung in nachweisbarer Form über die Bruttomasse der
so zu versendenden Güter informieren.
Fundstelle: 3.4.12 RID

844 Absender und Beförderer – 3 Monate **(2)**
Fundstelle: 5.4.4.1 RID

845 **C** Der Arbeitnehmer muss vor der Übernahme von Pflichten nach den Vor- **(1)**
schriften des Abschnitts 1.3.2 RID unterwiesen worden sein.

E Der Arbeitnehmer darf ohne Unterweisung nach den Vorschriften des Abschnitts 1.3.2 RID nur unter der direkten Überwachung einer unterwiesenen
Person Aufgaben im Zusammenhang mit der Beförderung gefährlicher Güter
übernehmen.

Fundstelle: 1.3.1 RID

846 Schriftliche Weisungen **(1)**
Fundstelle: 5.4.3.1 RID

847 Die Versandstücke müssen mit der offiziellen Benennung und dem Ausdruck „als **(1)** Kühlmittel bzw. als Konditionierungsmittel" gekennzeichnet werden.
Fundstelle: 5.5.3.4.1 RID in Verbindung mit § 22 (1) Nr. 5 b GGVSEB

848 C Spätestens einen Monat nach dem Ereignis **(1)**
Fundstelle: 1.8.5.1 RID

849 1. Nein, die Mengengrenze für die Außenverpackung wurde überschritten. **(10)**
Fundstelle: Kapitel 3.2 Tabelle A Spalte 7a für UN 1219 Isopropanol: 1 l; Bruttomasse je Versandstück: 30 kg (3.4.2 RID).

2. Kennzeichnung mit „UN 1219", Gefahrzettel Nr. 3 und Ausrichtungspfeile auf 2 gegenüberliegenden Seiten
Fundstelle: Spalten 1 und 5 in Kapitel 3.2 Tabelle A in Verbindung mit 5.2.1.1 und 5.2.2.1 (5.2.2.2.2) und 5.2.1.10 RID

3. Kennzeichnung mit „UN 1219" und Gefahrzettel Nr. 3 müssen auf der Umverpackung wiederholt werden, da die Kennzeichnung und die Bezettelung auf den Versandstücken nicht mehr sichtbar ist, außerdem die Aufschrift „Umverpackung".
Ausrichtungspfeile, da es sich um zusammengesetzte Verpackungen mit Flüssigkeiten handelt.
Fundstelle: 5.1.2.1 und 5.1.2.3 RID

4. UN 1219, Isopropanol, 3, VG II
Fundstelle: 5.4.1.1.1 RID

5. Beförderer
Fundstelle: 5.4.3.2 RID

850 1. UN 1221 Isopropylamin, 3 (8), I, (C/E) **(10)**
Fundstelle: 1.1.4.4, 5.4.1.1 RID

2. Beförderung gemäß 1.1.4.4 RID
Fundstelle: 1.1.4.4.5 RID

3. Orangefarbene Tafel an der Stirnseite des Anhängers anbringen
Fundstelle: 1.1.4.4.3 RID

4. Nein. UN 3111 ist nach 1.1.4.4.1 RID auf der Schiene im Huckepackverkehr nicht zugelassen.
Außerdem ist durch die Nebengefahr 1 ein Zusammenladeverbot vorhanden. Die Zusammenladeverbote in Tabelle 7.5.2.1 RID/ADR lassen keine Zusammenladung von explosiven Stoffen (auch als Nebengefahr) mit anderen Gefahrgütern zu.
Fundstelle: 1.1.4.4.1 RID, 7.5.2.1 RID/ADR

5. ADR
Fundstelle: 1.1.4.4.1 RID

6. Wiederholung der orangefarbenen Tafeln an beiden Längsseiten des Tragwagens
Anbringung der orangefarbenen Tafeln durch Verlader
Fundstelle: 1.1.4.4.4 RID und § 22 Absatz 3 Nr. 2 a) GGVSEB

851 1. Ja. **(10)**
Fundstelle: Kapitel 3.2 Tabelle A Spalten 8 und 9 in Verbindung mit P001 in 4.1.4.1 RID

2. Kennzeichnung mit UN 2031 und Gefahrzettel Nr. 8
Fundstelle: Kapitel 3.2 Tabelle A Spalten 1 und 5 in Verbindung mit 5.2.1.1 und 5.2.2.1 (5.2.2.2.2) RID

Eisenbahn

3.   5 Jahre
Fundstelle: 4.1.1.15 und Kapitel 3.2 Tabelle A Spalte 9a RID
Hinweis für die Schulung: Nach der Sondervorschrift PP81 zu P001 in
4.1.4.1 RID gibt es bei Salpetersäure mit mehr als 55 % Salpetersäure eine
maximal zulässige Verwendungsdauer von zwei Jahren.

4.   Aus den letzten beiden Ziffern des Monats und des Jahres der Herstellung
Fundstelle: 6.1.3.1 Buchstabe e RID

5.   Die Standardflüssigkeit ist Salpetersäure.
Fundstelle: 4.1.1.21.6 RID

6.   An beiden Längsseiten
Fundstelle: 5.3.1.5 RID

7.   Der Verlader
Fundstelle: § 21 Absatz 3 Nummer 2 Buchstabe a GGVSEB

Aus 3.2.1 Alphabetische Stoffliste (Tabelle B) wird die UN-Nummer festgestellt:
UN 2031. Mit den restlichen stoffspezifischen Angaben ist die VG II die richtige
Zuordnung.
Über Kapitel 3.2 Tabelle A RID findet man dann die restlichen Antworten.

852   1.   Schriftliche Weisungen   **(10)**
Fundstelle: 5.4.3.2 RID

2.   338, UN 1221 Isopropylamin, 3 (8), VG I, (C/E)
Fundstelle: 1.1.4.4.5, 5.4.1.1.1 und 5.4.1.1.9 in Verbindung mit Kapitel 3.2
Tabelle A RID und 5.4.1.1.1 ADR

3.   Nummer zur Kennzeichnung der Gefahr = 338
UN-Nummer = 1221
Fundstelle: Kapitel 3.2 Tabelle A Spalten 1 und 20 RID

4.   Nr. 3 und 8
Fundstelle: Spalte 5 in Verbindung mit 5.3.1.1 RID

5.   An beiden Längsseiten und hinten am Tankfahrzeug die Großzettel
Fundstelle: 5.3.1.4 ADR

An beiden Längsseiten der Beförderungseinheit die orangefarbenen Tafeln
mit Kennzeichnungsnummern; außerdem vorn und hinten an der Beförderungseinheit orangefarbene Tafeln ohne Kennzeichnungsnummern. Wird nur
ein Stoff befördert, können die orangefarbenen Tafeln mit Kennzeichnungsnummern vorn und hinten an der Beförderungseinheit angebracht werden.
Fundstelle: 5.3.2.1.2, 5.3.2.1.6 und 5.3.2.1.1 ADR

6.   Nein; Absatz 1.1.4.4.2 Buchstabe a RID
Das Tankfahrzeug ist an der Seite gekennzeichnet. Diese Kennzeichnung ist
auch während der Schienenbeförderung sichtbar. Somit müssen die Groß-
zettel am Tragwagen nicht wiederholt werden.

7.   Absender
Fundstelle: 1.4.2.1.1 b) RID

853   1.   50, UN 1467 Guanidinnitrat, 5.1, III   **(10)**
Fundstelle: Kapitel 3.2 Tabelle A und 5.4.1.1.1 RID

2.   Ja, da in Spalte 17 der Code VC2 genannt ist und damit gedeckte Wagen
verwendet werden dürfen.
Fundstelle: Kapitel 3.2 Tabelle A Spalte 17 und 7.3.3 RID

3.   Beförderung in Verpackungen, in ortsbeweglichen Tanks, in RID-Tanks oder
als Expressgut
Fundstelle: Kapitel 3.2 Tabelle A RID

4.   Großzettel Nr. 5.1 und orangefarbene Tafel mit Gefahrnummer 50 und UN-Nummer 1467 an beiden Längsseiten
Fundstelle: Kapitel 3.2 Tabelle A, 5.3.1.4 und 5.3.2.1.1 RID

5.   Nein, da bei der Beförderung von Gefahrgütern in loser Schüttung die Wagen vor erneutem Beladen in geeigneter Weise zu reinigen sind. Sobald das gleiche Gefahrgut geladen wird, entfällt die Reinigung. Außerdem schreibt die Sondervorschrift CW24 bei UN 1467 die generelle Reinigung vor der Beladung zu.
Fundstelle: 7.5.8.2 und Kapitel 3.2 Tabelle A Spalte 18 in Verbindung mit 7.5.11 RID

854   1.   UN 1950 Druckgaspackungen, 2.1 (6.1)   **(10)**
Fundstelle: 5.4.1.1.1 RID in Verbindung mit Kapitel 3.2 Tabelle A Spalten 1, 2 und 5

2.   Nein.
Fundstelle: Kapitel 3.2 Tabelle A Spalte 7a RID in Verbindung mit Kapitel 3.4 RID (Hiernach sind nur 120 ml für die Innenverpackung zulässig.)

3.   Ja.
Fundstelle: Kapitel 3.2 Tabelle A, 4.1.4.1 P207 b) RID; in der Verpackungsanweisung sind nicht bauartzugelassene Verpackungen aus Pappe bis 55 kg und andere bis 125 kg zugelassen.

4.   Bruttohöchstmasse von 60 kg
Fundstelle: 6.1.3.1 RID

5.   „UN 1950 AEROSOLE" und Gefahrzettel nach Muster 2.1 und 6.1
Fundstelle: Kapitel 3.2 Tabelle A – Spalte 6 SV 625 und Spalte 5 in Verbindung mit Kapitel 5.2 RID

6.   Ja.
Fundstelle: 5.1.2 RID

7.   Kisten aus Holz, Kisten aus Kunststoff, Kisten aus Stahl, Kisten aus Aluminium
Fundstelle: 4.1.4.1 RID, P207

855   1.   Ja; Spalte 12 in Kapitel 3.2 Tabelle A RID   **(10)**
Fundstelle: 3.2.1 Alphabetische Stoffliste (Tabelle B) führt zu UN 1223, Kapitel 3.2 Tabelle A Spalte 12 in Verbindung mit Kapitel 4.3 und den Erläuterungen zu Spalte 12 in 3.2.1 RID

2.   Nein.
Kapitel 3.2 Tabelle A Spalte 12 RID, LGBF-Tank ist zulässig und mit der Tankhierarchie in 4.3.4.1.2 RID ist erkennbar, dass ein LGAH-Tank nicht zulässig ist, weil der dritte Buchstabe A eine schlechtere Ausrüstung darstellt.

3.   Unterabschnitt 4.3.2.2 RID

4.   Der Befüller
Fundstelle: § 23 Absatz 1 Nummer 5 GGVSEB

5.   Großzettel Nr. 3, Kennzeichen „umweltgefährdend" und orangefarbene Tafel mit Kennzeichnungsnummern; Nummer zur Kennzeichnung der Gefahr 30; UN-Nummer 1223; Anbringung an beiden Längsseiten des Kesselwagens
Fundstelle: 5.3.1.4 und 5.3.2.1 RID

6.   30, UN 1223 Kerosin, 3, III, umweltgefährdend
Fundstelle: Kapitel 3.2 Tabelle A und 5.4.1.1.1 und 5.4.1.1.18 RID

Eisenbahn

856   1.   An beiden Seiten des Kesselwagens (auf dem Tank selbst oder auf einer **(10)**
Tafel)
Fundstelle: 6.8.2.5.2 RID

       2.   Großzettel Nr. 2.1, Rangierzettel Nr. 13 und orangefarbene Tafel mit Kenn-
zeichnungsnummern; Nummer zur Kennzeichnung der Gefahr 23 und UN-
Nummer 1965; Anbringung an beiden Längsseiten des Kesselwagens und
orangefarbener Streifen
*Fundstelle: Kapitel 3 2 Tabelle A Spalten 1, 5, 13 und 20 in Verbindung mit
5.3.1.4, 5.3.2.1, 5.3.5, 5.4.2.4, 6.8.4 (TM6) RID*

       3.   Wenn ein Tank mit Wärmeisolierung verwendet wird
*Kapitel 3.2 Tabelle A RID in Spalte 12: Tankcode PxBN(M); dann muss man
die Tankhierarchie nach 4.3.3.1.2 RID verwenden. Hiernach muss der Mindestprüfdruck, hier 12 bar, größer oder gleich dem Mindestprüfdruck nach
dem Verzeichnis in 4.3.3.2.5 RID sein. Dies ist bei UN 1965 Gemisch A 01
nur bei Tanks mit Wärmeisolierung der Fall (12 bar).*

       4.   Ja, wenn in Spalte 12 ein Tankcode genannt ist, darf das Gefahrgut in RID-
Tanks befördert werden.
*In Kapitel 3.2 Tabelle A Spalte 12 ist ein Tankcode aufgeführt. Damit ist in
Verbindung mit 4.3.2.1.1 RID diese Beförderungsart zulässig.*

       5.   Feststellung der Überfüllung oder Überladung
Überprüfung, ob die innenliegenden Absperreinrichtungen ausreichend ge-
schlossen sind
…
Fundstelle: 4.3.3.4.3 RID (Hier sind noch weitere Maßnahmen aufgeführt.)

857   1.   338, UN 2359 Diallylamin, 3 (6.1, 8), II   **(10)**
Fundstelle: 5.4.1.1.1 und Kapitel 3.2 Tabelle A RID

       2.   Schriftliche Weisungen
Fundstelle: 5.4.3 RID

       3.   Großzettel sind an beiden Längsseiten des Tragwagens anzubringen.
Fundstelle: 5.3.1.3 RID

       4.   Befüller am Tankcontainer
Verlader am Tragwagen
*Fundstelle: Befüller: § 23 Abs. 3 Nr. 1a GGVSEB und Verlader: § 21 Abs. 3
Nr. 2a GGVSEB*

       5.   Orangefarbene Tafel mit Gefahr-Nr. 338 und UN-Nr. 2359 an beiden Längs-
seiten.
Großzettel Nr. 3, 6.1 und 8 an allen 4 Seiten
Fundstelle: 5.3.1.2 und 5.3.2.1.1 RID

858   1.   Angabe: „wärmeisoliert" oder „vakuumisoliert" auf dem Tankschild   **(10)**
*Die Angabe „wärmeisoliert" oder „vakuumisoliert" ist auf dem Tankschild
nach 6.8.3.5.1 RID oder auf einer Seite des Kesselwagens (auf den Wänden)
anzugeben.*
Fundstelle: 6.8.3.5.1 und 6.8.3.5.5 RID

       2.   **P**   Tank für verflüssigte oder unter Druck gelöste Gase

             25   Mindestberechnungsdruck in bar

             B   Tank mit Bodenöffnungen mit 3 Verschlüssen für das Befüllen oder Ent-
leeren

             N   Tank, Batteriewagen oder MEGC mit Sicherheitsventil gemäß Absätzen
6.8.3.2.9 oder 6.8.3.2.10 RID, der nicht luftdicht verschlossen ist
Fundstelle: 4.3.3.1.1 RID

Eisenbahn

3. Alle 8 Jahre wiederkehrende Prüfungen, alle 4 Jahre Zwischenprüfungen
   Fundstelle: 6.8.2.4.2 und 6.8.2.4.3 RID

4. Großzettel Nr. 2.1 und Rangierzettel Nr. 13 und orangefarbene Tafeln mit Kennzeichnungsnummern; Nummer zur Kennzeichnung der Gefahr „23" und UN-Nummer „1965"; Anbringung an beiden Längsseiten des Kesselwagens und orangefarbener Streifen
   Fundstelle: Kapitel 3.2 Tabelle A Spalten 1, 5, 13 und 20 in Verbindung mit 5.3.1.4, 5.3.2.1, 5.3.4, 6.8.4 und 5.3.5 (TM6) RID

5. Gemisch C und Angabe „wärmeisoliert" oder „vakuumisoliert"
   Fundstelle: 6.8.3.5.2 (siehe Fußnote) und 6.8.3.5.5 RID

859 *Vorüberlegung: Anwendung der Freistellungsregelung nach 1.1.3.1 Buchstabe c* **(10)**
RID möglich? Nein, da die Verpackung nur maximal 450 l haben darf.

1. Die Großzettel entsprechend den Gefahrzetteln und Kennzeichen auf den Versandstücken: Gefahrzettel Nr. 2.1 und 3 und Kennzeichen für umweltgefährdende Stoffe.
   Fundstelle: Kapitel 3.2 Tabelle A Spalte 5 und 5.3.1.5, 5.3.1.1, 5.3.1.1.4 und 5.3.6 RID

2. Ja.
   Fundstelle: Kapitel 3.2 Tabelle A und 5.2.1.1, 5.2.2.1 RID

3. Beförderungspapier und schriftliche Weisungen
   Fundstelle: 5.4.1 und 5.4.3 RID

4. Ja.
   Fundstelle: 4.1.1.3 RID

5. Ja, da die Freistellungsregelung gemäß 1.1.3.1 Buchstabe c RID nicht angewendet werden kann.
   Die Befreiungsregelung in 1.1.3.1 Buchstabe c RID kann nicht in Anspruch genommen werden, weil die Menge des IBC größer als 450 l ist.

6. Größe 250 × 250 mm
   Verkleinerung auf 150 × 150 mm möglich, wenn die Fläche für die Anbringung aufgrund der Größe oder Bauweise des Wagens nicht ausreicht. Fundstelle: 5.3.1.7.1, 5.3.1.7.4 und 5.3.6 RID

860 1. Nein; 1.10.4 letzter Satz *(damit ist UN 2912 von der Anwendung ausge-* **(10)**
schlossen)
Darüber hinaus gelten die Vorschriften dieses Kapitels nicht für die Beförderung von UN 2912 RADIOAKTIVE STOFFE MIT GERINGER SPEZIFISCHER AKTIVITÄT (LSA-I) und UN 2913 RADIOAKTIVE STOFFE, OBERFLÄCHEN-KONTAMINIERTE GEGENSTÄNDE (SCO-I).

2. Ja; Angabe des Tankcodes in Kapitel 3.2 Tabelle A Spalte 12 bei UN 2912
   Zunächst ist aus 3.2.1 Alphabetische Stoffliste (Tabelle B) die UN-Nr. 2912 zu entnehmen.
   Fundstelle: Zulässigkeit aufgrund der Angabe von Tankcodes in Kapitel 3.2 Tabelle A Spalte 12 RID

3. Nein.
   Fundstelle: Kapitel 3.2 Tabelle A in Spalte 12 RID Angabe der Tankcodes mit „(+)" (Damit ist nach 4.3.4.1.3 RID die Hierarchie nicht anwendbar und ein Tank mit dem Code L4BN nicht zugelassen.)

4. In 4.3.5 Sondervorschrift TU36 aus Kapitel 3.2 Tabelle A Spalte 13 RID

5. Der Befüller
   Fundstelle: § 23 Absatz 1 Nummer 5 GGVSEB

6. Großzettel 7D, orangefarbene Tafel mit 70/2912
   Fundstelle: 5.3.1.1.3, 5.3.1.4 und 5.3.2.1 RID

861 1. Alle 4 Jahre   **(10)**
12/2018
Fundstelle: 6.8.2.4.3 RID

2. Nein; Absatz 4.3.4.1.2 RID
*Nach der Tankcodierung in 4.3.4.1.1 RID und der Tankhierarchie in 4.3.4.1.2
RID ist immer das jeweilige gleiche oder höhere Sicherheitsniveau anzuwen-
den.*
*Bei dem LGAH-Tank ist das „A" niedriger als das „B" im geforderten L4BN-
Tank aus Spalte 12. Beim Mindestberechnungsdruck werden 4 bar gefor-
dert, das G ist geringer.*

3. Ja.
Kapitel 3.2 Tabelle A Spalte 12 RID in Verbindung mit Kapitel 4.3 RID. Ist in
der Spalte 12 eine Tankcodierung enthalten, ist die Beförderung in RID-
Tanks zulässig. 4.3.2.1.1 RID

4. Unterabschnitt 4.3.2.2 RID

5. Großzettel Nr. 3 und 8 und orangefarbene Tafel mit der Nummer zur Kennzeichnung der Gefahr „83" und der UN-Nummer „1715"
Fundstelle: 5.3.1.4 und 5.3.2.1.1 RID

6. 83, UN 1715 Essigsäureanhydrid, 8 (3), II
Fundstelle: 5.4.1.1 RID

*Über 3.2.1 Alphabetische Stoffliste (Tabelle B) ist für Essigsäureanhydrid die UN-
Nummer 1715 zu ermitteln. Weitere Angaben sind dann in Kapitel 3.2 Tabelle A
RID enthalten.*

862 1. Ja, Calciumcarbid ist nur in der Verpackungsgruppe II nach der Sondervor-   **(10)**
schrift VC2 mit AP3, AP4 und AP5 (Spalte 17) zur Beförderung in loser
Schüttung in geschlossenen Großcontainern zugelassen.

2. 423, UN 1402 Calciumcarbid, 4.3, II
Fundstelle: Kapitel 3.2 Tabelle A und 5.4.1.1.1 RID

3. An beiden Längsseiten des Großcontainers
Fundstelle: 5.3.2.1.1 RID

4. Nummer zur Kennzeichnung der Gefahr: 423
UN-Nummer: 1402
Fundstelle: Kapitel 3.2 Tabelle A Spalten 1 und 20 RID

5. An beiden Längsseiten und an jedem Ende des Großcontainers Großzettel
Nr. 4.3
Fundstelle: Kapitel 3.2 Tabelle A Spalte 5 RID und 5.3.1.2 RID

6. Achtung: keine Belüftung – vorsichtig öffnen
*Fundstelle: Kapitel 3.2 Tabelle A Sondervorschrift AP5 in Spalte 17 und
7.3.3.2.3 RID*

*Über 3.2.1 Alphabetische Stoffliste (Tabelle B) ist für Calciumcarbid die UN-Num-
mer 1402 zu ermitteln. Weitere Angaben sind dann in Kapitel 3.2 Tabelle A RID
enthalten.*

863 1. P24BN in wärmeisolierten Tanks   **(10)**
P27BN in nicht wärmeisolierten Tanks
*Über Kapitel 3.2 Tabelle A RID, Spalte 12, erhält man PxBN (M). Über die
Tankcodierung für Gase in 4.3.3.1.1 RID in Verbindung mit dem Verzeichnis
der Gase und Gasgemische (4.3.3.2.5 RID) erhält man den Mindestprüfdruck
für UN 1078 Gemisch F 3.
Das (M) steht für die Möglichkeit, MEGC zu verwenden.*

2. Ja, nach der Tankhierarchie in 4.3.3.1.2 RID ist der Zahlenwert 27 gleich oder größer als in P24BN und P27BN; die Buchstaben DH sind höherwertig als die Buchstaben BN.
Fundstelle: Kapitel 3.2 Tabelle A Spalte 12, 4.3.3.1.2 und 4.3.3.2.5 RID

3. 20, UN 1078, Gas als Kältemittel, n.a.g. (Gemisch F3), 2.2
Fundstelle: Kapitel 3.2 Tabelle A Spalten 1, 2, 5 und 6 (Sondervorschrift 582) für die Angabe „Gemisch F3" in Verbindung mit 5.4.1.1.1 Buchstabe a bis d und j RID

4. Der Verlader
Fundstelle: § 21 Absatz 3 Nummer 2 Buchstabe a GGVSEB
Der Verlader ist hier zuständig, weil der Tragwagen für den Tankcontainer mit Rangierzettel zu kennzeichnen ist. In 5.3.4 RID wird auf 5.3.1.3 bis 5.3.1.6 RID hingewiesen und nach 5.3.1.2 RID ist der Verlader verantwortlich.

864 1. Absender **(10)**
Fundstelle: § 18 Abs. 1 Nr. 8 GGVSEB und 1.4.2.1.1 b) RID

2. Ja, in der Spalte 17 wird die Sondervorschrift VC1 genannt. 7.3.3 RID
Fundstelle: Kapitel 3.2 Tabelle A und 7.3.3 RID

3. BK1, BK2 und BK3
Fundstelle: Kapitel 3.2 Tabelle A Spalte 10 RID

4. Großzettel Nr. 9
Orangefarbene Tafel mit Gefahrnummer 90 und UN-Nr. 3077
Kennzeichen für umweltgefährdende Stoffe
Fundstelle: Kapitel 3.2 Tabelle A und 5.3.1, 5.3.2 und 5.3.6 RID

5. Die Großzettel und Kennzeichen für umweltgefährdende Stoffe sind an allen vier Seiten anzubringen.
Fundstelle: 5.3.1.2 RID

6. Orangefarbene Tafel mit Gefahrnummer 90 und UN-Nr. 3077 an beiden Längsseiten
Fundstelle: 5.3.2.1.2 RID

7. Befüller
Fundstelle: § 23 GGVSEB

865 1. 13 Innenverpackungen **(10)**
Die Ethanollösung ist in Verpackungsgruppe III einzustufen. Es dürfen gemäß Spalte 7a maximal 5 l je Innenverpackung und 30 kg brutto je Versandstück als begrenzte Menge transportiert werden.
Es werden aber nur 2-Liter-Innenverpackungen verwendet (2 l multipliziert mit der Dichte 0,94 plus das Taragewicht der Innenverpackung = 2,08). Die Kiste wiegt 1 kg, damit können noch 29 kg verpackt werden. Somit können noch 13 Innenverpackungen in die Kiste gepackt werden (29 dividiert durch 2,08 = 13,94).
Fundstelle: Kapitel 3.2 Tabelle A und 3.4.2 RID

2. Das Versandstück wird mit einem auf die Spitze gestellten Quadrat (oben und unten schwarz und in der Mitte weiß) und mit Ausrichtungspfeilen auf zwei gegenüberliegenden Seiten gekennzeichnet.
Fundstelle: 3.4.7 und 3.4.1 in Verbindung mit 5.2.1.10 RID

3. 5 l
Fundstelle: Kapitel 3.2 Tabelle A Spalte 7a RID

4. Absender
Fundstelle: § 18 Abs. 1 Nr. 2 GGVSEB und 3.4.12 RID

Eisenbahn

5. Die Umverpackung wird mit einem auf die Spitze gestellten Quadrat (oben und unten schwarz und in der Mitte weiß) gekennzeichnet. Zusätzlich sind die Ausrichtungspfeile auf zwei gegenüberliegenden Seiten anzubringen. Das Wort „Umverpackung" muss angebracht werden.
Fundstelle: 3.4.11 und 5.1.2.1 a) (i) RID

6. Kennzeichnung mit einem auf die Spitze gestellten Quadrat (oben und unten schwarz und in der Mitte weiß) mit einer Größe von 25 × 25 cm. Dieses Kennzeichen ist auf beiden Längsseiten anzubringen.
Fundstelle: 3.4.13 RID

866
1. T4 und TP1 **(10)**
Fundstelle: Kapitel 3.2 Tabelle A Spalten 10 und 11 RID
2. Ja; 4.2.5.2.5 RID
3. TP1 in Verbindung mit 4.2.1.9.2 RID
Fundstelle: Kapitel 3.2 Tabelle A Spalte 12 und 4.2.5.3 RID
4. Ja; 1.1.4.2.1 RID
5. 33, UN 1170 Ethanol, Lösung, 3, II, Beförderung nach Absatz 1.1.4.2.1
Fundstelle: Kapitel 3.2 Tabelle A in Verbindung mit 5.4.1.1.1 und 5.4.1.1.7 RID
6. Ja; 7.5.3 RID

867 *Vorüberlegung: Zuordnung der UN-Nr. über 3.2.1 Alphabetische Stoffliste (Tabelle B) unter der Bezeichnung „erwärmter flüssiger Stoff".* **(10)**
1. 99, UN 3257 Erwärmter flüssiger Stoff, n.a.g. (flüssiges Eisen), 9, III
Fundstelle: 3.2.1 Alphabetische Stoffliste, Kapitel 3.2 Tabelle A und 5.4.1.1.1 RID
2. Großzettel Nr. 9, Kennzeichen erwärmte Stoffe, orangefarbene Tafel mit Gefahr-Nr. 99 und UN-Nr. 3257
Fundstelle: Kapitel 3.2 Tabelle A und 5.3.1.4, 5.3.2.1.1 und 5.3.3 RID
3. an beiden Längsseiten
Fundstelle: 5.3.1.4, 5.3.2.1.1 und 5.3.3 RID
4. Die Beförderung erfolgt in loser Schüttung nach der VC3. Hier wird darauf hingewiesen, dass die Beförderung in loser Schüttung in besonders ausgerüsteten Wagen, die den von der zuständigen Behörde des Ursprungslandes festgelegten Normen entsprechen, zugelassen ist. In Deutschland sind die Vorgaben für den Bau der Torpedowagen in der Anlage 12 zur RSEB geregelt.
Fundstelle: Kapitel 3.2 Tabelle A Spalte 17 RID

868 *Vorüberlegung: Zuordnung von Schwefel zur UN 1350 über 3.2.1 Alphabetische Stoffliste (Tabelle B) RID.* **(10)**
1. BK1, BK2 und BK3
Fundstelle: Kapitel 3.2 Tabelle A Spalte 10 RID
2. Die Beförderungsmittel müssen starre Stirn- und Seitenwände haben, deren Höhe mindestens 2/3 der Höhe des flexiblen Schüttgut-Containers abdeckt.
Fundstelle: 7.5.7.6.1 RID
3. 40, UN 1350 Schwefel, 4.1, III
Fundstelle: Kapitel 3.2 Tabelle A und 5.4.1.1.1 RID
4. 2 Jahre
Fundstelle: 7.3.2.10.2 RID

Eisenbahn

5. Prüflast der Stapeldruckprüfung
    Fundstelle: 6.11.5.5.1 g) RID

6. Großzettel Nr. 4.1. Der Großzettel ist an beiden Längsseiten des Wagens anzubringen.
    Fundstelle: Kapitel 3.2 Tabelle A Spalte 5 und 5.3.1.3 RID

869   1. 20, UN 1065 Neon, verdichtet, 2.2   **(10)**
           Fundstelle: Kapitel 3.2 Tabelle A und 5.4.1.1.1 RID

          2. Nein; 4.3.2.3.7 RID
              Fundstelle: 4.3.2.3.7 RID

          3. Ja; 4.3.2.4.4 RID
              Fundstelle: 4.3.2.4.4 RID

          4. Beförderung nach 4.3.2.4.4 RID
              Fundstelle: 5.4.1.1.6.4 RID

          5. Absender
              Fundstelle: § 26 (1) Nr. 3 GGVSEB

          6. Bescheinigung über die durchgeführte Prüfung
              Fundstelle: 4.3.2.1.7 und 6.8.3.4.18 RID

Eisenbahn

2.5 Antworten zum Teil Binnenschifffahrt

Hinweis: *Die Zahl in Klammern gibt die erreichbare Punktzahl an.*

870   Nein.   (2)

Die Freistellungen können nach 1.1.3.6 nicht in Anspruch genommen werden, da
es sich bei UN 0012 um ein Gefahrgut der Klasse 1 handelt.
Fundstelle: 1.1.3.6 und Kapitel 3.2 Tabelle A ADN

871   Nein.   (1)
Fundstelle: 8.3.1.1 ADN

872   Nein; Abschnitt 8.3.1 ADN   (2)
Fundstelle: Nach 8.3.1.1 ADN dürfen nur bestimmte Personen mitgenommen werden:
– *Besatzungsmitglieder*
– *normalerweise an Bord lebende Personen*
– *Personen, die aus dienstlichen Gründen an Bord sind.*

873   **D**   Die Beförderung von Fahrgästen ist im vorliegenden Fall verboten.   (1)
Fundstelle: Nach 8.3.1.1 ADN dürfen nur bestimmte Personen mitgenommen werden:
– *Besatzungsmitglieder*
– *normalerweise an Bord lebende Personen*
– *Personen, die aus dienstlichen Gründen an Bord sind.*

874   Nein.   (1)
Fundstelle: 1.1.3.3 ADN

875   15 000 kg   (2)
*Die Menge der zugelassenen gefährlichen Güter ist für „Einhüllenschiffe" in
7.1.4.1.1 ADN begrenzt. Werden Doppelhüllenschiffe eingesetzt, dürfen nach
9.1.0.80 ADN größere Mengen befördert werden.*
Fundstelle: 7.1.4.1.1 ADN

876   3 000 kg; 1.1.3.6.1 ADN   (2)

877   Nein; 1.1.3.6.1 ADN   (3)
Die Freimengen (3 000 kg brutto) nach 1.1.3.6.1 ADN werden überschritten.

878   Nein; 1.1.3.6.1 ADN   (2)
Die Freimengen (3 000 kg) nach 1.1.3.6.1 ADN werden unterschritten.

879   Ja; 1.1.3.5 ADN   (2)
*Hinweis: Es müssen geeignete Maßnahmen ergriffen werden, um Gefährdungen
auszuschließen.*

880   Nein. Begründung: Die Freimenge beträgt für Güter der Klasse 2 Kategorie F nur (2)
300 kg.
Fundstelle: 1.1.3.6.1 ADN

881   **C**   Es besteht ein generelles Rauchverbot. Dieses Verbot gilt nicht in den Woh- (1)
nungen und im Steuerhaus, sofern deren Fenster, Türen, Oberlichter und
Luken geschlossen sind.
Fundstelle: 8.3.4 ADN

882 In Wohnungen und Steuerhaus, sofern Fenster, Türen, Oberlichter und Luken ge- **(2)**
schlossen sind
Fundstelle: 8.3.4 ADN

883 Nein; 7.1.3.44 ADN **(2)**

884 Einmal täglich; Bilgen und Auffangwannen müssen in einem produktfreien Zustand **(2)**
gehalten werden.
Fundstelle: 7.2.3.2.1 ADN

885 Täglich; 7.2.3.1.1 ADN **(2)**

886 **A**   Einmal pro Jahr durch hierfür von der zuständigen Behörde zugelassene **(1)**
Personen
Fundstelle: 8.1.6.2 ADN

887 Mindestens 50 m **(2)**
Fundstelle: 7.1.5.2 ADN

888 300 m **(2)**
Fundstelle: 7.2.5.4.3 ADN

889 500 m **(2)**
Fundstelle: 7.1.5.4.3 ADN

890 Bundeswasserstraßen: Wasser- und Schifffahrtsamt; übrige Wasserstraßen: je- **(2)**
weilige nach Landesrecht zuständige Stelle
Fundstelle: § 16 Absatz 6 Nummer 1 GGVSEB

891 Ja. **(1)**
*Grundsätzlich gilt auch im Hafen die GGVSEB/das ADN. Von Fall zu Fall kann die
zuständige lokale Behörde im Rahmen von Hafensicherheitsverordnungen weitere
Auflagen festlegen.*
Fundstelle: § 1 Absatz 1 GGVSEB

892 7.1.4.3 und 7.1.4.4 ADN **(2)**

893 **A**   Ja, soweit sich dies aus der Tabelle unter 7.1.4.3.4 ADN ergibt. **(1)**
Fundstelle: Tabelle 7.1.4.3.4 ADN

894 12 m **(2)**
Fundstelle: 7.1.4.3.3 ADN

895 3 m **(2)**
Fundstelle: 7.1.4.3.1 ADN
*Es gilt der Grundsatz, dass Stoffe verschiedener Klassen durch einen horizontalen
Abstand von mindestens 3 m voneinander getrennt werden müssen.*

896 1 m **(2)**
Fundstelle: 7.1.4.14.2 ADN

897 **C**   Der Ladetank muss vorher entspannt worden sein. **(1)**
*Hinweis: Für das Öffnen der Probeentnahmeeinrichtungen gibt es andere Vor-
gaben.*
Fundstelle: 7.2.4.22.1 ADN

Binnenschifffahrt

898   An der von der örtlich zuständigen Behörde zugelassenen Umschlagstelle. Eine   (2)
       Genehmigung ist nur außerhalb dieser Stelle erforderlich.
       Fundstelle: 7.2.4.9 ADN

899   **B**   Ja, mit Genehmigung der örtlich zuständigen Behörde   (1)
       Fundstelle: 7.2.4.9 ADN

900   Die Lade- und Löscharbeiten müssen unterbrochen werden.   (2)
       Fundstelle: 7.1.4.8.2 ADN

901   Die Lade- und Löscharbeiten müssen unterbrochen werden.   (2)
       Fundstelle: 7.1.4.8.2 ADN

902   Die Lade- und Löscharbeiten müssen unterbrochen werden.   (2)
       Fundstelle: 7.1.4.8.2 ADN

903   Nein; 7.2.4.53 ADN   (2)

904   An der von der örtlich zuständigen Behörde zugelassenen Stelle   (2)
       Fundstelle: 7.2.3.7.1 ADN

905   7.2.4.21 ADN   (2)
       *Fundstelle: 7.2.4.21 in Verbindung mit 3.2.3 Tabelle C Spalte 11; weitere Erläu-
       terungen in 1.2.2.4 ADN*

906   95 %   (2)
       Fundstelle: 3.2.3 Tabelle C Spalte 11 und 7.2.4.21 ADN

907   95 %   (2)
       3.2.3 Tabelle C Spalte 11 und 7.2.4.21 ADN

908   97 %   (2)
       Fundstelle: 3.2.3 Tabelle C Spalte 11 und 7.2.4.21 ADN

909   Flüssige Ladung, die nicht durch das Nachlenzsystem aus den Ladetanks oder   (2)
       den Leitungssystemen entfernt werden kann.
       Fundstelle: 1.2.1 (Begriffsbestimmungen) ADN

910   5.4 und 8.1 ADN   (2)

911   Beförderungspapier, Zulassungszeugnis, schriftliche Weisungen   (3)
       Fundstelle: 8.1.2.1 ADN

912   Beförderungspapier   (1)
       *Nach 5.4.1 in Verbindung mit 8.1.2.1 b) ADN handelt es sich um ein Beförderungs-
       papier.*

913   5.4.1 ADN   (2)

914   Ja; 5.4.1.1.6.5 ADN   (2)

915   5.4.1.4.1 ADN   (2)

916   **A**   Die in 5.4.1.1 ADN vorgeschriebenen Vermerke   (1)

917   **C**   Name(n) und Anschrift(en) des/der Empfänger(s)   (1)
       *Die Angaben im Beförderungspapier ergeben sich aus 5.4.1.1.1 h) und 5.4.1.1.2 g)
       ADN.*

918   Absender   (2)

Die Pflichten des Absenders ergeben sich aus 1.4.2.1.1 ADN sowie aus § 18 Absatz 1 Nummer 1 GGVSEB.

919   Schiffsführer   (2)

Fundstelle: 5.4.1.1.6.5 ADN

920   Trockengüterschiffe: vor dem Beladen   (2)

Tankschiffe: direkt nach dem Beladen

Aber immer vor der Fahrt.

Bei Tankschiffen können die Beförderungspapiere erst nach dem Beladen übergeben werden, weil beispielsweise die Lademenge erst dann bekannt ist. Anders ist das bei Trockengüterschiffen, hier ist die Lademenge schon vorher bekannt.

Fundstelle: 8.1.2.4 ADN

921   Nein.   (2)

Die schriftlichen Weisungen müssen immer vor dem Beladen übergeben werden. Bei Trockengüterschiffen sind die Beförderungspapiere vor dem Beladen zu übergeben, nur bei Tankschiffen darf das Beförderungspapier nach dem Beladen übergeben werden.

Fundstelle: 8.1.2.4 ADN

922   Ja, wenn alle zusätzlichen Angaben gemäß ADN ergänzt werden.   (2)

Fundstelle: 1.1.4.2.2 und 5.4.1.4.1 ADN

923   Sprache, die der Schiffsführer und der Sachkundige lesen und verstehen können   (2)

Fundstelle: 5.4.3.2 ADN

924   Vor dem Ladebeginn   (2)

Schriftliche Weisungen müssen nach 5.4.3.2 ADN vor dem Ladebeginn dem Schiffsführer übergeben werden, damit sich die Mitglieder der Besatzung entsprechend informieren können.

Fundstelle: 5.4.3.2 und 8.1.2.4 ADN

925   Beförderer   (2)

Fundstelle: 5.4.3.2 ADN

926   **E**   Der Beförderer   (1)

Fundstelle: 5.4.3.2 ADN

927   Schriftliche Weisungen   (1)

Fundstelle: 5.4.3.1 ADN

928   Schriftliche Weisungen   (1)

Fundstelle: 5.4.3.1 ADN

929   **D**   Vom Beförderer   (1)

Fundstelle: 5.4.3.2 ADN

930   Schriftliche Weisungen   (1)

Fundstelle: 5.4.3.1 ADN

931   Im Steuerhaus an leicht zugänglicher Stelle; sie müssen leicht auffindbar sein.   (2)

Fundstelle: 5.4.3.1 und 8.1.2.4 ADN

Binnenschifffahrt

932   Schriftliche Weisungen   **(1)**
Fundstelle: 5.4.3.1 ADN

933   **D**   Jedes Mitglied der Besatzung muss sich selbst informieren.   **(1)**
Fundstelle: 5.4.3.3 ADN

934   **C**   Der Schiffsführer   **(1)**
Fundstelle: 5.4.3.2 ADN

935   Nein, da die Menge unterhalb der Freigrenze nach 1.1.3.6.1 ADN liegt.   **(2)**
Aus Kapitel 3.2 Tabelle A ADN entnehmen wir, dass das Gefahrgut mit der UN-Nr. 1080 den Klassifizierungscode 2A hat. Die Freigrenze beträgt nach 1.1.3.6.1 ADN 3 000 kg, so dass keine schriftlichen Weisungen erforderlich sind.

936   Zulassungszeugnis   **(2)**
Fundstelle: 1.16.1.1.1 und 8.1.2.1 ADN

937   **A**   Dass Bau und Ausrüstung des Schiffes den anwendbaren Vorschriften des   **(1)**
               ADN entsprechen
Fundstelle: 1.16.1.2.2 ADN

938   **C**   Die zuständigen Behörden der ADN-Vertragsparteien   **(1)**
Hinweis: Zuständige Behörde ist in Deutschland die ZSUK in Mainz, § 16 Absatz 2 Nummer 1 GGVSEB.
Fundstelle: 1.16.1.2.3 ADN

939   Ja.   **(2)**
Nach 1.16.1.1.1 ADN ist ein Zulassungszeugnis erforderlich, wenn die in 1.1.3.6.1 ADN genannten Freimengen überschritten werden. Die Freimengen betragen 3 000 kg, somit ist ein Zulassungszeugnis erforderlich.

940   **C**   Maximal 5 Jahre   **(1)**
Fundstelle: 1.16.1.1.2 ADN

941   Höchstens für eine einzige Fahrt   **(1)**
Fundstelle: 1.16.1.3.1 c) ADN

942   **B**   Maximal 5 Jahre   **(1)**
Fundstelle: 8.2.1.4 und 8.2.2.8 ADN

943   **A**   Ein Abdruck des ADN   **(1)**
            F   Das Zulassungszeugnis für das Schiff
            G   Die vorgeschriebenen Beförderungspapiere für alle beförderten gefährlichen Güter
            H   Die vorgeschriebenen schriftlichen Weisungen
            I   Die vorgeschriebene Bescheinigung der Isolationswiderstände der elektrischen Einrichtungen
            J   Die vorgeschriebene Bescheinigung der Prüfung der Feuerlöschschläuche
            K   Ein Prüfbuch, in dem alle geforderten Messergebnisse festgehalten sind
            L   Je ein Lichtbildausweis für jedes Mitglied der Besatzung
            N   Der vorgeschriebene Stauplan
            O   Die vorgeschriebene Bescheinigung über besondere Kenntnisse des ADN
Fundstelle: 8.1.2.1, 8.1.2.2, 8.1.2.3 und 1.10.1.4 ADN

944 Bundeswasserstraßen: Wasser- und Schifffahrtsamt; übrige Wasserstraßen: jeweilige nach Landesrecht zuständige Stelle **(2)**

Fundstelle: § 16 Absatz 6 Nummer 1 GGVSEB – siehe auch 7.1.4.8 ADN

945 Bundeswasserstraßen: Wasser- und Schifffahrtsamt; übrige Wasserstraßen: jeweilige nach Landesrecht zuständige Stelle **(2)**

Fundstelle: § 16 Absatz 6 Nummer 1 GGVSEB – siehe auch 7.1.4.8 ADN

946 Bundeswasserstraßen: Wasser- und Schifffahrtsamt; übrige Wasserstraßen: jeweilige nach Landesrecht zuständige Stelle **(2)**

Fundstelle: § 16 Absatz 6 Nummer 1 GGVSEB – siehe auch 7.1.4.8 ADN

947 Schiffsführer **(2)**

Fundstelle: 7.1.4.11.1 ADN

948 **D** Ein Stauplan, aus dem ersichtlich ist, welche gefährlichen Güter in den einzelnen Laderäumen oder an Deck geladen sind **(1)**

Fundstelle: 7.1.4.11.1 und 8.1.2.2 ADN

949 7.2.4.10 und 8.6.3 ADN **(2)**

950 Schiffsführer oder von ihm beauftragte Person und verantwortliche Person der Umschlagstelle **(2)**

Fundstelle: 7.2.4.10.1, 8.6.3 ADN (Muster)

951 **A** Nach Kapitel 3 des CEVNI und dem ADN **(1)**

Fundstelle: 7.1.5.0.1 und 7.2.5.0.1 ADN

952 IMDG-Code, ADR, ICAO-TI **(2)**

Das ADN enthält verbindliche Vorschriften zur Kennzeichnung von Containern nach ADR. In 5.3.1.2 und 5.3.4 ADN ist aber auch die Kennzeichnung, wie sie im IMDG-Code vorgeschrieben ist, aufgeführt.

Fundstelle: 5.2 und 1.1.4.2.1 ADN

953 3.2.3 Tabelle C Spalte 19 ADN **(2)**

Fundstelle: 7.2.5.0.1 ADN

954 Nein, für diesen Stoff ist keine Bezeichnung mit blauen Kegeln/blauen Lichtern vorgesehen. **(2)**

Fundstelle: 7.1.5.0.1 und Kapitel 3.2 Tabelle A Spalte 12 ADN

955 **A** Nein, da für diesen Stoff keine Bezeichnung mit blauen Kegeln/blauen Lichtern vorgesehen ist. **(1)**

Fundstelle: 7.1.5.0.1 und Kapitel 3.2 Tabelle A Spalte 12 ADN

956 Sobald das Schiff leer und gereinigt ist (und gasfrei ist), werden keine gefährlichen Güter befördert, somit entfällt das Führen von Kegeln/Lichtern; 7.2.3.7.5 ADN **(3)**

Fundstelle: 3.2.3 Tabelle C Spalte 19 ADN

957 Die Gefahrenkennzeichen müssen dann zusätzlich angebracht werden, wenn diese von außen nicht sichtbar sind; 5.1.2.1 ADN. **(2)**

958 Kapitel 7.1 ADN **(2)**

Fundstelle: 7.1.6.11 und 7.1.1.11 ADN

959 **A** 7.1 ADN **(1)**

Fundstelle: 7.1.1.11 und 7.1.6.11 ADN

Binnenschifffahrt

960   3.2.3 ADN   **(1)**

In Kapitel 3.2 Tabelle A ADN wird jeweils durch den Buchstaben „T" vermerkt, ob
eine Beförderung in Tankschiffen zugelassen ist. Einzelheiten sind dann in 3.2.3
Tabelle C zu finden. Näheres, wie die Beförderung zu erfolgen hat, finden wir in
7.2.1.21 ADN.

961   Nein, Stoffe mit einem Flammpunkt über 60 °C sind nur dann gefährliche Güter,   **(2)**
wenn sie in Tankschiffen befördert werden.

Fundstelle: 2.2.3.1.1

962   Entzündbarer organischer fester Stoff, n.a.g.   **(2)**

Fundstelle: 3.2.2 Alphabetische Stoffliste (Tabelle B) ADN. Es wird eine n.a.g.-Ein-
tragung verwendet, UN 1325.

963   Giftiger organischer flüssiger Stoff, n.a.g.   **(2)**

Fundstelle: 3.2.2 Alphabetische Stoffliste (Tabelle B) ADN. Es wird eine n.a.g.-Ein-
tragung verwendet, UN 2810.

964   Ätzender basischer anorganischer fester Stoff, n.a.g.   **(2)**

Fundstelle: 3.2.2 Alphabetische Stoffliste (Tabelle B) ADN. Es wird eine n.a.g.-Ein-
tragung verwendet, UN 3262.

965   Nein, weil über Absatz 2.2.5.2.2 und dem Eintrag „verboten" in 3.2.1 Tabelle A die   **(2)**
Beförderung nicht zugelassen ist.

966   –   Können sich bei normalen oder erhöhten Temperaturen exotherm zersetzen   **(3)**
      –   Können heftig brennen
      –   Können Hornhautschäden oder Hautverätzungen verursachen

Hinweis: In der Fragestellung wird der Begriff „Unterklasse 5.2" verwendet. Im offiziellen Sprachgebrauch gibt es Unterklassen nur in der Klasse 1.

Fundstelle: 2.2.52.1.4 ADN

967   UN 2588   **(1)**

Fundstelle: 3.2.2 Alphabetische Stoffliste (Tabelle B) ADN

968   UN 2601   **(1)**

3.2.2 Alphabetische Stoffliste (Tabelle B) ADN

969   UN 2074   **(1)**

3.2.2 Alphabetische Stoffliste (Tabelle B) ADN

970   UN 1832   **(1)**

Fundstelle: 3.2.2 Alphabetische Stoffliste (Tabelle B) ADN

971   B   Auf der Umverpackung muss der Ausdruck „Umverpackung" angebracht   **(1)**
      sein.

Fundstelle: 5.1.2.1 ADN

972   Nein, da es sich nicht um ein Gefahrgut handelt.   **(2)**

Fundstelle: Sondervorschrift 62 in Kapitel 3.3 in Verbindung mit Kapitel 3.2 Tabelle A ADN

973   50 kg   **(2)**

Fundstelle: 6.1.4.15.4 ADR, ADN verweist auf ADR

974   60 kg   **(2)**
Fundstelle: 6.1.4.13.8 ADR, ADN verweist auf ADR

975   60 l   **(2)**
Fundstelle: 6.1.4.4.5 ADR, ADN verweist auf ADR

976   400 kg   **(2)**
Fundstelle: 6.1.4.9.4 ADR, ADN verweist auf ADR

977   Zwei   **(2)**
Fundstelle: 8.1.4 ADN

978   Mindestens einmal innerhalb von 2 Jahren   **(2)**
Fundstelle: 8.1.6.1 ADN

979   **B**   Ja, wenn der Flammpunkt des Kraftstoffes 55 °C oder mehr beträgt   **(1)**
Fundstelle: 7.1.3.31 und 9.1.0.31.1 ADN

980   Wenn der Flammpunkt des Kraftstoffes 55 °C oder mehr beträgt   **(2)**
Fundstelle: 7.1.3.31 und 9.1.0.31.1 ADN

981   **B**   Für jede an Bord befindliche Person ein geeignetes Fluchtgerät   **(1)**
Fundstelle: 8.1.5.1 ADN

982   Ein leicht anzulegendes Atemschutzgerät, das Mund, Nase und Augen der Träger   **(2)**
bedeckt und zur Flucht aus einem Gefahrenbereich bestimmt ist.
Fundstelle: 1.2.1 ADN (Begriffsbestimmungen)

983   Für jede an Bord befindliche Person   **(2)**
Fundstelle: 8.1.5.1 ADN

984   3.2.3 Tabelle C   **(2)**
Hinweis: Die einzelnen Tankschiffstypen werden in 1.2.1 ADN (Begriffsbestimmungen) beschrieben.
Fundstelle: 7.2.1.21.1 ADN

985   Typ N   **(2)**
Fundstelle: 3.2.3 Tabelle C Spalte 6 ADN

986   Typ C   **(2)**
Fundstelle: 3.2.3 Tabelle C Spalte 6 ADN

987   Typ G   **(2)**
Fundstelle: 3.2.3 Tabelle C Spalte 6 ADN

988   Ja, zusammen werden 140 000 kg Methanol befördert.   **(4)**
Aus Tabelle A in Teil 3 entnehmen wir, dass Methanol die Nebengefahr 6.1 hat, der Verpackungsgruppe II angehört und den Klassifizierungscode FT1 hat.
Hierfür beträgt nach 7.1.4.1.1 ADN die Freimenge 120 000 kg, so dass ein Doppelhüllenschiff erforderlich ist.
Fundstelle: Kapitel 3.2 Tabelle A in Verbindung mit 7.1.4.1.1 ADN

989   Nein.   **(4)**
In 7.1.4.1.1 ADN beträgt die Mengengrenze für UN 3102, Klasse 5.2 15 000 kg; dies gilt auch, wenn das Gefahrgut in einem Doppelhüllenschiff befördert wird, weil das Gefahrgut die Nebengefahr 1 hat. Deshalb ist die Beförderung nicht zulässig.
Fundstelle: 7.1.4.1.1 und Kapitel 3.2 Tabelle A ADN

Binnenschifffahrt

2.5 Binnenschifffahrt

990	Abschnitt 1.2.1 ADN	**(2)**

991 4 **(2)**
Fundstelle: 9.1.0.12.1 ADN

992 Ja; 8.1.5 ADN **(2)**
Fundstelle: In Spalte 18 in 3.2.3 Tabelle C ADN wird ein TOX gefordert; in 8.1.5 ADN wird das TOX als Toximeter aufgeführt.

993 **B** Nein, es genügt, wenn das Schubboot oder das Schiff, das die gekoppelte **(1)**
Zusammenstellung antreibt, mit einem solchen Gerät ausgerüstet ist.
Fundstelle: 8.1.5.3 ADN

994 **B** Ein Gasspürgerät **(1)**
Fundstelle: 8.1.5.1 ADN

995 Nein; 7.1.3.42 ADN **(2)**

996 Typen C, G und N **(2)**
Fundstelle: 1.2.1 (Begriffsbestimmungen) und 7.2.2.0.1 ADN

997 Ein Tankschiff, das für die Beförderung von Gasen unter Druck oder in tiefgekühl- **(2)**
tem Zustand bestimmt ist.
Fundstelle: 1.2.1 (Begriffsbestimmungen) ADN

998 Ein Tankschiff, das zur Beförderung von flüssigen Stoffen bestimmt ist. **(2)**
Fundstelle: 1.2.1 (Begriffsbestimmungen) ADN

999 Ein Tankschiff, das zur Beförderung von flüssigen Stoffen in geschlossenen Lade- **(2)**
tanks bestimmt ist.
Fundstelle: 1.2.1 (Begriffsbestimmungen) ADN

1000 Ein Tankschiff, das zur Beförderung von flüssigen Stoffen in offenen Ladetanks **(2)**
bestimmt ist.
Fundstelle: 1.2.1 (Begriffsbestimmungen) ADN

1001 **A** 97,5 % **(1)**
Fundstelle: 9.3.3.21.1 d) ADN

1002 **A** 86 % **(1)**
Fundstelle: 9.3.1.21.1 c) ADN

1003 **A** Eine Person, die beweisen kann, dass sie besondere Kenntnisse des ADN **(1)**
hat.
Fundstelle: 8.2.1.2 ADN

1004 18 Jahre **(1)**
Fundstelle: 8.2.1.1 ADN

1005 **A** Personen, die in der Handhabung dieser Geräte ausgebildet und den zu- **(1)**
sätzlichen Belastungen gesundheitlich gewachsen sind
Fundstelle: 1.3.2.2.4 ADN

1006 1.3, 1.10.2 und 8.2 ADN **(3)**

1007 **B** Ein Umschlag darf nur mit Genehmigung der örtlich zuständigen Behörde   (1)
erfolgen.

Fundstelle: 7.2.4.7.1 und 7.2.4.9 ADN

1008 1. Klasse 3   (10)

Fundstelle: Über 3.2.2 Alphabetische Stoffliste (Tabelle B) ADN zur UN-Nummer, dann über Kapitel 3.2 Tabelle A Spalte 3a zur Klasse

2. – UN 1274 n-Propanol (n-Propylalkohol), 3, VG II

– 1 Tankcontainer (20 Tonnen)

– außerdem Name und Anschrift von Absender und Empfänger

Hinweis: Vier Angaben können bereits die UN-Nummer, die Benennung, das Gefahrzettelmuster und die Verpackungsgruppe sein.

Fundstelle: 5.4.1.1.1 ADN

3. – Großzettel Nr. 3 an allen vier Seiten (beide Längsseiten sowie vorn und hinten)

– orangefarbene Tafeln mit den Kennzeichnungsnummern 30/1274 an beiden Längsseiten

– n-Propanol (n-Propylalkohol) an zwei Seiten

– UN 1274 an allen Seiten

Die Freigrenzen nach 1.1.3.6.1 ADN werden überschritten.

Fundstelle: 5.3.1.1.2, 5.3.2.1 und 5.3.4 ADN

4. Ja.

Kegel/Lichter sind erforderlich, da in Tabelle A Spalte 12 ADN angegeben. Die Befreiung nach 7.1.5.0.2 ADN betrifft nur Container, die verpackte gefährliche Güter enthalten, nicht aber Tankcontainer.

Fundstelle: 7.1.5.0.1, 7.1.5.0.2, Kapitel 3.2 Tabelle A Spalte 12 ADN

Aus 3.2.2 Alphabetische Stoffliste (Tabelle B) ADN entnehmen wir die UN-Nummer 1274. Mit dieser UN-Nummer gehen wir in Kapitel 3.2 Tabelle A ADN. Die Verpackungsgruppe II ist angegeben. Alle Vorschriften leiten wir nun aus der Tabelle A ab.

1009 1. – UN 1274 n-Propanol (n-Propylalkohol), 3, VG II   (10)

– 1 Tankcontainer (20 Tonnen)

– außerdem Name und Anschrift von Absender und Empfänger

Anmerkung: Fünf Angaben können bereits die UN-Nummer, die Benennung, das Gefahrzettelmuster, die Verpackungsgruppe und die Gesamtmenge sein.

Fundstelle: 5.4.1.1.1 ADN

2. Ja.

Fundstelle: 7.1.3.15 und 8.2.1 ADN

3. PP: Schutzbrille, Schutzhandschuhe, Schutzanzug, Schutzschuhe
EX: Gasspürgerät mit Gebrauchsanweisung
A: Umluftabhängiges Atemschutzgerät

Fundstelle: 8.1.5.1 in Verbindung mit Kapitel 3.2 Tabelle A Spalte 9 ADN

4. Zusätzlich zwei

Fundstelle: 8.1.4 ADN

Aus 3.2.2 Alphabetische Stoffliste (Tabelle B) ADN entnehmen wir die UN-Nummer 1274. Mit dieser UN-Nummer gehen wir in Kapitel 3.2 Tabelle A ADN. Die Verpackungsgruppe II ist angegeben. Alle Vorschriften leiten wir aus der Tabelle A ab.

Binnenschifffahrt

1010   1.   UN 1386 Ölsaatkuchen, 4.2, VG III, 1 500 Tonnen   **(10)**

Aus 3.2.2 Alphabetische Stoffliste (Tabelle B) entnehmen wir die UN-Nummer 1386. Mit dieser UN-Nummer gehen wir in Kapitel 3.2 Tabelle A ADN. Die Angaben entnehmen wir aus Tabelle A Spalten 1, 2, 4 und 5 ADN.
Fundstelle: 5.4.1.1.1 ADN

2.   Ja, die Spalte 8 in Kapitel 3.2 Tabelle A ADN enthält die Eintragung „B". „B" bedeutet „… Beförderung in loser Schüttung zugelassen …"; 7.1.1.11 ADN.

3.   Nein.
Fundstelle: Kapitel 3.2 Tabelle A Spalte 12 und 7.1.5.0.1 ADN

4.   IN 01   Messung der Gaskonzentration vom Empfänger
                  Betreten des Laderaums, wenn Gaskonzentration unter 50 % UEG
                  Bei Bedarf weitere notwendige Maßnahmen

       IN 02   Gasmessung alle 8 Stunden
Fundstelle: Kapitel 3.2 Tabelle A Spalte 11 und 7.1.6.16 ADN

Ölsaatkuchen sind als UN 1386 Klasse 4.2 zu klassifizieren. Weitere Vorschriften sind aus Tabelle A ADN abzuleiten.
Fundstelle: Kapitel 3.2 Tabelle A und 7.1.6.12 ADN

1011   1.   Klasse 4.2   **(10)**
Fundstelle: 3.2.2 Alphabetische Stoffliste (Tabelle B) ADN, dann Kapitel 3.2 Tabelle A ADN

2.   UN 1386 Ölsaatkuchen, 4.2, VG III, 1 500 Tonnen
Angaben aus Kapitel 3.2 Tabelle A ADN entnehmen (Spalten 1, 2, 5, 4)
Fundstelle: 5.4.1.1.1 ADN

3.   Laut Spalte 9 in Kapitel 3.2 Tabelle A ADN wird gefordert:
PP – Schutzbrille, Schutzhandschuhe, Schutzanzug, Schutzschuhe; 8.1.5.1 ADN

4.   ADN-Sachkundenachweis: Basiskurs Trockengüterschifffahrt
Fundstelle: 8.2.1 ADN

5.   Zusätzlich zwei
Fundstelle: 8.1.4 ADN

Ölsaatkuchen sind als UN 1386 Klasse 4.2 zu klassifizieren. Weitere Vorschriften sind aus Tabelle A ADN abzuleiten.
Fundstelle: Kapitel 3.2 Tabelle A ADN

1012   1.   PP: Schutzbrille, Schutzhandschuhe, Schutzanzug, Schutzschuhe   **(10)**
EP: Geeignetes Fluchtgerät für jede an Bord befindliche Person
TOX: Toximeter mit Gebrauchsanweisung
A: Umluftabhängiges Atemschutzgerät
Fundstelle: 3.2.3 Tabelle C Spalte 18 in Verbindung mit 8.1.5.1 ADN

2.   Typ C
Fundstelle: 3.2.3 Tabelle C und 7.2.1.21.1 ADN

3.   Zwei
Fundstelle: 3.2.3 Tabelle C Spalte 19 ADN

4.   Basiskurs und Aufbaukurs „Chemie"
Fundstelle: 8.2.1 und 8.2.1.7 ADN

Über Kapitel 3.2 Tabelle A ADN entnehmen wir die notwendigen Informationen, wie beispielsweise Klassifizierung und Führung von Kegeln. Mithilfe dieser Angaben lässt sich aus 3.2.3 Tabelle C ADN ableiten, dass der Stoff in Tankschiffen des Typs C zu befördern ist. Mit diesen Angaben lassen sich alle weiteren Vorschriften ableiten.

Binnenschifffahrt

1013 1. UN 1547 Anilin 6.1 (N1), II, 1 000 Tonnen, Name und Anschrift von Absender **(10)**
und Empfänger
Angaben aus Kapitel 3.2 Tabelle A ADN entnehmen (Spalten 1, 2, 5, 4)
Fundstelle: 5.4.1.1.2 ADN für Tankschiffe

2. Typ C
Fundstelle: 3.2.3 Tabelle C und 7.2.1.21.1 ADN

3. Typ „bescheinigte Sicherheit"
Fundstelle: 8.3.2 ADN

4. Nein; 8.3.1.3 ADN

Über Kapitel 3.2 Tabelle A ADN entnehmen wir die notwendigen Informationen,
wie beispielsweise Klassifizierung und Führung von Kegeln. Mithilfe dieser Anga-
ben lässt sich aus Kapitel 3.2.3 Tabelle C ADN ableiten, dass der Stoff in Tankschif-
fen des Typs C zu befördern ist. Mit diesen Angaben lassen sich alle weiteren Vor-
schriften ableiten.

1014 1. Typ C; 3.2 3 Tabelle C Spalte 6 ADN, 7.2.1.21.1 und 7.2.2.0.1 ADN **(10)**

2. PP – Schutzbrille, Schutzhandschuhe, Schutzstiefel, Schutzanzug

EP – Geeignetes Fluchtgerät

EX – Gasspürgerät/Gebrauchsanweisung

A – Geeignetes umluftabhängiges Atemschutzgerät

Fundstelle: Kapitel 3.2 Tabelle A Spalte 18 in Verbindung mit 8.1.5 ADN

3. Stauplan
Lecksicherheitsplan
Intaktstabilitätsunterlagen
Unterlagen für die elektrischen Anlagen
Bescheinigung über zugelassene Stoffe
und weitere Urkunden (s. Fundstelle)
Fundstelle: 8.1.2.3 ADN

1015 1. Ja; 1.16.1.1.1 ADN **(10)**

2. Typ C; 3.2.3 Tabelle C Spalte 6 ADN, 7.2.1.21.1 und 7.2.2.0.1 ADN

3. Abschnitt 7.2.3 ADN

4. UN 1214 Isobutylamin, 3 (8, N3), II, 800 Tonnen, Name und Anschrift von Absender und Empfängcr
Fundstelle: 3.2.3 Tabelle C und 5.4.1.1.2 ADN

1016 1. UN 1888 CHLOROFORM, 6.1 (N2, CMR), III **(10)**
– Masse in Tonnen
– Name und Anschrift von Absender und Empfänger
Fundstelle: 3.2.3 Tabelle C und 5.4.1.1.2 ADN

2. Ja; 1.16.1.1.1 ADN

3. PP – Schutzbrille, Schutzhandschuhe, Schutzanzug, Schutzstiefel

EP – Fluchtgerät

TOX – Toximeter mit Gebrauchsanweisung

A – geeignetes umluftabhängiges Atemschutzgerät

3.2.3 Tabelle C Spalte 18 und 8.1.5.1 ADN

Über Kapitel 3.2 Tabelle A ADN finden wir zunächst alle Angaben über den Stoff,
einschließlich Verpackungsgruppe und Angabe der Gefahrgutklasse.

Weitere Angaben erhalten wir über 3.2.3 Tabelle C ADN, wie den Tankschiffstyp
und Angabe der Anzahl der Kegel. Hier finden wir auch die Angaben über die mit-

Binnenschifffahrt

zuführende Schutzausrüstung als Kürzel. Die Bedeutung der Kürzel finden wir über den Hinweis zur Spalte 18 in 8.1.5 ADN.

Bleiben noch die Betriebsvorschriften für Tankschiffe übrig; diese sind getrennt von denen für Trockengüterschiffe in Abschnitt 7.2.3 ADN enthalten.

Die Angaben im Beförderungspapier leiten wir aus 5.4.1.1.2 ADN ab.

Fundstelle: Kapitel 3.2 Tabelle A und 3.2.3 Tabelle C ADN, 1.16.1.1.1 ADN (→ Zulassungszeugnis), 8.1.5.1 ADN (→ Schutzausrüstung), 5.4.1.1.2 ADN (→ Beförderungspapier)

1017   1.   Klasse 6.1   **(10)**
                     Fundstelle: 3.2.3 Tabelle C ADN

           2.   UN 1888 Chloroform, 6.1 (N2, CMR), III, 900 Tonnen, Name und Anschrift von Absender und Empfänger
                     Fundstelle: 3.2.3 Tabelle C und 5.4.1.1.2 ADN

           3.   Typ C
                     Fundstelle: 3.2.3 Tabelle C ADN

           4.   0 Kegel/Lichter
                     Fundstelle: 3.2.3 Tabelle C Spalte 19 ADN

           5.   Abschnitt 7.2.3 ADN

Über Kapitel 3.2 Tabelle A ADN finden wir zunächst alle Angaben über den Stoff, einschließlich Verpackungsgruppe und Angabe der Gefahrgutklasse.

Weitere Angaben erhalten wir über 3.2.3 Tabelle C ADN, wie den Tankschiffstyp und Angabe der Anzahl der Kegel. Hier finden wir auch die Angaben über die mitzuführende Schutzausrüstung als Kürzel. Die Bedeutung der Kürzel finden wir über den Hinweis zur Spalte 18 in 8.1.5 ADN.

Bleiben noch die Betriebsvorschriften für Tankschiffe übrig; diese sind getrennt von denen für Trockengüterschiffe in 7.2.3 ADN enthalten.

Die Angaben im Beförderungspapier leiten wir aus 5.4.1.1.2 ADN ab.

Fundstelle: Kapitel 3.2 Tabelle A und 3.2.3 Tabelle C ADN, 1.16.1.1.1 ADN (→ Zulassungszeugnis), 8.1.5.1 ADN (→ Schutzausrüstung), 5.4.1.1.2 ADN (→ Beförderungspapier)

1018   1.   Ammoniumnitrathaltige Düngemittel, Klasse 5.1   **(10)**
                     Fundstelle: Kapitel 3.2 Tabelle A ADN

           2.   UN 2067 Ammoniumnitrathaltige Düngemittel, 5.1, III, 400 Tonnen, Name und Anschrift von Absender und Empfänger
                     Angaben aus Kapitel 3.2 Tabelle A ADN Spalten 1, 2, 4 und 5 entnehmen
                     Fundstelle: 5.4.1.1.1 ADN

           3.   Nein.
                     Kapitel 3.2 Tabelle A Spalte 12 eine „0", also keine blauen Kegel/Lichter.
                     Fundstelle: 7.1.5.0.1 ADN

           4.   PP – Schutzbrille, Schutzhandschuhe, Schutzanzug, Schutzschuhe/-stiefel
                     In Kapitel 3.2 Tabelle A ADN finden wir die Abkürzung PP; die Erklärung hierzu ist in 8.1.5.1 ADN enthalten.

1019   1.   UN 2067 Ammoniumnitrathaltige Düngemittel, 5.1, III, 400 Tonnen, Name   **(10)**
                      und Anschrift von Absender und Empfänger
                     Fundstelle: Kapitel 3.2 Tabelle A und 5.4.1.1.1 ADN

           2.   Ja. Kapitel 3.2 Tabelle A ADN enthält in Spalte 8 den Eintrag „B"; 7.1.1.11 ADN.

3. Ja.
   Beförderung in loser Schüttung unterliegt grundsätzlich dem ADN.
   Fundstelle: 1.1.3.6.1 in Verbindung mit Kapitel 8.2 ADN

4. CO02   Alle Teile der Laderäume und die Lukenabdeckungen, die mit die-
            sen Stoffen in Berührung kommen können, müssen aus Metall
            oder aus Holz mit einer spezifischen Dichte von mindestens
            0,75 kg/dm^3 (lufttrocken) hergestellt sein.

   ST01   Stabilisierung des Stoffes entsprechend BC-Code erforderlich.
            Vermerk im Beförderungspapier durch Absender; in bestimmten
            Staaten Beförderung dieses Stoffes in loser Schüttung nur mit
            Zustimmung der zuständigen Behörde zulässig.

   LO04   Vor dem Laden muss sichergestellt sein, dass sich keine losen
            organischen Materialien im Laderaum befinden.

   HA09   Im gleichen Laderaum dürfen keine brennbaren Stoffe befördert
            werden.

   Die zusätzlichen Vorschriften entnehmen wir aus Kapitel 3.2 Tabelle A Spal-
   te 11 ADN. Hier sind die Kürzel CO02, ST01, LO04 und HA09 aufgeführt. Die
   Bedeutung dieser Kürzel ist in 7.1.6.11 und 7.1.6.14 ADN erklärt.
   Fundstelle: 7.1.6.11 und 7.1.6.14 in Verbindung mit Kapitel 3.2 Tabelle A

Binnenschifffahrt

2.6 Antworten zum Teil See

Hinweis: *Die Zahl in Klammern gibt die erreichbare Punktzahl an.*

1020   **B**   Diese Aussage ist falsch. Die unter den Bestimmungen des Kapitels 3.4 be-   **(1)**
förderten Güter sind in jedem Fall Gefahrgut gemäß IMDG-Code.
Fundstelle: 3.4.1 (begrenzte Mengen) IMDG-Code

1021   **C**   30 kg   **(1)**
Fundstelle: 3.4.2.1 IMDG-Code

1022   3.4 IMDG-Code   **(2)**

1023   **C**   Kapitel 3.4   **(1)**
Fundstelle: 3.4 (begrenzte Mengen) IMDG-Code

1024   Max. 30 kg   **(2)**
Fundstelle: 3.4.2.1 IMDG-Code

1025   **B**   20 kg   **(1)**
Fundstelle: 3.4.2.2 IMDG-Code

1026   **C**   Kapitel 3.2   **(1)**
Fundstelle: Kapitel 3.2 Gefahrgutliste, 3.2.1 Aufbau der Gefahrgutliste Spalte 7a –
Begrenzte Mengen IMDG-Code

1027   3.2 IMDG-Code   **(2)**
Fundstelle: Kapitel 3.2 Gefahrgutliste, 3.2.1 Aufbau der Gefahrgutliste Spalte 7 –
Begrenzte Mengen IMDG-Code. In 3.4 IMDG-Code werden die Anforderungen für
die Beförderung in begrenzten Mengen festgelegt.

1028   20 kg   **(2)**
Fundstelle: 3.4.2.2 IMDG-Code

1029   Beim Zusammenpacken von gefährlichen Gütern sind die Trennvorschriften in vol-   **(2)**
lem Umfang einzuhalten. Beim Zusammenstauen gelten die Trennvorschriften
nicht.
Beim Zusammenpacken von gefährlichen Gütern sind zunächst die Trennvorschrif-
ten nach 3.4.4.1 IMDG-Code und danach alle Trennvorschriften (7.2 IMDG-Code
Spalte 16b und 3.1.4.4 IMDG-Code) einzuhalten. Nach 3.4.4.2 IMDG-Code gelten
die Trennvorschriften laut 7.2 IMDG-Code nicht für die Stauung von Verpackungen
mit gefährlichen Gütern in begrenzten Mengen und auch nicht für die Stauung von
Verpackungen mit gefährlichen Gütern in begrenzten Mengen zusammen mit ande-
ren gefährlichen Gütern.
Fundstelle: 3.4.4.1 und 3.4.4.2 IMDG-Code

1030   3.4 IMDG-Code   **(2)**
Fundstelle: 3.4 (begrenzte Mengen) IMDG-Code

1031   Staukategorie A   **(1)**
Fundstelle: 3.4.3 IMDG-Code

1032   Gefährliche Güter, die gemäß 7.2 IMDG-Code voneinander getrennt werden müs-   **(3)**
sen, dürfen nicht in derselben Güterbeförderungseinheit befördert werden; ausgenommen sind gefährliche Güter, die „Entfernt von" einander zu halten sind, welche mit Genehmigung der zuständigen Behörde in derselben Güterbeförderungs-

einheit befördert werden dürfen. In diesem Fall muss ein gleicher Sicherheitsstandard gewährleistet werden.

3.1, 3.2, 7.2 und 7.3 IMDG-Code

Fundstelle: 7.3.4.1 in Verbindung mit 1.2.1 und 7.3.3.5 IMDG-Code

1033   Wenn dies nach 3.2, 3.3, 3.4.4.1 und 3.5.8.2 und 7.2 des IMDG-Codes zulässig ist.   **(2)**

Fundstelle: § 17 Nummer 7 (Pflichten des Versenders) GGVSee

1034   Im Seetransport wird aufgrund der Verträglichkeitsgruppen die Trennung fest-   **(2)**
gelegt. Güter der gleichen Klasse und Unterklasse mit unterschiedlicher Verträglichkeitsgruppe müssen nach der Tabelle in 7.2.7.1.4 getrennt werden.

Fundstelle: 2.1.2.1 (Verträglichkeitsgruppe und Klassifizierungscode), 7.2.7.1 (Trennung innerhalb der Klasse 1) IMDG-Code

1035   Verträglichkeitsgruppen B und D dürfen nicht zusammengeladen werden; Unter-   **(2)**
abschnitt 7.2.7.1 IMDG-Code.

Fundstelle: 7.2.7.1.1 und 7.2.7.1.4 IMDG-Code

1036   **B**   Nein   **(1)**

Fundstelle: 7.2.7.1.1 und 7.2.7.1.4 IMDG-Code

1037   **B**   Alle mit Notfallmaßnahmen befassten Besatzungsmitglieder   **(1)**

Fundstelle: § 4 (Allgemeine Sicherheitspflichten, Überwachung, Ausrüstung und Schulung) Absatz 5 und § 23 Nr. 1 GGVSee

1038   Alle mit Notmaßnahmen befassten Besatzungsmitglieder   **(2)**

Fundstelle: § 4 Absatz 5 und § 23 Nr. 1 GGVSee

1039   entfernt von   **(2)**

getrennt von

getrennt durch eine ganze Abteilung oder einen Laderaum von

in Längsrichtung getrennt durch eine dazwischenliegende ganze Abteilung oder einen dazwischenliegenden Laderaum von

Im IMDG-Code werden vier Trennbegriffe verwendet.

Fundstelle: 7.2.2.2 IMDG-Code

1040   7.2 IMDG-Code   **(2)**

Fundstelle: 7.2.1 IMDG-Code

1041   Es werden vier Trennbegriffe verwendet, diese sind in 7.2.2.2 IMDG-Code ge-   **(2)**
nannt.

1042   7.3.4 IMDG-Code   **(2)**

Hinweis: Bei Beförderungseinheiten handelt es sich auch um Container nach 1.2.1 IMDG-Code.

Fundstelle: 7.3.4.1 IMDG-Code

1043   3.1.4 IMDG-Code   **(2)**

1044   Es gibt laut IMDG-Code 18 Trenngruppen.   **(2)**

Fundstelle: 3.1.4.4 und 7.2.5.2 IMDG-Code

1045   **A**   Säuren   **(1)**

Fundstelle: 3.1.4.4 IMDG-Code

See

1046   Nein, Staukategorie C   (2)
        Fundstelle: Eintragung in Kapitel 3.2 Gefahrgutliste zu UN-Nr. 1808 in Verbindung
        mit 7.1.3.2 IMDG-Code

1047   **A**   Fünf: A bis E   (1)
        Fundstelle: 7.1.3.2 IMDG-Code

1048   Es werden 5 Staukategorien unterschieden.   (2)
        Fundstelle: 7.1.3.2 IMDG-Code

1049   Es werden 5 Staukategorien unterschieden.   (2)
        Fundstelle: 7.1.3.1 IMDG-Code

1050   **B**   Von der Tür aus zugänglich   (1)
        Fundstelle: 7.3.3.10 IMDG-Code

1051   In der Nähe der Tür; 7.3.3.10 IMDG-Code   (2)
        Fundstelle: 7.3.3.10 IMDG-Code

1052   So, dass die Türen in einem Notfall sofort geöffnet werden können.   (2)
        Fundstelle: 7.3.3.11 IMDG-Code

1053   Container müssen hinsichtlich Stärke und Festigkeit für den Seetransport geeignet   (2)
        sein und den anwendbaren Vorschriften des CSC-Übereinkommens entsprechen.
        Fundstelle: 7.3.2.1 und 7.3.2.2 IMDG-Code

1054   Staukategorie A   (2)
        Fundstelle: 3.5.7.1 IMDG-Code

1055   Die Trennvorschriften 7.2 IMDG-Code sind nicht anwendbar.   (2)
        Hinweis: Beim Zusammenpacken in einer Außenverpackung muss darauf geachtet
        werden, dass die Gefahrgüter nicht gefährlich miteinander reagieren.
        Fundstelle: 3.5.8.1 und 3.5.8.2 IMDG-Code

1056   INF-Code   (1)
        Fundstelle: § 2 Nr. 11 in Verbindung mit § 3 Absatz 1 Nummer 5 GGVSee

1057   IMSBC-Code   (1)
        Fundstelle: § 2 Nr. 13 in Verbindung mit § 3 Absatz 1 Nummer 2 a) GGVSee

1058   IBC-Code oder BCH-Code   (1)
        Hinweis: In § 3 Absatz 1 Nummer 3 GGVSee wird auch noch auf den BCH-Code
        verwiesen, dieser regelt jedoch den Bau und die Ausrüstung von Tankschiffen.
        Fundstelle: § 2 Nr. 4 und Nr. 9 in Verbindung mit § 3 Absatz 1 Nummer 3 GGVSee

1059   IGC-Code und GC-Code   (1)
        Fundstelle: § 2 Nr. 8 und Nr. 10 in Verbindung mit § 3 Absatz 1 Nummer 4 GGVSee

1060   **B**   Im IMDG-Code   (1)
        Hinweis: In 7.4 IMDG-Code sind einige Anforderungen an die Laderäume vorhan-
        den. Die CTU-Packrichtlinien[*] enthielten nur die Anforderungen für die Stauung
        von Güterbeförderungseinheiten. Im IMSBC-Code sind die Anforderungen für
        Massenguttransporte enthalten. SOLAS Kapitel II-2 enthält die Zielsetzungen für
        die Brandsicherheit und funktionale Anforderungen.

        [*] Hinweis: es müsste eigentlich der CTU-Code genannt sein, Vkbl. Heft 13, 2015, Seite 422

1061   **D**   In MARPOL Anlage II   (1)

Hinweis: Der IGC-Code regelt die Beförderung verflüssigter Gase in Tankschiffen. Im IMDG-Code wird nur die Beförderung verpackter gefährlicher Güter geregelt. Der INF-Code gilt für die Beförderung von bestrahlten Kernbrennstoffen, Plutonium und hochradioaktiven Abfällen. MARPOL Anlage II enthält Regeln zur Überwachung der Verschmutzung durch als Massengut beförderte schädliche flüssige Stoffe. Im Kapitel 5 sind die Regeln zum betrieblichen Einleiten von Rückständen mit schädlichen flüssigen Stoffen enthalten.

1062   1.   Ja, weil in der Spalte 13 der Gefahrgutliste der Code BK3 für flexible Schütt-   (3)
                gutcontainer genannt ist.
            2.   Nein, weil das Stauen von Schüttgut-Containern nur in Laderäumen und
                 nicht in Güterbeförderungseinheiten zulässig ist.

Fundstelle: zu 1.: 4.3.1.1 und Kapitel 3.2 Gefahrgutliste IMDG-Code; zu 2.: 4.3.4.1 IMDG-Code

1063   Es ist ein Mindestabstand von 2,4 m von möglichen Zündquellen einzuhalten.   (1)
Fundstelle: 7.4.2.3.2 IMDG-Code

1064   Nein; 7.3.4.2.1 IMDG-Code   (2)
Fundstelle: 7.3.4.2.1 IMDG-Code
Hinweis: In der Fragestellung spricht man von Lebensmitteln, im IMDG-Code von Nahrungsmitteln, die man den Lebensmitteln zuordnen kann.

1065   Ein Containerstellplatz (2,4 m)   (1)
Fundstelle: 7.4.3.2, 7.4.3.3 und 7.4.3.1.1 IMDG-Code
Hinweis: In der Frage wird nicht differenziert, ob es sich um ein Containerschiff mit geschlossenen Laderäumen oder ein offenes Containerschiff handelt. Bei beiden ist der Mindestabstand gleich.

1066   Muss unter Temperaturkontrolle befördert werden.   (1)
Fundstelle: 7.1.5 IMDG-Code

1067   Geschützt vor Wärmequellen   (1)
Fundstelle: 7.1.5 IMDG-Code

1068   „Entfernt von" Klasse 4.1 stauen.   (1)
Fundstelle: 7.2.8 IMDG-Code

1069   „Getrennt von" Chlor stauen.   (1)
Fundstelle: 7.2.8 IMDG-Code

1070   „Getrennt von" Klasse 6.2 stauen.   (1)
Fundstelle: 7.2.8 IMDG-Code

1071   So trocken wie möglich.   (1)
Fundstelle: 7.1.6 IMDG-Code

1072   Während der Beförderung möglichst an einem kühlen, gut belüfteten Ort stauen   (1)
            (oder halten).
Fundstelle: 7.1.6 IMDG-Code

1073   Staukategorie D: Hier geht es um die Stauung an oder unter Deck, unterschieden   (3)
            nach Fracht- und Fahrgastschiffen*).
            SW1:   Geschützt vor Wärmequellen.
            SW2:   Frei von Wohn- und Aufenthaltsräumen.

H2:   So kühl wie möglich.

SG35: „Getrennt von" Säuren.

Fundstelle: Im Index ist über den „Proper Shipping Name" die UN-Nummer zu ermitteln. Diese lautet UN 2668. In Kapitel 3.2 Gefahrgutliste sind in der Spalte 16a die Stauungs- und Handhabungsvorschriften zu finden. In der Spalte 16b sind die Trennvorschriften genannt. In 7.1.5 IMDG-Code sind die Beschreibungen der Staucodes vorhanden, 7.1.6 IMDG-Code enthält die Handhabungscodes und in 7.2.8 sind die Trenncodes genannt.

*) Weil in der Fragestellung auch das Wort „Stauung" aufgeführt wird, sollte man auch die Staukategorie nennen (7.1.3 IMDG-Code).

1074 Staukategorie E: Hier geht es um die Stauung an oder unter Deck, unterschieden   **(3)**
nach Fracht- und Fahrgastschiffen*).

SW2:   Frei von Wohn- und Aufenthaltsräumen.

H1:   So trocken wie möglich.

SG26: Zusätzlich: Von Stoffen der Klassen 2.1 und 3 muss bei Stauung an Deck
eines Containerschiffs ein Mindestabstand in Querrichtung von zwei Container-Stellplätzen, bei Stauung auf Ro/Ro-Schiffen ein Abstand in Querrichtung von 6 m eingehalten werden.

SG35: „Getrennt von" Säuren.

Fundstelle: Im Index ist über den „Proper Shipping Name" die UN-Nummer zu ermitteln. Diese lautet UN 1390. In Kapitel 3.2 Gefahrgutliste sind in der Spalte 16a die Stauungs- und Handhabungsvorschriften zu finden. In der Spalte 16b sind die Trennvorschriften genannt. In 7.1.5 IMDG-Code sind die Beschreibungen der Staucodes vorhanden, 7.1.6 IMDG-Code enthält die Handhabungscodes und in 7.2.8 sind die Trenncodes genannt.

*) Weil in der Fragestellung auch das Wort „Stauung" aufgeführt wird, sollte man auch die Staukategorie nennen (7.1.3 IMDG-Code).

1075 Nein.   **(3)**

Lösungsweg:
Von beiden UN-Nummern müssen die Gefahrzettel aus den Spalten 3 und 4 und die zusätzlichen Trennvorschriften aus der Spalte 16b aus Kapitel 3.2 Gefahrgutliste herausgesucht werden. UN 1588 hat den Gefahrzettel Nr. 6.1 und die Trennvorschrift SG 35. Da bei allen drei Verpackungsgruppen die Anforderungen bzgl. der Trennung gleich sind, ist hier die Angabe der Verpackungsgruppe nicht notwendig. UN 1830 hat nur den Gefahrzettel Nr. 8. Aufgrund der Gefahrzettel ist nun die Trennung mit Tabelle 7.2.4 zu überprüfen. Die Gefahrzettel Nr. 6.1 und 8 erfordern keine Trennung voneinander. Bei UN 1588 muss aber noch die Trennvorschrift SG 35 beachtet werden, die gem. 7.2.8 fordert, dass „getrennt von" Säuren gestaut werden muss. In 3.1.4.4 sind die Trenngruppen mit den dazugehörigen UN-Nummern aufgeführt. Danach handelt es sich bei UN 1830 um eine Säure. Gem. 7.3.4.1 dürfen Güter, die „getrennt von" voneinander zu stauen sind, nicht im selben Container befördert werden. Damit dürfen diese zwei UN-Nummern nicht zusammen in einen Container verladen werden.

Fundstelle: Kapitel 3.2 Gefahrgutliste, 7.2.4, 7.2.8, 3.1.4.4 und 7.3.4.1 IMDG-Code

1076 7.3.3.14 IMDG-Code verweist auf den CTU-Code.   **(2)**

1077 Nein.   **(1)**

Fundstelle: 7.3.3.17 und 5.4.2.1 Bemerkung IMDG-Code

1078 Nein, nach 7.3.3.17 IMDG-Code nicht erforderlich.   **(2)**

Fundstelle: 7.3.3.17 und 5.4.2.1 Bemerkung IMDG-Code

See

1079   Nein.   **(1)**

Fundstelle: 7.3.3.17 IMDG-Code

1080   – Beförderungspapier   **(2)**

– CTU-Packzertifikat

– Gefahrgutmanifest oder Stauplan

*Fundstelle: § 6 GGVSee Absatz 1 Nummer 1 in Verbindung mit 5.4.1, § 18 Nr. 3
GGVSee in Verbindung mit 5.4.2 IMDG-Code und § 6 Absatz 1 Nummer 2
GGVSee in Verbindung mit 5.4.3 IMDG-Code*

1081   – Wetterungsbescheinigung   **(2)**

– Bescheinigung, nach der ein Stoff oder Gegenstand von den Vorschriften des
IMDG-Codes ausgenommen ist

– Erklärung der zuständigen Behörde über die Klassifizierung eines neuen selbstzersetzlichen Stoffes oder organischen Peroxides

Fundstelle: 5.4.4.1 IMDG-Code

1082   Im Container-/Fahrzeugpackzertifikat (CTU-Packzertifikat)   **(1)**

Fundstelle: 5.4.2 IMDG-Code

1083   **D**   Der für die Beladung des Containers Verantwortliche   **(1)**

Fundstelle: § 18 Nummer 3 GGVSee und 7.3.3.17 IMDG-Code

1084   **B**   Ja, die Zusammenfassung der Informationen in einem Dokument ist erlaubt.   **(1)**

Fundstelle: 5.4.2.2 IMDG-Code

1085   Der für das Packen oder Beladen einer Beförderungseinheit mit gefährlichen   **(2)**
Gütern jeweils Verantwortliche.

Fundstelle: § 18 Nummer 3 GGVSee, 5.4.2.2 und 7.3.3.17 IMDG-Code

1086   – Name und Anschrift der ausstellenden Firma   **(2)**

– Name desjenigen, der die Pflichten des Unternehmers oder Betriebsinhabers
als Versender wahrnimmt

Fundstelle: § 6 Absatz 1 Nummer 1 GGVSee

1087   **D**   Ja, wenn für die gefährlichen Güter das Stauen in einem Laderaum oder   **(1)**
einer Güterbeförderungseinheit zugelassen ist.

Fundstelle: § 6 Absatz 1 Nummer 1 GGVSee (Unterlagen für die Beförderung)

1088   Wenn für diese Güter nach 3.2, 3.3, 3.4 und 7.2 des IMDG-Codes das Stauen in   **(2)**
einem Laderaum oder einer Güterbeförderungseinheit zugelassen ist, dürfen verschiedene gefährliche Güter einer oder mehrerer Klassen zusammen in einem Beförderungspapier für den Seeverkehr aufgeführt werden.

*Fundstelle: § 6 Absatz 1 Nummer 1 GGVSee (Unterlagen für die Beförderung ge-
fährlicher Güter)*

1089   Versender und der Beauftragte des Versenders   **(2)**

Fundstelle: § 6 Absatz 1 Nummer 1 und § 17 Nummer 2 GGVSee

1090   **B**   Der Versender (Hersteller oder Vertreiber) des Gutes   **(1)**

Fundstelle: § 6 Absatz 1 Nummer 1 und § 17 Nummer 2 GGVSee

1091   **C**   Ja.   **(1)**

Fundstelle: § 6 Absatz 4 GGVSee und 5.4.1.6.2 IMDG-Code

See

1092 **D** alle mit gefährlichen Gütern beladenen Beförderungseinheiten (ausgenom- **(1)**
men ortsbewegliche Tanks).

Fundstelle: 5.4.2 (Container-/Fahrzeugpackzertifikat) IMDG-Code

1093 „RADIOAKTIVE STOFFE, FREIGESTELLTES VERSANDSTÜCK – BEGRENZTE **(2)**
STOFFMENGE" oder „RADIOACTIVE MATERIAL, EXCEPTED PACKAGE –
LIMITED QUANTITY OF MATERIAL"

Fundstelle: Kapitel 3.2 Gefahrgutliste IMDG-Code

1094 – Richtiger technischer Name: „SCHWEFELTETRAFLUORID" oder „SULPHUR **(2)**
TETRAFLUORIDE"
– Gefahrzettel Nr. 2.3 und Nr. 8

Fundstelle: Kapitel 3.2 Gefahrgutliste IMDG-Code

1095 „RADIOAKTIVE STOFFE, TYP C-VERSANDSTÜCK, SPALTBAR" oder „RADIO- **(2)**
ACTIVE MATERIAL, TYPE C PACKAGE, FISSILE

Fundstelle: Kapitel 3.2 Gefahrgutliste IMDG-Code

1096 – Richtiger technischer Name: „SCHWEFELDIOXID" oder „SULPHUR DIOXIDE" **(2)**
– Gefahrzettel Nr. 2.3 und Nr. 8

Fundstelle: Kapitel 3.2 Gefahrgutliste IMDG-Code

1097 – Richtiger technischer Name: „METHYLHYDRAZIN" oder „METHYLHYDRAZINE" **(2)**
– Gefahrzettel Nr. 6.1, Nr. 3 und Nr. 8

Fundstelle: Kapitel 3.2 Gefahrgutliste IMDG-Code

1098 – Richtiger technischer Name: „PENTABORAN" oder „PENTABORANE" **(2)**
– Gefahrzettel Nr. 4.2 und Nr. 6.1

Fundstelle: Kapitel 3.2 Gefahrgutliste IMDG-Code

1099 Ja, bezogen auf die erforderlichen obligatorischen Angaben. **(1)**

*Fundstelle: 5.4.5 IMDG-Code; danach gibt es ein Formular als Muster für die Beför-
derung gefährlicher Güter im multimodalen Verkehr. Die nach diesem Abschnitt erforderlichen Angaben sind obligatorisch, jedoch ist die Gestaltung des Formulars
nicht obligatorisch.*

Hinweis: Die Fragestellung ist nicht eindeutig. Es gibt nur erforderliche Angaben.

1100 Aufbewahrung einer Kopie für einen Mindestzeitraum von drei Monaten. **(2)**

*Nach § 17 Nummer 10 GGVSee hat der Versender und nach § 21 Nummer 3
GGVSee hat der Beförderer eine Kopie der vorgeschriebenen Dokumente für einen
Zeitraum von drei Monaten ab Ende der Beförderung nach 5.4.6.1 des IMDG-Codes
aufzubewahren und nach Ablauf der Aufbewahrungsfrist unverzüglich zu löschen,
wenn nicht gesetzliche Aufbewahrungsfristen der Löschung entgegenstehen.*

1101 Die UN-Nr. muss im Placard oder auf einer orangefarbenen Tafel an allen 4 Seiten **(3)**
des Containers angebracht werden; 5.3.2.1 IMDG-Code.

Fundstelle: 5.3.2.1, 5.3.2.1.2 und 5.3.2.1.3 IMDG-Code

1102 An beiden Seiten und beiden Enden des Frachtcontainers **(2)**

Fundstelle: 5.3.1.1.4 (Vorschriften für das Anbringen von Placards) IMDG-Code

1103 Placard Nr. 3 „FLAMMABLE LIQUID" an allen vier Seiten **(2)**

*Die Kennzeichnung des Containers mit Placards ist an beiden Seiten und an bei-
den Enden erforderlich. Im IMDG-Code sind Möbel weder aufgeführt noch lassen
sie sich einer Sammelposition oder N.A.G.-Position zuordnen. Damit sind sie kein*

See

Gefahrgut im Sinne des IMDG-Codes. Farbe ist unter UN-Nr. 1263 aufgeführt und damit als Gefahrgut zu kennzeichnen. Die Kennzeichnungsvorschrift ergibt sich aus den Spalten 3 und 4 der Gefahrgutliste.

Fundstelle: Index mit Suchbegriff Farbe und UN 1263 in Kapitel 3.2 Gefahrgutliste in Verbindung mit 5.3.1.1.4.1 IMDG-Code

1104 Placards Nr. 3 „FLAMMABLE LIQUID" an allen vier Seiten **(2)**

Die Kennzeichnung des Containers mit Placards ist an beiden Seiten und an beiden Enden erforderlich.

Fundstelle: Spalten 3 und 4 in Kapitel 3.2 Gefahrgutliste und 5.3.1.1.4 (Vorschriften für das Anbringen von Placards) IMDG-Code

1105 Die Kennzeichnung „Marine Pollutant" muss an beiden Seiten und beiden Enden **(2)**
angebracht sein.

Fundstelle: 5.3.2.3.1 (Markierung für Meeresschadstoffe), 5.3.1.1.4.1 (Vorschriften für das Anbringen von Placards) IMDG-Code

1106 **B**   Durch Placards mit Ziffer in der unteren Ecke **(1)**

Fundstelle: 5.3.1.1.3 in Verbindung mit 5.2.2.1.2 (Kennzeichnungsvorschriften) IMDG-Code

1107 **B**   Der Versender und der Beauftragte des Versenders **(1)**

Fundstelle: § 17 Nummer 8 GGVSee

1108 Versender und der Beauftragte des Versenders **(2)**

Fundstelle: § 17 Nummer 8 GGVSee

1109 Ammonium Sulphide, Solution, UN 2683 sind auf dem Versandstück anzubringen. **(3)**
Weiterhin sind die Gefahrzettel Nr. 8, Nr. 6.1 und Nr. 3 anzubringen.

Hinweis: Ausrichtungspfeile wären dann anzubringen, wenn die Kriterien in 5.2.1.7 IMDG-Code erfüllt werden, was aus der Aufgabenstellung nicht ersichtlich ist.

Fundstelle: Kapitel 3.2 Gefahrgutliste und 5.2.1 (Beschriftung von Versandstücken einschließlich IBC) und 5.2.2 (Kennzeichnung von Versandstücken) IMDG-Code

1110 Lead Perchlorate, Solid, UN 1470 sind auf dem Versandstück anzubringen. Die **(3)**
Gefahrzettel Nr. 5.1 und Nr. 6.1 und das Kennzeichen für Meeresschadstoffe sind erforderlich.

Fundstelle: Kapitel 3.2 Gefahrgutliste und 5.2.1 (Beschriftung von Versandstücken einschließlich IBC) und 5.2.2 (Kennzeichnung von Versandstücken) IMDG-Code und wegen P in Spalte 4 Markierung für Meeresschadstoffe

1111 **D**   In keinem Fall **(1)**

Fundstelle: 5.3.2.1 (Angabe von UN-Nummern), 5.3.2.1.1 IMDG-Code

1112 Die Kennzeichnung der Beförderungseinheit erfolgt mit dem Kennzeichen für begrenzte Mengen (auf die Spitze gestelltes Quadrat, oben und unten schwarz und in der Mitte weiß, 25 × 25 cm) gemäß 3.4.5.5 IMDG-Code. **(2)**

Hinweis: In 5.3.2.4 IMDG-Code wird ebenfalls auf die Kennzeichnung hingewiesen.

1113 Kennzeichen für begrenzte Mengen (auf die Spitze gestelltes Quadrat, oben und **(2)**
unten schwarz und in der Mitte weiß)

Fundstelle: 3.4.5 (Beschriftung und Kennzeichnung), 3.4.5.1 IMDG-Code

1114 Kennzeichen für begrenzte Mengen (auf die Spitze gestelltes Quadrat, oben und **(2)**
unten schwarz und in der Mitte weiß) 25 × 25 cm, gemäß 3.4.5.5 IMDG-Code.

Hinweis: In 5.3.2.4 IMDG-Code wird ebenfalls auf die Kennzeichnung hingewiesen.

See

1115   1.   Warnzeichen für Konditionierungsmittel gemäß 5.5.3.6.2 IMDG-Code an je-   **(3)**
dem Zugang (Containertür) – 5.5.3.6.1 IMDG-Colde

       2.   Ja – 5.5.3.2.4 IMDG-Code

Fundstelle: 5.5.3.6 und 5.5.3.2.4 IMDG-Code

1116   Begasungswarnzeichen gem. 5.5.2.3.2 IMDG-Code an jedem Zugang   **(2)**
Nach Belüftung und Entladung des Containers muss das Begasungswarnzeichen entfernt werden.

Fundstelle: 5.5.2.3.1, 5.5.2.3.2 und 5.5.2.3.4 IMDG-Code

1117   Buchstabenhöhe von mindestens 12 mm   **(1)**
Fundstelle: 5.1.2.1 IMDG-Code

1118   Sicherheits-Zulassungsschild gem. CSC   **(2)**
Fundstelle: 1.1.2.3 (Anlage I) und 7.3.3.1 Fußnote 2 IMDG-Code

1119   Informationen: **(2)**

     –   Bezeichnung des Stoffes oder Gegenstandes,

     –   Gefahrgutklasse,

     –   UN-Nummer,

     –   Information, ob es sich um einen Meeresschadstoff handelt oder handeln kann

Hinweis: Der Index ist das alphabetische Verzeichnis der gefährlichen Güter, die durch den IMDG-Code erfasst werden. Es können somit gefährliche Güter nach ihrem Namen ermittelt werden. Die Lösung erfolgt über die Spaltenüberschriften.

1120   3.2.1 und 3.2.2 IMDG-Code   **(2)**
Fundstelle: 3.2.1 beschreibt den Aufbau der Gefahrgutliste und 3.2.2 die Abkürzungen und Symbole.

1121   5.4 IMDG-Code   **(2)**
Fundstelle: 5.4 IMDG-Code regelt die Dokumentation und enthält somit auch Festlegungen zu den Beförderungspapieren.

1122   5.3 IMDG-Code   **(2)**
Fundstelle: 5.3 IMDG-Code regelt die Plakatierung, Markierung und Beschriftung von Güterbeförderungseinheiten.

1123   2.10 IMDG-Code   **(2)**
Fundstelle: 2.10 IMDG-Code enthält die Begriffsbestimmungen für Meeresschadstoffe.

1124   2.0.5 IMDG-Code   **(2)**
Fundstelle: 2.0.5 IMDG-Code enthält die Vorschriften zu Abfällen

1125   7.5.2 IMDG-Code   **(2)**
Fundstelle: 7.5.2 IMDG-Code regelt die Stauung von Straßenfahrzeugen mit verpackten gefährlichen Gütern in Ro/Ro-Laderäumen.

1126   **C**   Abschnitt 7.5.2   **(1)**
Fundstelle: 7.5.2 (Stauung von Güterbeförderungseinheiten in Ro/Ro-Laderäumen) IMDG-Code

1127   **B**   Kapitel 4.3   **(1)**
Fundstelle: 4.3 (Verwendung von Schüttgut-Containern) IMDG-Code

1128   4.2 IMDG-Code regelt die Verwendung von ortsbeweglichen Tanks für den Trans- **(2)**
port flüssiger gefährlicher Güter.

Hinweis: In Kapitel 3.2 Gefahrgutliste Spalte 13 finden wir heraus, ob ein Stoff (ohne behördliche Genehmigung) in ortsbeweglichen Tanks befördert werden darf. Spalte 6 kann noch Sondervorschriften für die Verwendung von Tanks enthalten (z. B. SV26 in 3.3).

1129   7.4 IMDG-Code **(2)**

Fundstelle: 7.4 IMDG-Code enthält die Vorschriften für die Stauung und Trennung auf Containerschiffen.

Hinweis: In 7.4.4.1 IMDG-Code wird Stauung und Trennung von Containern gem. CSC genannt.

1130   7.5.3 IMDG-Code **(2)**

Fundstelle: 7.5.3 IMDG-Code enthält die Vorschriften für die Trennung von Beförderungseinheiten mit verpackten gefährlichen Gütern auf Ro/Ro-Schiffen.

1131   7.3 IMDG-Code **(2)**

Fundstelle: 7.3 IMDG-Code (Packen und Verwendung von Güterbeförderungseinheiten) enthält die Vorschriften für das Packen von Containern.

Hinweis: Die Begriffsbestimmung in 1.2.1 IMDG-Code für Güterbeförderungseinheiten schließt auch Container ein.

1132   7.2.7.1 IMDG-Code **(2)**

Fundstelle: 7.2.7.1 IMDG-Code regelt, welche Trennvorschriften für gefährliche Güter der Klasse 1 untereinander angewandt werden müssen.

1133   Nein. Es handelt sich auch um einen Meeresschadstoff, wenn die Einstufungs- **(2)**
kriterien gem. 2.9.3 IMDG-Code zutreffen.

Fundstelle: 2.10.3.1 IMDG-Code.

1134   Schiffsführer und der für die Ladung verantwortliche Offizier **(2)**

Fundstelle: § 4 Absatz 11 GGVSee

1135   Höchstens 5 Jahre **(2)**

Nach § 4 Absatz 11 (Allgemeine Sicherheitspflichten, Überwachung, Ausrüstung, Unterweisung) GGVSee ist die Unterweisung in regelmäßigen Abständen von höchstens 5 Jahren zu wiederholen.

1136   **B**   5 Jahre **(1)**

Fundstelle: § 4 Absatz 11 GGVSee

1137   **B**   In der GGVSee und im IMDG-Code **(1)**

Fundstelle: § 5 (1) GGVSee und 7.1 und 7.2 IMDG-Code

1138   § 27 (Ordnungswidrigkeiten) GGVSee **(2)**

1139   1)   Schüttgut-Container: Nein – 4.3 IMDG-Code **(3)**
              Fundstelle: 4.3.1.1 IMDG-Code
        2)   Ortsbewegliche Tanks: Nein – 4.2 IMDG-Code
              Fundstelle: 4.2.1.19 IMDG-Code

Hinweis: Die Fundstellen verweisen auf die Spalte 13 der Gefahrgutliste. Nur wenn dort in Spalte 13 ein Tank bzw. Containertyp (BK2) genannt ist, hat diese UN-Nummer eine Zulassung zur Beförderung in fester Form in Schüttgut-Containern (BK2) oder in Tanks (Txx) (Erläuterung zu Spalte 13).

See

1140   Nein; 4.2.6 IMDG-Code   **(2)**

Fundstelle: 4.2.6.2 und 6.8.2.1 IMDG-Code

1141   Ja; Abschnitt 1.3.1 IMDG-Code   **(2)**

Hinweis: Nach Abschnitt 1.3.1 IMDG-Code ist das Landpersonal vor der selbst-ständigen Übernahme der Aufgaben nach den Vorschriften des Kapitels 1.3 IMDG-Code zu unterweisen. Die Unterweisung ist in regelmäßigen Abständen von höchstens fünf Jahren zu wiederholen. Datum und Inhalt der Unterweisung sind unverzüglich nach der Unterweisung aufzuzeichnen, die Aufzeichnungen sind fünf Jahre aufzubewahren und dem Arbeitnehmer und der zuständigen Behörde auf Verlangen vorzulegen. Nach Ablauf der Aufbewahrungsfrist sind die Aufzeichnungen unverzüglich zu löschen.

Fundstelle: 1.3.1 IMDG-Code

1142   Ja. Nach § 4 Absatz 12 GGVSee ist Landpersonal, das Aufgaben nach 1.3.1.2   **(2)**
IMDG-Code ausübt, vor der selbstständigen Übernahme der Aufgaben nach den
1.3 IMDG-Code zu unterweisen. Die Unterweisung ist in regelmäßigen Abständen
von höchstens fünf Jahren zu wiederholen. Datum und Inhalt der Unterweisung
sind unverzüglich nach der Unterweisung aufzuzeichnen, die Aufzeichnungen sind
fünf Jahre aufzubewahren und dem Arbeitnehmer und der zuständigen Behörde
auf Verlangen vorzulegen. Nach Ablauf der Aufbewahrungsfrist sind die Aufzeichnungen unverzüglich zu löschen.

1143   Nach 1.2.1 IMDG-Code: jede Person, Organisation oder Regierung, die eine Sen-   **(1)**
dung für die Beförderung vorbereitet

Nach § 2 Absatz 1 Nummer 23 GGVSee: der Hersteller oder Vertreiber gefährlicher
Güter oder jede andere Person, die die Beförderung gefährlicher Güter ursprüng-
lich veranlasst

Hinweis: Die Fragestellung lässt nicht erkennen, ob die Definition nach IMDG-Code oder GGVSee gefragt ist.

1144   1.   Dichloroanilines, liquid   **(10)**
Allyl Glycidyl Ether

Lt. Gefahrgutliste in 3.2 zu UN 1590 sind die richtigen technischen Namen: DICHLORANILINE, FLÜSSIG oder DICHLORANILINES, LIQUID und zu UN 2219. ALLYLGLYCIDYLETHER oder ALLYL GLYCIDYL ETHER. Es ist empfehlenswert, nur die englische Bezeichnung zu verwenden.
Fundstelle: 3.2.1 IMDG-Code

2.   Ja.

Es besteht weder nach der Gefahrgutliste in 3.2 noch nach 7.2.4 IMDG-Code ein Trenngebot, somit dürfen die Güter in einem Container zusammen-geladen werden.
Fundstelle: 3.2.1 (Spalte 16b) und 7.2.4 IMDG-Code

3.   Verantwortliche für das Packen oder Beladen der Güterbeförderungseinheit

Gemäß § 18 Nummer 1 GGVSee ist der für das Packen oder Beladen einer Güterbeförderungseinheit jeweils Verantwortliche für die Beachtung von 7.2 IMDG-Code verantwortlich. In 7.2 IMDG-Code sind die Trennvorschriften enthalten.
Fundstelle: § 18 Nummer 1 GGVSee

4.   Staukategorie A
Frachtschiffe oder Fahrgastschiffe, deren Fahrgastzahl auf höchstens 25 oder
einen Fahrgast je 3 m der Gesamtschiffslänge begrenzt ist, je nachdem, wel-
che Anzahl größer ist. Nur an Deck und auf anderen Fahrgastschiffen, deren
Fahrgastzahl die vorgenannte Höchstzahl überschreitet: verboten.
Fundstelle: 7.1.3.2 und Spalte 16a in Kapitel 3.2 Gefahrgutliste IMDG-Code

5.   Der Container ist an beiden Seiten und an beiden Enden mit den Placards
Nr. 3 und Nr. 6.1 und wegen Dichloranilin, flüssig mit dem Kennzeichen
„Marine Pollutant" an allen 4 Seiten zu kennzeichnen.
Fundstelle: Spalten 3 und 4 (Eintrag P) in Kapitel 3.2 Gefahrgutliste,
5.3.1.1.4 und 5.3.2.3 IMDG-Code

1145   Die Antworten ergeben sich aus Kapitel 3.4 IMDG-Code.   **(10)**

1.   1.)   Ja.

2.)   Nein.

3.)   Ja.

zu 1.)   Laut Eintragung für PARFÜMERIEERZEUGNISSE, 3, UN 1266, in
der Gefahrgutliste Spalte 7a in 3.2 IMDG-Code ist eine Beförde-
rung als begrenzte Menge in einer Menge von bis zu 5 l je Innen-
verpackung zulässig.

zu 2.)   Laut Eintragung für PHOSPHOR, WEISS oder GELB, UNTER WAS-
SER, 4.2, UN 1381, in der Gefahrgutliste Spalte 7a in 3.2 IMDG-
Code ist eine Beförderung als begrenzte Menge nicht zulässig.

zu 3.)   Laut Eintragung für TRICHLORETHYLEN, 6.1, UN 1710, in der Ge-
fahrgutliste Spalte 7a in 3.2 IMDG-Code ist eine Beförderung als
begrenzte Menge in einer Menge von bis zu 5 l je Innenverpackung
zulässig.

2.   Nein; 3.4.2.1 IMDG-Code
Gefährliche Güter, die als begrenzte Mengen befördert werden, dürfen nach
3.4.2.1 IMDG-Code nur in Innenverpackungen verpackt werden, die in eine
geeignete Außenverpackung eingesetzt werden. Die Verpackungen müssen
den Vorschriften von 4.1.1.1, 4.1.1.2 und 4.1.1.4 bis 4.1.18 IMDG-Code ge-
mäß 3.4.1.2 IMDG-Code genügen und sie müssen so beschaffen sein, dass
sie die Konstruktionsanforderungen von 6.1.4 IMDG-Code erfüllen. Es ist
kein Hinweis auf 4.1.1.3 IMDG-Code vorhanden, nur dort werden bauart-
geprüfte Verpackungen vorgeschrieben.
Fundstelle: 3.4.1.2 und 3.4.2.1 IMDG-Code

3.   Kennzeichen für begrenzte Mengen (auf die Spitze gestelltes Quadrat, oben
und unten schwarz und in der Mitte weiß, 10 × 10 cm)
Fundstelle: 3.4.5.1 IMDG-Code

1146   1.   Der Stoff CYCLOHEXYLAMINE, Klasse 8, UN-Nr. 2357, muss laut Gefahr-   **(10)**
gutliste in 3.2 IMDG-Code mit Kennzeichen Nr. 8 und Nr. 3 gekennzeichnet
sein.

2.   Nein.
Gemäß Trenntabelle in 7.2.4 IMDG-Code bestehen keine generellen Trenn-
vorschriften für die Klassen 3 und 8.

3.   Die Zusatzgefahr ist in gleicher Weise wie die Hauptgefahr bei der Trennung
zu beachten. In diesem Fall hat sie keine Auswirkung.
Fundstelle: 7.2.3.3 IMDG-Code

4.   Nein, gemäß der Gefahrgutliste in 3.2 IMDG-Code bestehen keine besonderen Trennvorschriften für die beiden Güter.
Fundstelle: Spalte 16b in der Gefahrgutliste in 3.2 IMDG-Code

5.   CTU-Packzertifikat
Gemäß § 18 Nummer 3 GGVSee in Verbindung mit 5.4.2 IMDG-Code ist ein
CTU-Packzertifikat (Container-/Fahrzeugpackzertifikat) von der für die Bela-
dung des Containers verantwortlichen Person auszustellen.

See

6.   Placards Nr. 3 und Nr. 8 an allen 4 Seiten
     *Gemäß der Gefahrgutliste in 3.2 IMDG-Code Spalten 3 und 4 ist der Contai-
     ner mit Placards Nr. 3 und Nr. 8 und nach 5.3.1.1.4.1 IMDG-Code jeweils an
     den beiden Seiten und beiden Enden zu kennzeichnen. Das Placard Nr. 3
     muss nicht zweimal angebracht werden, da 5.3.1.1.3 IMDG-Code keine
     Doppelkennzeichnung für gleiche Haupt- und Nebengefahren vorsieht.*

1147 1. Beförderungspapier und Containerpackzertifikat   **(10)**
              *Fundstelle: § 6 Absatz 1 Nummer 1 und § 18 Nummer 3 GGVSee und 5.4.1
              und 5.4.2 IMDG-Code*

       2. SULPHURIC ACID, with more than 51 % acid (60 %) oder SCHWEFEL-
           SÄURE mit mehr als 51 % Säure (60 %): UN-Nr. 1830
           DIALLYL ETHER oder DIALLYLETHER: UN-Nr. 2360
           Fundstelle: Index des IMDG-Codes

       3. Ja.
           *Weder nach der Trenntabelle in 7.2.4 IMDG-Code noch nach den individuel-
           len Trenngeboten in Spalte 16b der Gefahrgutliste in 3.2 IMDG-Code besteht
           kein Trenngebot für die Klassen 3 mit Nebengefahr 6.1 und 8. Somit dürfen
           die Partien in einem Container zusammengeladen werden.*
           Fundstelle: Kapitel 3.2 Gefahrgutliste Spalte 16b IMDG-Code

       4. Placards Nr. 3, 6.1 und Nr. 8 an allen 4 Seiten
           *Gemäß der Gefahrgutliste in 3.2 IMDG-Code Spalten 3 und 4 ist der Contai-
           ner mit Placards für die Klassen 3, 6.1 und 8 und nach 5.3.1.1.4.1 IMDG-
           Code jeweils an den beiden Seiten und den beiden Enden zu kennzeichnen.
           Gemäß 5.3.1.1.3 IMDG-Code darf das Placard für die Nebengefahr nur ent-
           fallen, wenn es bereits durch die Hauptgefahr eines anderen Gefahrguts am
           Container vorhanden ist. Das ist bei UN 2360 nicht der Fall.*

       5. Staukategorie E – die Beförderung ist verboten, da zu viele Fahrgäste an
           Bord sind.
           Es ist immer die schärfere Staukategorie heranzuziehen.
           Fundstelle: Kapitel 3.2 Gefahrgutliste Spalte 16a und 7.1.3.2 IMDG-Code

1148 *Anmerkung:*   **(10)**
          *Es gibt nur einen giftigen organischen festen Stoff, der auch entzündbar ist. Die
          korrekte Bezeichnung muss lauten: UN 2930 Giftiger organischer fester Stoff, ent-
          zündbar, n.a.g.*

       1. 1.) METHANOL: UN-Nr. 1230 und
           2.) GIFTIGER ORGANISCHER FESTER STOFF, ENTZÜNDBAR, N.A.G.:
                UN-Nr. 2930
           Fundstelle: Index des IMDG-Codes

       2. 1.) METHANOL: Klasse 3 mit Zusatzgefahr 6.1
           2.) GIFTIGER ORGANISCHER FESTER STOFF, ENTZÜNDBAR, N.A.G.:
                Klasse 6.1 Zusatzgefahr 4.1
           Fundstelle: Kapitel 3.2 Gefahrgutliste IMDG-Code

       3. Ja, nach der Trenntabelle in 7.2.4 IMDG-Code besteht kein Trenngebot für
           die Klassen 3 und 6.1. Somit dürfen die Partien unter Berücksichtigung der
           Hauptgefahr zusammengeladen werden.

       4. Ja, unter Berücksichtigung ihrer zusätzlichen Kennzeichen (Gefahren) der
           Klassen 6.1 und 4.1 besteht kein Trenngebot. Somit dürfen die Partien unter
           Berücksichtigung der Nebengefahr zusammengeladen werden.

Stoff 1)	Stoff 2)	Angabe in der Trenntabelle
3	6.1	X (→ Trennvorschriften in der Gefahrgutliste)
3	4.1	X (→ Trennvorschriften in der Gefahrgutliste)
6.1	6.1	X (→ Trennvorschriften in der Gefahrgutliste)
6.1	4.1	X (→ Trennvorschriften in der Gefahrgutliste)

In Kapitel 3.2 Gefahrgutliste in Spalte 16b IMDG-Code ist keine weitere Trennvorschrift vorhanden. Somit wären alle Kombinationen erlaubt.

5.   Gemäß Kapitel 3.2 Gefahrgutliste Spalten 3 und 4 IMDG-Code ist der Lkw mit Placards 3, 6.1 und 4.1 zu kennzeichnen.
Fundstelle: 5.3.1 und 3.2.1 IMDG-Code

6.   Die Kennzeichnung erfolgt an beiden Seiten und am rückwärtigen Ende.
Fundstelle: 5.3.1.1.4 IMDG-Code

1149   1.   Ja, es sei denn die einzelnen UN-Nummern haben stoffspezifische Trennvorschriften oder reagieren gefährlich miteinander.   **(10)**
Es sind zunächst die Klassen in Trenntabelle 7.2.4 IMDG-Code zu überprüfen. In 3.4.4.1 sind die weiteren Auflagen enthalten.
Fundstelle: 3.4.4.1 und 7.2.4 IMDG-Code

   2.   Nein.
Außenverpackungen für Gefahrgüter in begrenzten Mengen müssen nicht bauartzugelassen sein, da nicht auf den Unterabschnitt 4.1.1.3 verwiesen wird. In diesem Unterabschnitt ist die Bauartzulassung verlangt.
Fundstelle: 3.4.1.2 IMDG-Code

   3.   Kennzeichen für begrenzte Mengen (auf die Spitze gestelltes Quadrat, oben und unten schwarz und in der Mitte weiß, 10 × 10 cm) und Ausrichtungspfeile auf zwei gegenüberliegenden Seiten.
Fundstelle: 3.4.5.1, 3.4.1.2 und 5.2.1.7 IMDG-Code

   4.   Ja.
Da alle Gefahrgüter als begrenzte Menge verpackt sind, müssen keine weiteren Trennvorschriften beachtet werden.
Fundstelle: 3.4.4.2 IMDG-Code

   5.   Kennzeichen für begrenzte Mengen (auf die Spitze gestelltes Quadrat, oben und unten schwarz und in der Mitte weiß, 25 × 25 cm)
Fundstelle: 3.4.5.5 IMDG-Code

1150   1.   4 bar   **(10)**
Über die Gefahrgutliste ist die Tankanweisung T7 anzuwenden. In 4.2 ist bei der Tankanweisung T7 abzulesen, dass der Mindestprüfdruck 4 bar beträgt.
Fundstelle: 3.2.1 und 4.2.5.2.6 IMDG-Code

   2.   Placards 3 und 8 an allen 4 Seiten
Fundstelle: 3.2.1 und 5.3.1.1.4.1.1 IMDG-Code

   3.   Richtiger technischer Name (Dipropylamine) an beiden Längsseiten
UN-Nummer 2383 an allen 4 Seiten
Fundstelle: 5.3.2.0.1 und 5.3.2.1.1

   4.   Staukategorie B – Stauung nur an Deck
Fundstelle: 3.2.1 und 7.1.3.2 IMDG-Code

See

1151   1.   1.)   UN 1717   Hauptgefahr: 3 Nebengefahr: 8   **(10)**
           2.)   UN 1814   Hauptgefahr: 8 Nebengefahr: -
           3.)   UN 1889   Hauptgefahr: 6.1 Nebengefahr: 8

Fundstelle: Kapitel 3.2 Gefahrgutliste Spalten 3 und 4 IMDG-Code

2.   UN 1717

Hinweis:
Von allen drei UN-Nummern müssen die Gefahrzettel aus den Spalten 3
und 4 und die zusätzlichen Trennvorschriften aus Spalte 16b aus der Gefahr-
gutliste in Kapitel 3.2 herausgesucht werden. UN 1717 hat die Gefahrzettel
Nr. 3 und 8. UN 1814 hat nur den Gefahrzettel Nr. 8 und die Trennvorschrift
SG 35. UN 1889 hat die Gefahrzettel Nr. 6.1 und 8 und zusätzlich die Trenn-
vorschrift S 35. Nun ist die Trennung aufgrund der Gefahrzettel mit Tabelle
7.2.4 zu überprüfen. Die Gefahrzettel Nr. 3, 6.1 und 8 erfordern keine Tren-
nung voneinander. UN 1814 und UN 1889 haben aber noch die Trennvor-
schrift SG 35, die gem. 7.2.8 fordert, „getrennt von" Säuren zu stauen. In
3.1.4.4 sind die Trenngruppen mit den dazugehörigen UN-Nummern auf-
geführt. Danach handelt es sich bei UN 1717 um eine Säure. Gem. 7.3.4.1
dürfen Güter, die „getrennt von" voneinander zu stauen sind, nicht im sel-
ben Container befördert werden. Damit dürfen diese zwei UN-Nummern
nicht zusammen mit UN 1717 in einen Container verladen weren.
Fundstelle: Kapitel 3.2 Gefahrgutliste, 7.2.4, 7.2.8, 3.1.4.4 und 7.3.4.1
IMDG-Code

3.   Placard Nr. 6.1 und 8 sowie Kennzeichen für Meeresschadstoffe auf allen
     vier Seiten

4.   2.)   UN 1814   Staukategorie A
     3.)   UN 1889   Staukategorie D

Fundstelle: Kapitel 3.2 Gefahrgutliste Spalte 16a IMDG-Code

5.   Nein.
     Hinweis: Staukategorie D gilt nur für Deck, damit ist eine Stauung unter
     Deck nicht möglich.
     Fundstelle: 7.1.3.2 IMDG-Code

6.   Container-/Fahrzeugpackzertifikat
     Fundstelle: 5.4.2 und 7.3.3.17 IMDG-Code

7.   CTU-Code
     Fundstelle: 7.3.3.14 IMDG-Code

3 Zuordnung der Fragennummern zu Themenbereichen

3.1 Verkehrsträgerübergreifender Teil

Begrenzte Mengen (LQ)

93, 108, 114, 119, 217, 221

Freigestellte Mengen (EQ)

107, 121, 219, 220

Klassifizierung (K)

122, 123, 124, 125, 130, 131, 133, 134, 136, 137, 138, 139, 140, 141, 142, 143, 144, 145, 146, 147, 148, 149, 150, 151, 152, 154, 155, 156, 157, 158, 159, 160, 161, 162, 163, 164, 165, 166, 167, 168, 169, 170, 171, 172, 173, 174, 175, 176, 177, 178, 179, 180, 181, 182, 183, 224

Markierung und Kennzeichnung (MK)

71, 74, 75, 76, 77, 78, 79, 80, 81, 82, 83, 84, 85, 86, 87, 88, 90, 91, 92, 94, 95, 96, 97, 98, 99, 100, 101, 102, 103, 104, 105, 106, 110, 112, 113, 115, 116, 117, 118, 120, 129, 132

Placards, orangefarbene Tafeln (POT)

63, 64, 67, 68, 69, 70, 72, 73, 89

Radioaktive Stoffe (R)

81, 82, 83, 84, 85, 86, 87, 123, 124, 125, 126, 127, 128, 129, 130, 153, 205, 206

Verpackung (V)

109, 184, 185, 186, 187, 188, 189, 190, 191, 192, 193, 194, 195, 196, 197, 198, 199, 200, 201, 203, 204, 205, 206, 207, 208, 209, 210, 211, 212, 213, 214, 215, 216, 218, 222, 223, 224, 225, 226, 227, 228

Vorschriften (VS)

65, 66, 111, 135, 202

3.2 Teil Straße

Ausrüstung (A)

234, 235, 236, 239, 240, 243, 259, 287, 318, 335, 343, 344, 411

Begleitpapiere (BP)

361, 362, 363, 364, 369, 374, 375, 377, 378, 379, 382, 385, 390, 399, 403, 410, 418, 558, 559, 560, 561, 562, 563, 564, 568

Begrenzte Mengen (LQ)

248, 253, 254, 255, 256, 323, 341, 442, 455, 459, 460, 464, 467, 521, 522, 523, 524, 540

Bulktransporte (BT)

347, 474, 475, 476, 477, 478, 481, 489, 492, 493, 501, 504, 506, 520, 536, 537, 538, 550, 554, 555, 566

Themenbereiche

Containerverwendung (CV)

328, 482

Dokumentation (D)

344, 349, 353, 354, 356, 357, 358, 359, 360, 365, 366, 376, 381, 386, 387, 388, 389, 391, 392, 393, 394, 395, 396, 397, 398, 400, 401, 402, 404, 405, 406, 407, 408, 409, 411, 412, 413, 414, 415, 416, 417, 419, 420, 421, 422, 423, 424, 425, 606

Entladen (E)

270, 271, 528

Fahrzeuge (FF)

243, 260, 319, 320, 321, 322, 329, 346, 350, 351, 352, 367, 368, 370, 371, 372, 494, 552

Fallbeispiele (FB)

609, 610, 611, 612, 613, 614, 615, 616, 617, 618, 619, 620, 621, 622, 623, 624, 625, 626, 627, 628, 629, 630, 631, 632, 633, 634, 635, 636, 637, 638, 639, 640, 641, 642, 643, 644

Freigestellte Mengen (EQ)

529, 530, 531, 532, 548

Freistellungen (F)

231, 309, 310, 311, 312, 336, 338, 339, 340, 542, 543

Klassifizierung (K)

331

Listengüter (L)

245, 246, 247, 384

Markierung und Kennzeichnung (MK)

440, 443, 450, 451, 452, 453, 454, 456, 458, 461, 462, 463, 466, 468, 469, 479, 480, 496

Menge (M)

241, 242, 251, 252, 382, 390

Pflichten (PF)

567, 569, 570, 571, 572, 573, 574, 575, 576, 577, 578, 579, 580, 582, 583, 584, 585, 586, 587, 588, 604

Placards, orangefarbene Tafeln (POT)

426, 427, 428, 429, 430, 431, 432, 433, 434, 435, 436, 437, 438, 439, 441, 444, 445, 446, 447, 448, 449, 457, 465, 470, 471

Prüfungen/Prüffristen (P)

249, 250, 257, 258, 289, 290, 291, 292, 299, 300, 301, 302, 303, 304, 305, 306, 307, 308, 326, 355, 373, 383, 516, 551

Radioaktive Stoffe (R)

262, 263, 264, 265, 332, 356, 357, 419, 429, 454, 461, 495, 546, 547

Schulung (SCH)

593, 605, 607, 608

Sicherung (SC)

591, 592, 594, 595, 596, 597, 598, 599, 600, 601, 603

Themenbereiche

Tankverwendung (TV)

288, 391, 472, 473, 487, 488, 490, 491, 502, 505, 533, 534, 535, 553

Transport (T)

237, 238, 261, 265, 266, 279, 284, 285, 294, 295, 296, 297, 298, 327, 337, 345, 348, 498, 499, 500, 503, 511, 512, 513, 515, 517, 518, 519, 521, 525, 526, 527, 544, 545, 549, 565

Tunnelbeschränkungen (TB)

313, 314, 315, 316, 317, 333, 334, 342, 344

Unfall (UF)

589, 590, 602

Verpackung (V)

486, 497, 507, 509, 539, 541

Vorlauf-/Nachlaufregelung (VN)

293

Vorschriften (VS)

229, 230, 232, 244, 263, 324, 325, 330, 380, 483, 484, 485, 495, 507, 508, 509, 510, 514, 541, 556, 557, 581

Zusammenladen (Z)

262, 267, 268, 269, 272, 273, 274, 275, 276, 277, 278, 279, 280, 281, 282, 283, 286

Übergangsvorschriften (Ü)

233

3.3   Teil Eisenbahn

Begrenzte Mengen (LQ)

672, 673, 799, 800, 843

Bulktransporte (BT)

676, 680, 682, 700, 701, 780, 782, 787, 788, 797, 810

Dokumentation (D)

702, 703, 704, 705, 706, 707, 708, 709, 710, 711, 712, 713, 714, 715, 716, 717, 718, 719, 720, 721, 722, 724, 725, 726, 728, 730, 731, 732, 733, 846

Entladen (E)

674, 675

Fallbeispiele (FB)

849, 850, 851, 852, 853, 854, 855, 856, 857, 858, 859, 860, 861, 862, 863, 864, 865, 866, 867, 868, 869

Freigestellte Mengen (EQ)

727, 795, 802

Freistellungen (F)

684, 685, 686, 687, 696, 804, 806

Themenbereiche

Huckepackverkehr (HU)

695, 723, 729, 763, 764, 770, 771, 772, 792, 793, 841

Markierung und Kennzeichnung (MK)

751, 755, 756, 762, 768, 803, 847

Pflichten (PF)

646, 811, 812, 813, 814, 815, 816, 817, 818, 819, 820, 821, 822, 823, 825, 827, 828, 830, 835, 840, 841, 844

Placards, orangefarbene Tafeln (POT)

734, 735, 736, 737, 738, 739, 740, 741, 742, 743, 744, 745, 746, 747, 748, 749, 750, 752, 753, 754, 757, 758, 759, 760, 761, 765, 767

Prüfungen/Prüffristen (P)

649, 650, 651, 652, 653, 654, 658, 659, 660, 661, 667, 669, 670, 671, 678, 679, 683, 690, 694, 781, 807

Radioaktive Stoffe (R)

655, 656, 657, 710, 742, 759, 760, 766, 786

Schulung (Sch)

839, 845

Sicherung (SC)

833, 834, 835, 836, 837, 838, 842

Tanktransport (TT)

665, 668, 677, 681, 691, 692, 693, 773, 778, 779, 783, 784, 794, 796, 808, 829

Transport (T)

648, 689, 774, 776, 777, 786, 789, 790, 791

Unfall (UF)

697, 831, 832, 848

Verpackung (V)

798, 801, 805, 809

Vorlauf-/Nachlaufregelung (VN)

769

Vorschriften (VS)

645, 647, 666, 688, 824, 825, 826

Zusammenladen (Z)

662, 663, 664, 698, 699, 775, 785

3.4   Teil Binnenschifffahrt

Beförderung Tankschiff (BTS)

884, 885, 886, 888, 897, 898, 899, 903, 904, 905, 906, 907, 908, 909, 951, 953, 956, 960, 984, 985, 986, 987, 992, 994, 996, 997, 998, 999, 1000, 1001, 1002, 1007

Beförderung Trockengutschiff (BTG)

875, 883, 887, 889, 894, 895, 896, 954, 955, 961, 979, 980, 988, 989, 995

Beförderung allgemein (BA)

871, 872, 873, 881, 882, 900, 901, 902, 945, 946, 977, 978, 981, 982, 983, 990, 993, 1005

Bulktransporte (BT)

958, 959, 991

Dokumentation (D)

910, 911, 912, 913, 914, 915, 916, 917, 920, 921, 922, 923, 924, 925, 926, 927, 928, 929, 930, 931, 932, 943, 948

Fallbeispiele (FB)

1008, 1009, 1010, 1011, 1012, 1013, 1014, 1015, 1016, 1017, 1018, 1019

Freistellungen (F)

870, 874, 876, 877, 878, 879, 880, 935

Klassifizierung (K)

962, 963, 964, 965, 966, 967, 968, 969, 970, 972

Markierung und Kennzeichnung (MK)

952, 957, 971

Pflichten (PF)

890, 891, 918, 919, 933, 934, 944, 947

Prüfliste (PL)

949, 950

Sachkundiger (SK)

942, 1003, 1004, 1006

Verpackung (V)

973, 974, 975, 976

Zulassung Tankschiff (ZTS)

936, 937, 938, 939, 940, 941

Zusammenladen (Z)

892, 893

3.5   Teil Seeschifffahrt

Begrenzte Mengen (LQ)

1020, 1021, 1022, 1023, 1024, 1025, 1026, 1027, 1028, 1029, 1030, 1031, 1112, 1113, 1114

Containerverwendung (CV)

1050, 1051, 1052, 1053, 1063, 1064, 1076, 1118

Dokumentation (D)

1077, 1078, 1079, 1080, 1081, 1082, 1083, 1084, 1085, 1086, 1087, 1088, 1091, 1092, 1099

Fallbeispiele (FB)

1144, 1145, 1146, 1147, 1148, 1149, 1150, 1151

Freigestellte Mengen (EQ)

1054, 1055

Klassifizierung (K)

1093, 1094, 1095, 1133

Lose Schüttung (LS)

1062

Markierung und Kennzeichnung (MK)

1096, 1097, 1098, 1109, 1110, 1117

Notfallmaßnahmen (NM)

1037, 1038

Pflichten (PF)

1089, 1090, 1100, 1107, 1108, 1138, 1143

Placards, orangefarbene Tafeln (POT)

1101, 1102, 1103, 1104, 1105, 1106, 1111, 1115, 1116

Radioaktive Stoffe (R)

1093, 1095

Schulung (Sch)

1134, 1135, 1136, 1141, 1142

Stauung (ST)

1046, 1047, 1048, 1049, 1065, 1066, 1067, 1071, 1072, 1073, 1074

Tankverwendung (TV)

1139, 1140

Vorschriften (VS)

1056, 1057, 1058, 1059, 1060, 1061, 1119, 1120, 1121, 1122, 1123, 1124, 1125, 1126, 1127, 1128, 1129, 1130, 1131, 1132, 1137, 1138

Zusammenladen (Z)

1032, 1033, 1034, 1035, 1036, 1039, 1040, 1041, 1042, 1043, 1044, 1045, 1068, 1069, 1070, 1073, 1074, 1075

Themenbereiche

Gefahrgutbeauftragtenverordnung (GbV)

Verordnung über die Bestellung von Gefahrgutbeauftragten in Unternehmen (Gefahrgutbeauftragtenverordnung – GbV)

vom 25.2.2011 (BGBl. I S. 341),

zuletzt geändert durch Art. 2 V vom 17.3.2017 (BGBl. I S. 568)

Auf Grund des § 3 Absatz 1 Satz 1 Nummer 7 und 14 und des § 5 Absatz 2 Satz 3 Nummer 1, jeweils in Verbindung mit § 7a des Gefahrgutbeförderungsgesetzes in der Fassung der Bekanntmachung vom 7. Juli 2009 (BGBl. I S. 1774, 3975), verordnet das Bundesministerium für Verkehr, Bau und Stadtentwicklung nach Anhörung der in § 7a des Gefahrgutbeförderungsgesetzes genannten Verbände, Sicherheitsbehörden und -organisationen:

§ 1
Geltungsbereich

(1) Die nachfolgenden Vorschriften gelten für jedes Unternehmen, dessen Tätigkeit die Beförderung gefährlicher Güter auf der Straße, auf der Schiene, auf schiffbaren Binnengewässern und mit Seeschiffen umfasst.

(2) Die in dem jeweiligen Abschnitt 1.8.3 des Europäischen Übereinkommens vom 30. September 1957 über die internationale Beförderung gefährlicher Güter auf der Straße (ADR), der Anlage der Ordnung für die internationale Eisenbahnbeförderung gefährlicher Güter (RID) – Anhang C des Übereinkommens über den internationalen Eisenbahnverkehr (COTIF) und des Europäischen Übereinkommens über die internationale Beförderung von gefährlichen Gütern auf Binnenwasserstraßen (ADN) für die Beförderung gefährlicher Güter auf der Straße, auf der Schiene und auf schiffbaren Binnengewässern getroffenen Regelungen sind auch auf die Beförderung gefährlicher Güter mit Seeschiffen anzuwenden.

§ 2
Befreiungen

(1) Die Vorschriften dieser Verordnung gelten nicht für Unternehmen,

1. denen ausschließlich Pflichten als Fahrzeugführer, Schiffsführer, Empfänger, Reisender, Hersteller und Rekonditionierer von Verpackungen und als Stelle für Inspektionen und Prüfungen von Großpackmitteln (IBC) zugewiesen sind,

2. denen ausschließlich Pflichten als Auftraggeber des Absenders zugewiesen sind und die an der Beförderung gefährlicher Güter von nicht mehr als 50 Tonnen netto je Kalenderjahr beteiligt sind, ausgenommen radioaktive Stoffe der Klasse 7 und gefährliche Güter der Beförderungskategorie 0 nach Absatz 1.1.3.6.3 ADR,

3. denen ausschließlich Pflichten als Entlader zugewiesen sind und die an der Beförderung gefährlicher Güter von nicht mehr als 50 Tonnen netto je Kalenderjahr beteiligt sind,

4. deren Tätigkeit sich auf die Beförderung gefährlicher Güter erstreckt, die von den Vorschriften des ADR/RID/ADN/IMDG-Code freigestellt sind,

5. deren Tätigkeit sich auf die Beförderung gefährlicher Güter im Straßen-, Eisenbahn-, Binnenschiffs- oder Seeverkehr erstreckt, deren Mengen die in Unterabschnitt 1.1.3.6 ADR festgelegten höchstzulässigen Mengen nicht überschreiten,

6. deren Tätigkeit sich auf die Beförderung gefährlicher Güter erstreckt, die nach den Bedingungen des Kapitels 3.4 und 3.5 ADR/RID/ADN/IMDG-Code freigestellt sind, und

7. die gefährliche Güter von nicht mehr als 50 Tonnen netto je Kalenderjahr für den Eigenbedarf in Erfüllung betrieblicher Aufgaben befördern, wobei dies bei radioaktiven Stoffen nur für solche der UN-Nummern 2908 bis 2911 gilt.

(2) Die Befreiungstatbestände nach Absatz 1 können auch nebeneinander in Anspruch genommen werden.

§ 3
Bestellung von Gefahrgutbeauftragten

(1) Sobald ein Unternehmen an der Beförderung gefährlicher Güter beteiligt ist und ihm Pflichten als Beteiligter in der Gefahrgutverordnung Straße, Eisenbahn und Binnenschifffahrt oder in der Gefahrgutverordnung See zugewiesen sind, muss es mindestens einen Sicherheitsberater für die Beförderung gefährlicher Güter (Gefahrgutbeauftragter) schriftlich bestellen. Werden mehrere Gefahrgutbeauftragte bestellt, so sind deren Aufgaben gegeneinander abzugrenzen und schriftlich festzulegen. Nimmt der Unternehmer die Funktion des Gefahrgutbeauftragten selbst wahr, ist eine Bestellung nicht erforderlich.

(2) Die Funktion des Gefahrgutbeauftragten kann nach dem Unterabschnitt 1.8.3.4 ADR/RID/ADN vom Leiter des Unternehmens, von einer Person mit anderen Aufgaben in dem Unternehmen oder von einer dem Unternehmen nicht angehörenden Person wahrgenommen werden, sofern diese tatsächlich in der Lage ist, die Aufgaben des Gefahrgutbeauftragten zu erfüllen. Der Name des Gefahrgutbeauftragten ist allen Mitarbeitern des Unternehmens schriftlich bekannt zu geben; die Bekanntmachung kann auch durch schriftlichen Aushang an einer für alle Mitarbeiter leicht zugänglichen Stelle erfolgen.

(3) Als Gefahrgutbeauftragter darf nur bestellt werden oder als Unternehmer selbst die Funktion des Gefahrgutbeauftragten wahrnehmen, wer Inhaber eines für den betroffenen Verkehrsträger gültigen Schulungsnachweises nach § 4 ist.

(4) Wenn ein nach § 2 befreites Unternehmen wiederholt oder schwerwiegend gegen Vorschriften über die Beförderung gefährlicher Güter verstößt, kann die zuständige Behörde die Bestellung eines Gefahrgutbeauftragten anordnen.

(5) Die zuständige Behörde trifft die zur Einhaltung dieser Verordnung erforderlichen Anordnungen. Sie kann insbesondere die Abberufung des bestellten Gefahrgutbeauftragten und die Bestellung eines anderen Gefahrgutbeauftragten verlangen.

§ 4
Schulungsnachweis

Der Schulungsnachweis wird mit den Mindestangaben nach Unterabschnitt 1.8.3.18 ADR/RID/ADN erteilt, wenn der Betroffene an einer Schulung nach § 5 teilgenommen und eine Prüfung nach § 6 Absatz 1 mit Erfolg abgelegt hat. Der Schulungsnachweis gilt fünf Jahre und kann jeweils um weitere fünf Jahre verlängert werden, wenn der Betroffene eine Prüfung nach § 6 Absatz 4 mit Erfolg abgelegt hat.

§ 5
Schulungsanforderungen

(1) Die Schulung erfolgt in einem nach § 7 Absatz 1 Nummer 2 anerkannten Lehrgang.

(2) Die in den Schulungen zu behandelnden Sachgebiete ergeben sich aus den Unterabschnitten 1.8.3.3 und 1.8.3.11 ADR/RID/ADN sowie aus § 8.

(3) Die Schulungssprache ist deutsch. Auf Antrag kann eine Schulung in englischer Sprache zugelassen werden, wenn mit dem Antrag Schulungsunterlagen zu den Sachgebieten nach Absatz 2 und die erforderlichen Rechtsvorschriften in englischer Sprache nachgewiesen werden und die sonstigen Voraussetzungen für die Anerkennung des Lehrgangs nach Absatz 1 vorliegen.

(4) Die Schulung umfasst im Falle der Beförderung durch einen Verkehrsträger mindestens 22 Stunden und 30 Minuten und für jeden weiteren Verkehrsträger mindestens sieben Stunden und 30 Minuten. Dabei muss die Schulung für jeden weiteren Verkehrsträger innerhalb der Geltungsdauer des Schulungsnachweises erfolgen.

(5) Ein Unterrichtstag darf nicht mehr als sieben Stunden und 30 Minuten Unterricht umfassen.

(6) Der Schulungsveranstalter darf Schulungen nur bei Vorliegen aller Voraussetzungen nach Absatz 1 bis 5 durchführen.

§ 6
Prüfungen

(1) Die Prüfung besteht aus einer schriftlichen Prüfung, die ganz oder teilweise auch als elektronische Prüfung durchgeführt werden kann. Die Grundsätze der Prüfung richten sich nach Absatz 1.8.3.12.2 bis 1.8.3.12.5 ADR/RID/ADN.

(2) Die nach einer Schulung abzulegende Prüfung nach Absatz 1.8.3.12.4 ADR/RID/ADN darf einmal ohne nochmalige Schulung wiederholt werden. Die Prüfung ist bestanden, wenn mindestens 50 vom Hundert der von der Industrie- und Handelskammer in der Satzung nach § 7 Absatz 2 festgelegten Höchstpunktzahl erreicht wird.

(3) Die Prüfungssprache ist deutsch. Auf Antrag kann eine Prüfung nach Absatz 1 in englischer Sprache zugelassen werden, wenn der Prüfling die erforderlichen Rechtsvorschriften in englischer Sprache nachweist sowie die Kosten jeweils für die Erstellung der Prüfungsunterlagen und die Durchführung der Prüfung in englischer Sprache übernimmt. Die Teilnahme an einer Prüfung in englischer Sprache ist nur für Prüflinge möglich, die zuvor an einer zugelassenen Schulung nach § 5 Absatz 1 in englischer Sprache teilgenommen haben.

(4) Die Prüfung zur Verlängerung des Schulungsnachweises nach Absatz 1.8.3.16.1 ADR/RID/ADN darf unbegrenzt wiederholt werden, jedoch nur bis zum Ablauf der Geltungsdauer des Schulungsnachweises. Absatz 2 Satz 2 gilt entsprechend. Die Höchstpunktzahl ist jedoch um 50 vom Hundert zu reduzieren.

(5) Die Prüfungsfragen sind aus einer Sammlung auszuwählen, die vom Bundesministerium für Verkehr und digitale Infrastruktur veröffentlicht wird.

(6) Prüfungen dürfen nur bei Vorliegen aller Voraussetzungen nach Absatz 1 bis 5 durchgeführt werden.

§ 7
Zuständigkeiten

(1) Die Industrie- und Handelskammern sind zuständig für

1. die Erteilung der Schulungsnachweise nach § 4,
2. die Anerkennung und Überwachung der Lehrgänge nach § 5 Absatz 1,
3. die Erteilung von Ausnahmen von § 5 Absatz 3 und § 6 Absatz 3,
4. die Durchführung der Prüfungen nach § 6 Absatz 1 bis 4 und
5. die Umschreibung eines Schulungsnachweises nach § 7 Absatz 3 in einen Schulungsnachweis nach § 4.

Für die Erteilung einer Ausnahme nach § 6 Absatz 3 Satz 2 ist die Industrie- und Handelskammer zuständig, die zuvor die Ausnahme nach § 5 Absatz 3 in Verbindung mit § 5 Absatz 1 zugelassen hat.

(2) Einzelheiten nach Absatz 1 regeln die Industrie- und Handelskammern durch Satzung.

(3) Abweichend von Absatz 1 und 2 können Bund, Länder, Gemeinden und sonstige juristische Personen des öffentlichen Rechts für ihren hoheitlichen Aufgabenbereich eigene Schulungen veranstalten, die Prüfung selbst durchführen und die Schulungsnachweise selbst ausstellen. Einzelheiten sind durch die jeweils zuständige oberste Bundes- oder Landesbehörde durch Verwaltungsvorschriften zu regeln.

(4) Das Bundesministerium der Verteidigung und das Bundesministerium des Innern bestimmen die zuständigen Behörden im Sinne des § 3 Absatz 4 und 5 für ihren Dienstbereich.

§ 8
Pflichten des Gefahrgutbeauftragten

(1) Der Gefahrgutbeauftragte hat die Aufgaben nach Unterabschnitt 1.8.3.3 ADR/RID/ADN wahrzunehmen.

(2) Der Gefahrgutbeauftragte ist verpflichtet, schriftliche Aufzeichnungen über seine Überwachungstätigkeit unter Angabe des Zeitpunktes der Überwachung, der Namen der überwachten Personen und der überwachten Geschäftsvorgänge zu führen.

(3) Der Gefahrgutbeauftragte hat die Aufzeichnungen nach Absatz 2 mindestens fünf Jahre nach dessen Erstellung aufzubewahren. Diese Aufzeichnungen sind der zuständigen Behörde auf Verlangen in Schriftform zur Prüfung vorzulegen.

(4) Der Gefahrgutbeauftragte hat dafür zu sorgen, dass ein Unfallbericht nach Unterabschnitt 1.8.3.6 ADR/RID/ADN erstellt wird.

(5) Der Gefahrgutbeauftragte hat für den Unternehmer einen Jahresbericht über die Tätigkeiten des Unternehmens in Bezug auf die Gefahrgutbeförderung innerhalb eines halben Jahres nach Ablauf des Geschäftsjahres mit den Angaben nach Satz 2 zu erstellen. Der Jahresbericht muss mindestens enthalten:

1. Art der gefährlichen Güter unterteilt nach Klassen,
2. Gesamtmenge der gefährlichen Güter in einer der folgenden vier Stufen:
   a) bis 5 Tonnen,
   b) mehr als 5 Tonnen bis 50 Tonnen,
   c) mehr als 50 Tonnen bis 1 000 Tonnen,
   d) mehr als 1 000 Tonnen,
3. Zahl und Art der Unfälle mit gefährlichen Gütern, über die ein Unfallbericht nach Unterabschnitt 1.8.3.6 ADR/RID/ADN erstellt worden ist,
4. sonstige Angaben, die nach Auffassung des Gefahrgutbeauftragten für die Beurteilung der Sicherheitslage wichtig sind, und
5. Angaben, ob das Unternehmen an der Beförderung gefährlicher Güter nach Abschnitt 1.10.3 ADR/RID/ADN oder 1.4.3 IMDG-Code beteiligt gewesen ist.

Der Jahresbericht muss keine Angaben über die Beförderung gefährlicher Güter im Luftverkehr enthalten. Die anzugebende Gesamtmenge der gefährlichen Güter schließt auch die empfangenen gefährlichen Güter ein.

(6) Der Gefahrgutbeauftragte muss den Schulungsnachweis nach § 4 der zuständigen Behörde auf Verlangen vorlegen. Er hat dafür zu sorgen, dass dieser Schulungsnachweis rechtzeitig verlängert wird.

§ 9
Pflichten der Unternehmer

(1) Der Unternehmer darf den Gefahrgutbeauftragten wegen der Erfüllung der ihm übertragenen Aufgaben nicht benachteiligen.

(2) Der Unternehmer hat dafür zu sorgen, dass der Gefahrgutbeauftragte

1. vor seiner Bestellung im Besitz eines gültigen und auf die Tätigkeiten des Unternehmens abgestellten Schulungsnachweises nach § 4 ist,
2. alle zur Wahrnehmung seiner Tätigkeit erforderlichen sachdienlichen Auskünfte und Unterlagen erhält, soweit sie die Beförderung gefährlicher Güter betreffen,
3. die notwendigen Mittel zur Aufgabenwahrnehmung erhält,
4. jederzeit seine Vorschläge und Bedenken unmittelbar der entscheidenden Stelle im Unternehmen vortragen kann,
5. zu vorgesehenen Vorschlägen auf Änderung oder Anträgen auf Abweichungen von den Vorschriften über die Beförderung gefährlicher Güter Stellung nehmen kann und
6. alle Aufgaben, die ihm nach § 8 übertragen worden sind, ordnungsgemäß erfüllen kann.

(3) Der Unternehmer hat den Jahresbericht nach § 8 Absatz 5 fünf Jahre nach dessen Vorlage durch den Gefahrgutbeauftragten aufzubewahren und der zuständigen Behörde auf Verlangen vorzulegen.

(4) Der Unternehmer hat auf Verlangen der zuständigen Behörde den Namen des Gefahrgutbeauftragten bekannt zu geben.

(5) Der Unternehmer hat auf Verlangen der zuständigen Behörde die Unfallberichte nach Unterabschnitt 1.8.3.6 ADR/RID/ADN vorzulegen.

§ 10
Ordnungswidrigkeiten

Ordnungswidrig im Sinne des § 10 Absatz 1 Nummer 1 Buchstabe b des Gesetzes über die Beförderung gefährlicher Güter handelt, wer vorsätzlich oder fahrlässig

1. als Unternehmer

   a) entgegen § 3 Absatz 1 Satz 1 einen Gefahrgutbeauftragten nicht, nicht in der vorgeschriebenen Weise oder nicht rechtzeitig bestellt,

   b) entgegen § 3 Absatz 3 einen Gefahrgutbeauftragten bestellt oder die Funktion des Gefahrgutbeauftragten selbst wahrnimmt, ohne im Besitz eines gültigen Schulungsnachweises nach § 4 zu sein,

   c) einer vollziehbaren Anordnung nach § 3 Absatz 4 zuwiderhandelt,

   d) entgegen § 9 Absatz 2 Nummer 1 nicht dafür sorgt, dass der Gefahrgutbeauftragte im Besitz eines dort genannten Schulungsnachweises ist,

   e) entgegen § 9 Absatz 2 Nummer 6 nicht dafür sorgt, dass der Gefahrgutbeauftragte alle Aufgaben ordnungsgemäß erfüllen kann,

   f) entgegen § 9 Absatz 3 den Jahresbericht nicht oder nicht mindestens fünf Jahre aufbewahrt oder nicht oder nicht rechtzeitig vorlegt,

   g) entgegen § 9 Absatz 4 den Namen des Gefahrgutbeauftragten nicht oder nicht rechtzeitig bekannt gibt oder

   h) entgegen § 9 Absatz 5 den Unfallbericht nicht oder nicht rechtzeitig vorlegt,

2. als Schulungsveranstalter entgegen § 5 Absatz 6 eine Schulung durchführt oder

3. als Gefahrgutbeauftragter

   a) entgegen § 8 Absatz 2 eine Aufzeichnung nicht, nicht richtig oder nicht vollständig führt,

   b) entgegen § 8 Absatz 3 eine Aufzeichnung nicht oder nicht mindestens fünf Jahre aufbewahrt oder nicht oder nicht rechtzeitig vorlegt,

   c) entgegen § 8 Absatz 4 nicht dafür sorgt, dass ein Unfallbericht erstellt wird,

   d) entgegen § 8 Absatz 5 Satz 1 einen Jahresbericht nicht, nicht richtig, nicht vollständig oder nicht rechtzeitig erstellt oder

   e) entgegen § 8 Absatz 6 Satz 1 den Schulungsnachweis nicht oder nicht rechtzeitig vorlegt.

§ 11
Übergangsbestimmungen

Schulungsnachweise nach Anlage 3 in Verbindung mit § 2 Absatz 1 der Gefahrgutbeauftragtenverordnung in der Fassung der Bekanntmachung vom 26. März 1998 (BGBl. I S. 648), die zuletzt durch Artikel 4 der Verordnung vom 3. August 2010 (BGBl. I S. 1139) geändert worden ist, behalten ihre Gültigkeit bis zu deren Ablauf.

§ 12
Aufheben von Vorschriften

Es werden aufgehoben:

1. die Gefahrgutbeauftragtenverordnung in der Fassung der Bekanntmachung vom 26. März 1998 (BGBl. I S. 648), die zuletzt durch Artikel 4 der Verordnung vom 3. August 2010 (BGBl. I S. 1139) geändert worden ist,

2. die Gefahrgutbeauftragtenprüfungsverordnung vom 1. Dezember 1998 (BGBl. I S. 3514), die zuletzt durch Artikel 483 der Verordnung vom 31. Oktober 2006 (BGBl. I S. 2407) geändert worden ist.

§ 13
Inkrafttreten

Diese Verordnung tritt am 1. September 2011 in Kraft.